GENERAL
EDUCATION

高等学校通识教育系列教材

C#程序设计
经典教程（第三版）

罗福强　杨剑　张敏辉　编著

U0289905

清华大学出版社
北　京

内 容 简 介

C♯经过近 20 年的不断发展和完善,已经成为一种跨平台的开发语言,如今它不仅能用于开发 Windows 系统中的应用程序,还可以用来开发 Android、iOS、Windows Phone 和 Mac App 应用程序,甚至还能开发物联网嵌入式系统。

全书共 14 章,在介绍 C♯语法的基础之上,深入阐述面向对象的程序设计方法、基于事件驱动的程序设计方法以及面向服务的程序设计方法。不仅如此,本书还全面揭示 C♯的各种应用技术,包括 Windows 程序设计技术、数据库编程技术、文件操作与编程技术、XML 与 LINQ 高级数据访问技术、面向服务编程技术和多媒体处理编程技术等。本书内容丰富,可操作性强,叙述简洁流畅,语言通俗易懂,所有实例都经过精心设计,能够使学生轻松愉快地掌握 C♯的基本语法、编程方法和应用技巧。

本书可作为高等院校计算机相关专业的教材,也可作为初、中级读者和培训班学员的参考用书。

图书在版编目(CIP)数据

C♯程序设计经典教程/罗福强等编著. —3 版. —北京:清华大学出版社,2018(2024.2 重印)
(高等学校通识教育系列教材)
ISBN 978-7-302-49807-0

Ⅰ. ①C… Ⅱ. ①罗… Ⅲ. ①C 语言－程序设计－高等学校－教材 Ⅳ. ①TP312.8

中国版本图书馆 CIP 数据核字(2018)第 037258 号

责任编辑:刘向威
封面设计:文 静
责任校对:李建庄
责任印制:丛怀宇

出版发行:清华大学出版社
　　　　　网　　　址:https://www.tup.com.cn,https://www.wqxuetang.com
　　　　　地　　　址:北京清华大学学研大厦 A 座　　　　　邮　　编:100084
　　　　　社 总 机:010-83470000　　　　　　　　　　　　邮　　购:010-62786544
　　　　　投稿与读者服务:010-62776969,c-service@tup.tsinghua.edu.cn
　　　　　质量反馈:010-62772015,zhiliang@tup.tsinghua.edu.cn
　　　　　课件下载:https://www.tup.com.cn,010-83470236

印 装 者:三河市龙大印装有限公司
经　　　销:全国新华书店
开　　　本:185mm×260mm　　　印　　张:25.5　　　字　　数:621 千字
版　　　次:2012 年 2 月第 1 版　2018 年 7 月第 3 版　印　　次:2024 年 2 月第 9 次印刷
印　　　数:14301～15300
定　　　价:65.00 元

产品编号:077519-01

前　言

C♯是由微软公司推出的完全面向对象的计算机高级语言。经过近 20 年的发展，如今它不仅能用于开发传统 Windows 环境中的应用程序，还可以用来开发原生的 Android、iOS、Windows Phone 和 Mac App 应用程序，甚至还能整合 Azure 或 Hadoop 技术开发云计算和大数据应用系统。相对于 C++来说，C♯更容易被理解和接受；相对于 Java 来说，C♯更好用，开发软件的效率更高。

本书自 2012 年 2 月出版第 1 版以来，受到广大师生的欢迎。2014 年我们组织修订，推出第 2 版。如今，3 年过去了，微软公司已经推出多个 C♯新版本，使 C♯具有大量新特性。为此，我们再次组织编写本教材第 3 版，针对第 2 版主要进行以下修订。

（1）在第 1 章中增加.NET 技术体系结构的介绍，使读者对.NET 技术有更全面的了解。为了便于读者更早和更快地理解 C♯程序，把 C♯程序的特点独立编成 1 节。

（2）如今海量的文本日志成为构建大数据技术的主要研究内容，特征提取与转换、数据分析与挖掘成为程序设计的重点，为此，第 2 章加强了字符串的内容，包括文本格式化处理的内容等。

（3）自 C♯ 3.0 开始，C♯添加很多新特性，例如，引入表达式主体（expression-bodied）来简化对象属性和索引器的定义，引入 Lambda 表达式简化匿名函数的定义，不仅降低了C♯程序的复杂度，还使 C♯源代码更加优雅。

（4）云计算和大数据技术的基础是面向服务的程序设计思想。要想快速适应云计算和大数据时代的新要求，必须更早地了解或熟悉这种新思想。为此本书第 13 章剔除原来的一部分内容，增加面向服务的编程技术。

本书第 3 版以 Visual Studio .NET 2017 和 C♯ 7.0 为蓝本，深入介绍 C♯语言及其应用。全书共分 14 章，基本上覆盖了 C♯的主要领域，在讲解 C♯语法的基础上，不仅阐述面向对象、基于事件驱动和面向服务的 3 种不同的程序设计思想，还全面展现 C♯的具体应用技术，包括 Windows 程序设计、数据库应用编程、文件操作与编程、XML 与 LINQ 高级数据访问、面向服务编程和多媒体处理编程技术等。

本书继续保持以下优点：第一，面向应用型本科院校学生，立足于把 C♯的语法讲透彻、讲清楚，文字叙述尽量简练；第二，重点围绕面向对象程序设计思想和可视化的Windows 程序设计方法展开教学内容；第三，书中所有案例均精心设计，不仅代码完整，还贴近学生实际生活；第四，坚持零起点原则，学生可以在没有 C/C++基础的情况下使用本书；第五，坚持应用为纲，全面展示 C♯在各应用领域的编程技巧。

本书可作为高等院校 Visual C♯ .NET 课程的教材或参考资料，也可供软件开发人员参考使用。

　　本书由四川大学锦城学院的罗福强老师主持修订。参与本书编写的还有杨剑、张敏辉、熊永福、陈虹君、李瑶、赵力衡等老师。本书长期以来获得清华大学出版社的各级领导的重视和支持，也获得了作者所在单位领导的大力支持。在此，我们对支持本书编写出版并提供过大量帮助的所有人员表示诚挚的感谢！

　　由于时间仓促，书中难免有不妥之处，我们殷切地期望读者提出宝贵的意见。

编　者
2018 年 4 月

目 录

第1章   C♯概述

总体要求
- 了解 C♯语言的特点及其发展。
- 了解 C♯应用程序的结构及其特点。

相关知识点
- 了解计算机软件、计算机语言及分类的知识。
- 熟悉 Windows 系统基础知识及操作。

学习重点
- C♯程序的结构与特点。

学习难点
- 控制台应用程序与 Win32 应用程序的区别。

1.1   .NET 与 C♯概述

1.1.1 .NET 概述

1..NET 技术体系结构

.NET 平台是微软公司在 20 世纪末为了迎接互联网的挑战而推出的 Windows 应用程序运行平台。经过近 20 年的发展,它如今已经成为一个可以跨越任何硬件系统的开发平台,在这个平台上可以构建和运行 Windows 应用程序、Web 应用程序、Azure 云应用程序、移动 App 应用程序、Unity 游戏等。.NET 建立在开放体系结构基础之上,集 Microsoft 在软件领域的主要技术成就于一身,如图 1-1 所示。

.NET 技术的核心是.NET Framework,它为.NET 平台下应用程序的运行提供基本框架,如果把 Windows 操作系统比作一幢摩天大楼的地基,那么.NET Framework 就是摩天大楼中由钢筋和混凝土搭成的框架。为了实现跨平台运行的目标,微软公司新推出了.NET Core,其核心.NET Core Framework 是参考.NET Framework 重新开发的,它支持 Windows,Mac OS,Linux 等操作系统,可以用于嵌入式或物联网解决方案之中。为了使.NET 应用程序能在智能终端设备之上运行,微软启动了 Mono 项目,该项目可以看作是.NET Framework 的开源实现。

.NET Framework 以微软的 Windows 操作系统为基础,由不同的组件组成(如图 1-1 所示),能够与 Windows 的各种应用程序服务组件(如消息队列服务、COM＋组件服务、Internet 信息服务(IIS)、Windows 管理工具等)整合,来开发各种应用程序。

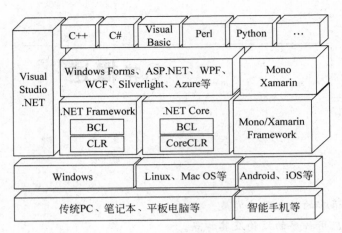

图 1-1　.NET 平台的体系结构

在.NET Framework 的最顶层是程序设计语言,.NET Framework 支持诸如 VB、C#、C++、F#、Perl、Python 等几十种高级程序设计语言。在 Visual Studio .NET 开发环境中,可直接使用 VB、C#、C++、F#、TypeScript、Python 等多种语言开发应用程序;利用新推出的移动应用跨平台开发插件 Xamarin[①],用户还可以直接开发 iOS、Android、Windows Phone 和 Mac App 等应用,而不需要转移到 Eclipse 或者额外购买 Mac 和使用 Xcode。

.NET Framework 具有两个主要组件:公共语言运行时(Common Language Runtime,CLR)和基础类库(Base Class Lib,BCL),除此之外还包括 ADO.NET、ASP.NET、WCF、Azure、Workflow 框架等。

CLR 是.NET Framework 的基础,是应用程序与操作系统之间的"中间人",它为应用程序提供内存管理、线程管理和远程处理等核心服务。在.NET 平台上,应用程序无论使用何种语言编写,在编译时都会被语言编译器编译成 MSIL(微软中间语言代码),在运行应用程序时 CLR 自动启用 JIT(Just in Time)编译器将 MSIL 再次编译成操作系统能够识别的本地机器语言代码(简称本地代码),然后运行并返回运行结果。因此,CLR 是所有.NET 应用程序的托管环境。这种运行在.NET 之上的应用程序被称为托管应用程序,而传统的直接在操作系统基础之上运行的应用程序则被称为非托管应用程序。

BCL 类库是一个综合性的面向对象的可重用类型集合,包括集合类、文件系统处理类、XML 处理类、网络通信接口类、异步 Task 类等,利用它可以开发多种应用程序,包括传统的命令行、图形用户界面(GUI)应用程序、Web 应用程序等。

ADO.NET 是.NET Framework 提供的微软新一代的面向对象数据处理技术,利用它可以简便、快捷地开发数据库应用程序。

ASP.NET 是.NET Framework 提供的全新的 Web 应用程序开发技术,利用它开发 Web 应用程序如同开发 Windows 应用程序一样简单。

WCF(Windows Communication Foundation)、WPF(Windows Presentation Foundation)以及 Silverlight 等技术是微软推出的全新.NET 技术。WCF 可以理解 Windows 通信接口,它整

---

①　Xamarin 始创于 2011 年,2016 年 2 月被微软公司收购。如今,Xamarin 已经被微软内置到 Visual Studio .NET 2017 之中。此外,微软还开源了 Xamarin SDK,免费供用户使用。

合了 TCP/IP、XML、SOAP、JSON 等技术,因此简化了 XML Web 服务的设计与实现。WPF 为用户界面、2D/3D 图形、文档和媒体提供了统一的描述和操作方法。Silverlight 为开发具有专业图形、音频和视频处理的 Web 应用程序提供了全新的解决方案。

2..NET Framework 的优点

.NET Framework 的目标是为应用程序开发人员提供了一个与平台无关的开发环境,具有以下优点。

（1）基于 Web 的标准

.NET Framework 完全支持现有的 Internet 技术,包括 HTML（超文本标记语言）、HTTP（超文本传输协议）、XML（可扩展标记语言）、SOAP（简单对象访问协议）、XSLT（可扩展样式表语言转换）、XPath（XML 路径语言）、JSON（JavaScript 对象表示方法）和其他 Web 标准。

（2）使用统一的应用程序模型

任何与.NET 兼容的语言都可以使用.NET Framework 类库。.NET Framework 为 Windows 应用程序、Web 应用程序、云计算服务、跨平台的智能手机应用提供了统一的应用程序模型,因此同一段代码可被这些应用程序无障碍地使用。

（3）便于开发人员使用

在.NET Framework 中,代码被组织在不同的命名空间和类中,而命名空间采用树形结构,以便开发人员引用。当开发人员调用.NET Framework 类库的类时,只需将该类属性命名空间添加到引用解决方案中即可。

（4）可扩展类

.NET Framework 提供了通用类型系统,它根据面向对象的思想把一个命名空间或类中代码的实现细节隐藏,开发人员可以通过继承来访问类库中的类,也可以扩展类库中的类,甚至构建自己的类库。

1.1.2　C#语言的发展

在过去的 30 年里,C 和 C++ 已经成为在商业软件的开发领域中使用最广泛的语言。它们为程序员提供了十分灵活的操作,不过同时也牺牲了一定的效率。与 Visual Basic 等语言相比,同等级别的 C/C++ 应用程序往往需要更长时间来开发。由于 C/C++ 语言的复杂性,许多程序员都试图寻找一种新的语言,希望能在功能与效率之间找到一个更为理想的权衡点。

目前有些语言,以牺牲灵活性的代价来提高效率。可是这些灵活性正是 C/C++ 程序员所需要的。这些解决方案对编程人员的限制过多（如屏蔽一些底层代码控制的机制）,其所提供的功能难以令人满意。这些语言无法方便地同原来的系统交互,也无法与当前的网络编程很好地结合。

对于 C/C++ 用户来说,最理想的解决方案无疑是在快速开发的同时又可以调用底层平台的所有功能。他们想要一种和最新的网络标准保持同步并且能和已有的应用程序良好整合的环境。另外,一些 C/C++ 开发人员还需要在必要的时候进行一些底层的编程。

C#（读作 C Sharp）是微软对这一问题的解决方案。C# 是一种最新的、面向对象的编程语言。它是一种简单但功能强大的编程语言,使程序员可以快速地编写各种基于

Microsoft . NET 平台的应用程序。

它从 C 和 C++语言演化而来。它在语句、表达式和运算符方面使用了许多 C++功能。它在类型安全性、版本转换、事件和垃圾回收等方面进行了相当大的改进和创新。它提供对常用 API(例如. NET Framework、COM＋等)的访问。

C# 自推出以来,已得到不断的改进和优化,通常同. NET Framework 一起,随新版的 Visual Studio . NET 的发布而更新。目前,C# 最新的版本是 C# 7.0,该版本是 2017 年 3 月 8 日微软公司正式发布 Visual Studio . NET 2017 时发布的。

本书以. NET Framework 4.6.2 和 Visual Studio . NET 2017 为范本,所有案例均在 Visual Studio . NET 2017 中经过调试运行无误。

1.1.3　C♯语言的特点

C♯ 是一种简洁、类型安全的面向对象的语言,开发人员可以用它来构建运行在. NET Framework 上的各种安全、可靠的应用程序,包括控制台应用程序、Windows 窗体应用程序、Web 应用程序等。借助 Xamarin 插件,C♯ 还可以用于开发 iOS、Android、Windows Phone 和 Mac App 等应用等。

作为一种面向对象的语言,C♯ 支持封装、继承和多态性的概念。所有的变量和方法,包括 Main 方法(应用程序的入口点),都封装在类定义中。C♯ 程序的生成过程比 C 和 C++简单,比 Java 更为灵活,没有单独的头文件,也不要求按照特定顺序声明方法和类型。C♯ 源文件可以定义任意数量的类、结构、接口和事件。

相对其他计算机程序设计语言来说,C♯ 具有如下优点。

(1)C♯ 是一种精确、简单、类型安全、面向对象的语言。正是由于 C♯ 面向对象的卓越设计,使它成为构建各种应用程序组件的理想之选——无论是高级的商业对象还是系统级的应用程序。

(2)C♯ 具有生成持久系统级组件的能力,提供 COM＋或其他技术平台支持以集成现有代码,提供垃圾回收和类型安全以实现应用程序的可靠性,提供内部代码信任机制以保证应用程序的安全性。

(3)C♯ 利用. NET Framework 的通用类型系统能够与其他程序设计语言交互操作。C♯ 应用程序能跨语言、跨平台互相调用。使用 C♯ 语言可实现具有不同专业技术背景的人员协同工作,完成软件系统的设计和开发。

(4)C♯ 支持 MSMQ(微软消息队列服务)、COM＋组件服务、WCF 服务和. NET Framework。使用 C♯ 语言,一方面实现组件之间的相互调用,也就实现了使用不同软件技术开发组件之间的集成应用。另一方面能够把传统的组件转化为 XML Web 服务,实现了组件之间的跨互联网调用。

(5)C♯ 语言允许自定义数据类型,用来扩展元数据。这些元数据可以应用于任何对象。项目构建者可以定义领域特有的属性并把他们应用于任何语言元素——类、接口等。然后,开发人员可以编程检查每个元素的属性。这样,很多工作都变得方便多了,比如编写一个小工具,用来自动检查每个类或接口是否被正确定义为某个抽象商业对象的一部分,或者只是创建一份基于对象领域特有属性的报表。定制的元数据和程序代码之间的紧密对应有助于加强程序的预期行为和真正实现之间的对应关系。

（6）C♯增强了开发者的效率，同时也致力于消除编程中可能导致严重结果的错误。C♯使C/C++程序员可以快速进行网络开发，同时也保持了开发者所需要的功能性和灵活性。

1.2　我的第一个C♯程序

使用C♯语言可以编写各种应用程序，包括控制台应用程序、Windows窗体应用程序、WPF应用程序、Web应用程序等。在Visual Studio 2017（注：本书后文简称VS2017）中，这些应用程序的操作模式基本上相同。

1.2.1　我的第一个控制台应用程序

在Windows系统中，控制台是由键盘和显示器组成的I/O操作台。早期的计算机系统I/O设备简单，操作和运行界面也简单，系统操作通常采用命令行模式（例如UNIX和DOS）。这些系统要求用户记忆大量的操作命令，因此操作难度较大，后来逐步被可视化的Windows所替代。不过，出于高性能的需要，服务器级的软件系统仍然采用命令行模式。在C♯中，采用命令行操作模式运行的应用程序称为控制台应用程序。

【例1-1】　设计一个C♯控制台应用程序，实现如图1-2所示的效果。

图1-2　控制应用程序的运行效果

【操作步骤】　详细操作步骤如下。

（1）启动VS2017。

在Windows系统中，选择"开始→所有程序→Visual Studio 2017"系统菜单即可启动VS2017。启动成功后，显示其操作窗口，如图1-3所示。

刚启动的VS2017的窗口由菜单栏、工具栏、工具箱、起始页、解决方案资源管理器等组成。其中，菜单栏提供VS2017的所有操作命令；工具栏则列出常用的操作命令；解决方案资源管理器用于显示将要创建的应用程序项目的文件夹结构以及文件列表；工具箱用于显示在设计应用程序操作界面时所要使用的可视化控件。

（2）新建项目。

VS2017是一个高度集成的开发工具。它集Visual Basic、C++、C♯和F♯四种程序设计语言为一体，可以用这四种语言编写应用程序，包括控制台应用程序、Windows应用程序、类库、设备应用程序、Windows控件库、安装项目、Web应用程序（ASP．NET网站）、WCF服务等功能。因此，在创建新项目之前应该先做好选择。

针对本实例，首先在VS2017窗口中选择"文件→新建→项目"菜单命令，弹出"新建项目"对话框后，在左侧列表框中选择"已安装→模板→Visual C♯"，同时在中间列表框中选择"控制台应用（.NET Framework）"。然后，在"名称"文本框中输入作为项目的名称（如

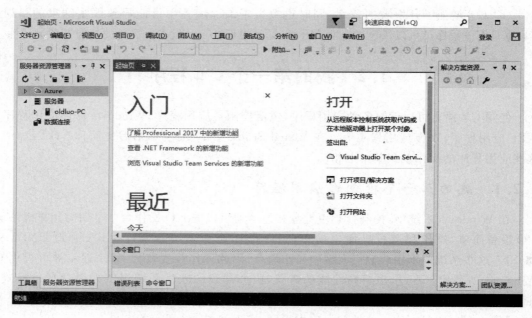

图 1-3   Visual Studio 2017 窗口

Test1_1），在"位置"组合框中输入保存项目的文件夹（如 d：\demo\），单击"确定"按钮，如图 1-4 所示。

图 1-4   "新建项目"对话框

之后，系统自动完成项目的配置。作为一个控制台应用程序，必不可少的配置包括对 .NET Framework 类库的引用以及应用程序项目的属性设置等，其相关信息保存在

AssemblyInfo.cs 文件中。

(3) 修改源程序文件名并编辑源程序。

控制台应用程序的默认源代码文件是 Program.cs。若需要修改默认文件名,则在解决方案资源管理器中右击 Program.cs,选择"重命名"快捷菜单命令,输入新的文件名即可(例如,将 Program.cs 修改为 Test1_1.cs)。

打开文件名为 Program.cs 的源程序文件,即可发现 VS2017 已经生成了部分源程序代码,只需要在此基础之上补充代码即可。

本例完整的源代码如下:

```
using System;
using System.Text;

//Test1_1 是自动生成的命名空间,通常与项目名称相同
namespace Test1_1
{
    //Program 是自动生成的类名,通常与源程序文件名相同
    class Program
    {
        //Main 是控制台应用程序主函数的名字
        static void Main(string[] args)
        {
            Console.WriteLine("Hello, this is my first C# Program!");
        }
    }
}
```

(4) 调试并运行程序。

选择"调试→启动调试"菜单命令(也可以按 F5),或者选择"调试→开始执行(不调试)"菜单命令(也可以按 Ctrl+F5),之后 VS2017 将自动启动 C#语言编译器编译源程序并执行程序,最后将程序的运行结果显示在命令提示符窗口中。

【注意】

(1) 在第二步中输入项目的保存位置时,如果指定的文件夹不存在,VS2017 会自动创建。

(2) 在第三步中若修改了源代码文件 Program.cs,则 VS2017 会自动修改源程序中类的名字。

(3) VS2017 最大的特色是智能感知或提示无处不在,因此要充分利用该功能快速输入源程序代码,以避免录入错误。例如,要想输入 WriteLine,在输入"Console."之后,系统自动显示 Console 的所有成员列表,先滚动浏览该列表框或按 W 键,快速定位到 WriteLine,再按空格键,由系统自动完成 WriteLine 的选择和录入,如图 1-5 所示。

(4) C#语言严格区分大小写字母,因此输入源代码时要注意不要混淆大小写字母。

【分析】

对于上面这个简单的 C#控制台应用程序来说,虽然很小、很简单,但"麻雀虽小,五脏俱全",该程序包含很多 C#的知识,详细分析如下:

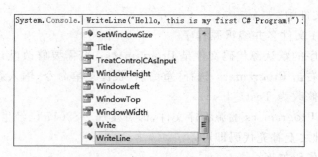

图 1-5   一个简单的 C# 控制台应用程序

（1）引入命名空间

在编辑 C# 源程序时，如果要使用 .NET Framework 中的类，则必须引入相应的命名空间。例如，在本例的第一行中的"using System;"表示引入 System 命名空间中的类。System 命名空间是 .NET 最基本的命名空间，它包含了最基本的类的声明与实现。这些类定义了常用数据类型、控制台输入/输出操作、事件和事件处理程序、异常处理等。可以这么说，如果不引用 System 命名空间，源程序代码将无法编译。

（2）添加代码注释

在编写 C# 源程序时，为了便于以后阅读或修改，需要添加适当的注释内容。C# 语言使用"//"或"/＊……＊/"来标记注释内容。其中，"//"表示单行注释，"/＊……＊/"表示多行注释（"/＊"表示注释开始，"……"表示注释内容，"＊/"表示注释结束）。在 VS2017 中，注释内容默认为绿色文字。

【注意】   程序中的注释内容只是为了提高程序的可读性而添加的文字，C# 语言编译器在编译源程序时将自动忽略注释。

（3）代码的命名空间

C# 语言使用命名空间来控制源程序代码的范围，以加强源程序代码的组织管理。例如，本例的 namespace Test1_1，其中的 namespace 是 C# 关键字，用来标识命名空间的定义，Test1_1 是命名空间的名字，是由 VS2017 根据创建的项目的名字自动生成的。有了命名空间后，其他代码一般就放在命名空间的一对花括号{}之中。

（4）定义类

C# 是一个完全面向对象的语言。C# 程序的源代码必须放到类中，一个程序至少包括一个类。例如，本例的 class Program，其中的 class 是 C# 关键字，用来标识类的定义；Program 是类名，是由 VS2017 自动生成的，表示正在编写一个程序。类的代码必须放在一对花括号{}之中。

【注意】   书写 C# 源代码时，必须保证花括号{}成对出现，否则将出现编译错误。

（5）定义 Main 方法

C# 控制台应用程序必须包含一个 Main 方法，表示程序的主函数。C# 控制台应用程序在运行时，首先从 Main 方法的第一条语句开始执行，执行完 Main 方法的最后一条语句之后就结束运行。在默认情况下，C# 控制台应用程序 Main 方法的格式必须是：

```
static void Main(string[] args)
```

其中，static 表明 Main 方法是静态方法，void 表示 Main 方法是无值型方法，args 表示在运行该程序时可以带若干个字符串参数。有关 static、void、string 等更详细的讲解，请阅读本书第 2 章。

（6）编写程序语句

一个 C♯ 程序通常包含若干条语句。每一条语句代表计算机最终能理解和执行的操作，必须符合 C♯ 语法的规定，以英文字符分号"；"结尾。例如，在本例中的"Console. WriteLine("Hello, this is my first C♯ Application!"); "就是一条完整的语句，该语句的作用是调用 Console 类的 WriteLine 方法，把字符串输出到控制台窗口（即显示出来）。

其中，Console 类是位于 System 命名空间中的类，它包含了与控制台有关的输入输出方法，除了 WriteLine 之外，还有 Write、ReadLine、Read 等。WriteLine 表示输出一个数据（可以是字符、整数、字符串等）并附加换行符。Write 表示输出一个数据但不换行。ReadLine 表示从键盘缓冲区读取一行字符，Read 表示从键盘缓冲区读取一个字符。

1.2.2 我的第一个 Windows 应用程序

【例 1-2】 设计一个 C♯ Windows 窗体应用程序，实现如图 1-6 所示的效果。

【操作步骤】 详细操作步骤如下。

（1）启动 VS2017。

（2）新建项目。

首先，选择"文件→新建→项目"菜单命令，弹出"新建项目"对话框后，在左侧列表框中选择"已安装→模板 → Visual C♯ → Windows 窗体应用（. NET Framework）"。

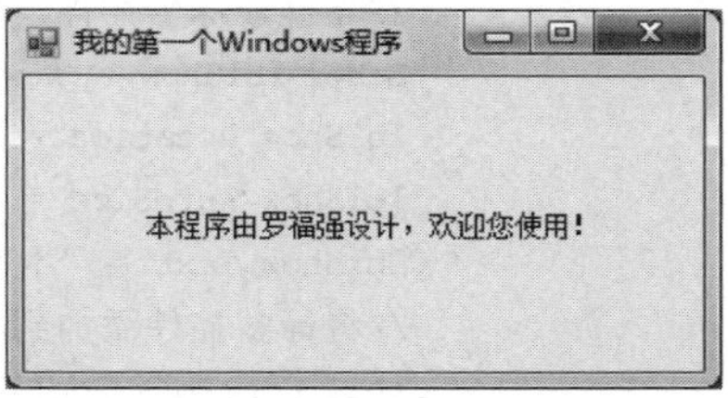

图 1-6　一个简单的 Windows 应用程序的运行效果

然后，输入项目名称（如 Test1_2）并设置保存位置，单击"确定"按钮。

之后，系统自动完成项目的配置（包括：完成对.NET Framework 类库的引用，生成包含 Main 方法的 Program. cs 文件，生成 Windows 窗体文件 Form1. cs，生成项目有关的属性文件 AssemblyInfo. cs 和 Resources. resx 等）。

图 1-7　添加 Load 事件

（3）修改源程序文件名并编辑源程序。

首先，在解决方案资源管理器中右击 Form1. cs，选择"重命名"快捷菜单命令，将 Form1. cs 修改为 Test1_2. cs。

然后，在 VS2017 的设计区中右击，选择"属性"快捷菜单命令，打开窗体的"属性"窗口，在属性窗口中单击"事件" ⚡ 按钮，显示窗体的所有事件列表，然后双击事件列表中的 Load 事件，由系统自动创建事件方法 Test1_2_Load（如图 1-7 所示），并且自动切换到 Test1_2. cs 的源代码编辑视图。

最后，在 Test1_2. cs 文件的源代码编辑窗口中添加下列源程序代码。

```
using System;
```

```
using System.Drawing;
using System.Text;
using System.Windows.Forms;

namespace Test1_2
{
    public partial class Test1_2 : Form
    {
        public Test1_2()
        {
            InitializeComponent();
        }

        private void Test1_2_Load(object sender, EventArgs e)
        {
            //设置本窗体的标题文字
            this.Text = "我的第一个 Windows 程序";

            //先创建标签控件,再设置其显示文本和位置等属性
            Label lblShow = new Label();
            lblShow.Location = new Point(50, 60);
            lblShow.AutoSize = true;
            lblShow.Text = "本程序由罗福强设计,欢迎您使用!";
            //将标签控件添加到本窗体之中
            this.Controls.Add(lblShow);
        }
    }
}
```

(4) 调试并运行程序。

选择"调试→启动调试"菜单命令或"调试→开始执行(不调试)"菜单命令后,VS2017将自动启动 C#语言编译器编译源程序,并执行程序,最后弹出一个如图 1-6 所示的运行窗口。

【分析】

(1) 在设计 C# Windows 窗体应用程序时,既要考虑窗体类的名字(如 Test1_2),也要考虑对.NET Framework 类库的适当引用。Windows 窗体应用程序的基础是命名空间 System.Windows.Forms 和 System.Drawing,在代表程序窗口的源代码文件中必须包含这些命名空间,否则将出现编译错误。为了简化源代码编写,VS2017 会自动完成这些必不可少的命名空间的引用。

(2) Windows 窗体应用程序的主程序文件仍然是 Program.cs,该文件具有 Main 主方法。C#的 Windows 应用程序也是从 Main 方法开始执行的。因为 VS2017 会自动根据程序员的操作来更新 Main 方法中的语句,所以不需要在 Main 方法中添加任何代码。

(3) 对于 Windows 窗体应用程序来说,其主要代码包含在代表程序窗口的文件中(例如 Form1.cs,改名之后为 Test1_2.cs)。Windows 应用程序采用事件驱动编程,只有当事

件发生时系统才能调用相应的事件方法。例如，如果希望在窗体的 Load(即加载)事件发生时应用程序能够调用事件方法 Test1_2_Load，那么就必须把窗体的 Load 属性与 Test1_2_Load_Load 方法链接起来。这个链接操作通常由 VS2017 自动完成。因此只需要集中精力编写事件方法中的语句即可。有关事件的概念，在本书第 8 章会详细讲解，读者只需对事件有一个感性认识就可以了。

（4）Test1_2_Load 事件方法

第 1 条语句用来设置窗口标题。其中，this 代表本窗体。

第 2 条语句的作用是创建一个用来显示提示信息或程序运行结果的标签对象。其中，Label 就是标签控件的类名，new Label()创建标签对象，lblShow 就是标签对象的名字。

第 3 条语句用来设置标签在窗体中的显示位置。new Point(50,60)表示在窗口中的像素点(50,60)位置开始显示。

第 4 条语句用来指示系统是否自动改变标签的大小，值为 true 就是确保把所有的文字显示出来。

第 5 条语句用来设置最终窗口中显示的文字。

第 6 条语句表示将标签对象 lblShow 添加到窗体中，实现显示输出。

1.2.3 一个具有输入功能的 Win32 应用程序

【例 1-3】 设计一个 C♯ Windows 应用程序，实现如图 1-8 所示的效果。

【操作步骤】 详细操作步骤如下。

（1）启动 VS2017。

（2）新建项目。

首先，选择"文件→新建→项目"菜单命令，弹出"新建项目"对话框，在左侧列表框中选择"已安装 → 模 板 → Visual C ♯ → Windows 窗 体 应 用(.NET Framework)"。

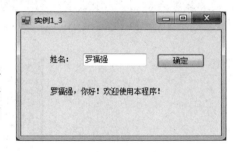

图 1-8 运行效果

然后，输入项目的名称(如 Test1_3)，设置项目的保存位置(如 d:\demo)。

单击"确定"按钮之后，系统自动完成项目的配置，自动生成有关文件(详细情况见 1.2.2 节)。

（3）修改源程序文件名。

在解决方案资源管理器中右击 Form1.cs，选择"重命名"命令，将 Form1.cs 修改为 Test1_3.cs。

（4）添加用户控件并设置控件属性。

首先，从 VS2017 的工具箱把下列控件添加到设计区：2 个 Label 控件、1 个 TextBox 控件和 1 个 Button 控件，各控件在窗体中的位置见图 1-9 所示(提示，在工具箱中展开"所有 Windows 控件"或"公共控件"即可找到相应的控件)。在工具箱中，Label 控件的图标为" A Label "、TextBox 控件的图标为" abl TextBox "、Button 控件的图标为" ab Button "。

然后，在设计区右击窗体或所添加的每一个控件，选择"属性"命令，打开"属性"窗口(如图 1-10 所示)，根据表 1-1 设置相应属性项。

窗体设计区

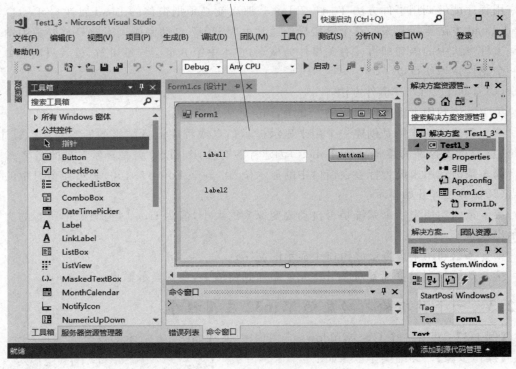

图 1-9 "工具箱"与窗体设计区

图 1-10 "属性"窗口

表 1-1 需要修改的属性项

控　　件	属　　性	属 性 设 置
Form1	Name	Test1_3
	Text	实例 1-3
Label1	Name	Label1
	Text	姓名：

控　　件	属　　性	属 性 设 置
TextBox1	Name	txtName
	Text	""
Button1	Name	btnOk
	Text	确定
Label2	Name	lblResult
	Text	""

（5）为控件添加事件方法。

首先，在窗体设计区中双击新添加 btnOk 按钮控件，系统自动为该按钮添加 Click 事件，对应的事件方法为 private void btnOk_Click(object sender，EventArgs e)，并切换到 Test1_3.cs 的源代码编辑视图。也可以在该按钮的属性窗口的事件列表中双击 Click 事件，添加 btnOk_Click 事件方法。

然后，在 Test1_3.cs 文件的源代码编辑窗口中添加以下源程序代码：

```csharp
using System;
using System.Drawing;
using System.Text;
using System.Windows.Forms;

namespace Test1_3
{
    public partial class Test1_3 : Form
    {
        public Test1_3()
        {
            InitializeComponent();
        }

        private void btnOk_Click(object sender, EventArgs e)
        {
            //定义字符串变量
            string strResult;
            //提取在文本框中录入的文字
            strResult = txtName.Text + ",你好!欢迎使用本程序!";
            //显示结果
            lblResult.Text = strResult;
        }
    }
}
```

（6）调试并运行程序。

选择"调试→启动调试"菜单命令或"调试→开始执行（不调试）"菜单命令，之后 VS2017 将自动启动 C♯语言编译器编译源程序，并执行程序，当弹出运行窗口后在文本框中输入姓名后即可得如图 1-8 所示的运行效果。

【分析】

（1）对于 Windows 窗体应用程序来说，窗体控件组成了程序运行时的操作界面。窗体中的控件可以在程序运行时才添加到窗口中（如例 1-2 所示），也可以在运行前完成所有设计（如本例所示）。

（2）Windows 窗体最常用的控件有 Label 控件、TextBox 控件和 Button 控件。其中，Label 控件（标签控件），一般用来显示提示信息或程序的运行结果；TextBox 控件（即文本框控件），用来接收用户的键盘输入；Button 控件（按钮控件），用于响应鼠标单击操作，触发单击事件并通知系统调用特定的方法（如本例的 btnOk_Click 事件方法）。

（3）事件方法 btnOk_Click

第 1 条语句定义了一个字符串型的变量 strResult，用来保存程序最终要显示的字符串。

第 2 条语句用来生成最终要显示的字符串。其中，txtName. Text 表示引用在文本框中所输入的文本内容；"＋"表示连接两个字符串。

第 3 条语句表示把变量 strResult 的字符串内容赋值给 lblResult 标签控件的 Text 属性，实现显示输出。

有关字符串、赋值等内容的详细介绍请读者阅读本书第 2 章。

1.2.4　我的第一个 Web 应用程序

目前，PHP、ASP. NET 和 JSP 是国内用于开发各种网站的三大主流技术。它们的区别如下：PHP 本身就是一门独立程序设计语言，而 ASP. NET 和 JSP 都只提供了网站的运行框架，本身不是独立的程序设计语言。ASP. NET 主要利用 C♯来编写网站后台程序，JSP 则使用 Java 语言。因此，在 C♯中一个 Web 应用程序就是一个网站。

【例 1-4】　设计一个 C♯ Web 应用程序，实现如图 1-11 所示的效果。

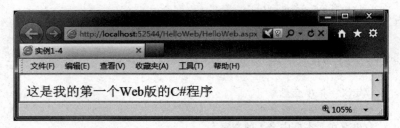

图 1-11　Web 应用程序运行效果

【操作步骤】

（1）启动 VS2017。

（2）新建网站。

在 VS2017 中，选择"文件→新建→网站"菜单命令，弹出"新建网站"对话框，在"模板"列表框中选择"ASP. NET 空网站"。

然后在该对话框的"Web 位置"下拉列表框中选择"文件系统"，并在后面的输入框中输入保存网站的文件夹（如 D:\Demo\HelloWeb），单击"确定"按钮，系统自动生成配置文件Web. config。

【注意】 在"位置"组合框中有三种选择,其中"文件系统"表示将网站创建到磁盘文件夹中,HTTP 表示把网站直接创建到一个 Web 服务器中,FTP 表示通过文件传输协议把网站创建到一个 FTP 服务器。由于选择 HTTP 或 FTP 要求开发人员具有操作远程服务器的权限,因此通常选择"文件系统"。

(3) 添加 Web 窗体并编辑源程序。

在解决方案资源管理器中首先右击网站文件夹(如 D:\Demo\HelloWeb),选择"添加新项"命令,以打开"添加新项"对话框。之后,在该对话框的模板列表中选择"Web 窗体",同时在"名称"文本框中输入 Web 窗体的文件名(如 HelloWeb.aspx),最后单击"添加"按钮,系统自动生成 Web 窗体文件(.aspx)和源程序文件(.cs 文件)。

右击 VS2017 的设计区,选择"查看代码"命令,即可将 Web 窗体的设计或编辑视图切换为源程序代码文件的编辑视图。然后,添加以下源程序代码。

```csharp
using System;
using System.Web;
using System.Web.UI;
using System.Web.UI.WebControls;

public partial class HelloWeb : System.Web.UI.Page
{
    protected void Page_Load(object sender, EventArgs e)
    {
        this.Title = "实例 1-4";
        Label lblShow = new Label();
        lblShow.Text = "这是我的第一个 Web 版的 C# 程序";
        lblShow.Font.Size = FontUnit.Point(16);
        this.Controls.Add(lblShow);
    }
}
```

(4) 调试并运行程序。

在解决方案资源管理器中右击 HelloWeb.aspx,选择"在浏览器中查看"命令,VS2017 将自动启动 C# 语言编译器编译源程序,并启动系统进程 WebDev.WebServer.exe(即 ASP.NET Development Server)来执行 Web 应用程序,最后把运行结果输出到浏览器。

【注意】

(1) 在第 2 步中确认创建新网站后,VS2017 会将与网站有关的文件保存到指定的文件夹中(如 D:\Demo\HelloWeb),同时也会在"我的文档\Visual Studio 2017\Projects"下创建一个同名的文件夹(如 HelloWeb),用来保存与网站无关的文件(如解决方案文件 HelloWeb.sln)。VS2017 的这个功能为发布网站提供了很多便利。

(2) 在第 3 步中由 VS2017 自动生成的 HelloWeb.aspx 文件存在两种视图:一种是设计视图,另一种是源视图。其中,设计视图与 Windows 窗体的设计视图一样,具有所见即所得的特点;源视图将显示 Web 窗体的源代码(一种由 HTML 标记、Web Server 控件页面元素等组成的文本文档)。若要切换视图,可按 Shift+F7 即可,也可选择"视图→设计器"或"视图→标记"菜单命令,或者在设计区的左下角单击 □设计 按钮或 回源 按钮。

(3) 在第 4 步中也可以选择"调试→启动调试"或"调试→开始执行(不调试)"菜单命令

执行 Web 应用程序。当项目中存在若干个 Web 窗体时,需要先将要浏览的 Web 窗体设置为起始页。

(4) 在 VS2017 出现之前,传统的 Web 应用程序需要通过 IIS 来管理,以便远程客户端通过浏览器来访问。而 VS2017 使 Web 应用程序的开发与 IIS 分离,在开发过程中不需要 IIS,而是直接启动系统进程 IIS Express 来代管 Web 应用程序,这就大大方便了程序设计员调试 Web 应用程序。

【分析】

(1) 在设计 C# Web 应用程序时,既要考虑自定义类(如 HelloWeb),也要考虑重用 . NET Framework 类库中的类。一个 Web 应用程序必须借助于命名空间 System. Web、System. Web. UI、System. Web. UI. WebControls 等来实现,因此需要将这些命名空间引入。在使用 VS2017 设计 Web 应用程序时,VS2017 会自动将这些命名空间引入到项目中,并自动链接相应的动态链接库(DLL),以保证编译器能正确识别它们。

(2) C# Web 应用程序与控制台应用程序和 Windows 应用程序的不同之处在于,C# Web 应用程序不需要从 Main 方法开始执行,因此不需要为 C# Web 应用程序添加 Main 方法。

(3) C# Web 应用程序同样采用事件驱动编程思想,只有当事件发生时系统才调用相应的事件方法。例如,当 Web 窗体的 Load 事件发生时,应用程序将调用事件方法 Page_Load。

(4) 在本例的事件方法 Page_Load 中,第 1 行的 this 代表 HelloWeb 窗体自身,this. Title 表示本窗体的标题(在浏览器标题栏中显示的文字内容);第 2～4 行的作用与例 1-2 中的类似,其中语句 lblShow. Font. Size = FontUnit. Point(16);用来设置标签文字的字号大小。

1.3 C#项目结构与程序特点

1.3.1 C#项目结构

通过上述例子,不难发现,VS2017 通过解决方案来管理每一个正在开发的软件项目。一个解决方案代表一个正在开发的软件系统,一个项目可能只是其中的一个子系统。因此,一个解决方案可以把多个项目组织起来,而一个项目可以把一个子系统中的所有文件管理起来。VS2017 支持多种文件类型以及与它们相关的扩展类型。表 1-2 列出了. NET 应用程序特有的一些常用的文件类型。

表 1-2 Visual Studio . NET 中的常用文件类型

扩展名	名　称	描　述
. sln	Visual Studio . NET 解决方案文件	. sln 文件为解决方案资源管理器提供显示管理文件的图形接口所需的信息。打开. sln 文件,能快捷地打开整个项目的所有文件
. csproj	Visual C# 项目文件	一个特殊的 XML 文档,主要用来控制项目的生成
. cs	Visual C# 源代码文件	表示 C# 源程序文件、Windows 窗体文件、Windows 用户控件文件、类文件、接口文件等

扩展名	名　　称	描　　述
.resx	资源文件	包括一个 Windows 窗体、Web 窗体等文件的资源信息
.aspx	Web 窗体文件	表示 Web 窗体，由 HTML 标记、Web Server 控件、脚本组成
.asmx	XML Web 服务文件	表示 Web 服务，它链接一个特定.cs 文件，在这个.cs 文件中包含了供 Internet 调用的方法函数代码

1.3.2　C♯程序的特点

通过上述例子，我们可以看到，C♯程序的结构和书写形式具有以下特点。

1. 必须借助.Net Framework 类库实现

每一个 C♯应用程序必须借助于.Net Framework 类库实现，因此必须使用 using 关键字把.Net Framework 类库相对应的命名空间引入到应用程序项目中来。例如，在设计 Windows 应用程序时需要引用命名空间 using System.Windows.Forms；在设计 Web 应用程序时需要引用命名空间 System.Web.UI.WebControls。

2. 必须定义类

C♯程序的源代码必须放到类中，一个程序至少包括一个自定义类。自定义的类使用关键字 class 声明，其名字由字符、数字、～、下画线_等字符组成，一般使用大写字母或～打头。

3. 类的代码主要由方法组成

一个控制台应用程序或 Windows 应用程序必须包含 Main 方法，而且程序在运行时从 Main 方法的第一条语句开始，直到执行了最后一条语句为止。C♯程序的类中也可以包含其他方法，如例 1-2 中的 Test1_2_Load 和例 1-3 中的 btnOk_Click。每一个方法名后紧跟一对圆括号，不能省略，圆括号中可以带若干个参数，也可以没有参数。

4. C♯程序中方法的结构

任何一个方法由两部分组成：方法的头部和方法体。

1) 方法的头部

方法的头部即方法的第一行，包括返回值类型、方法名、形参名及形参类型的说明。一个方法的形参可以没有，也可以有多个。当一个方法带多个形参时，形参之间用逗号隔开。例如，在例 1-3 的 void btnOk_Click(object sender，EventArgs e)中 btnOk_Click 是方法名，sender 和 e 是方法的形参名，void 表示方法无返回值，object 表示参数对象型、EventArgs 表示事件参数型。

2) 方法体

方法体使用一对大括号{}括起来，通常包含声明语句和执行语句。声明部分用来定义即将使用的变量名，例如在例 1-3 中的语句"string strResult;"表示定义一个字符串变量。执行语句可以是赋值运算、算法运算，也可以是方法调用，例如在例 1-2 中的语句"lblShow.AutoSize = true;"表示把逻辑真值(true)赋值给 lblShow 对象的 AutoSize 属性；而语句"this.Controls.Add(lblShow);"表示调用 Add 方法，把 lblShow 对象添加到窗体中，实现显示输出。

5. C♯程序的语句

C♯程序中的每个语句必须以分号结尾。在书写时,源程序的一行可以书写几条语句,一条语句也可以分写在多行上。

6. C♯程序的输入与输出操作

C♯语言本身没有输入输出语句。因此,C♯控制台应用程序必须借助类库中 Console 类的方法(ReadLine、WriteLine 等)来完成输入输出操作,而 C♯ Window 应用程序和 Web 应用程序必须借助类库的控件类(如标签 Label、文本框 TextBox 等)来实现输入输出。

7. C♯程序的注释

在 C♯程序中,用户可以使用"//"或"/ * …… * /"添加注释信息,增加注释的目的是为了方便人阅读或修改程序,程序被编译时它将被忽略,在运行时不起作用。注释可以添加在程序中的任何位置。经验表明适当地添加注释,对程序的重要部分进行说明,可大大增强程序的可读性。

8. C♯程序的编译与运行

C♯源程序是一种人能理解的代码,必须经过编译才能让机器理解并执行。在 VS2017 中,当选择"调试→开始执行"菜单命令时,VS2017 自动启动 C♯编译器完全源程序的编译,并最终在应用程序项目所在位置的 bin\debug 文件夹中生成一个 .exe 文件。这个文件就是经过编译的可执行的文件。

【注意】 在 .NET 平台下,无论是 C++、C♯、VB 还是 F♯,其源程序经过编译器编译之后,都将被翻译成 .NET CLR(即 Common Language Runtime,公共语言运行库)能够识别的中间语言代码。因此,VS2017 生成的可执行文件(.exe)与传统的可执行文件(.exe)虽然扩展名相同,但有很大的区别,传统的 .exe 文件可直接在操作系统平台上运行,而 VS2017 生成的 .exe 文件离不开 .NET Framework,必须先安装 .NET Framework 之后才能运行。

习　　题

1. 查阅相关资料,比较 .NET Framework、.NET Core 以及 Xamarin 的关系。

2. 简述 C♯语言的特点。

3. 简述 C♯程序的编译与运行机制。

4. C♯程序有什么显著特点?

5. 指出以下关键字在 C♯程序中的作用:using、namespace、class、this。

6. 指出以下控件的作用:Label、TextBox、Button。

7. 在 C♯源程序中,为何要添加注释?如何添加注释?

8. 根据以下叙述,请分别写出相应的 C♯语句。

(1) 在控制台上输出"中国,加油!"这一句话。

(2) 假设在某个窗体中已存在标签控件 lblShow,请使用该控件输出"祝您新年快乐!"这一句话。

上机实验 1

一、实验目的

1. 掌握 VS2017 的基本操作方法。
2. 掌握 C♯ 应用程序的基本操作过程。
3. 掌握简单窗体控件 Label、TextBox 和 Button 的基本用法。
4. 初步理解 C♯ 程序的特点。

二、实验要求

1. 熟悉 Windows 系统的基本操作。
2. 认真阅读本章相关内容,尤其是案例。
3. 实验前进行程序设计,完成源程序的编写任务。
4. 反复操作,直到不需要参考教材也能熟练操作为止。

三、实验内容

1. 设计一个简单的 C♯ 控制台应用程序,逐行显示自己的学号、姓名、专业等信息。
2. 设计一个 C♯ Windows 窗体应用程序,使该程序在执行时能输入个人信息(包括学号、姓名、性别、年龄、专业等),在单击"确定"按钮时能再次显示已输入的信息。

四、实验总结

写出实验报告,报告内容包括实验内容、任务分析、算法设计、源程序、实验体会等,并记录实验过程中的疑难点。

第2章　C♯程序设计基础

总体要求

- 掌握常量和变量概念,掌握变量的声明、初始化方法。
- 掌握 C♯ 常用的简单数据类型,了解枚举型、结构型,理解数据类型转换。
- 掌握 C♯ 的运算符和表达式的概念,理解运算符运算规则,理解表达式的使用方法。
- 理解数组和字符串的概念,掌握一维数组和字符串的使用方法,了解多维数组、数组型数组的应用。

相关知识点

- 了解内存及其地址分配的相关知识。
- 了解计算机中的数制(包括二进制、八进制、十六进制等)与字符编码(包括 ASCII 码、GB2312-80 等、Unicode 码等)的相关知识。

学习重点

- C♯ 语言中的常量、变量、数据类型、运算符、表达式等的概念。
- C♯ 语言中一维数组和字符串的概念及其使用方法。

学习难点

- 枚举型、结构型。
- 数据类型转换。
- 运算符的运算规则。
- 多维数组、数组型数组的概念。

　　数据运算是程序设计的主要任务。为了实现数据运算,C♯ 提供了丰富的数据类型、运算符。在 C♯ 程序时,不同类型的数据都必须遵守"先定义,后使用"的原则,即任何一个变量和数据都必须先定义其数据类型,然后才能使用。运算符用来指示计算机执行某些数学或逻辑操作,它们经常是数学或逻辑表达式的一个组成部分。本节将详细介绍 C♯ 语言有关变量、常量、数据类型、运算符、表达式、数组、字符串的概念,介绍 C♯ 程序中变量、表达式、数组、字符串等的定义方法。

2.1　常量与变量

　　C♯ 中常见的数据类型主要有整型、浮点型、小数型、字符型、布尔型和字符串型等,其说明如表 2-1 所示。

表 2-1　C♯中常见的数据类型

数 据 类 型	说　　明
int	表示整数,包括正整数、负整数和零,例如:一个班级有 36 人
double	表示双精度数(小数),例如:一本书的价格是 48.5 元
char	表示单个字符,例如:性别:'男'、'女',电灯:'开'、'关'
bool	表示现实中的真(true)或假(false),通常用于逻辑判断
string	表示一串字符,例如:"我爱好踢足球","我喜欢 C♯ 编程"

数据又分为常量和变量。

2.1.1　常　量

在程序运行过程中,其值始终不变的量称之为常量。常量类似于数学中的常数。

1. 整型常量

整型常量又分为有符号的整型常量、无符号整型常量和长整型常量。有符号的整型常量书写形式与数学中的常数相同,直接书写,负整数带负号一。无符号整型常量在书写时添加 u 或 U 标志,表示非负整数。长整型常量在书写时添加 l 或 L 标记。例如,－8、8U、8L 分别为有符号的整型常量、无符号整型常量、长整型常量。

2. 浮点型常量

浮点型常量又分为单精度浮点型常量和双精度型常量。单精度浮点型常量在书写时添加 f 或 F 标记,而双精度型常量添加 d 或 D 标记。例如,8.3F、8.3D 分别为单精度浮点型常量和双精度型常量。注意,以小数形式直接书写的常量在未添加标记时,将自动被解释成双精度浮点型常量。例如,8.3 即为双精度浮点型常量。

3. 小数型常量

小数型常量的后面必须添加 m 或 M 标记,否则就会被解释成标准的浮点型数据。

4. 字符型常量

字符型常量是一个标准的 Unicode 字符,使用两个英文单引号来标记。例如,'8'、'A'、'中'、'@'等都是标准的字符型常量。C♯ 语言还允许使用一种特殊形式的字符常量,即以反斜杠符(\)开头,后跟字符的字符序列,称之为转义字符常量,用它来表示控制和一些不可见的字符。例如,'\b'表示倒退一个字符,相当于 Backspace 键。常用的转义字符见表 2-2。

表 2-2　常用的转义字符

转　义　符	说　　明	转　义　符	说　　明
\'	单引号'	\t	Tab 符,与\u0009 匹配
\"	双引号"	\r	回车符,与\u000D 匹配
\\	反斜线符\	\v	垂直 Tab 符,与\u000B 匹配
\0	空字符	\f	换页符,与\u000C 匹配
\a	响铃(警报)符,与\u0007 匹配	\n	换行符,与\u000A 匹配
\b	退格符,与\u0008 匹配		

字符型常量可直接表示为八进制的 ASCII 编码、十六进制的 ASCII 编码或十六进制的 Unicode 编码,编码格式分别是\0dd、\xhh、\uhhhh,其中 d 表示一位八进制字符,h 表示一

位十六进制字符。例如,空格字符的八进制的 ASCII 编码为'\040',而大写字符 A 的十六进制编码为:'\x41'、'\u0041'。

【思考】 大写字符 A 能不能使用八进制的 ASCII 编码表示? 为什么?

5. 布尔型常量

布尔型常量只有两个,一个是 true,表示逻辑真;另一个 false,表示逻辑假。

6. 字符串常量

字符串常量表示若干个 Unicode 字符组成的字符序列,使用两个英文双引号来标记,例如:"8"、"abc"、"中国人"。请注意字符串常量与字符常量的区别。

在字符串常量中如果需要包括特殊字符,需要使用转义字符表示,例如,在"C:\\Program Files\\Microsoft Visual Studio"字符串中,用"\\"表示反斜线符"\"。为了简化字符串常量的表示,C#允许在字符串常量前加@符号,使两个引号之间的所有字符都属于同一个字符串,例如:@"C:\Program Files\Microsoft Visual Studio",显然这种表示形式更加直观。

2.1.2 变量

1. 变量的概念

在程序运行过程中,其值可以被改变的量称之为变量。变量可以用来保存用户输入的数据,也可以保存程序运行时产生的中间结果或最终结果。每一个变量都具有变量名和变量值。

(1) 变量名

每个变量都必须有一个名字,即变量名。变量命名应遵循标识符的命名规则,命名规则如下:

- 只能由 52 个字母(A~Z, a~z),10 个数字(0~9),下画线(_)和汉字组成。
- 不能以数字开始。
- 不能使用 C# 保留字。

另外,注意 C# 区分大小写,大写字母和小写字母定义的变量是两个不同的变量。例如,sum 和 Sum 就是两个不同的变量名。

(2) 变量值

程序运行时,系统自动为变量分配内存单元,每一个变量对应一个特定的内存单元地址,用来存储变量的值。不同类型的变量,占用的内存单元个数不同,相关规定在 2.2 节介绍。在程序中,通过变量名来引用变量的值。

2. 变量的定义

C# 语言规定:使用变量之前必须先指定变量名和数据类型,以便系统为变量分配内存单元,该操作称为变量的定义。其一般形式为:

类型标识符 变量名 1,变量名 2, ……;

例如:

```
int x,y,z;                    //x,y,z 为整型变量
double score;                 //score 为双精度浮点型变量
string name;                  //name 为字符串变量
```

在定义多个相同类型的变量时,应注意以下两点:

- 各变量名之间用逗号间隔,类型标识符与变量名之间至少用一个空格间隔。
- 最后一个变量名之后必须以";"号结尾。

3. 变量的初始化

变量初始化就是为变量指定一个初始值。变量的初始化有两种形式。一种是在定义变量的同时初始化,另一种是先定义变量再初始化。

前者的一般形式为:

类型标识符 变量名 1[= 初值 1],变量名 2[= 初值 2],…;

其中,[]表示可省略,例如:

```
int a = 12, b = - 24, c = 10;      //a,b,c 为整型变量,其初始值分别为 12、24 和 10
```

【注意】 C♯允许在定义变量时进行部分初始化。

例如:

```
double x = 1.25, y = 3.6, z;      //x,y,z 为浮点型变量,其中只初始化了 x 和 y
```

变量也可以在定义之后进行初始化,允许为不同变量逐一赋值,也允许为多个变量连续赋予一个相同值,例如,

```
int a, b, c;
a = 1; b = 2; c = 3;
```

表示逐个初始化,可设置不同的初始值,例如,

```
int a,b,c;
a = b = c = 1;
```

表示为 a,b,c 三个变量设置相同的初始值。

4. 使用 var 定义变量

从 C♯ 3.0 开始,C♯允许使用保留字 var 指示编译器通过右侧的表达式推断变量的类型,而不需要显式指定变量的类型。

例如:

```
var i = 88;
```

表示定义变量 i,并让编译器根据常量 88 推断为其数据类型为整数型。

【例 2-1】 创建一个 Windows 应用程序,展示变量的使用方法,包括定义、初始化和引用。

(1)首先在 Windows 窗体中添加一个名为 lblShow 的 Label 控件(提示:详细操作方法请参照第 1 章)。

(2)在窗体设计区中双击窗体空白区域,系统自动为窗体添加 Load 事件及对应的事件方法,然后在源代码视图中编辑如下代码:

```
using System;
using System.Windows.Forms;
//Visual Studio .NET 自动生成命名空间来封装代码,后文示例将全部省略命名空间
namespace test2_1
```

```
{
    public partial class Test2_1 : Form
    {
        //Visual Studio .NET 自动生成的构造函数,后文示例将全部省略
        public Test2_1()
        {
            InitializeComponent();
        }
        //Load 事件方法
        private void Test2_1_Load(object sender, EventArgs e)
        {
            int a = 25, b, c;                    //定义变量并初始化
            b = c = 10;                          //对变量 b 和 c 同时赋初值
            var sum = a + b + c;                 //求 a、b、c 相加的和,sum 的数据类型由编译器自动推断
            lblShow.Text = "变量 a、b、c 之和为:" + sum;     //引用变量 sum 的值
        }
    }
}
```

【分析】 在窗体类 Test2_1 的事件方法 Test2_1_Load 之中,首先声明了 3 个整数型变量 a、b、c,只初始化其中的 a。之后,通过赋值将 10 同时赋给 b 和 c,通过计算得到变量 sum 的值,其数据类型由编译器自动推断为整型。最后通过 Label 控件输出计算结果。因此,该程序的运行结果如图 2-1 所示。

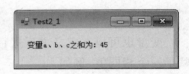

图 2-1　运行结果

2.2　C♯的数据类型

C♯的数据类型非常丰富,从数据存储的角度可分为值类型和引用类型。值类型用于存储数据的值,引用类型用于存储对实际数据的引用。本节主要介绍 C♯的值类型,本书第 4 章将介绍 C♯的引用类型。

2.2.1　简单类型

C♯中的值类型主要有三种:简单类型、枚举类型和结构类型。其中,简单类型表示一个有唯一取值的数据类型,包括整数型、浮点型、小数型、布尔型等。表 2-3 列出了常见的简单类型。

表 2-3　C♯中简单类型

类　　型	别　　名	长度(位)	类　　型	别　　名	长度(位)
sbyte	System.Sbyte	8	long	System.Int64	64
byte	System.Byte	8	ulong	System.UInt64	64
char	System.Char	16	float	System.Single	32
short	System.Int16	16	double	System.Double	64
ushort	System.UInt16	16	decimal	System.Decimal	128
int	System.Int32	32	bool	System.Boolean	1
uint	System.UInt32	32			

1. 整数型

整数型的值只能是整数，例如：2 为一个整数，而 2.0 则不是一个整数。注意，在数学中，"数"的大小可以从负无穷大到正无穷大，但在计算机中由于内存存储空间有限，因此任何类型的数据都是有一定取值范围的。

C♯ 提供了 9 种整数类型，它们的取值范围如表 2-4 所示。其中，char 为字符型，表示一个 Unicode 字符的编码（Unicode 是一种在计算机上使用的字符编码。它为每种语言中的每个字符设定了统一并且唯一的二进制编码，以满足跨语言、跨平台进行文本转换、处理的要求，一个 Unicode 字符使用 16 位二进制数来表示一个字符的编码）。

表 2-4　C♯ 中的整数型

类　　型		范　　围	长度
sbyte	有符号字节型	−128～127	8 位
byte	字节型	0～255	8 位
char	字符型	U+0000～U+FFFF　（Unicode 字符集中的字符）	16 位
short	短整型	−32 768～32 767	16 位
ushort	无符号短整型	0～65 535	16 位
int	整型	−2 147 483 648～2 147 483 647	32 位
uint	无符号整型	0～4 294 967 295	32 位
long	长整型	−9 223 372 036 854 775 808～9 223 372 036 854 775 807	64 位
ulong	无符号长整型	0～18 446 744 073 709 551 615	64 位

2. 浮点型

浮点型一般用来表示一个确定的小数，例如：2.0 为一个浮点数。在 C♯ 中，浮点型分为两种：单精度（float）和双精度（double）。其差别在于取值范围和精度的不同，分别如：

float 型：取值范围在 ±1.5E-45～±3.4E38，精度为 7 位

double 型：取值范围在 ±5.0E-324～±1.7E308，精度为 15～16 位

【注意】　计算机对浮点数据的运算速度大大低于对整数的运算速度，数据的精度越高对计算机的资源要求越高。因此，在对精度要求不高情况下，尽量使用单精度型，而在精度要求较高的情况下，可使用双精度型。

3. 小数型

因为使用浮点型表示小数位，最高精度只能达到小数点后 16 位（double 型），为了满足高精度的财务和金融计算领域的需要，C♯ 提供了小数型（decimal），其取值范围和精度如下：

decimal 型：取值范围在 ±1.0×10E-28～±7.9×10E28，精度为 28～29 位

4. 布尔型

布尔型用来表示逻辑真或逻辑假，因此只有两种取值：true 或 false，其中 true 表示逻辑真，false 表示逻辑假。布尔型主要应用到数据运算的流程控制中，辅助实现逻辑分析和推理。

2.2.2　枚举型

枚举型实质就是使用符号来表示的一组相关的数据。例如，当数字 0、1、2、3、4、5、6、7、

8、9、10、11 表示月份时,为直观起见,我们首先使用一组单词符号来表示它们,依次为 Jan、Feb、Mar、Apr、May、Jun、Jul、Aug、Sep、Oct、Nov 和 Dec,然后再给它们取一个统一的名称(如 Months),并使用 enum 来标记,完整代码如下:

```
enum Months {Jan, Feb, Mar, Apr, May, Jun, Jul, Aug, Sep, Oct, Nov, Dec}
```

其中,Months 就是枚举型的名称,而花括号中的单词分别表示 12 个不同的枚举元素。

【注意】 在使用枚举型时要注意以下几点:

① 枚举元素的数据值是确定的,一旦声明就不能在程序的运行过程中更改;

② 枚举元素的个数是有限的,同样一旦声明就不能在程序的运行过程中增减;

③ 默认情况下,枚举元素的值是一个整数,第一个枚举数的值为 0,后面每个枚举数的值依次递增 1;

④ 如果需要改变默认的规则,则重写枚举元素的值即可,例如:

```
enum MyEnum {a = 101, b, c, d = 201, e, f};
```

在此枚举型数中,a 为 101、b 为 102、c 为 103、d 为 201、e 为 202、f 为 203。

【例 2-2】 创建一个 Windows 应用程序,展现枚举型的使用方法。

(1) 首先在 Windows 窗体中添加一个名字 lblShow 的 Label 控件。

(2) 在窗体设计区中双击窗体空白区域,系统自动为窗体添加 Load 事件及对应的事件方法,然后在源代码视图中编辑如下代码:

```
using System;
using System.Windows.Forms;
public partial class Test2_2 : Form
{
        enum Season { Spring = 10, Summer, Autumn = 20, Winter };     //声明枚举型
        private void Test2_2_Load(object sender, EventArgs e)
        {
            Season a, b;                    //定义枚举变量 a 和 b
            a = Season.Summer;              //使用枚举值 Summer 初始化 a
            b = (Season)21;                 //将整数转换为枚举值,初始化 b
            //将枚举型变量的值转换为整数值
            lblShow.Text = "枚举变量 a 的值为: " + (int)a;
            //使用枚举型变量的值
            lblShow.Text += "\n枚举变量 b 代表枚举元素: " + b;
        }
}
```

【分析】 在窗体类"Test2_2"中,首先声明了一个枚举型 Season,接着在 Load 事件方法中定义了两个枚举变量 a 和 b。其中,a 代表值为 11 的枚举元素 Summer,b 代表值为 21 的枚举元素 Winter。因此,该程序的运行结果如图 2-2 所示。

【注意】 (数据类型)变量名,是一种显式数型转换,将变量类型转换成指定的数据类型,"+="是一种复合赋值运算符,a += b;相当于 a = a + b,这些内容将在 2.3 节做详细介绍。

图 2-2　运行结果

2.2.3　结构型

在现实生活中,有些数据只有组合在一起才能共同描述一个完整事物。例如,学号、姓名、年龄、性别等就共同描述了一个学生的信息,在 C♯ 中,作为一个整体的"学生",可以描述为结构型,表示由学号、姓名、年龄、性别等数据项组成。

1. 结构型的定义

C♯ 的结构型使用 struct 来标记。C♯ 的结构型的成员包含数据成员、方法成员等。其中,数据成员表示结构的数据项,方法成员表示对数据项的操作。一个完整的结构体示例如下:

```
struct Student
{
    public int stuNo;
    public string stuName;
    public int age;
    public char sex;
}
```

其中,Student 就是结构型的名称,而花括号中的 stuNo、stuName、sex、age 就是结构类型的数据成员。

2. C♯ 内置的结构型

C♯ 中内置了许多结构型,用来表示一些常用的事物,内置的结构型主要有 DateTime、TimeSpan 等。DateTime 表示某个时间点,其成员主要有 Year、Month、Day、Hour、Minute、Second、Today、Now 等,分别表示年、月、日、时、分、秒、今天、当前时间。TimeSpan 表示某个时间段,其成员主要有 Days、Hours、Minutes、Seconds 等,分别表示某个时间段的天数、小时数、分数、秒数。有关 DateTime 和 TimeSpan 的完整描述请参见 MSDN。

3. 结构型的使用

自定义的结构型与简单类型(如 int)一样,可用来定义变量。一旦定义了结构型变量,就可以通过该变量来引用其成员。引用结构型的成员的格式如下:

结构型变量.结构型成员

例如,针对上例定义的结构型 Student 来说,

```
Student x;                          //定义结构型变量 x
x.stuNo = 10001;                    //为 x 的成员变量 stuNo 赋值
x.stuName = "令狐冲";                //为 x 的成员变量 stuName 赋值
```

【**例 2-3**】　创建一个 Windows 应用程序,展示结构型的使用方法。

(1)首先在 Windows 窗体中添加一个名为 lblShow 的 Label 控件。

（2）在窗体设计区中双击窗体空白区域，系统自动为窗体添加 Load 事件及对应的事件方法，然后在源代码视图中编辑如下代码：

```csharp
using System;
using System.Windows.Forms;
public partial class Test2_3 : Form
{
        struct Student                                  //声明结构型
        {
            public int stuNo;                           //声明结构型的数据成员
            public string stuName;
            public int age;
            public char sex;
        }
        private void Test2_3_Load(object sender, EventArgs e)
        {
            Student stu;                                //定义结构型变量 stu
            stu.stuNo = 1000;                           //为 stu 的成员变量 stuNo 赋值
            stu.stuName = "令狐冲";                      //为 stu 的成员变量 stuName 赋值
            stu.age = 21;                               //为 stu 的成员变量 age 赋值
            stu.sex = '男';                             //为 stu 的成员变量 sex 赋值
            lblShow.Text = "学生信息:\n 姓名:" + stu.stuName; //使用 stu 的成员变量
            lblShow.Text += "\n 学号:" + stu.stuNo;//使用 stu 的成员变量
            lblShow.Text += "\n 性别:" + stu.sex;   //使用 stu 的成员变量
            lblShow.Text += "\n 年龄:" + stu.age;   //使用 stu 的成员变量
        }
    }
```

【分析】 该程序在窗体类 Test2_3 类中，首先声明一个结构型 Student，该结构型包括四个数据成员（stuNo、stuName、age、sex），然后在窗体的 Load 事件方法中定义一个结构型变量 stu，接着初始化 stu 的各成员变量，最后输出每个成员变量的数据内容。该程序的运行结果如图 2-3 所示。

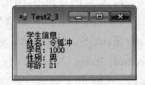

图 2-3　运行结果

【注意】 枚举型与结构型是有区别的。枚举型的各个枚举元素的数据类型是相同的，枚举数只能代表某个枚举元素的值，例如在例 2-2 中的枚举变量 a 在程序中只代表枚举元素 Summer，其值为 11。而结构型实质上是若干个数据成员与数据操作的组合，一个结构型数的值是由各个成员的值组合而成的，结构型的各个数据成员的数据类型可以是不相同的，例如在例 2-3 中的结构型变量 stu 的值是由 10001、"令狐冲"、21、'男'这 4 个数据构成的。

2.2.4　数据类型转换

C# 的数据类型是可以相互转换的。转换的方法有两种，一种是隐式转换，另一种是显式转换。

1. 隐式转换与显式转换

隐式转换通常发生在不同类型的数据进行混合运算之时，当编译器能判断出转换的类型，而且转换不会造成数据精度损失时，C#语言编译器会自动进行隐式转换。隐式转换遵循以下规则。

（1）如果参与运算的数据类型不相同，则先转换成同一类型，然后进行运算。

（2）转换时按数据长度增加的方向进行，以保证精度不降低，例如 int 型和 long 型运算时，先把 int 数据转成 long 型后再进行运算。

（3）所有的浮点运算都是以双精度进行的，即使仅含 float 单精度量运算的表达式，也要先转换成 double 型，再作运算。

（4）byte 型和 short 型参与运算时，必须先转换成 int 型。

（5）char 可以隐式转换为 ushort、int、uint、long、ulong、float、double 或 decimal，但是不存在从其他类型到 char 类型的隐式转换。

例如：

```
int x = 56;
long y = x;
```

x 为一个 int 型整数，长度为 32 位。y 为一个 long 型整数，长度为 64 位，编译器自动把 x 转换为 long，这样的转换，不会损失精度。一般来讲，类型 A 可以隐式转换为类型 B 的前提是其取值范围完全包含在类型 B 的取值范围中。

所以，下面例子在编译时将出现错误。

```
int x = 56;
uint y = x;
```

虽然 int 和 uint 都占 32 位，但 uint 不能存储负数。所以 x 不能隐式转换成 uint 类型。

显式转换就是需要明确要求编译器完成的转换，也称强制类型转换，在转换时，需要用户明确指定转换的类型，强制类型转换的一般形式为：

（类型说明符）待转换的数据

其含义是：把待转换数据的类型强制转换成类型说明符所表示的类型。例如：

```
(float) a;                          //表示把 a 转换为 float 型
(int)(x+y);                         //表示把 x＋y 的结果转换为 int 型
```

显式转换有可能造成精度损失，例如：

```
double d = 12.5;
int a = (int)d;
```

转换后 a 的值为 12。小数部分的值将丢失。

【注意】 在使用强制转换时应注意以下问题：

（1）当待转换的数据不是单个变量时，类型说明符和特转换的数据都必须加圆括号。例如，(int)(x＋y)和(int)x＋y 是不同的，前者把 x＋y 的结果转换为 int 型，而后者 x 转换成 int 型之后再与 y 相加。

（2）无论是强制转换还是隐式转换，都只是为了本次运算的需要提取变量的值再进行临时性的类型转换，而不改变一个变量最初的定义。例如：

```
float a = 3.14;
int z = (int)a + 2;
```

表示先提取 a 变量的值，取整后与 2 相加，最后把相加的结果 5 赋值为整型变量 z，而在此计算过程中变量 a 本身的数据类型和值不受影响，始终保持为浮点值 3.14。

2. C#的类型转换方法

C# 内置的简单类型均自带 Parse 方法，该方法是处理字符串的利器，调用该方法可自动把字符串解析转换为指定的数据类型。例如：

```
int a = int.Parse("2011.50")          //解析字符串并转换为一个整数
float b = float.Parse("2011.50")       //解析字符中并转换为一个浮点数
```

C# 支持的数据类型均自带 ToString 方法，调用该方法可将该数据类型转换为对应的字符串。例如：

```
int a = 2011;
string str = a.ToString();             //将 int 类型的变量 a 转换成字符串类型
```

此外，C# 允许用 System.Convert 类提供的类型转换方法来转换数据类型，常用的转换方法有 ToBoolean、ToByte、ToChar、ToInt32、ToSingle、ToString、ToDateTime 等，分别表示将指定数据转换为布尔值、字节数、字符编码、整型数、单精度数、字符串、日期等。例如：

```
byte x = 10, y = 100;                  //定义 byte 型变量 x 和 y
byte z = Convert.ToByte(x + y);        //将 int 型值转换为字节型
char w = Convert.ToChar(z + 20);       //将 int 型值转换为字符型
DateTime date = Convert.ToDateTime("2011 - 10 - 1")  //将字符串转换为日期型
```

2.3　运算符与表达式

C# 的运算符是非常丰富的，常见的运算符有算术运算符、赋值运算符、关系运算符、逻辑运算符等，利用这些运算符与相应的数据可以组成各种运算表达式。正是因为 C# 具有丰富的运算符和表达式，C# 语言功能才十分完善。这也是 C# 语言的主要特点之一。本节将主要介绍 C# 常用的运算符和表达式。

2.3.1　算术运算符与表达式

算术运算符用于数值运算，由算术运算符连接的表达式称为算术表达式。C# 算术运算符包括＋(加)、－(减)、＊(乘)、/(除)、％(求余数)、＋＋(自增)、－－(自减)共七种。其中，＋、－、＊、/、％五种运算符都是双目运算符(双目运算符指运算符需要参与运算的操作数是两个，相应的，C# 语言中有单目运算符、双目运算符和三目运算符)，表示对运算符左右两边的操作数进行算术运算，其运算规则与数学中的运算规则相同，即先乘除或求余再加减。

需要注意的是,两个整数相除的结果为整数,如 5/3 的结果为 1,舍去小数部分,如果要得到精确结果,可以用 5.0/3、5/3.0 或 5.0/3.0。而%运算符的两侧均应为整型数据,其结果为两位整除的余数,如 7%4 的值为 3,4%7 的值为 4。

例如,表达式 5 / 2 ＋ 3 ％ 2 － 1 的结果为 2。

＋＋、－－两种运算符都是单目运算符,具有右结合性(也就是优先同运算符右边的变量结合,使该变量的值增加 1 或减小 1),而且它们的优先级比其他算术运算符高。当＋＋或－－运算符置于变量的左边时,称之为前置运算,表示先进行自增或自减运算再使用变量的值,而当＋＋或－－运算符置于变量的右边时,称之为后置运算,表示先引用变量的值再自增或自减运算。

例如,整型变量 x=5,则执行 y ＝ ＋＋x;和 y ＝ x＋＋;后 x 的值都是 6,但 y 的值是不一样的,前者值为 6,而后者值为 5。

y ＝ ＋＋x;中的＋＋是前置运算,按先加后用的原则运算,即先对 x 执行加 1 操作,其值为 6,再将 6 赋值给 y,y 的值也为 6。其运算过程如下:

$$y = ++x \Rightarrow \begin{cases} ①x = x+1 \Rightarrow x = 6 \\ ②y = x \Rightarrow y = 6 \end{cases} \quad (\text{前置 ++,先加后用})$$

y＝x＋＋;中的＋＋是后置运算,按先用后加的原则运算,即先将 x 的值赋值给 y,y 的值为 5,再对 x 执行加 1 操作,x 的值为 6。

$$y = x++ \Rightarrow \begin{cases} ①y = x \Rightarrow y = 5 \\ ②x = x+1 \Rightarrow x = 6 \end{cases} \quad (\text{后置 ++,先用后加})$$

【思考】 设变量 i＝1、变量 j＝2,请问表达式＋＋i ＋ j－－的值为多少?

【例 2-4】 算术运算符的应用测试。

(1) 首先在 Windows 窗体中添加一个名为 lblShow 的 Label 控件。

(2) 然后在源代码视图中编辑如下代码:

```
using System;
using System.Windows.Forms;
public partial class Test2_4 : Form
{
    private void Test2_4_Load(object sender, EventArgs e)
    {
        int a = 17, b = 3;
        lblShow.Text = "变量 a 的值是: " + a + ",变量 b 的值是:" + b;
        lblShow.Text += "\na + b = " + (a + b);
        lblShow.Text += "\na - b = " + (a - b);
        lblShow.Text += "\na * b = " + (a * b);
        lblShow.Text += "\na/b = " + (a/b);
        lblShow.Text += "\na%b = " + (a%b);
        b = b + a++;
        lblShow.Text += "\nb = b + a++,后,a = " + a + ",b = " + b;
        b = b + (++a);
        lblShow.Text += "\nb = b + (++a),后,a = " + a + ",b = " + b;
    }
}
```

该程序运行结果如图 2-4 所示。

【分析】 变量 a 和 b 的初始值分别为 17 和 3。a+b 的值是 20,a—b 的值为 14,a * b 的结果为 51,a/b 时,因为 a 和 b 都是整数,所以结果也为整数 5。a%b 的结果为 a 和 b 整除的余数 2。赋值表达式"b = b + a++"的执行顺序如下:

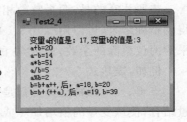

图 2-4　运行结果

S1:将 b 的值 3 和 a 的原值 17 相加,结果赋值给 b,得 b=20。

S2:执行 a 的自加操作,得 a=18。

赋值表达式"b = b + (++a)"的执行顺序如下:

S1:执行 a 的自加操作,得 a=19。(a 的值在上一操作中已修改为 18)

S2:将 b 的值 20(b 的值在上一操作中已修改为 20)和 a 的现值 19 相加,结果赋值给 b,得 b=39。

2.3.2　赋值运算符与表达式

1. 简单赋值运算符

C#的赋值运算符为"="。由"="连接的表达式称为赋值表达式。其一般形式为:

变量 = 表达式

其功能是先计算表达式的值再赋给左边的变量。赋值运算符具有右结合性。因此,表达式 a=b=c=5 可理解为:a=(b=(c=5))。

在 C#中,由于把"="定义为运算符,以构造赋值表达式,因此凡是表达式可以出现的地方均可出现赋值表达式。例如,表达式 x=(a=1)+(b=2)是合法的,它的意义是把 1 赋予 a,2 赋予 b,再把 a、b 相加,最后把结果赋给 x,故 x 应等于 3。

【注意】 在使用赋值表达式时,应注意以下 3 点:

(1) 在赋值运算中,"="的左边,只能是变量,而其右边,可以是变量、常量或表达式。

(2) 在赋值运算中,如果赋值号两边的数据类型不同,则系统将自动先将赋值号右边的类型转换为左边的类型再赋值。

(3) 在赋值运算中,不能把右边数据长度更大的数值类型隐式转换并赋值给左边数据长度更小的数值类型。例如:

```
short a = 1, b= 2;
short c = a + b;                              //错误的语句
```

错误的原因是:变量 a 和变量 b 虽然都是 short 型,但在进行加法运算时首先都将被转换为 int 型,当然加法运算所得结果仍然是 int 型。

2. 复合赋值运算符

在赋值运算符"="之前加上其他双目运算符可构成复合赋值符,常见的复合赋值运算符有:+=、—=、* =、/=、%=等。

构成复合赋值表达式的一般形式为:

变量　双目运算符 =　表达式

它等效于

变量 = 变量　运算符　表达式

例如：

a += 1	等价于	a = a + 1
x * = y + 3	等价于	x = x * (y + 3)
r% = p	等价于	r = r % p

对于复合赋值运算符这种写法，初学者可能不习惯，但十分有利于编译处理，能提高编译效率并产生质量较高的目标代码。

【例 2-5】 赋值运算符及隐式数据类型转换应用测试。

（1）首先在 Windows 窗体中添加一个名为 lblShow 的 Label 控件。

（2）然后在源代码视图中编辑如下代码。

```
using System;
using System.Windows.Forms;
public partial class Test2_5 : Form
{
    private void Test2_5_Load(object sender, EventArgs e)
    {
        int a = 0, b = 1, c = 2;
        a += 2;              //a = a + 2 = 2
        b * = c - 5;         //b = b * (c - 5) = b * -3 = -3
        c% = 2;              //c = c % 2 = 1
        lblShow.Text = "a = " + a + ", b = " + b + ", c = " + c;
    }
}
```

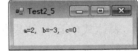

该程序的运行结果如图 2-5 所示。

图 2-5　运行结果

2.3.3　关系运算符与表达式

关系运算符用来对两个操作数比较，以判断两个操作数之间的关系。C#的关系运算符有 == 、! = 、< 、> 、<= 、>= ，分别是相等、不等、小于、大于、小于等于、大于等于运算。关系运算符的优先级低于算术运算符。由关系运算符组成的表达式称为关系表达式。关系表达式的运算结果只能是布尔型值，要么是 true，要么是 false。

例如，设置变量 i＝5、j＝4，则关系表达式 i！＝j 的结果为 true，关系表达式 i<j 的结果为 false。

2.3.4　逻辑运算符与表达式

C#的逻辑运算符包括!、&&或&、‖或|、^，分别是逻辑"非"运算、逻辑"与"运算、逻辑"或"运算、逻辑"异或"运算。逻辑运算符的优先级低于关系运算符的优先级，但高于赋值运算符的优先级。由逻辑运算符组成的表达式称为逻辑表达式。逻辑表达式的运算结果只能是布尔型值，要么是 true，要么是 false。例如，设置变量 i＝5、j＝4，则逻辑表达式 i！＝j

&&i >= j 的结果为 true,这是因为该表达式中的两个关系表达式的运算结果均为 true。

逻辑非运算符"!"是个单目运算符,表示对某个布尔型操作数的值求反,即当操作数为 false 时运算符返回 true。

逻辑与运算符"&&"或"&"表示对两个布尔型操作数进行与运算,当且仅当两个操作数均为 true 时,结果才为 true。运算符"&&"与运算符"&"的主要区别是,当第一个操作数为 false 时,前者不再计算第二个操作数的值,例如:

```
int a = 5,b = 8;
a > b && ++a!= b;
```

上面表达式的运行结果为 false,执行该表达式后,a 的值仍为 5,因为 && 前面的操作数 a>b 为 false,则第二个操作数就不再计算,即++a 操作没有执行。如果将表达式改为:

```
a > b & ++a!= b;
```

表达式的运行结果仍为 false,但执行该表达式后,a 的值为 6,因为 & 运算符无论第一个操作数是否为 false 值,第二个操作数都会计算,则++a 操作将执行。

逻辑或运算符"||"或"|"表示对两个布尔型操作数进行或运算,当两个操作数中只要有一个操作数为 true 时,结果就为 true。运算符"||"与运算符"|"的主要区别是,当第一个操作数为 true 时,前者不再计算第二个操作数的值,例如:

```
int a = 5,b = 8;
a < b || ++a!= b;
```

上面表达式的运行结果为 true,执行该表达式后,a 的值仍为 5,因为||前面的操作数 a<b 为 true,则第二个操作数就不再计算,即++a 操作没有执行。如果将表达式改为:

```
a < b | ++a!= b;
```

表达式的运行结果仍为 true,但执行该表达式后,a 的值为 6,因为|运算符无论第一个操作数是否为 true 值,第二个操作数都会计算,则++a 操作将执行。

逻辑异或运算符"^"表示对两个布尔型操作数进行异或运算,当两个操作数同为 true 或 false 时,结果为 false,当两个操作数一个为 true,一个为 false 时,结果为 true。例如:

```
int a = 5,b = 8,c = 6;
a < b ^ a < c;          //因为 a < b 为 true,a < b 也为 true,所以结果为 false
a < b ^ a > c;          //因为 a < b 为 true,a < b 为 false,所以结果为 true
```

值得注意的是,在 C#中,&、|、^这三个运算符可用于将两个整型数以二进制方式作按位与、按位或、按位异或运算。有关二进制位运算的相关内容见 MSDN。

【例 2-6】 创建一个 Windows 应用程序,测试关系运算符与逻辑运算符。

(1)首先在 Windows 窗体中添加一个名为 lblShow 的 Label 控件。

(2)然后在源代码视图中编辑如下代码:

```
using System;
using System.Windows.Forms;
public partial class Test2_6 : Form
{
```

```
private void Test2_6_Load(object sender, EventArgs e)
{
    int i = 25, j = 12;
    bool k = (i != j);
    string result = " i!=j 的值为" + k;
    k = (i != j && i >= j + 20);
    result += "\n i!=j && i>=j+20 的值为" + k;
    lblShow.Text = result;
}
}
```

该程序的运行结果如图 2-6 所示。

变量 i 和 j 的初始值分别为 25、12。由于算术运算符的优先级比关系运算符的优先级高,关系运算符的优先级比逻辑运算符的优先级高,而赋值运算符优先级最低,因此表达式"k ＝ (i！＝ j ＆＆ i ＞＝ j ＋ 20)"执行顺序如下:

图 2-6　运行结果

S1:执行 j＋20,得 32;

S2:执行 i!＝j,得 True;

S3:执行 i＞＝32,得 False;

S4:将 S2 的计算结果与 S3 的计算结果进行逻辑"与"运算,得 False;

S5:将 S4 的运算结果赋给 k。

2.4　数组和字符串

2.4.1　一维数组

数组是一种由若干个变量组成的集合,数组中包含的变量称为数组元素,它们具有相同的类型。数组元素可以是任何类型,但没有名称,只能通过索引(又称下标,表示位置编号)来访问。数组有一个"秩",它表示和每个数组元素关联的索引的个数。数组的秩又称为数组的维度。"秩"为 1 的数组称为一维数组,"秩"大于 1 的数组称为多维数组。

一维数组的元素个数称为一维数组的长度。一维数组长度为 0 时,称之为空数组。一维数组的索引从零开始,具有 n 个元素的一维数组的索引是从 0~n−1。

1. 一维数组的声明和创建

C# 使用 new 运算符来创建数组。声明和创建一维数组的一般形式如下:

数组类型[]　数组名 = new 数组类型[数组长度]

例如,

```
int[] a = new int[5];
```

表示声明和创建一个具有 5 个数组元素的一维数组 a。

一维数组也可以先声明后创建,其形式如下:

数组类型[]　数组名;
数组名 = new 数组类型[数组长度]

例如：

```
int[] a;
a = new int[5];
```

2. 一维数组的初始化

如果在声明和创建数组时没有初始化数组，则数组元素将自动初始化为该数组类型的默认初始值。初始化数组有多种方式：一是在创建数组时初始化，二是先声明后初始化，三是先创建后初始化。

（1）创建时初始化

在创建一维数组时，对其初始化的一般形式如下：

数组类型[ ] 数组名 = new 数组类型[数组长度]{初始值列表}

例如：

```
int[] a = new int[5]{1,2,3,4,5}
```

其中，数组长度可省略。如果省略数组长度，系统将根据初始值的个数来确定一维数组的长度。如果指定了数组长度，则C#要求初始值的个数必须和数组长度相同，也就是所有数组元素都要初始化，而不允许对部分元素进行初始化。初始值之间以逗号作间隔。

例如，

```
int[] a = new int[]{1,2,3,4,5}
```

表示创建的一维数组 a 具有 5 个数组元素，它们的值分别是：a[0]＝1、a[1]＝2、a[2]＝3、a[3]＝4、a[4]＝5。注意在此例中，不存在 a[5]元素。而下面的语句是错误的：

```
int[] a = new int[5]{1,2,3};
```

创建时初始化一组数组也可采用如下简写形式：

数组类型[ ] 数组名 = {初始值列表}

例如：

```
int[] a = {1,2,3,4,5}
```

同样表示创建了数组元素值分别为 1、2、3、4、5 的一个具有 5 个数组元素的一维数组。

【注意】 C#允许使用 var 定义数组。此时，C#编译器将自动根据初始值的类型推断数组的数据类型。例如：

```
var a = new[] { 0, 1, 2 };              //数据 a 的类型将推断为整数型
var words = new[] { "China", "Sichuan", "Chengdu" };
```

（2）先声明后初始化

C#允许先声明一维数组，然后再初始化各数组元素。其一般形式如下：

数组类型[ ] 数组名;
数组名 = new 数组类型[数组长度]{初始值列表};

例如：

```
int[] a;
a = new int[]{1,2,3,4,5};
```

表示先声明一个一维数组 a,再用运算符 new 来创建并进行初始化。

【注意】 在先声明数组后初始化数组时,不能采用简写形式。例如下面的语句是错误的:

```
int[] a;
a = {1,2,3,4,5};
```

（3）先创建后初始化

C#允许先声明和创建一维数组,然后逐个初始化数组元素。其一般形式如下:

数组类型[ ] 数组名 = new 数组类型[数组长度];
数组元素 = 值;

例如:

```
int[] a = new int[2];                //a 为整型数组
a[0] = 1; a[1] = 2;
```

再如,

```
Student[] s = new Student[2];         //Student 为结构型,s 为结构型数组
s[0].no = 1001; s[0].name = "令狐冲";
s[1].no = 1002; s[1].name = "乔峰"
```

3. 一维数组的使用

数组是若干个数组元素组成的。每一个数组元素相当于一个普通的变量,可以更改其值,也可以引用其值。使用数组元素的一般形式如下:

数组名[索引]

例如,设 a 为整型数组,长度为 5,则

```
a[4] = 100;
```

表示为该数组的第五个元素赋值为 100,而

```
a[4] -= 50;      //相当于 a[4] = a[4] - 50;
```

表示先使用 a[4]的值与常量 50 作减运算,再赋给 a[4]。

4. 一维数组的操作

C#的数组类型是从抽象基类型 System. Array 派生的。Array 类的 Length 属性返回数组长度。另外,Array 类的方法成员包括 Clear、Copy、Sort、Reverse、IndexOf、LastIndexOf、Resize 等,分别用于清除数组元素的值、复制数组、对数组排序、反转数组元素的顺序、从左至右查找数组元素、从右到左查找数组元素、更改数组长度等。其中,Sort、Reverse、IndexOf、LastIndexOf、Resize 只能针对一维数组进行操作(关于类、方法、属性、派生、基类、抽象等知识将在第 4～5 章进行介绍)。

【例 2-7】 数组及其应用演示。

```csharp
using System;
using System.Windows.Forms;
public partial class Test2_7 : Form
{
    private void Test2_7_Load(object sender, EventArgs e)
    {
        int[] a = {5, 1, 2, 4, 3};          //创建数组a并初始化
        int[] b = new int[5];               //创建数组b
        Array.Copy(a, b, 5);                //把数组a所有数组元素复制给数组b
        Array.Clear(a, 0, 5);               //清除数组a各数组元素的值
        lblShow.Text = b[0] + " " + b[1] + " " + b[2] + " " + b[3] + " " + b[4] + "\n";
        Array.Sort(b);                      //对数组b的元素进行排序
        lblShow.Text += b[0] + " " + b[1] + " " + b[2] + " " + b[3] + " " + b[4] + "\n";
        Array.Reverse(b);                   //反转数组b各元素的顺序
        lblShow.Text += b[0] + " " + b[1] + " " + b[2] + " " + b[3] + " " + b[4];
    }
}
```

该程序运行结果如图 2-7 所示。

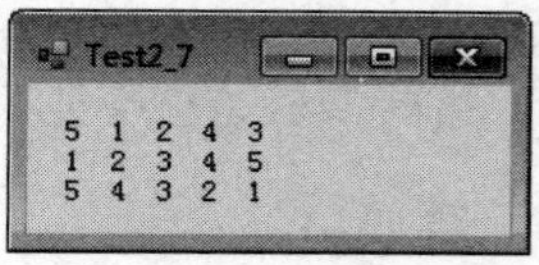

2.4.2 多维数组

图 2-7 运行结果

根据维度,多维数组分为二维数组、三维数组等。多维数组需要使用多个索引才能确定数组元素的位置。声明多维数组时,必须明确定义维度数、各维度的长度、数组元素的数据类型。多维数组的元素总数是各维度的长度的乘积。例如,如果二维数组 a 的两个维度的长度分别为 2 和 3,则该数组的元素总数为 6。

1. 多维数组的声明和创建

声明和创建多维数组一般形式如下:

数组类型[逗号列表] 数组名 = new 数组类型[维度长度列表]

其中,逗号列表的逗号个数加 1 就是维度数。例如,若逗号列表有一个逗号,则所创建数据为二维数组;若有两个逗号,则为三维数组,以此类推。维度长度列表中的每个数字定义维度的长度,数字之间以逗号作间隔。例如:

```csharp
int[,,] a = new int[5,4,3];
```

表示声明和创建一个具有 5×4×3 共 60 个数组元素的三维数组 a。

2. 多维数组的初始化

多维数组也具有多种初始化方式,包括创建数组时初始化、先声明后初始化等。无论是哪种方式,都要注意以下几点。

(1) 以维度为单位组织初始化值,同一维度的初始值放在一对花括号{}之中。例如下面的语句是正确的:

```csharp
int[,] a = new int[2, 3] {{1,2,3},{4,5,6}};
```

而下面的语句是错误的:

```
int[,] a = new int[2, 3] {1,2,3,4,5,6};
```

（2）可以省略维度长度列表，系统能够自动计算维度和维度的长度。但注意，逗号不能省略，例如：

```
int[,] a = new int[,] {{1,2,3},{4,5,6}};
```

（3）初始化多维数组可以使用简写格式，例如：

```
int[,] a = {{1,2,3},{4,5,6}};
```

但如果先声明多维数组再初始化，就不能采用简写格式，例如下面的语句就是错误的：

```
int[,] a;
a = {{1,2,3},{4,5,6}};
```

（4）多维数组不允许部分初始化，例如：

```
int[,] a = new int[2, 3] {{1},{4}};
```

希望只初始化二维数组的第一列元素，这是不允许的，因此是错误的。

3．多维数组的使用

对于多维数组，每一个数组元素都也相当于一个普通的变量，可以给它赋值，也可以引用其值。使用数组元素的一般形式如下：

数组名[索引列表]

例如，设 a 是 2×3 的二维整型数组，则

```
a[0,0] = 50
```

表示为数组元素 a[0，0]赋值为 50。而

```
Console.Write(a[0, 0]);
```

表示引用数组元素 a[0，0]的值，输出到控制台窗口之中。

2.4.3　数组型的数组

数组型的数组是一种由若干个数组构成的数组。为了便于理解，把包含在数组中的数组称子数组。

1．数组型数组的声明和创建

声明数组型数组的格式如下：

数组类型[维度][子数组的维度] 数组名 = new 数组类型[维度长度][子数组的维度]

其中，省略维度为一维数组，省略子数组的维度表示子数组为一维数组，例如下面语句表示创建了由两个一维子数组构成一维数组 a：

```
int[][] a = new int[2][];
```

而下面的语句表示创建了由两个二维子数组构成的一维数组 a：

```
int[][,] a = new int[2][,];
```

【注意】 在声明数组型的数组时,不能指定子数组的长度。

例如下面的语句是错误的:

```
int[][] a = new int[2][3];
```

2. 数组型数组的初始化

数组型数组同样有多种初始化方式,包括创建时初始化、先声明后初始化等。其中,创建时初始化可省略维度长度,例如:

```
int[][] a = new int[][] { new int[] { 1, 2, 3 }, new int[] { 4, 5, 6 } };
```

表示创建由两个一维子数组构成的数组 a。

实际上,先声明后初始化更加直观,例如:

```
int[][] a = new int[2][];
a[0] = new int[3] { 1, 2, 3 };
a[1] = new int[3] { 4, 5, 6 };
```

效果与上例相同。

特别注意,对于数组型的数组来说,C#允许子数组的长度不相同,例如:

```
int[][] a = new int[2][];
a[0] = new int[3] {1, 2,3};
a[1] = new int[5] {4, 5, 6,7,8};
```

表示第一个子数组长度为 3,而第二个子数组长度为 5。

3. 引用子数组的元素

对于数组型的数组来说,可按以下格式引用子数组的每一个元素:

数组名[索引列表][索引列表]

例如,设 a 是由两个一维子数组构成的数组,且每个子数组的长度为 3,则 a[0][0]表示引用第一个子数组的第一个数组元素。而 a[0][0]++表示把该元素的值加 1。

【例 2-8】 多维数组、数组型的数组的应用展示。

```
using System;
using System.Windows.Forms;

public partial class Test2_8 : Form
{
    private void Test2_8_Load(object sender, EventArgs e)
    {
        int[,] a = new int[2, 3] { { 1, 2, 3 }, { 4, 5, 6 } };
        int[][] b = new int[2][];
        b[0] = new int[3] { 1, 2, 3 };
        b[1] = new int[4] { 4, 5, 6, 7 };
        lblShow.Text = "a 是二组数组,共 6 个数组元素,均为整数值。";
        lblShow.Text += "\n a[0,0]的值为:" + a[0, 0];
        lblShow.Text += "\n a[1,2]的值为:" + a[1, 2];
```

```
lblShow.Text += "\nb 是一维数组,共 2 个数组元素,均为子数组。";
lblShow.Text += "\n b[0][0]的值为" + b[0][0];
lblShow.Text += "\n b[1][2]的值为" + b[1][2]; }
}
```

该程序展示了二维数组和数组型数组的区别,运行效果如图 2-8 所示。

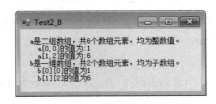

图 2-8　运行效果

2.4.4　字符串

1. 字符串常量与变量

C#中的字符串是一个由若干个 Unicode 字符组成的字符数组。字符串常量使用双引号来标记,例如,"Hello World"就是一个字符串常量。字符串变量使用 string 关键字来声明。

例如,

string name = "令狐冲";

就表示声明了一个字符串变量 name。

两个字符串可以通过加号运算符(+)来连接,例如,"建国" + "大业"就表示连接两个字符串,连接结果为"建国大业"。

C#允许使用关系运算符==、!=来比较两个字符串各对应的字符是否相同。例如,设 string s1="abc",s2="abd",则 s1!=s2 的运算结果为 true。

C#的字符串可以看成一个字符数组。因此,C#允许通过索引来提取字符串中的字符。例如,string s="中华人民共和国",则执行 char c=s[6];之后,字符型变量 c 的值为字符串的第 7 个字符'国'(数组的索引从 0 开始)。

2. 字符串对象的不可变性

在 C#中字符串一旦创建,其内容就不能更改。例如,设 string text="红色",当执行 text += "中国"后,运算符+=重新构建了一个新字符串"红色中国",变量 text 指向了这个新的字符串,原来的字符串"红色"依然存在,只是不再使用了。

3. 空字符串

空字符串不包含任何字符,其长度为 0。在 C#中有两个方法可创建空字符串对象,一是直接给字符串变量赋初始化值"",另一种方法是给字符串变量赋 String.Empty 常量。

例如:

string name = "";
string name = String.Empty;

上述两种方法效果相同。

【**注意**】 在使用空字符串时注意以下两点。

（1）""与" "是不同的字符串,前者是空字符串常量,后者是包含了至少一个空格字符的字符串常量。

（2）string name＝String. Empty;与 string name＝null 是完全不同的语句,前者将变量初始化空字符串,后者将变量初始化为空引用(null)。在 C#中,null 是一个常量,表示不指向任何对象的空引用。通过使用 Empty 值替代 null 来初始化字符串,可以减少出现空引用异常(NullReferenceException)的次数,使程序运行更加稳定。

4. 字符串操作

C#的 string 是 System. String 的别名。在. Net Framework 之中,System. String 提供的常用属性和方法有 Length、Copy、IndexOf、LastIndexOf、Insert、Remove、Replace、Split、Substring、Trim、Format 等,分别用来获得字符串长度、复制字符串、从左查找字符、从右查找字符、插入字符、删除字符、替换字符、分割字符串、取子字符串、压缩字符串的空白、格式化字符串等。

为了增强字符串的操作,. NET Framework 类库还提供了 System. Text. StringBuilder 类,可以构造可变字符串。StringBuilder 类提供的常用属性和方法有 Length、Append、Insert、Remove、Replace、ToString 等,分别用来获得字符串长度、追加字符、插入字符、删除字符、替换字符、将 StringBuilder 转化为 string 字符串。

其中,Format 的应用举例如下:

```
decimal price = 17.36m;
String s = String.Format("当前价格是{0:C2}元。", price);
//如果在中文环境中,得到的字符串是"当前价格是￥17.36 元。"
//在格式字符串{0:C2}中,0 表示第 1 个参数,C 表示输出为货币,2 表示保留 2 位小数

string s = String.Format("在{0}, 气温是{1:F1}℃ .", DateTime.Now, 20.48);
//得到的字符串类似"在 2017/7/25 9:45:20,气温是 20.5℃ "
//在格式字符串中 F1 表示输出带 1 位小数的浮点数,系统自动进行四舍五入处理

int[] population = { 1025632, 1105967, 1148203 };
String s = String.Format("{0,6} {1,15}\n", "年份", "人口");
s += String.Format("{0,6} {1,15:N0}\n", 2013, 1025632);
s += String.Format("{0,6} {1,15:N0}\n", 2014, 1105967);
//得到的字符串如下:
//    年        人口
//   2013    1,025,632
//   2014    1,105,967
//格式字符串{0,6}表示在第 1 个参数输出前后加 6 个空格
//在{1,15:N0}中,N0 表示输出不带小数位的数字,从右至左每 3 位插入逗号
```

【**例 2-9**】 设计一个 Windows 应用程序,展示字符串及其应用,操作界面如图 2-9 所示。

（1）首先在 Windows 窗体中添加 3 个 Label、2 个 TextBox 和 2 个 Button 控件。各控件的主要属性设置见表 2-5。

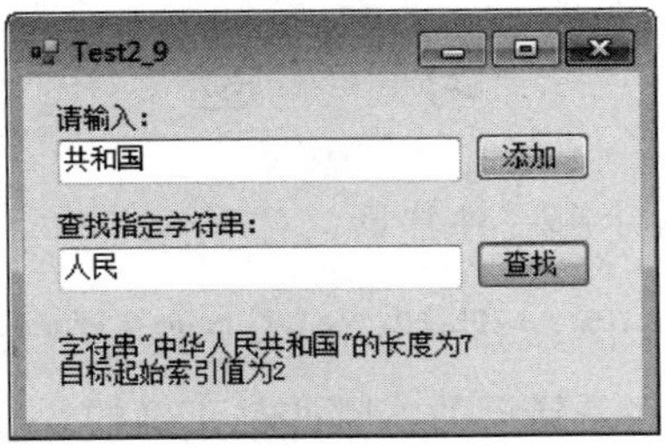

图 2-9 运行效果

表 2-5 需要修改的属性项

控 件	属 性	属 性 设 置
Label1	Text	请输入：
Label2	Text	查找指定字符串：
Label3	Name	lblShow
TextBox1	Name	txtSource
TextBox2	Name	txtSearch
Button1	Name	btnAdd
	Text	添加
Button2	Name	btnSearch
	Text	查找

（2）然后分别编写"添加"和"查找"按钮的 Click 事件方法，主要代码如下。

```csharp
using System;
using System.Text;
using System.Windows.Forms;

public partial class Test2_9 : Form
{
    StringBuilder sb = new StringBuilder();        //用于保存用户输入

    private void btnAdd_Click(object sender, EventArgs e)
    {
        sb.Append(txtSource.Text);                //添加字符串
        lblShow.Text = "字符串\"" + sb.ToString() + "\"的长度为" + sb.Length;
    }

    private void btnSearch_Click(object sender, EventArgs e)
    {
        string s = sb.ToString();
        int pos = s.IndexOf(txtSearch.Text);
        lblShow.Text += "\n目标起始索引值为" + pos;
    }
}
```

【注意】 本例中，StringBuilder 型变量 sb 在 btnAdd_Click 和 btnSearch_Click 方法中都要使用，因此必须在方法之外定义。

习 题

1. 请指出以下常量分别表示哪一种常量。

0x10 10U 10L 10.0 10F 10D 1.0E-10 'a' "true" false

2. 在以下常量中,请问哪些是错误的?哪些是正确的?

25%' 中' '\t' "lfq@baidu.com" TRUE

3. 请指出以下变量的定义语句是否正确。如果错误,请说明错误原因。

```
int x;
int 邮编 = 610100;
int 2nd = 2;
int no.1;
int _id = 1001;
int x1 = 123;
int x_2
int 年 龄 = 18;
```

4. 在进行数据类型转换时,隐式转换遵循哪些规则?如何实现显式转换?

5. 已知某个枚举型的定义如下:

enum 季节{春,夏,秋,冬};

则以下语句哪一条是正确的?

(1) 季节 a＝春;

(2) 季节 b＝季节.春;

(3) 季节 c＝0;

6. 比较算术运算符、赋值运算符、关系运算符和逻辑运算符的优先级。

7. 假设 float 型变量 a 代表应付款,如果希望应付款按 8.5 折计算实付款 b,则请写出计算实付款 b 的表达式。

8. 假设 i 为 int 型变量,若希望判定 i 是否满足以下条件时,则请写出相对应的表达式。i 的值必须介于 100～1000 之间且必须能被 3 整除。

9. 以下有关数组的声明、创建和初始化,哪些是错误的?

```
int[] x = new float[5];
int[] x = new int[5]{1,2,3};
int[] x = new int[]{1,2,3};
int[] x = {1,2,3};
int[] x;  x = {1,2,3};
int[] x = new int[2]; x[2] = 5;
```

10. 编写程序输入年利率 k(例如 2.52%),存款总额 total(例如 100000 元),计算一年后的本息并输出。

上机实验 2

一、实验目的

1. 理解 C♯ 的值类型、常量和变量的概念。
2. 掌握 C♯ 常用运算符以及表达式的运行规则。
3. 了解 C♯ 的引用类型，理解数据类型转换。

二、实验要求

1. 熟悉 VS2017 的基本操作方法。
2. 认真阅读本章相关内容，尤其是案例。
3. 实验前先进行程序设计，完成源程序的编写任务。
4. 反复操作，直到不需要参考教材也能熟练操作为止。

三、实验内容

1. 设计一个简单的 Windows 应用程序，在文本框中随意输入一个日期，单击"确定"时显示"这一天是星期几"，如图 2-10 所示。

核心代码提示：

```
enum WeekDay { 星期天, 星期一, 星期二, 星期三, 星期四, 星期五, 星期六 };
……
DateTime dt = Convert.ToDateTime(txtDate.Text);
WeekDay wd = (WeekDay)dt.DayOfWeek;
lblShow.Text = "这一天是" + wd + "。";
……
```

2. 设计一个简单的计算器，实现两个数的加、减、乘、除、求幂等计算，运行效果如图 2-11 所示。

图 2-10　运行效果

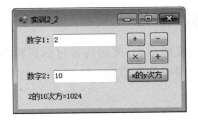

图 2-11　运行效果

核心代码部分提示：

```
private void btnPow_Click(object sender, EventArgs e)
{
    double a = Convert.ToDouble(txtA.Text);
    double b = Convert.ToDouble(txtB.Text);
```

C♯程序设计基础

```
    lblShow.Text = a + "的" + b + "次方=";
    lblShow.Text += Math.Pow(a, b); //Pow 为 Math 类的一个方法,作用是求指定数字的指定次幂
}
```

3. 设计一个简单的 Windows 程序,输入 5 个数字,然后排序并输出,如图 2-12 所示。

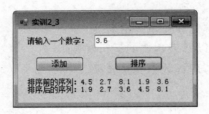

图 2-12   运行效果

核心代码部分提示:

```
double[] a = new double[5];          //用于保存用户输入
int i = 0;                           //记录当前添加的数字的索引
private void Exp2_3_Load(object sender, EventArgs e)
{
    lblShow.Text = "排序前的序列:";
}
private void btnAdd_Click(object sender, EventArgs e)
{
    a[i] = Convert.ToDouble(txtNumber.Text);
    lblShow.Text += a[i] + " ";
    i++;
}
private void btnSort_Click(object sender, EventArgs e)
{
    Array.Sort(a);
    lblShow.Text += "\n 排序后的序列:";
    lblShow.Text += a[0] + " " + a[1] + " " + a[2] + " " + a[3] + " " + a[4];
}
```

四、实验总结

写出实验报告,报告内容包括实验内容、任务分析、算法设计、源程序、实验体会等,并记录实验过程中的疑难点。

第 3 章　C♯程序的流程控制

总体要求
- 理解分支的概念,掌握 if 语句和 switch 语句的使用方法。
- 掌握条件运算符和条件表达式的使用方法。
- 理解循环的概念,掌握 while、do…while、for、foreach 语句的使用方法。
- 理解分支嵌套、循环嵌套的概念,了解相关应用。
- 掌握 continue 和 break 语句的使用方法。

相关知识点
- VS2017 中创建项目、编辑程序、生成和调试应用程序的方法。
- 变量的声明和使用。
- 关系运算符和关系表达式。
- 逻辑运算符和逻辑表达式。
- 一维数组和字符串的使用方法。

学习重点
- if 语句和 switch 语句的使用方法。
- while、do…while、for 和 foreach 语句的使用方法。

学习难点
- 分支结构中条件的分析。
- 循环条件、循环操作的分析。
- 分支嵌套和循环嵌套。

一段 C♯程序是由若干条 C♯语句按先后顺序排列而成的。语句的排列顺序体现了程序的执行流程。通常,程序段按语句的先后顺序执行,如果需要改变执行流程,必须使用分支或循环语句。本章将详细介绍有关分支和循环的概念及其实现方法。

3.1　C♯程序的分支语句

程序的基本结构有 3 种:顺序结构、分支结构和循环结构。顺序结构的执行流程是按程序语句的书写顺序依次执行。但是,大量实际问题通常包含复杂的业务逻辑,有些需要根据条件判断结果选择不同的执行顺序,或者需要重复执行某些操作流程,前者称为分支结构,后者称为循环结构。本节将介绍 C♯的两个分支语句:if 语句和 switch 语句。

3.1.1　if 语句

1. if 语句的一般形式

if 语句也称为条件语句,或选择语句,用于实现程序的分支结构,根据条件是否成立来控制执行不同的程序段,完成相应的功能。

if 语句的一般形式如下:

```
if (表达式)
{
    语句块 1
}
else
{
    语句块 2
}
```

其中,表达式表示条件判定,必须是布尔型的,通常由关系型表达式或逻辑表达式组成。

if 语句的逻辑意义为:如果表达式的值为 true,则选择执行"语句块 1",否则选择执行"语句块 2",如图 3-1 所示。

if…else…的结构通常称为双分支结构。实际编程时,可省略 else 子句,构成单分支结构。当"语句块 1"或"语句块 2"只有一条语句时,可以省略花括号{},还可以在同一行书写。

例如,设 x 为 int 型变量,下面的语句就是典型的单分支结构:

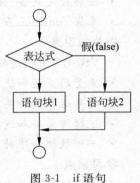

图 3-1　if 语句

```
if(x % 2 == 0)
    Console.Write("x为偶数");
```

它表示:先将变量 x 除 2 求余数,再将余数与 0 进行比较,如果相等,则显示"x 为偶数"。

2. 条件运算符和条件表达式

在 C# 中,如果双分支结构比较简单,可使用条件表达式来替代 if 语句。条件表达式的一般格式如下:

(表达式 1)?表达式 2:表达式 3

其中条件运算符?:是 C#语言中仅有的一个三目运算符。

条件表达式完成的运算是:

(1) 如果表达式 1 的值为真(true),那么整个表达式的值为表达式 2 的值;

(2) 否则,为表达式 3 的值。

例如,设 x,y 为 int 型变量,则下面语句:

```
int max = (x > y)?x:y;
```

该语句相当于:

```
int max;
if(x > y)
    max = x;
else
    max = y;
```

由此可见,使用条件表达式来构造一些逻辑比较简单的双分支结构,要比 if 语句更加简练。

图 3-2　运行效果

【例 3-1】　创建一个 Windows 应用程序,输入一个整数,判断该数是偶数还是奇数,并显示判断结果,运行效果如图 3-2 所示。

(1) 首先在 Windows 窗体中添加 2 个 Label、1 个 TextBox 和 1 个 Button 控件。各控件的主要属性设置见表 3-1。

表 3-1　需要修改的属性项

控　件	属　　性	属 性 设 置
Label1	Text	请输入一个整数:
Label2	Name	lblShow
TextBox1	Name	txtNum
Button1	Name	btnOk
	Text	确定

(2) 然后编写"确定"按钮的 Click 事件方法,主要代码如下:

```
using System;
using System.Windows.Forms;

public partial class Test3_1 : Form
{
    private void btnOk_Click(object sender, EventArgs e)
    {
        //提取用户输入并转换为整数
        int num = Convert.ToInt32(txtNum.Text);
        if (num % 2 == 0)
            lblShow.Text = num + "是偶数!";
        else
            lblShow.Text = num + "是奇数!";
    }
}
```

3.1.2　多分支 if⋯else if 语句

在一个比较复杂的判断逻辑中,条件可能不止一个,这时可以使用多分支的 if⋯else if 语句。其语法如下:

if(表达式 1) {语句块 1;}
else if(表达式 2) {语句块 2;}
else if(表达式 3) {语句块 3;}

C# 程序的流程控制

```
    ⋮
else if(表达式 n) {语句块 n;}
else            {语句块 n＋1;}
```

该语句的功能是：首先计算表达式 1，如果其结果为真(true)，则执行语句块 1；否则依次往下计算各表达式的值，直到某个表达式的值为真(true)，并且执行相应的语句块。如果所有表达式的值都为假，则执行最后的 else 子句后的语句块 n＋1。整个 if 语句的流程图如图 3-3 所示。

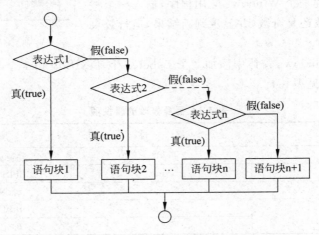

图 3-3　多分支结构

例如，设 x，y 为 int 型变量，则下面语句求出 x 和 y 的关系(大于，小于或等于)：

```
string result = "";
if(x > y)
    result = "x 比 y 大";
else if (x < y)
    result = "x 比 y 小";
else
    result = "x 和 y 相等";
```

【注意】

(1) 整条 if 语句中只有一个分支能被执行。也就是说，当执行完某个分支后，整条 if 语句也就执行完毕了。

(2) else if 子句不能单独使用。

(3) 当所有条件都不满足且什么都不用做时，最后的 else 子句可省略。

【例 3-2】　创建一个 Windows 应用程序，实现一个人的体型判断。医学上根据身高和体重，可以计算出"体指数"，从而实现对人肥胖程度的划分：

$$体指数\ t＝体重\ w/(身高\ h)^2$$

其中，w 单位是千克，h 单位是米，并且有如下判断依据：

① 当 t＜18 时，为偏瘦；

② 当 18≤t＜25 时，为标准；

③ 当 25≤t＜27 时，为偏胖；

④ 当 t≥27 时,为肥胖。运行效果如图 3-4 所示。

图 3-4　运行效果

（1）首先在 Windows 窗体中添加 3 个 Label、2 个 TextBox 和 1 个 Button 控件。各控件的主要属性设置见表 3-2。

表 3-2　需要修改的属性项

控　件	属　性	属 性 设 置
Label1	Text	体重(kg):
Label2	Text	身高(m):
Label3	Name	lblShow
TextBox1	Name	txtWeight
TextBox2	Name	txtHeight
Button1	Name	btnOk
	Text	确定

（2）然后编写"确定"按钮的 Click 事件方法,主要代码如下：

```
using System;
using System.Windows.Forms;
public partial class Test3_2 : Form
{
    private void btnOk_Click(object sender, EventArgs e)
    {
        double h, w, t;
        w = Convert.ToDouble(txtWeight.Text);    ////提取用户输入体重并转换为 double 类型
        h = Convert.ToDouble(txtHeight.Text);
        t = w / (h * h);
        if (t < 18)
                lblShow.Text = "您的体型偏瘦,要注意营养!";
        else if (t < 25)
                lblShow.Text = "您的体型很标准,要注意保持!";
        else if (t < 27)
                lblShow.Text = "您的体型偏胖,要注意多运动!";
        else
                lblShow.Text = "您的体型太胖了,要注意锻炼身体!"; }
}
```

3.1.3　switch 语句

当判断的条件较多,有多个分支时,也可使用 switch 语句。switch 语句主要用于实现

C# 程序的流程控制

多分支结构,其语法更简洁,能处理复杂的条件判断。switch 语句的一般格式如下:

```
switch(表达式)
{
    case 常量 1:
        语句块 1;
        break;
    case 常量 2:
        语句块 2;
        break;
    …
    case 常量 n:
        语句块 n;
        break;
    default: 语句块 n + 1;
}
```

其中,switch 中的表达式通常是整型、字符型或字符串表达式,不能是关系表达式或逻辑表达式。case 后的常量不允许相同,其类型必须与表达式的值类型一致。

switch 语句的执行过程为:

首先计算 switch 语句中表达式的值,再依次与每一个 case 后的常量比较,当表达式的值与某个常量相等时,则执行该 case 后的语句块,在执行 break 语句之后跳出 switch 结构,继续执行 switch 之后的语句,如图 3-5 所示。如果所有常量都不等于 switch 中表达式的值,则执行 default 之后的语句块,其中 default 子句可以省略,当表达式的值与 case 后的常量值都不相同时,则退出 switch 语句,执行该语句后面的语句。

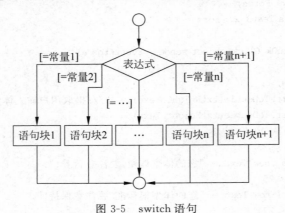

图 3-5　switch 语句

可见,switch 语句中的 case 只是用来寻找分支的入口。程序在执行时一旦锁定某个分支,就执行该分支中的语句块,直到遇到 break 语句或到达 switch 结构的末尾为止。

C#不支持从一个 case 显式贯穿到另一个 case,因此在每一个 case 块的后面都必须有一个 break 语句,default 块的后面也必须有 break 语句,但当 case 语句中没有代码时例外,这时可以省略 break 语句,当表达式的值和一个 case 后的常量相同时,将直接顺序进入下一个 case 语句。

例如,已知整型量 a,b(b≠0),设 x 为实型量,计算分段函数:

$$y = \begin{cases} a + b \times x & 0.5 \leqslant x < 1.5 \\ a - b \times x & 1.5 \leqslant x < 2.5 \\ a \times b \times x & 2.5 \leqslant x < 3.5 \\ a/b \times x & 3.5 \leqslant x < 4.5 \end{cases}$$

使用 switch 语句求函数值的代码如下:

```
switch ((int)(x + 0.5))        //注意 switch 中的表达式只能是整型、字符型或字符串表达式
{
    case 1: y = a + b * x;   break;
    case 2: y = a - b * x;   break;
    case 3: y = a * b * x;   break;
    case 4: y = a/(b * x); break;
    default: Console.WriteLine("x 值无效!");
}
```

【例 3-3】 创建一个 Windows 应用程序,将考试的百分制成绩转换为等级:"优秀""良""中""及格""不及格",其中成绩大于等于 90 分的为优秀,80~89 分的为良,70~79 分的为中,60~69 分的为及格,60 分以下的为不及格,运行效果如图 3-6 所示。

图 3-6　运行效果

(1)首先在 Windows 窗体中添加 2 个 Label、1 个 TextBox 和 1 个 Button 控件。各控件的主要属性设置见表 3-3。

表 3-3　需要修改的属性项

控　件	属　性	属 性 设 置
Label1	Text	成绩:
Label2	Name	lblShow
TextBox1	Name	txtScore
Button1	Name	btnOk
	Text	确定

(2)然后编写"确定"按钮的 Click 事件方法,主要代码如下:

```
using System;
using System.Windows.Forms;
public partial class Test3_3 : Form
{
    private void btnOk_Click(object sender, EventArgs e)
    {
        double score = Convert.ToDouble(txtScore.Text); //提取用户输入的成绩并转换为浮点数
        switch ((int)score / 10)          //取出成绩的百位和十位,根据百位和十位确定等级
        {
            case 10:
            case 9:
                lblShow.Text = "您的成绩等级为: 优";
                break;
```

第 3 章

C# 程序的流程控制

```
            case 8:
                lblShow.Text = "您的成绩等级为：良";
                break;
            case 7:
                lblShow.Text = "您的成绩等级为：中";
                break;
            case 6:
                lblShow.Text = "您的成绩等级为：及格";
                break;
            default:
                lblShow.Text = "您的成绩等级为：不及格";
                break;
            }
        }
    }
}
```

【注意】　因为"case 10："后面没有语句，故当表达式："(int)score／10"的值为 10 时，将贯穿到"case 9："，执行语句"lblShow.Text = "您的成绩等级为：优";"。

上例也可以用多分支的 if…else if 语句来实现。如：

```
if (score >= 90)
    lblShow.Text = "您的成绩等级为：优";
else if(score >= 80)
    lblShow.Text = "您的成绩等级为：良";
else if(score >= 70)
    lblShow.Text = "您的成绩等级为：中";
else if (score >= 60)
    lblShow.Text = "您的成绩等级为：及格";
else
    lblShow.Text = "您的成绩等级为：不及格";
```

可见，switch 语句和 if…else if 语句有异曲同工的效果，但它们也有不同。

(1) if…else if 语句中的每个判定表达式可以是关系表达式，也可以是逻辑表达式，其计算结果是布尔值；而 switch 语句中的表达式的计算结果一般是整数或字符串。

(2) if…else if 更适合于不同取值范围的判定，而 switch 只适合临界值是否相等的判定。

(3) if…else if 满足一个表达式时，一旦执行完其后面语句就立即退出，而 switch 满足一个表达式后时，执行其后面语句直到 break 才退出。

(4) if…else if 后的语句超过一句要用{}，而 switch 中的 case 后不管有多少条语句都可以不要{}。

3.1.4　分支语句的嵌套

无论是 if 语句，还是 switch 语句，其中的语句可以是任何合法的 C# 语句，包括 if 语句或 switch。如果 if 语句或 switch 语句中包含了 if 或 switch 语句，则称之为嵌套的分支语句。其中，嵌套的 if 语句也可以用来构建多分支结构的程序，以替代 switch 语句。

对于嵌套的 if 语句，从上到下，else 子句只与最近的尚未配对的 if 配对。为方便阅读和理解 if 和 else 的配对关系,要注意采用缩进格式书写代码或添加花括号{}。

例如,

```
if (x % 2 == 0)          //①号 if
    if (x % 3 == 0)      //②号 if
        Console.WriteLine("x 是能被 6 整除的偶数");
    else                 //①号 else
        Console.WriteLine("x 是不能被 6 整除的偶数");
else                     //②号 else
    Console.WriteLine("x 是一个奇数");
```

其中,①号 else 子句与最近的②号 if 配对,而②号 else 只能与①号 if 配对。

【例 3-4】 创建一个 Windows 应用程序,使用嵌套的分支语句来判断用户输入的字符类型,运行效果如图 3-7 所示。

图 3-7 运行效果

(1) 首先根据表 3-4 在 Windows 窗体中添加窗体控件。

表 3-4 需要添加的控件及其属性设置

控 件	属 性	属 性 设 置
Label1	Text	请输入一个字符:
Label2	Name	lblShow
TextBox1	Name	txtChar
Button1	Name	btnOk
	Text	确定

(2) 然后在源代码视图中编辑如下代码。

```
using System;
using System.Windows.Forms;
public partial class Test3_4 : Form
{
    private void btnOk_Click(object sender, EventArgs e)
    {
        char c = Convert.ToChar(txtChar.Text);     //字符串转换为字符型
        if (Char.IsLetter(c))                      //判定指定的字符是否是一个字母
```

C# 程序的流程控制

```
        {
            if (Char.IsLower(c))                    //判定指定的字符是否是一个小写字母
            {
                lblShow.Text = "它是一个小写字母。";
            }
            else if (Char.IsUpper(c))               //判定指定的字符是否是一个大写字母
                {
                    lblShow.Text = "它是大写字母。";
                }
                else
                {
                    lblShow.Text = "它是中文字符。";
                }
        }
        else if (char.IsNumber(c))                  //判定指定的字符是否是一个数字
            {
                lblShow.Text = "它是数字。";
            }
            else
            {
                lblShow.Text = "它不是语言文字,也不是数字。";
            }
        }
    }
```

该程序首先要求从键盘输入一个字符,然后对其进行判断,如果所输入的字符是文字字符,则进一步判断它是否为小写字母、大写字母或中文字符。如果不是文字字符,则进一步判断它是否为数字字符。注意,该程序的 if 语句最多为 3 重嵌套,为了便于理解嵌套关系,同时使用花括号和缩进格式来书写代码。

3.2   C#程序的循环语句

循环结构是程序设计的基本结构之一。其特点是:在给定条件成立时,反复执行某程序段,直到条件不成立为止。给定的条件称为循环条件,反复执行的程序段称为循环体。

C#语言提供了多种循环语句,可以组成各种不同形式的循环结构,包括 while 语句、do…while 语句、for 语句和 foreach 语句。本节将分别作介绍。

3.2.1   while 语句

while 语句表达的逻辑含义是:当逻辑条件成立时,重复执行某些语句,直到条件不成立时终止,从而不再循环。因此在循环次数不固定时使用 while 语句。while 语句的一般形式为:

```
while(表达式)
{
    语句块;
}
```

其中,表达式必须是布尔型表达式,用来检测循环条件是否成立,语句块为循环体。

while 语句执行过程如图 3-8 所示:首先计算表达式,当表达式的值为 true 时,执行一次循环体中的语句,重复上述操作到表达式的值为 false 时退出循环。如果表达式的值在开始时就为 false,那么不执行循环体语句直接退出循环。因此,while 语句的特点是:先判断表达式,后执行语句。

while 语句在实际应用中,应该按照这样的思路进行设计:为了保证循环能正常进行,首先应在 while 语句之前增加一个控制循环的变量,并为其赋初值(当然该初始值应该符合循环的条件,即代入 while 语句中的表达式后,表达式的值为 true);然后,在循环体中增加一条改变该变量值的语句,循环体每重复执行一次,其值就增加或减少一次。经过若干次循环后,其值将不符合循环条件,此时循环终止。

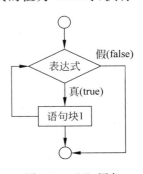

图 3-8　while 语句

【例 3-5】　求 $\sum\limits_{n=1}^{100}n$,即 $1+2+3+\cdots+100$。

【分析】　该题的求解实际是一个逐步累加的过程,就是做如下操作:

首先令 sum = 0;
sum = sum + 1;
sum = sum + 2;
sum = sum + 3;
⋮
sum = sum + 100;

最后的 sum 即是所求的累加和。从上面的操作中可以看到有相同的操作存在:增加、赋值……,直到所有的数用完。而循环结构正好适用于这样的重复过程。因此,可以制定这样的算法:

(1) 令 sum = 0,i = 1;

(2) 如果 i > 100,转到第 6 步;

(3) 否则,sum = sum+i;

(4) i = i + 1;

(5) 重复第 2 步;

(6) 输出 sum 变量的值,结束。

根据上述算法写成的程序如下所示:

```
using System;
using System.Windows.Forms;
public partial class Test3_5 : Form
{
    private void Test3_5_Load(object sender, EventArgs e)
    {
        int i, sum;
        i = 1;                              //为循环变量赋初值
        sum = 0;
```

```
        while (i <= 100)                                //循环条件
        {                                               //循环体
            sum = sum + i;
            i++;                                        //改变循环变量的值
        }
        lblShow.Text = "1 到 100 的自然数之和是" + sum;  //显示计算结果
    }
}
```

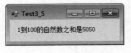

图 3-9　运行效果

该程序代码主要包含在窗体的 Load 事件方法"Test3_5_Load"中。程序先计算 1 到 100 的自然数之和,再使用 Label 控件显示计算结果,运行效果如图 3-9 所示。

3.2.2　do…while 语句

do…while 语句的特点是先执行循环体,然后判断循环条件是否成立,其一般形式为:

```
do
{
    语句块;
}
while (表达式);
```

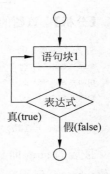

图 3-10　do…while 语句

其中,语句块为循环体,表达式必须是布尔型表达式,用来检测循环条件是否成立。

do-while 语句执行过程如图 3-10 所示:首先执行一次循环体,然后再计算表达式,如果表达式的值为 true,则再执行一次循环体,重复上述操作,直到表达式的值为 false 时退出循环。如果条件在开始时就为 false,那么执行一次循环体语句后退出循环。例如:

```
i = 1;                                          //为循环变量赋初值
sum = 0;
do
{
    sum = sum + i;                              //循环体
    i++;                                        //改变循环变量的值
} while (i <= 100);                             //循环条件
lblShow.Text = "1 到 100 的自然数之和是" + sum;  //显示计算结果
```

使用 do…while 语句需要注意以下几点。

(1) while 是先执行后判断,循环至少做 1 次。

(2) 一般情况下,while 和 do…while 均可以替换。但当第一次循环条件不满足的情况下,两者是不等的,不能互换。例如

```
i = 101;
sum = 0;
while (i <= 100)
{
    sum = sum + i;
```

```
        i++;
    }
```

循环体一次也不执行,sum 为 0。而

```
i = 101;
sum = 0;
do
{
    sum = sum + i;
    i++;
} while (i <= 100);
```

循环体将执行一次,sum 为 101。

可见,while 语句与 do…while 语句的区别在于:前者循环体执行的次数可能是 0 次,而后者循环体执行的次数至少是 1 次。

【例 3-6】 创建一个 Windows 应用程序,统计从键盘输入一行字符中英文字母的个数。

【分析】 很明显,从一行字符中数出英文字母的个数是一个循环判断的过程。为此,可以设置一个循环控制变量 i 和记录器变量 n。每一次循环先提取文本框中的第 i 个字符(与此同时变量 i 加 1),再判断该字符是否在 A~Z、a~z 之间,如果是就执行 n++。当 i 的值等于文本框所输入的字符串长度时,循环结束。

(1)首先根据表 3-5 在 Windows 窗体中添加窗体控件。

表 3-5　需要添加的控件及其属性设置

控　件	属　　性	属　性　设　置
Label1	Text	请输入一行字符:
Label2	Name	lblShow
TextBox1	Name	txtSource
Button1	Name	btnOk
	Text	确定

(2)然后在源代码视图中编辑如下代码。

```
public partial class Test3_6 : Form
{
    private void btnOk_Click(object sender, EventArgs e)
    {
        int n = 0, i = 0;
        do
        {
            char c = txtSource.Text[i++];
            if (c >= 'A' && c <= 'Z' || c >= 'a' && c <= 'z')
                n++;
        } while (i != txtSource.Text.Length);
        lblShow.Text = String.Format("在该字符中,英文字母共:{0}个。", n);
    }
}
```

该程序运行效果如图 3-11 所示。

其中 String.Format 方法的作用是将相应的变量采用指定格式字符串输出,其中的{0}将用后面的变量值替换,其中的 0 表示输出变量的序号,序号从 0 开始,如有多个变量,依次为{0},{1},{2}…

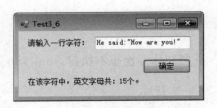

图 3-11 运行效果

3.2.3 for 语句

for 语句与 while 语句、do…while 语句一样,可以循环重复执行一个语句或语句块,直到指定的表达式计算为 false 值。for 语句的一般形式为:

```
for(表达式 1;表达式 2;表达式 3)
{
    语句块;
}
```

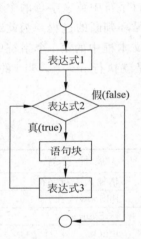

图 3-12 for 语句的执行过程

其中,表达式 1 为赋值表达式,通常用于初始化循环控制变量;表达式 2 为布尔型的表达式,用来检测循环条件是否成立;表达式 3 赋值表达式,用来更新循环控制变量的值,以保证循环能正常终止。

for 语句的执行过程(如图 3-12 所示)详细如下。

(1) 首先计算表达式 1,为循环控制变量赋初值。

(2) 然后计算表达式 2,检查循环控制条件,若表达式 2 的值为 true,则执行一次循环体语句,若为 false,终止循环。

(3) 执行完一次循环体语句后,计算表达式 3,对控制变量进行增量或减量操作,再重复第(2)步操作。

C#允许省略 for 语句中的三个表达式,但注意两个分号不要省略,同时保证在程序中有起同样作用的语句。省略后的一般形式如下:

```
表达式 1;
for(;;)
{
    if(表达式 2 == false)
    {
        break;
    }
    语句;
    表达式 3;
}
```

【例 3-7】 一个百万富翁遇到一个陌生人,陌生人找他谈一个换钱的计划,该项计划如下:我每天给你十万元,而你第一天只需给我一分钱,第二天我仍给你十万元,你给我二分钱,第三天我仍给你十万元,你给我四分钱,……,你每天给我的钱是前一天的两倍,直到满一个月(30 天),百万富翁很高兴,欣然接受了这个契约。请编写一个程序计算这一个月中陌生人给了百万富翁多少钱,百万富翁给陌生人多少钱。

【分析】 设第 i 天百万富翁给陌生人的钱为 t_i,则 $t_1=0.01$ 元,由题意可得,$t_i=t_{i-1}\times2$。设第 i 天后百万富翁给陌生人的钱总数为 $s1_i$,则 $s1_1=t_1=0.01$,$s1_i=s1_{i-1}+t_i$。设第 i 天后陌生人给百万富翁的钱总数为 $s2_i$,则 $s2_1=100\,000$,$s2_i=s2_{i-1}+100\,000$。显然,这是一个循环过程。

```csharp
using System;
using System.Windows.Forms;
public partial class Test3_7 : Form
{
    private void Test3_7_Load(object sender, EventArgs e)
    {
        int i;
        double t,s1, s2;
        s1 = t = 0.01;              //百万富翁第一天给陌生人的钱为1分
        s2 = 100000;                //陌生人第一天给百万富翁的钱为十万元
        for (i = 2; i <= 30; i++)
        {
            t = t * 2;              //百万富翁第 i 天给陌生人的钱
            s1 = s1 + t;            //百万富翁第 i 天后共给陌生人的钱
            s2 = s2 + 100000;       //陌生人第 i 天后共收百万富翁的钱
        }
        lblShow.Text = String.Format("百万富翁给陌生人:{0:N2}元。\n"
                        + "陌生人给百万富翁:{1:N2}元。",s1,s2);
        /* 说明:在格式字符"{1:N2}"中,"1"表示索引,
         * "N2"表示输出数字的带2位小数,整数每3位用逗号间隔
         * 如果参数不足2位小数,则自动补充显示0
         */
    }
}
```

该程序的运行结果如图 3-13 所示。

3.2.4 foreach 语句

C♯ 的 foreach 语句提供了一种简单明了的方法来循环访问数组或集合的元素,又称迭代器。foreach 语句的一般形式如下:

图 3-13 运行结果

foreach(类型 循环变量 in 表达式)
{
    语句块;
}

其中,表达式一般是一个数组名或集合名,循环变量的类型必须与表达式的数据类型一致。

foreach 语言的执行过程如下:

(1)自动指向数组或集合中的第一个元素。

(2)判断该元素是否存在,如果不存在结束循环。

C♯程序的流程控制

（3）把该元素的值赋给循环变量。

（4）执行循环体语句块。

（5）自动指向下一个元素，之后从第（2）开始重复执行。

【例3-8】 创建一个 Windows 程序，实现如下功能。

（1）输入联系人姓名和电话号码并保存到结构体数组中。

（2）使用 foreach 语句迭代查询指定联系人的电话号码。

该程序运行效果如图 3-14 所示。

图 3-14　运行效果

（1）首先根据表 3-6 内容在 Windows 窗体中添加窗体控件。

表 3-6　需要添加的控件及其属性设置

控　件	属　性	属 性 设 置	控　件	属　性	属 性 设 置
Label1	Text	姓名：	TextBox2	Name	txtTel
Label2	Text	电话：	TextBox3	Name	txtSearch
Label3	Text	指定查询条件：	Button1	Name	btnAdd
Label4	Text	姓名：		Text	添加
Label5	Name	lblShow	Button2	Name	btnSearch
TextBox1	Name	txtName		Text	查找

（2）然后在源代码视图中编辑如下代码：

```csharp
using System;
using System.Windows.Forms;
public partial class Test3_8 : Form
{
    struct Contacter                        //定义结构体
    {
        public string name;
        public string telephone;
    }
    Contacter[] persons = new Contacter[10]; //定义结构体数组,用于保存联系人信息
    int i = 0;                              //用来记录已添加的联系人的个数
    private void btnAdd_Click(object sender, EventArgs e)
    {                                       //获得用户输入并保存到第 i 个数组元素中
        persons[i].name = txtName.Text;
        persons[i].telephone = txtTel.Text;
        i++;
```

```
            lblShow.Text = "已成功添加一个联系人!";
        }
        private void btnSearch_Click(object sender, EventArgs e)
        {
            bool isSearched = false;              //定义标志变量,用于记录查找是否成功
            foreach (Contacter c in persons)       //迭代查找指定联系人
            {
                if (c.name == txtSearch.Text.Trim())
                {
                    isSearched = true;             //修改标志变量,表示查找成功
                    lblShow.Text = "查找成功!此人电话号码为: " + c.telephone;
                }
            }
            if (!isSearched)
                lblShow.Text = "查无此人!";
        }
    }
```

【分析】 程序首先声明了一个名称为 Contacter 的结构体,该结构体包含两个成员 name 和 telephone,分别用来记录一个联系人的姓名和电话号码。在程序中,定义了一个结构数组 persons 用于保存联系人信息,并用 i 记录当前数组的索引值。用户单击"添加"按钮,则将联系人信息添加到 persons[i]中,并显示"已成功添加一个联系人!",当用户单击"查找"按钮,则使用 foreach 语句将 persons 中的每一个联系人取出来,判断该联系人的姓名和在查找文本框中输入的姓名是否一致,如果一致,则显示"查找成功! 此人电话号码为: ……"。

【注意】 foreach 语句与 for 语句的区别。

(1) foreach 语句用来遍历整个数组。如果只想遍历数组的部分元素(例如,只遍历索引为偶数的元素),那么最好是使用 for 语句。

(2) foreach 语句总是从第一个元素遍历到最后一个元素。如果需要反向遍历,那么最好是使用 for 语句。

(3) 如果循环体需要知道元素索引,而不仅仅是元素值,那么必须使用 for 语句。

(4) 如果需要修改数组元素,那么必须使用 for 语句。这是因为 foreach 语句的循环变量是一个只读变量。例如,如果在上例的 foreach 的循环体中加上如下语句:

```
c.name = "乔峰";
```

则在编译时将出现如下错误:"c"是一个"foreach 迭代变量",因此无法修改其成员。

3.2.5 循环语句的嵌套

在一个循环体内又包含另一个循环结构,称为循环嵌套。内层循环体中如果又包含了新循环结构,则称之为多重循环嵌套。C#没有严格规定多重循环的层数,但为了便于理解程序逻辑,建议循环嵌套不要超过 3 层。

C#语言允许各种循环结构任意组合嵌套,一般说来,嵌套循环中涉及几个循环结构就称之为几重循环。下例示意了 for 和 while 嵌套组成的二重循环:

```
for(i = 1;i < 10;i++)
{                                                    外循环

    while(j < 10)
    {                                                内循环
        Console.WriteLine("i = {0},j = {1}",i,j);
        j++;
    }

}
```

【注意】 使用循环嵌套时,请注意以下几点。

(1) 在使用嵌套时,应使用复合语句(多用花括号)以保证逻辑上的正确性。

(2) 内外层的循环变量名应不同,以避免造成混乱。

(3) 不允许循环交叉。即内循环必须完全包含于外循环内。

(4) 书写时最好养成右缩进的习惯,使得层次清晰,易于检查。

【例 3-9】 创建一个 Windows 应用程序,打印如图 3-15 所示的九九乘法表。

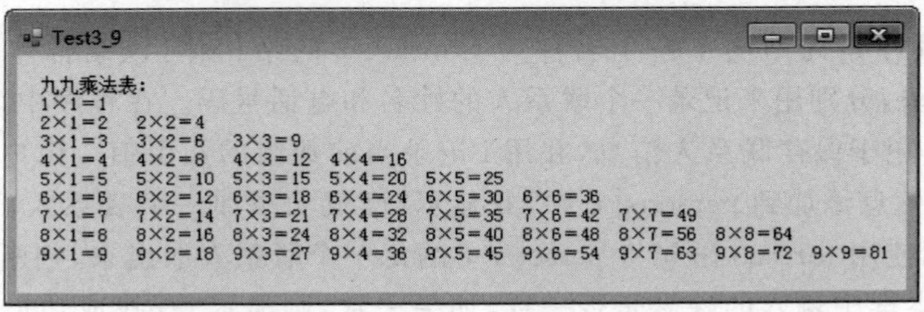

图 3-15 运行效果

【分析】 九九乘法表共 9 行,设行号为 i(i=1,2,…,9),设列号为 j(j=1,2,…,i),对于 i 来说,其值每增加 1,对应的 j 将周而复始地从 1 开始增加,直到等于行号 i 时结束。显然,如果用 2 个循环来分别产生行和列,那么产生行的循环必须包含产生列的循环,这是一个嵌套循环。当产生列的循环结束时,可使用"\n"实现换行显示。

主要源代码如下:

```csharp
using System;
using System.Windows.Forms;

public partial class Test3_8 : Form
{
    private void Test3_8_Load(object sender, EventArgs e)
    {
        lblShow.Text = "九九乘法表:\n";
        for(int i = 1; i <= 9;i++)
        {
            for (int j = 1; j <= i; j++)
            {
                lblShow.Text += String.Format("{0}×{1} = {2, - 2:D}", i, j, i * j);
                /*说明:在格式字符"{2, - 2:D}"中,第一个"2"表示索引,
                       " - 2:D"表示输出十进制数字,左对齐同时占 2 个字符位置,
                       如果参数不足 2 位,则自动补充显示空格
                */
```

```
        }
        lblShow.Text += "\n";
    }
  }
}
```

3.3 跳 转 语 句

3.2 节讨论的循环语句,是以某个布尔型表达式的结果作为循环条件,当表达式的值为 false 时,就结束循环。但有时希望在循环的中途直接控制流程转移。C#提供了两个跳转语句:break、continue,本节将详细介绍它们的使用方法。

3.3.1 break 语句

break 语句既可用于 switch 语句,也可用于循环语句。break 语句用于 switch 语句时,表示跳转出 switch 语句;用于循环语句时表示提前终止循环。在循环结构中,break 语句可与 if 语句配合使用,通常先用 if 语句判断条件是否成立,如果成立,则用 break 来终止循环,跳转出循环结构。

【例 3-10】 创建一下 Windows 程序,先输入一个整数,判断该数是否是整数。

【分析】 质数是除了 1 和本身外没有其他因子的数,例如 3、17、41 等。根据定义,要确定一个数 m 是否为质数,就可以通过测试 m 有没有因子来确定。如果有,则不是质数;反之则是。可以让 m 一个个地去除以 2 到 $\sqrt{m}$ 之间的所有整数,只要其中一个能被整除,那么 m 肯定不是质数;如果所有的都不能被整除,则 m 一定是质数。算法如下:

(1) 给定数 m,令 n$=\lfloor \sqrt{m} \rfloor$(向下取整);

(2) 令 i$=$2;

(3) 令 r $=$ m % i;

(4) 如果 r $=$ 0,则表明 m 不是质数,转到第 8 步;

(5) 否则,令 i$++$;

(6) 如果 i≤n,那么转向第 3 步;

(7) 否则,m 一定是质数;

(8) 结束。

操作过程如下:

(1) 首先根据表 3-7 在 Windows 窗体中添加窗体控件。

表 3-7 需要添加的控件及其属性设置

控 件	属 性	属 性 设 置
Label1	Text	整数:
Label2	Text	lblShow
TextBox1	Name	txtNum
Button1	Name	btnOk
	Text	确定

（2）然后在源代码视图中编辑如下代码。

```
using System;
using System.Windows.Forms;
public partial class Test3_10 : Form
{
    private void btnOk_Click(object sender, EventArgs e)
    {
        int num = Convert.ToInt32(txtNum.Text);      //把输入的文本转换成对应的整数
        int n = (int)Math.Sqrt(num);                  //Math.Sqrt()方法求指定数字的平方根
        int i;
        for (i = 2; i <= n; i++)
        {
            if (num % i == 0)
                break;                                //不是质数,跳出循环体
        }
        if (i <= n)          //如果 i<=n,一定是在循环体内遇到 break 退出的,说明 num 不是质数
            lblShow.Text = num + "不是质数!";
        else
            lblShow.Text = num + "是质数!";
    }
}
```

该程序的运行效果如图 3-16 所示。

图 3-16 运行效果

3.3.2 continue 语句

continue 语句只能用于循环结构,与 break 语句不同的是,continue 语句不是用来终止并跳出循环结构的,而是忽略 continue 后面的语句,直接进入本循环结构的下一次循环操作。在 while 和 do while 循环结构中,continue 立即转去检测循环控制表达式,以判定是否继续进行循环,在 for 语句中,则立即转向计算表达式 3,以改变循环控制变量,再判定表达式 2,以确定是否继续循环。图 3-17 展示了 break 和 continue 在 for 循环结构中的区别。

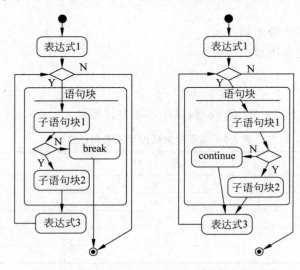

图 3-17 break 和 continue 在 for 语句中的区别

【例 3-11】 创建一个 Windows 应用程序,过滤连续重复输入的字符。

(1)首先根据表 3-8 在 Windows 窗体中添加窗体控件。

表 3-8　需要添加的控件及其属性设置

控 件	属 性	属 性 设 置
Label1	Text	字符串(相同字符将被过滤)
Label2	Text	lblShow
TextBox1	Name	txtSource
Button1	Name	btnOk
	Text	过滤

(2)然后在源代码视图中编辑如下代码:

```
using System;
using System.Windows.Forms;
public partial class Test3_11 : Form
{
    private void btnOk_Click(object sender, EventArgs e)
    {
        char ch_old, ch_new;
        ch_old = ' ';
        lblShow.Text = "过滤之后的结果如下: \n\n";
        for (int i = 1; i < txtSource.Text.Length; i++)
        {
            ch_new = (char)txtSource.Text[i];
            if (ch_new == ch_old) continue;        //前后两个字符相同,忽略后面的字符
            lblShow.Text += ch_new.ToString();
            ch_old = ch_new;
        }
    }
}
```

程序使用 ch_new 获取输入的每一个字符,用 ch_old 记录该字符之前的字符,如果两者相等,则用 continue 结束本次循环,继续下一次的循环。如果不相同,则将字符 ch_new 添加到 lblShow.Text 中,同时,让 ch_old=ch_new,继续下一次的循环。

该程序运行效果如图 3-18 所示。

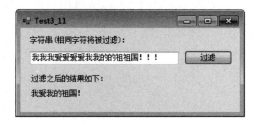

图 3-18　运行效果

第 3 章

C# 程序的流程控制

习 题

1. 简述 if…else…语句的逻辑意义。

2. 请列举 switch 语句的特点。

3. 在使用嵌套的 if 语句时,else 子句与 if 配对遵循什么原则?

4. 比较 while 语句和 do…while 语句的异同。

5. 请描述 for 语句的基本格式,并简述其执行流程。

6. 比较 for 语句和 foreach 语句的异同。

7. 指出以下循环体的执行次数。

```
for( int i = 1; i <= n; i++)
{
    for( int j = 1; j <= m; j++)
    {
        … //循环体
    }
}
```

8. 比较 break 语句和 continue 语句的区别。

9. 设计一个 Windows 应用程序,实现如下功能:输入考试成绩,判断并显示优、良、中、及格或不及格的等级。

10. 有一函数:

$$y = \begin{cases} 1-2x & (0 \leqslant x < 10) \\ x & (10 \leqslant x < 20) \\ 1+2x & (20 \leqslant x < 30) \end{cases}$$

设计一个 Windows 应用程序,输入 x,输出 y 值。

11. 设计一个 Windows 应用程序,显示所有水仙花数。所谓水仙花数是指一个 3 位数,其各位数字的立方和等于该数本身,例如,153 就是一个水仙花数,因为 $153 = 1^3 + 5^3 + 3^3$。

12. 设计一个 Windows 应用程序,计算以下分数序列前 20 项之和:

$$\frac{2}{1}, \frac{3}{2}, \frac{5}{3}, \frac{8}{5}, \frac{13}{8}, \frac{21}{13}, \cdots$$

13. 设计一个 Windows 应用程序,使用 for 语句输出杨辉三角的前十行,形式如下:

```
1
1 1
1 2 1
1 3 3 1
1 4 6 4 1
1 5 10 10 5 1
```
……

14. 设计一个 Windows 应用程序,将 1～1000 中能被 3 但不能被 5 整除的数输出。

15. 分析下列程序代码,请写出该程序运行时的输出结果。

```csharp
using System;
public class Program
{
    static void Main(string[] args)
    {
        for(int i = 1; i < 20; i++)
        {
            if(i % 2 == 0 || i % 3 == 0)
                Console.WriteLine(i.ToString() + " ");
        }
    }
}
```

上机实验 3

一、实验目的

1. 理解分支和循环的逻辑意义。
2. 掌握 C♯ 的 if、switch 分支语句的使用方法。
3. 掌握 C♯ 的 while、do…while、for、foreach 等循环语句的使用方法。

二、实验要求

1. 熟悉 VS2017 的基本操作方法。
2. 认真阅读本章相关内容,尤其是案例。
3. 实验前进行程序设计,完成源程序的编写任务。
4. 反复操作,直到不需要参考教材也能熟练操作为止。

三、实验内容

1. 修改上机实验 2 的第 3 个实验任务,将输入的 n 个数字,通过 for 语句排序并输出。注意,不允许使用 Array.Sort() 方法排序。

2. 设计一个 Windows 应用程序,实现如下功能。
(1) 输入学生姓名和考试成绩并保存到结构体数组中。
(2) 使用 foreach 语句求最高分并输出对应的姓名。

3. 设计一个 Windows 应用程序,输入一行字符,检索是否存在重复的二字词汇(由两个字符组成的字符),输出重复的次数,效果如图 3-19 所示。

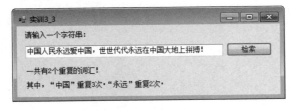

图 3-19　运行效果

C♯ 程序的流程控制

核心代码如下：

```csharp
private void btnSearch_Click(object sender, EventArgs e)
{
    int n = 0;                                              //记录重复出现的词汇个数
    string[] words = new string[10];                        //保存重复出现的词汇
    int[] times = new int[10];                              //记录每一个词汇的重复出现次数

    //寻找第 n 个出现重复的词汇
    for (int i = 0; i < txtSource.Text.Length - 2; i++)
    {
        bool isSame = false;                                //记录是否发生重复
        string source = txtSource.Text.Substring(i, 2);     //提取二字源词
        int j = i + 2;
        while (j < txtSource.Text.Length - 2)
        {
            string target = txtSource.Text.Substring(j, 2); //提取二字目标词
            if (source == target)
            {
                times[n]++;                                 //重复次数增加1
                //如果是新出现的重复词汇,则保存
                if (Array.IndexOf(words, target) == -1)
                {
                    isSame = true;
                    words[n] = target;
                }
            }
            j++;
        }
        if (isSame) n++;                                    //重复出现的词汇个数加1
    }
    lblShow.Text = String.Format("一共有{0}个重复的词汇!\n\n 其中,", n);
    for (int i = 0; i < 10; i++)
    {
        if(!String.IsNullOrEmpty(words[i]))
            lblShow.Text += String.Format("""{0}"重复{1}次?", words[i], times[i] + 1);
    }
}
```

四、实验总结

写出实验报告,内容包括实验内容、任务分析、算法设计、源程序、实验体会等,并记录实验过程中的疑难点。

第4章 面向对象程序设计入门

总体要求

- 理解面向对象的基本概念。
- 掌握类的定义与使用,理解类及其实例的关系。
- 掌握类成员的定义(包括常量、字段、属性、方法和构造函数等)。
- 理解类的可访问性,能正确使用访问修饰符控制对类的成员的访问。
- 理解类的成员在调用方法时参数传递的工作机制。
- 了解对象的生命周期,理解类的构造函数与终结器的作用,掌握它们的使用方法。

相关知识点

- 熟悉C♯中的数据类型、表达式、运算符、常量与变量等基础知识。
- 熟悉C♯中的数据类型转换。

学习重点

- 类及其成员的定义与使用。

学习难点

- 方法的参数传递和重载。
- 值类型与引用类型的区别。
- 构造函数、终结器与对象的生命周期。

　　面向对象方法是软件工程、程序设计的主要方法,也是目前主流的软件开发方法。C♯是完全面向对象的程序设计语言,具有面向对象程序设计方法的所有特征。与传统的面向过程开发方法不同,面向对象的程序设计和问题求解更符合人们的思维习惯,C♯通过类、对象、继承、多态等机制形成一个完整的面向对象的编程体系。

4.1　面向对象的基本概念

　　面向对象程序设计的思路和人们日常生活中处理问题的思路是相似的,客观世界由不同的对象组成,它们之间通过一定的机制相互联系。例如,一部智能手机既包含了诸如触摸屏、微处理器、电路板、电池、耳麦、镜头等硬件部件,也包含了诸如安卓系统、拨号程序、照相程序等软件程序。当厂商生产手机时,可以分别设计、制造或开发各硬件部件和软件程序,最后把它们组织在一起,形成一个整体。开机启动之后,通过软件就能控制各硬件部件协同工作。如照相时,只要点一下触摸屏上的快门按钮,系统就能调节镜头及其相关部件,最终生成数码相片。对于智能手机用户来说,对智能手机的结构不需详细了解,只要给它一个命令,使它能按规定完成任务就可以了。

面向对象方法的基本思想就是从所要解决的问题本身出发,尽可能以现实世界中的事物为中心,采用自然的思维方式(如分析、抽象、分类、继承等)来思考问题、认识问题,并根据这些事物的本质特征,把它们抽象表示为系统中的对象,作为系统的基本构成单位。这时程序设计者的任务包括两个方面:一是设计对象;二是通知有关对象完成所需的任务。

4.1.1　对象

客观世界中任何一个事物都可以看成一个对象(Object),对象可以是自然物体(如汽车、房屋、狗),也可以是社会生活中一种逻辑结构(如班级、部门、组织),甚至一篇文章、一个图形、一项计划等都可以视作对象。对象是构成系统的基本单位,在实际社会生活中,人们都是在不同的对象中活动的,例如工人在生产车间上班,学生在教室上课等。

所谓面向对象就是针对问题本身去分析那些具体事物,然后进行描述。

例如,在讨论成绩管理问题时,要想将每一个学生的成绩管理起来,必须从成绩管理问题本身出发进行分析,问题描述的对象包括学生和成绩,每一个学生都具有学号、姓名、性别、专业、班级等特征信息(在面向对象的概念中称为属性),也具有参加考试、查询成绩、申请转专业等特定行为(在面向对象的概念中称为服务或方法);每一个成绩都具有学号、科目、学期、分数等特征信息,也对外提供成绩录入、修改、删除、统计等操作。

在一个系统中,任何一个对象都应当具有这两个要素,即属性(Attribute)和行为(Behavior)。其中,"属性"体现了对象自身的状态,"行为"代表对外提供的服务,也表示在进行某种操作时应具备的方法。因此,对象是相关属性(数据)和行为(服务、方法或操作)的封装实体。具体来说,它应有唯一的名称,有一系列状态(表示为数据),有表示对象行为的一系列行为(方法),简言之:

对象＝属性＋行为(方法、操作)

例如,在学生成绩管理系统中,针对学生张慧来说,可以用图 4-1 来描述。

```
┌────────────────────┐  ┌────────────────────┐
│ 对象名:张慧         │  │ 对象名:张慧的成绩    │
│ 对象属性(数据):      │  │ 对象属性(数据):      │
│   学号:1340610102   │  │   学号:1340610102   │
│   性别:女           │  │   科目:C#程序设计    │
│   专业:计算机科学与技术│  │   学期:2           │
│   班级:13级Java-1班  │  │   分数:87          │
│ 对象行为(方法):      │  │ 对象行为(方法):      │
│   参加考试          │  │   录入成绩          │
│   查询成绩          │  │   修改成绩          │
│   申请转专业        │  │   统计成绩          │
└────────────────────┘  └────────────────────┘
```

图 4-1　对象的描述

4.1.2　事件与方法

事件(Event)又称为消息(Message),表示一个对象 A 向另一个对象 B 发出的服务请求。当某个事件发生(即对象 B 接收到对象 A 的消息或服务请求)时,对象 B 开始执行操作,操作结束后将执行的结果返回给对象 A。方法(Method)表示一个对象能完成的服务或执行的操作功能。

在一个系统中,对象之间通过发送和接收消息互相联系,相互配合,保证整个系统的正常运转。

例如,在一个公司中,总经理杨涛想搞一个元旦晚会,于是向工会领导张斌安排相关任务,要求张斌搞好组织协调。张斌又向各部门中有文艺特长的员工安排具体任务,要求他们编排晚会节目,提前做好准备,同时向杨涛汇报相关情况。在刚才的叙述中,杨涛、张斌、有文艺特长的具体员工都称为对象。其中,杨涛和张斌向下所做的任务安排,在面向对象中称为事件或消息,对应的相关对象(包括张斌本人和有文艺特长的具体员工)在接受任务后所开展的工作,在面向对象中称为方法或服务。

显然,方法或服务是不会自动执行的,只有在事件发生或接收到消息时才会执行,就如同张斌和那些有文艺特长的员工工作不会自动开展一样,只有接收到任务安排时才会开展。

因此,在面向对象的概念中,一个对象可以有多个方法,提供多种服务,完成多种操作功能。但这些方法只有在事件发生(也就是另外一个对象向他发出请求之后)才会被执行。换句话说,在面向对象中的系统就是依靠事件(或消息)来驱动其运转的,新的事件一旦发生,系统中相关对象的操作开始执行,结果是系统的状态就会发生改变。

4.1.3 类与对象

在现实生活中,对象都是具体的,都是客观存在的。当讨论的问题纷繁复杂或所包含的对象成千上万时,人们的思考和认识总是遵循"物以类聚"的原则,进行抽象思维,把成千上万的不同对象归结为不同的类别。例如,在现实世界中面对大量具体的一辆辆汽车、摩托车、自行车等实体对象,我们把它们归结或抽象为"交通工具",交通工具就是一个类。

归结或抽象为同一个类的事物,无论所包含的实体对象有多少,都具有相同属性和行为。例如,在成绩管理系统中,当一个个的鲜活的同张慧一样的学生个体被归入"学生"类之后,则就拥有了相同的属性和行为,即都具有学号、姓名、性别、专业、班级等属性,都拥有参加考试、查询成绩、申请转专业等行为。因此,把对象抽象为类,可最终实现共同管理。

可见,在面向对象的概念中,类(Class)表示具有相同属性和行为的一组对象的集合,为该类的所有对象提供统一的抽象描述。其中,相同的属性是指定义的形式相同,不是指属性值相同。例如,学生是一个类,包括所有类似于张慧这样的学生,可以进行如图 4-2 所示的描述。

总之,类是对相似对象的抽象,而对象是该类的一个特例,类与对象的关系是抽象与具体的关系。

```
类名:学生
属性(数据):
      学号
      姓名
      性别
      专业
      班级
行为(方法):
      参加考试
      查询成绩
      申请转专业
```

图 4-2 类的描述

4.1.4 抽象、封装、继承与多态

面向对象的最基本的特征是抽象性、封装性、继承性和多态性。

1. 抽象

抽象(Abstraction)是处理事物复杂性的方法,只关注与当前目标有关的方面,而忽略与当前目标无关的那些方面,例如在学生成绩管理中,张三、李四、王五作为学生,我们只关

心他们和成绩管理有关的属性和行为,如学号、姓名、成绩、专业等特性。抽象的过程是将有关事物的共性归纳、集中的过程,例如凡是有轮子、能滚动并前进的陆地交通工具统称为"车子",把其中用汽油发动机驱动的抽象为"汽车",把用马拉的抽象为"马车"。

抽象能表示同一类事物的本质,如果你会使用自己家里的电视机,在别人家里看到即便是不同牌子的电视机,也能对它进行操作。因为它具有所有电视机共有的特征,而在面向对象中,类其实就是通过把那些相似对象的共同特征抽取出来而形成的一种数据类型。例如,在C#中,int是对所有整数的抽象,称为整数类型,double是对所有双精度浮点型数的抽象,称为双精度类型。

同一类中的对象将会拥有相同的特征(属性)和行为(方法),如张慧和宁静都是学生,他们应该都具有学号、姓名、成绩、专业等属性,对象是类的特例,或者说是类的具体表现形式,每个具体对象的属性值不一定相同,如张慧的成绩是87,宁静的成绩是63。

2. 封装和信息隐藏

封装(Encapsulation)有两个方面的含义:一是将有关的数据和操作代码封装在一个对象中,形成一个基本单位,各个对象之间相对独立,互不干扰。二是将对象中某些部分对外部隐藏,即隐藏其内部细节,只留下少量接口,以便与外界联系,接收外界的消息。这种对外界隐藏的做法称为信息隐藏(Information Hiding)。信息隐藏还有利于数据安全,防止无关的代码修改数据。

封装把对象的全部属性和全部行为结合在一起形成一个不可分割的独立单位。而通过信息隐藏技术,用户只能见到对象封装界面上的信息,其内部细节对用户是隐蔽的。

例如,一台电视机就是一个封装体。从设计者的角度来讲,不仅需要考虑内部的各种元器件,还要考虑主机板、显像管等元器件的连接与组装;从使用者的角度来讲,只关心其型号、颜色、重量等属性,只关心电源开关按钮、音量开关、调频按钮、视频输入输出接口等用起来是否方便,根本不用关心其内部构造。

因此,封装的目的在于将对象的使用者与设计者分开,使用者不必了解对象行为的具体实现,只需要用设计者提供的消息接口来访问该对象。

3. 继承

汽车制造厂要生产新型号的汽车,如果全部从头开始设计,将耗费大力的人力、物力和财力。但如果选择已有的某一型号的汽车为基础,再增加一些新的功能,就能快速研发出新型号的汽车。这是提高生产效率的常用方法。

如果在软件开发中已建立了一个名为A的类,又想建立一个名为B的类,而后者与前者内容基本相同,只是在前者基础上增加一些新的属性和行为,显然不必再从头设计一个新类,只需在A类的基础上添加一些新的代码即可,而B类的对象拥有A类的全部属性与方法,称作B类对A类的继承,在B类中不必重新定义已在A类中定义过的属性和方法,这种特性在面向对象中称作对象的继承性。继承在C#中称为派生,其中,A类称为基类或父类,B类称为派生类或子类。

例如,灵长类动物包括人类和大猩猩,那么灵长类动物就称为基类或父类,具有的属性包括手和脚(其他动物类称为前肢和后肢),具有的服务是抓取东西(其他动物类不具备),人类作为特殊的灵长类高级动物,除了继承灵长类动物的所有属性和服务外,还具有特殊的服务——创造工具;大猩猩类也作为特殊的灵长类动物,则继承了灵长类动物的所有属性和服务。三者之间的关系如图 4-3 所示。

继承机制的优势在于降低了软件开发的复杂性和费用,使软件系统易于扩充,大大缩短了软件开发周期,对于大型软件的开发具有重要的意义。

4. 多态

多态性(Polymorphism)是指在基类中定义的属性或方法被派生类继承后,可以表现出不同的行为特征,对同一消息会做出不同的响应。例如,张三、李四和王五是分别属于 3 个班的 3 个学生,在听到上课铃声后,他们会分别走进 3 个不同的教室。同样,"启动"是所有交通工具都具有的操作,但不同的交通工具的"启动"操作是不同的,如汽车的启动是"发动机点火,启动引擎",启动轮船时要"起锚",气球飞艇启动是"充气,解缆"。为了实现多态性,通常需要在派生类中更改从基类中自动继承来的方法。这种为了替换基类的部分内容而在派生类中重新定义的方法,在面向对象的方法中称为覆盖。这样一来,不同类的对象可以响应同名的消息(方法)来完成特定的功能,但其具体的实现却可以不同。

多态性的优势在于使软件开发更加方便,增加程序的可读性。

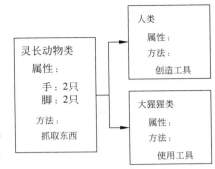

图 4-3　类的继承性

4.2　类的定义与使用

面向对象的思想要求我们在开发一个软件项目时必须首先分析其中的形形色色的实体对象,然后分析它们的共同特征,进而抽象为数据类型。当抽象出来的数据类型不能用 C# 提供的标准数据类型(如 bool、char、int、float、double、decimal、string 等)来表示时,可以自己定义数据类型。本书第 2 章介绍的枚举型(enum)和结构型(struct)就属于自定义类型,但这两种数据类型过于简单,与面向对象的概念无关。为此,本节将详细介绍一种新的自定义数据类型——"类"(class)类型,它真正体现了面向对象的编程思想。

4.2.1　类的声明和实例化

1. 类的声明

在 C# 中,声明类使用保留字 class,最简单的定义如下:

```
class 类名
{
    类的成员;
}
```

其中,类名必须是一个合法的 C# 标识符,推荐使用 Pascal 命名规范,Pascal 命名规范要求名称的每个单词的首字母要大写;类的成员放在花括号中,构成类的主体,用来描述类的属性和行为。

一个完整的类的示例如下:

```
class Student
{
```

```
        //定义类的数据成员
        public string name;
        public int age;
        //定义类的方法成员
        public string GetMessage()
        {
            return string.Format("姓名：{0}，年龄：{1}岁。", name, age);
        }
    }
```

2. 类的实例

在 C#程序中，声明一个类，只表示自定义了一种新的数据类型，完成了一段程序的抽象设计，要让程序运行起来，必须把类实例化。这如同要举办一个盛大的晚会，刚刚完成晚会的构思设计，计划好了舞台、灯光、音响、表演者、主持人等（即声明类）。晚会要热热闹闹地搞起来，还必须要落到实处，必须解决各种具体问题，包括舞台具体在哪里、音响设备具体有哪些、表演者和主持人具体是哪些人等。在面向对象中，把晚会设计具体化称为实例化，根据构思设计而准备参与晚会的具体的人和设备称为类的实例，即对象。

在 C#程序中，类是一种自定义的数据类型，对象就是根据"类"类型而定义的一个变量。类是抽象的，不占用诸如计算机内存之类的系统资源，而对象是具体的，占用内存空间。这如同为晚会构思设计的主持人不占用舞台场地和表演时间，但晚会开始之后真正的主持人（如张一笑）要占用表演场地和时间是一个道理。因为主持人（类）是抽象的，张一笑（对象）是具体的。

（1）对象的定义与创建。

定义对象的格式与定义简单变量的格式相同，其格式如下：

类名　对象名

例如：

```
Student   a;                    //声明一个 Student 型的对象 a，默认初始值为空值 null
```

定义一个对象相当于晚会筹备中确定了需要一个主持人，但主持人具体是谁还没有确定。之后，还需要用 new 关键字将对象实例化，这样才能为对象在内存中分配内存空间。这犹如将晚会主讲人具体化为张一笑一样。对象只有实例化之后才表示它在系统中的真实存在，这如同张一笑只有登台，站在观众面前才表示真实，而不只是传说要上台主持一样。实例化的语法格式为：

对象名 = new 类名()；

例如：

```
a = new Student();              //为 a 分配内存空间
```

也可以在声明对象同时实例化对象。这相当于没有提前准备晚会主持人，而直接让张一笑上台主持节目。语法格式为：

类名　对象名 = new 类名()；

例如：

```
Student   b = new Student();    //声明同时创建对象
```

（2）类成员的访问。

类成员有两种访问方式：一种是在类的内部访问，另一种是在类的外部访问。

在类的内部访问类的成员，表示一个类成员要使用当前类中的其他成员，可以直接使用成员名称，有时为了避免引起混淆，也可采用如下形式。

this.类成员

其中，this 表示当前对象，是 C♯ 的关键字。

例如：

```
class Student
{
    //定义类的数据成员
    public string name;
    public int age;
    //定义类的方法成员
    public string GetMessage()
    {
        return string.Format("姓名：{0}，年龄：{1}岁。", this.name, this.age);
    }
}
```

在类的外部访问类的成员，可通过对象名来访问，包括读取或修改对象的数据值、调用对象的方法等。使用对象名访问其内部成员的一般形式如下。

对象名.类成员

其中，小数点"."是一个运算符，表示引用某个对象的成员，可简单理解为"的"。

例如，创建 Student 类的对象 a 并实例化之后，为其数据成员（name、age）赋值，并调用方法 GetMessage 返回数据信息的语句如下。

```
a.name = "令狐冲";
a.age = 21;
string strMsg = a.GetMessage();
```

【注意】 在访问类成员时，一定要先对对象进行实例化。如果未对对象 a 进行实例化而直接访问其成员，编译时将出现"使用了未赋值的局部变量'a'"的错误。

【例 4-1】 定义 Student 类并实例化类的对象。

（1）首先在 Windows 窗体中添加一个名为 lblShow 的 Label 控件。

（2）然后在源代码视图中编辑如下代码。

```
using System;
using System.Windows.Forms;
public partial class Test4_1 : Form
{
    private void Test4_1_Load(object sender, EventArgs e)
```

面向对象程序设计入门

```
        {
            Student a;                          //声明一个 Student 对象 a
            a = new Student();                  //为 a 分配内存空间
            Student b = new Student();          //声明同时创建对象 b
            a.name = "令狐冲";                   //修改对象 a 的数据成员的值
            a.age = 21;
            string strMsg = a.GetMessage();     //调用对象 a 的方法成员
            lblShow.Text = strMsg;
            b.name = "郭靖";                     //修改对象 b 的数据成员的值
            b.age = 22;
            lblShow.Text += "\n" + b.GetMessage(); //调用对象 b 的方法成员
        }
    }
    class Student
    {
        //定义类的数据成员
        public string name;
        public int age;
        //定义类的方法成员
        public string GetMessage()
        {
            return string.Format("姓名：{0}，年龄：{1}岁。", this.name, this.age);
        }
    }
```

该程序的运行效果如图 4-4 所示。

图 4-4　运行效果

4.2.2　类的可访问性

为了控制类和类成员的作用范围或访问级别，实现面向对象的封装性，达到信息隐藏的目的，C＃提供了访问修饰符，用于限制外部对类和类成员的访问。这些访问修饰符包括 public、internal、private、protected、protected internal，详细情况见表 4-1。

表 4-1　C＃中访问修饰符

声　　明	含　　义
public	表示公共的，即访问不受任何限制，允许跨程序集引用，可用来修饰类及其成员
internal	表示内部的，即只允许在当前程序集内部使用，可修饰类及其成员
protected	表示受保护的，即只允许该类及其派生类使用，只能修饰类的成员
private	表示私有的，即只允许在该类的内部使用，不允许其他类访问，只能用来修饰类的成员
protected internal	表示仅限于当前程序集之中内部使用，只许该类及其派生类使用，只能用来修饰类的成员

例如，在例 4-1 中，如果 Student 类的声明修改为以下代码。

```
public class Student
{
    private string name;                //私有成员
```

```
private int age;                           //私有成员
public string GetMessage()                 //公共成员
{
    return string.Format("姓名：{0},年龄：{1}岁。", this.name, this.age);
}
}
```

因为该类的成员 name 和 age 是私有成员，只能在该类的内部使用，所以在 GetMessage 方法中的 this. name 和 this. age 是合法的，而在类似以下代码中的 b. name 和 b. age 是错误的。

```
public partial class Test4_1 : Form
{
    private void Test4_1_Load(object sender, EventArgs e)
    {
        Student b = new Student();                //声明同时创建对象 b
        b.name = "郭靖";                          //该语句错误
        b.age = 22;                               //该语句错误
        lblShow.Text += "\n" + b.GetMessage();    //该语句正确
    }
}
```

在使用访问修饰符时，要注意以下几点。

(1) 一个成员或类型只能有一个访问修饰符，使用 protected internal 组合时除外。

(2) 命名空间上不允许使用访问修饰符，命名空间没有访问限制。

(3) 如果未指定访问修饰符，则使用默认的可访问性，类的成员默认为 private。

(4) 类的可访问性只能是 internal 或 public，默认为 internal。

(5) 访问修饰符只是控制类的外部对类成员的访问，类的内部对自己成员的访问不受其限制，即在类的内部可以访问所有的类成员。

4.2.3 值类型与引用类型

从数据存储的角度，C♯ 的数据类型可分为值类型（value type）和引用类型（reference type），其中值类型用于存储数据的值，引用类型用于存储对实际数据的引用。

1. 值类型

值类型变量直接包含其本身的数据，前面提到的简单类型（int、bool、char、float、double、decimal）、结构类型（struct）、枚举类型（enum）等都是值类型。对于值类型变量，程序在运行时一旦遇到其定义语句（如 int x;），系统将直接为该变量分配内存空间，因此之后可以直接赋值和使用。如："int x；x＝100;"在内存中的分配情况如图 4-5 所示。

2. 引用类型

与值类型变量不同，引用类型变量本身并不包含数据，只是存储对数据的引用，数据保存在其他位置，数组、字符串、类和后面要介绍的接口、委托等都属于引用类型。引用型变量在定义时系统并不会为它分配空间，只有当它实例化之后才获得真正的存储空间。例如，假设 Circle（圆类）是已声明的类，包含两个数据成员 pi 和 r，其中 pi 为常量，则"Circle c；c＝new Circle();"在内存中的分配情况如图 4-6 所示。

面向对象程序设计入门

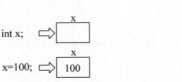

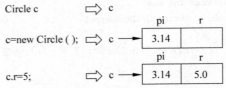

图 4-5　值类型变量的内存分配　　　图 4-6　引用型变量的内存分配

值类型变量和引用型变量在很多操作上是不同的,图 4-7 和图 4-8 展示了两者在赋值操作上的不同之处。

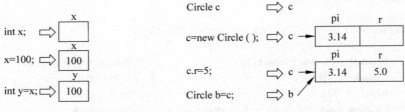

图 4-7　值类型变量间的赋值　　　图 4-8　引用型变量间的赋值

语句"int y ＝ x;"是用变量 x 为变量 y 赋值,在执行该语句时,系统将 x 所在内存的值复制给 y;而语句"Circle b ＝ c;"是用对象 c 为对象 b 赋值,在执行该语句时,系统将 c 的引用复制给 b,即两个对象最终指向同一个引用。如果继续执行语句"y＝50;",则 y 的值更改为 50,x 的值仍为 100;而如果执行语句"b. r＝10;",则对象 c 和 b 的数据成员 r 的值将同时变为 10.0,因为对象 c 和 b 实际上引用的是同一内存空间,因此改变了 b 的数据成员值也就改变了 c 的数据成员的值,反之亦然。

3. 装箱和拆箱

阅读本书第 2 章,我们就知道值类型允许隐式地或显式地转换数据类型。在 C♯ 中,引用类型也允许类型转换。具体来说,C♯ 允许将任何类型的数据转换为对象,或者将任何类型的对象转换为与之兼容的值类型。

C♯ 把值类型转换为对象的操作称为装箱,而把对象转换为兼容的值类型的操作称为拆箱。C♯ 的这种装箱与拆箱操作类似于收发邮政包裹,发送包裹之前先装箱打包,收到包裹后再拆箱解包。

装箱意味着把一个值类型的数据转换为一个对象类型的数据,装箱过程是隐式转换过程,由系统自动完成,C♯ 中 object 类是所有类的最终基类,因此,可以将一个值类型变量直接赋值给 object 对象。

例如:

```
int i = 100;
object x = i;      //表示先创建一个 object 型的变量 x,然后再把值类型变量 i 的值赋给它
```

拆箱意味着把一个对象类型数据转换为一个值类型数据,拆箱过程必须是显式转换过程。拆箱时先检查对象所引用的数据的类型,确保拆箱前后的数据类型相同,再复制数据值。

例如：

```
int i = 100;
object x = i;                //装箱正确
int j = x;                   //拆箱错误,拆箱操作只能显式转换
int k = (int)x;              //拆箱正确
long c = (long)x;            //拆箱错误,拆箱前后的数据类型应相同
```

4.3　类的成员及其定义

在 C# 中,类的成员包括常量、字段、属性、方法、构造函数、索引器、事件等。其中,常量、字段和属性都是与类的数据有关的成员,经常被称为数据成员。方法提供了针对数据的逻辑处理。构造函数在创建对象时用来初始化字段成员。本节主要介绍常量、字段、属性、方法、构造函数的简单应用,有关方法和构造函数的复杂应用以及索引器和事件的内容将在后续章节中介绍。

4.3.1　常量与字段

1. 常量

常量的值是固定不变的。在第 2 章介绍了常量的概念,并列举了各种类型的常量,不过第 2 章所列举的常量与数学中的常数概念相似,而类的常量成员是一种符号常量,符号常量是由用户根据需要自行创建的常量,在程序设计过程中可能需要反复使用到某个数据,如圆周率 3.141 592 6,如果在代码中反复书写,不仅麻烦而且容易出现书写错误,此时,可考虑将其声明为一个符号常量。

符号常量使用 const 关键字,其一般形式如下:

[访问修饰符] const 数据类型　常量名 = 常量的值;

其中,访问修饰符用来控制常量的访问级别,可省略。

例如:

```
public const double pi = 3.1415926;
```

表示声明了一个双精度浮点型的常量 pi,其值为 3.141 592 6。

C# 允许使用一条语句同时声明多个常量,中间用英文逗号间隔。

例如:

```
public const double pi = 3.1415926, e = 2.7182818;
```

2. 字段

字段表示类的成员变量,字段的值代表一个对象的数据状态。不同的对象,数据状态不同,意味着各字段的值也不同。

声明字段的方法与定义普通变量的方法相同,其一般格式如下:

[访问修饰符]　数据类型　字段名;

其中,访问修饰符用来控制字段的访问级别,可省略。例如:

```
class Circle
{
    const double pi = 3.1415926;        //pi 为常量,其可访问性默认为私有的
    public double r;                    //r 为字段,其可访问性指定为公共的
}
```

【注意】 在 C# 中,类的字段成员通过 readonly 关键字可设置为只读字段。对于只读字段来说,其值只能在声明时或对象初始化时赋值。在声明时为只读字段赋值与声明常量没有区别,在对象初始化时为只读字段赋值需要使用构造函数实现(有关构造函数的内容见本章后文)。

例如:

```
public readonly string name = "成都胜利公园";
```

字段 name 就是只读字段。

使用 readonly 声明的字段与使用 const 声明的常量虽然都是只读的,但两者还是有一定的区别。常量只能在声明时初始化,而只读字段可以在声明时或在构造函数中初始化。除此之外,常量在编译时将确定其值,而只读字段在程序运行时才会确定其值。

4.3.2 属性

属性是类的一种成员,它可用作公共数据成员,通过读/写(get/set)操作提供更加灵活和安全的数据访问机制。在 C# 中,可以创建三种不同形式的属性。

1. 具有支持字段的属性

对象的数据信息主要存储于常量和字段成员之中,虽然通过访问修饰符 public、private 或 protected 可以限制对这些成员的访问,但仍然无法保证每一次读、写操作的正确性和一致性。例如,在为 Circle 的半径 r 字段赋值时,人为地输入了错误值-5,这就需要检查所赋值是否大于 0,因此可以先把半径 r 定义为 private,再定义属性 R 来读写该字段的值并在读写过程中进行检查。

C# 提供一个使用属性的基本模式,该模式利用 get 访问器返回私有字段的值,利用 set 访问器对私有字段先进行验证再进行赋值。一般格式如下:

```
public 类型 属性名                          //要求属性与私有字段使用同一数据类型
{
    get
    {
        return 私有字段;
    }
    set
    {
        //逻辑检查
        //私有字段 = value;  注:value 为 C# 保留字,代表外部赋给本属性的值
    }
}
```

其中，可根据实际应用的需求，省略 get 访问器或 set 访问器，若只省略 set 访问器，则表示属性为只读属性，若只省略 get 访问器，则表示属性为只写属性。

例如，针对 Circle 类，可定义以下两个属性：

```
private double r;                    //字段成员
public double R                      //可读、写属性
{
    get { return r; }
    set{
        if (value < 0) r = 0;
        else r = value;              //value 为 C#保留字，代表外部赋给本属性的值
    }
}
public double Area                   //只读属性
{
    get {return 3.14 * R * R; }      //此行代码也可将属性 R 换成字段 r
}
```

2. 采用表达式主体定义属性

属性访问器通常由单行语句组成，这些语句只分配或只返回表达式的结果。为了简化属性的定义，从 C#7 开始，可以将这些属性作为表达式主体（Expression-bodied）成员来实现，即在 get 关键字或 set 关键字的后面使用=>符号指定读或写操作的表达式，这样就组成了表达式主体定义。此时，属性的 get 和 set 访问器的简化格式如下：

```
get => 私有字段；
set => 私有字段 = value 或者包含"私有字段 = value"表达式
```

对于只读属性，还可以进一步简化，直接使用表达式主体成员实现，既不使用 get 访问器关键字，也不使用 return 关键字。

例如，针对上面例子，

```
private double r;                         //字段成员
public double R                           //可读、写属性
{
    get => r;                             //采用表达式主体定义 get 访问器
    set => r = (value < 0)? 0 : value;    //采用表达式主体定义 set 访问器
}
public double Area => 3.14 * R * R;       //只读属性，采用表达式主体定义
```

3. 自动实现的属性

在某些情况下，属性 get 和 set 访问器仅向支持字段赋值或仅从其中检索值，而不包括任何附加逻辑。通过使用自动实现的属性，既能简化代码，还能让 C#编译器透明地提供支持字段。

如果属性具有 get 和 set 访问器，则必须自动实现这两个访问器。自动实现的属性通过以下方式定义：使用 get 和 set 关键字，但不提供任何实现。

例如，

```
public class Goods                        //商品类
```

```
{
    public string Name                    //商品类的名称,自动实现的属性
    { get; set; }

    public decimal Price                  //商品类的单价,自动实现的属性
    { get; set; }
}
```

在此示例中,Name 和 Price 都是自动实现的属性,它们不依赖任何已有字段实现数据读写。

当一个类包含自动实现的属性时,可通过指定属性初始值列表的方式来初始化对象。例如,

```
Goods  x = new Goods {Name = "华为荣耀手机", Price = 1895};
```

即表示实例化商品类,得到一个商品对象 x。注意,此时不能使用(),只能使用{}。

【例 4-2】 定义类的数据成员及属性。

(1)首先在 Windows 窗体中添加 2 个 Label 控件、一个 TextBox 控件和一个 Button 控件,根据表 4-2 设置相应属性项。

表 4-2 需要修改的属性项

控　件	属　性	属性设置	控　件	属　性	属性设置
label1	Text	半径：	textBox1	Name	txtR
button1	Name	btnCalculate	label2	Name	lblShow
	Text	计算		Text	""

(2)在窗体设计区中双击 btnCalculate 按钮控件,系统自动为该按钮添加 Click 事件及对应的事件方法,然后在源代码视图中编辑如下代码:

```
using System;
using System.Windows.Forms;
public partial class Test4_2 : Form
{
    private void btnCalculate_Click(object sender, EventArgs e)
    {
        Circle c = new Circle();
        c.R = Convert.ToDouble(txtR.Text);    //此行代码只能用属性 R,不能换成字段 r
        lblShow.Text = string.Format("半径为{0}的圆的面积为: {1}", c.R, c.Area);
    }
}
class Circle
{
    const double pi = 3.1415926;
    private double r;                         //字段成员
    public double R                           //可读、写属性
    {
        get => r;                             //读取私有字段的值
        set => r = (value < 0)? 0 : value;    //为私有字段赋值
```

```
    }
    public double Area => 3.14 * R * R;        //只读属性
}
```

该程序的运行效果如图 4-9 所示。

从例 4-2 可知,在编程时将类的常量和字段成员
设计为 private,然后通过属性或方法来存取这些数
据,不失为一种好的策略。这样就增强了类的安全性
和灵活性。实际上,一个好的面向对象设计需要使用
良好的数据封装和隐藏设计。通过数据封装,一方面
更容易控制数据,并根据用户的需求来提供数据服务;另一方面更容易修改代码,并且修改
代码后不影响数据的结构和用户的使用。

图 4-9 运行效果

4.3.3 方法

方法是把一些相关语句组织在一起,用于解决某一特定问题的语句块。类的方法成员
对内完成数据的逻辑处理,对外提供信息服务,以满足用户的需求。例如,在成绩管理中计
算各科成绩的总分,在设计成绩(Score)类时,必须设计方法成员 getTotal,该方法先将内部
各科成绩汇总,再向外输出计算结果。

类的方法在应用时分为声明与调用两个环节,声明就是对数据的加工逻辑预先进行设
计,调用就是由调用方使用它来获得计算结果。方法声明如同在盛大晚会举办之前对各节
目进行构思或设计,而方法调用就是主持人张一笑请某位演员上台表演。

1. 方法的声明

C♯ 中的方法必须放在类定义中声明,也就是说,方法必须是某一个类的方法。声明方
法的一般形式如下:

```
[访问修饰符] 返回值类型 方法名([参数列表])
{
    语句;
    ……
    [return  返回值;]
}
```

在声明方法时要注意以下几点。

(1)访问修饰符控制方法的访问级别,可用于方法的修饰符包括 public、protected、
private 等;访问修饰符是可选的,默认情况下为 private。

(2)方法的返回类型用于指定由该方法返回值的类型,可以是任何合法的数据类型,包
括值类型和引用类型,如果不需要返回一个值,则使用 void 关键字来表示。

(3)方法名必须符合 C♯ 的命名规范,与变量名的命名规则相同。

(4)参数列表是方法可以接受的由外部传入的数据,若不需要参数,则可省略,但不能
省略圆括号。当参数不止一个时,需要使用逗号分隔,同时每一个参数都必须声明数据类
型,即使它们的数据类型相同也不例外。

(5)花括号中的内容为方法的主体,由若干条语句组成,每一条语句都必须使用分号结
尾。当方法结束时如果需要返回计算结果,则使用 return 语句返回,要保证方法的返回类型要

面向对象程序设计入门

与返回值的类型相匹配。如果使用 void 标记方法为无返回值的方法,可省略 return 语句。

例如:

```
public int Sum(int a, int b)
{
    int c = a + b;
    return c;
}
```

在该方法的第 1 行中,public 表示访问修饰符,int 为方法返回类型,Sum 为方法的名称,其后有两个整型参数 a 和 b。第 3、4 行为方法的主体,每条语句由分号结尾,第 4 行的 return 语句返回计算结果。

2. 方法的调用

只要一个方法在某个类中声明,就可被其他方法调用,调用者既可以是同一个类中的方法,也可以是其他类中的方法。如果调用方是同一个类的方法,则可以直接调用,如果调用方是其他类中的方法,则需要通过类的实例来引用,但静态方法例外,静态方法通过类名直接调用(有关静态方法的内容将在第 5 章进行介绍)。

(1) 在同一个类中调用方法。其语法格式为:

方法名(参数列表)

例如:

```
class Calculator
{
    public int Sum(int a, int b)              //被调方
    {
        return a + b;
    }
    public string Display(int x, int y)       //调用方
    {
        return string.Format("{0} + {1} = {2}",x,y,Sum(x,y));
    }
}
```

因为 Display 方法和 Sum 方法同在一个类中,所有 Display 方法可以直接调用 Sum 方法。

(2) 在类的外部调用方法。

当调用方 B 与被调用方 A 不在同一个类之中时,如果要从类的外部调用 A 时,必须通过类的实例(即对象)来调用该方法 A。其语法格式为:

对象名.方法名(参数列表)

例如:

```
class Calculator
{
    public int Sum(int a, int b)              //被调方
    {
        return a + b;
```

```
        }
    }
    class User
    {
        public string Display(int x, int y)          //调用方
        {
            Calculator x = new Calculator();         //创建类的实例,即对象 x
            return string.Format("{0} + {1} = {2}", x, y, x.Sum(x, y));       //通过 x 调用 Sum(x, y)
        }
    }
```

因为 Display 方法和 Sum 方法不在一个类中,需要先创建类的实例(即对象 x),然后通过 x 调用 Sum(x, y)。

类的方法被调用时,有以下几种使用形式。

① 作为一条独立的语句使用,如:

```
Calculator a = new Calculator();
a. Sum(5,6);
```

a. Sum(5,6)是一条独立的方法调用语句。

② 作为表达式的一部分,参与算术运算、赋值运算等,如:

```
Calculator a = new Calculator();
int y = 4 * a.Sum(5, 6);
```

a. Sum(5,6)首先参与赋值运算,其实质是先把对象 a 的 Sum 方法返回的值 11 作为操作数参与乘法运算,最后 y 的运算结果是 44。

③ 作为另一个方法的参数来使用,如:

```
Calculator a = new Calculator();
int y = a.Sum(a.Sum(5, 6), 8);
```

其中,Sum(5,6)就作参数使用,其实质是先用 Sum(5,6)方法的返回值 11 作第 1 个参数,同时把 8 作第 2 个参数,再次传入 sum 方法进行第二次计算,因此 y 的运算结果是 19。

4.3.4　构造函数

在面向对象中,对象的所有数据信息在定义类时被声明为一个个的字段。因为不同的对象的数据状态不同,相应的各字段的值也不同,因此声明类时通常只声明各字段的名字、数据类型和可访问性,并不指定各字段的值。各字段的值可以在实例化类之后才指定,例如,"Student a＝new Student(); a. age=22;"。

但由于类的字段成员不止一个,编程时可能因为疏忽而没有全部被赋值,这样一旦引用那些未赋值的字段,就可能会造成程序运行时的致命错误。例如,假设对象 x 的成员 i 是 int 型的,在尚未赋值的情况下直接让 x.i 作被除数参与除法运算,程序运行时就必定出错。因此,必须保证类的字段成员在被引用前已经被初始化。

为此,可使用 C♯ 提供的构造函数来完成初始化工作。因为系统在实例化类(创建对象)时会自动调用构造函数,所以使用构造函数比通过赋值运算来指定对象的各字段值要可靠得多。

面向对象程序设计入门

构造函数的一般形式如下：

```
public 构造函数名([参数列表])
{
    [语句;]
}
```

和普通方法相比,构造函数有两个特别要求,一是构造函数的名称必须和类名相同,二是构造函数不允许有返回类型(包括 void 类型)。

其中,构造函数的参数列表可省略,也可以不包含任何语句。不包含任何参数和语句的构造函数称为默认构造函数。如果没有定义构造函数,编译器将自动生成默认构造函数,默认构造函数的形式如下：

```
public 构造函数名(){ }
```

如果是默认的构造函数,在创建对象时,系统会将不同类型的数据成员初始化为相应的默认值,例如,int 被初始化为 0,bool 被初始化为 false。

如在例 4-1 中的 Student 类没有声明构造函数,执行 Student a = new Student();时,将调用默认构造函数。其成员 name 将被赋值为 null,age 为 0。

C#允许重新定义默认构造函数。

例如：

```
public Student()
{
    name = "不知道";
    age = 20;
}
```

这样,执行"Student a = new Student();"时,对象 a 的 name 成员将被赋值为"不知道",age 成员为"20"。

如果用户希望不同的对象拥有不同的值,可以使用带参数的构造函数,在初始化对象时,可由外部传入数据并完成对象的初始化。

例如：

```
public Student(string name, int age)
{
    this.name = name;
    this.age = age;
}
```

此时若执行"Student a = new Student("令狐冲",21);",则对象 a 的各字段成员得到初始化,即成员 name 被赋值为"令狐冲",age 为"21"。由此可见,new 关键字后面实际是对构造函数的调用。

【例 4-3】 定义 Calculator 类,实现两个数的四则运算,效果如图 4-10 所示。

(1)首先在 Windows 窗体中添加 3 个 Label 控

图 4-10 简单的四则运算

件、2 个 TextBox 控件和 4 个 Button 控件,根据表 4-3 设置相应属性项。

表 4-3 需要修改的属性项

控 件	属 性	属性设置	控 件	属 性	属性设置
label1	Text	a=	textBox1	Name	txtA
label2	Text	b=	textBox2	Name	txtB
button1	Name	btnAdd	button2	Name	btnSub
	Text	+		Text	—
button3	Name	btnMul	button4	Name	btnDiv
	Text	×		Text	÷
label3	Name	lblShow			
	Text	" "			

(2) 右击窗体设计区,选择"查看代码"菜单命令,切换到在源代码视图,然后在窗体类 Form1(改名之后为 Test4_3)的花括号{}后面定义 Calculator 类,代码如下。

```
class Calculator
{
    private int a;                          //字段成员
    private int b;                          //字段成员
    private int B                           //可读可写的属性成员
    {
        get { return b; }
        set {
            if (value == 0) b = 1;
            else b = value;
        }
    }
    public Calculator(int i, int j)         //构造函数
    {
        a = i; B = j;                       //通过属性 B 为字段 b 赋值,防止 b 的值为 0
    }
    public int add()                        //方法成员
    {
        return a + b;
    }
    public int subtract()                   //方法成员
    {
        return a - b;
    }
    public int multiply()                   //方法成员
    {
        return a * b;
    }
    public int divide()                     //方法成员
    {
        return a / B;                       //为防止被除数为 0,最好不要使用字段 b
    }
}
```

89

第 4 章

面向对象程序设计入门

（3）重新切换到窗体的设计区，分别双击各按钮，让系统自动为这些按钮添加 Click 事件及对应的事件方法。最后切换到源代码视图，在窗体类 Form1（改名之后为 Test4_3）中编辑如下代码，实现四则运算。

```
public partial class Test4_3 : Form
{
    private void btnAdd_Click(object sender, EventArgs e)
    {
        int a = int.Parse(txtA.Text);
        int b = int.Parse(txtB.Text);
        Calculator x = new Calculator(a,b);          //实例化类,创建对象 x 并调用构造函数
        lblShow.Text = "两数之和为" + x.add();        //调用方法 add
    }
    private void btnSub_Click(object sender, EventArgs e)
    {
        int a = int.Parse(txtA.Text);
        int b = int.Parse(txtB.Text);
        Calculator x = new Calculator(a, b);
        lblShow.Text = "两数之差为" + x.subtract(); //调用方法 subtract
    }
    private void btnMul_Click(object sender, EventArgs e)
    {
        int a = int.Parse(txtA.Text);
        int b = int.Parse(txtB.Text);
        Calculator x = new Calculator(a, b);
        lblShow.Text = "两数之积为" + x.multiply(); //调用方法 multiply
    }
    private void btnDiv_Click(object sender, EventArgs e)
    {
        int a = int.Parse(txtA.Text);
        int b = int.Parse(txtB.Text);
        Calculator x = new Calculator(a, b);
        lblShow.Text = "两数之商为" + x.divide();   //调用方法 divide
    }
}
```

（4）生成解决方案并执行程序，测试设计效果。

4.4　方法的参数传递

在声明方法时，所定义的参数是形式参数（简称形参），这些参数的值由调用方负责为其传递，调用方传递的是实际数据，称为实际参数（简称实参），调用方必须严格按照被调用方法所定义的参数类型和顺序指定实参。在调用方法时，参数传递就是将实参传递给形参的过程。方法的参数传递按性质可分为按值传递与按引用传递。本节重点讨论方法的参数传递问题。

4.4.1　按值传参

按值传参时，系统自动把实参值赋给相对应的形参变量，即被调用的方法所接收到的只

是实参数据值的一个副本。此时,实参可以是表达式,也可以是常量或变量。如果实参是表达式,系统会先计算表达式的值,再将计算结果赋给形参变量。如果实参是变量,则当在方法内部更改了形参变量的数据值时,不会影响实参变量的值,即实参变量和形参变量是两个不相同的变量,它们具有各自的内存地址和数据值。因此,实参变量的值传递给形参变量时是一种单向值传递。

值类型的参数在传递时默认为按值传参。string 和 object 虽然是引用型数据,但从表现形式来看,其具有按值传参的效果。

【例 4-4】 用值传参进行参数值交换。

(1) 首先在 Windows 窗体中添加 3 个 Label 控件、2 个 TextBox 控件和一个 Button 控件,根据表 4-4 设置相应属性项。

表 4-4 需要修改的属性项

控 件	属 性	属 性 设 置	控 件	属 性	属 性 设 置
label1	Text	第一个参数 a=	label3	Name	lblShow
label2	Text	第二个参数 b=		Text	""
textBox1	Name	txtA	button1	Name	btnOk
textBox2	Name	txtB		Text	调用方法

(2) 在窗体设计区中双击 btnOk 按钮控件,系统自动为该按钮添加 Click 事件及对应的事件方法,然后在源代码视图中编辑如下代码。

```
using System;
using System.Windows.Forms;
public partial class Test4_4 : Form
{
    private void btnOk_Click(object sender, EventArgs e)      //调用方
    {
        Swapper x = new Swapper();                            //创建对象
        int a = Convert.ToInt32(txtA.Text);
        int b = Convert.ToInt32(txtB.Text);
        lblShow.Text = x.Swap(a, b);                          //调用并传递参数,a 和 b 是实参变量
        lblShow.Text += string.Format("\n\n 调用方已经调用完毕,a = {0},b = {1}", a, b);
    }
}
class Swapper
{
    public string Swap(int x, int y)                          //被调方,其中 x 和 y 是形参
    {
        int temp = x;
        x = y;
        y = temp;
        return string.Format("被调方交换形参之后: x = {0},y = {1}", x, y);
    }
}
```

该程序的运行结果如图 4-11 所示。

【分析】 该程序中,Test4_4 类(修改之前为 Form1)的 btnOk_Click 方法是调用方,Swapper 类的 Swap 方法是被调用方,当 btnOk_Click 方法调用 Swap 方法时,必须按 Swap

面向对象程序设计入门

第 4 章

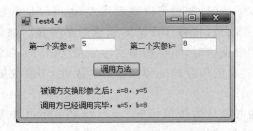

图 4-11　调用方法前运行结果

的形参列表指定实参,包括参数的个数、类型顺序均要一致。btnOk_Click 方法中的 a 和 b 是整型实参,Swap 方法的 x 和 y 是整型形参。实参 a 的值传递给形参 x,实参 b 的值传递给形参 y,由于它们是单向的值传递,因此当 Swap 方法通过 3 条赋值语句交换了 x 和 y 的值时不影响 a 和 b 的值。方法调用过程中形参和实参的变化情况如图 4-12 所示。

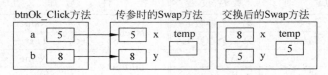

图 4-12　值传参的变化过程

4.4.2　按引用传参

C#方法被调用时一次只能返回一个结果,但在实际应用中常常需要方法能够返回多个结果或修改传入的数据值并返回,如果需要完成以上任务,只用 return 语句是无法做到的,这时可以使用按引用传递参数的方式来实现。

调用方传递引用型参数给被调用方时,调用方将把实参变量的引用赋给相对应的形参变量。实参变量的引用代表数据值的内存地址,因此,形参变量和实参变量将指向同一个引用。如果在方法内部更改了形参变量所引用的数据值,则同时也修改了实参变量所引用的数据值。注意,按引用传递参数时的实参只能是变量,不能是常量或表达式。

当值类型和 string 类型参数要按引用传参时,可以通过 ref 关键字来声明引用参数,无论是形参还是实参,只要希望传递数据的引用,就必须添加 ref 关键字。

【例 4-5】　用引用传参进行参数值交换。

(1) 将例 4-4 Swap 方法声明改为引用型参数:

```
public string Swap(ref int x, ref int y)
```

(2) 将例 4-4 Swap 方法调用改为引用型传参:

```
lblShow.Text = x.Swap(ref a, ref b);
```

该程序的运行结果如图 4-13 所示。

【分析】　该程序中,无论是实参 a 和 b,还是形参 x 和 y,都添加了 ref 关键字,因此,a 和 x 指向的是同一个内存地址,b 和 y 指向的是同一个内存地址,一旦改变形参 x 和 y 的值,实参 a 和 b 的值也会改变。方法调用过程中形参和实参的变化情况如图 4-14 所示。

图 4-13　调用方法后运行结果

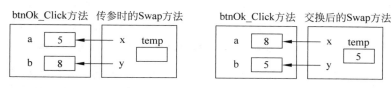

图 4-14　按引用传参的变化过程

4.4.3　输出参数

　　方法中的 return 语句只能返回一个运算结果,虽然也可以使用引用型参数返回计算结果,但用 ref 修饰的参数在传参前要求先初始化实参。但有时候在传参之前无法确定实参值,其值应由方法调用结束后返回,这就意味着在传参前所指定的实参值是没有意义的。这时可以使用输出参数,输出参数不需要对实参进行初始化,它专门用于把方法中的数据通过形参返回给实参,但不会将实参的值传递给形参。一个方法中可允许有多个输出参数。

　　C♯通过 out 关键字来声明输出参数,无论是形参还是实参,只要是输出参数,都必须添加 out 关键字。

　　【例 4-6】　用输出参数求文件路径中的目录和文件名。

　　(1)首先在 Windows 窗体中添加 3 个 Label 控件、3 个 TextBox 控件和一个 Button 控件,根据表 4-5 设置相应属性项。

表 4-5　需要修改的属性项

控　件	属　性	属性设置	控　件	属　性	属性设置
label1	Text	文件路径:	textBox1	Name	txtSource
label2	Text	文件目录:	textBox3	Name	txtFile
label3	Text	文件名:		ReadOnly	True
textBox2	Name	txtPath	button1	Name	btnOk
	ReadOnly	True		Text	分析

　　(2)在窗体设计区中双击 btnOk 按钮控件,系统自动为该按钮添加 Click 事件及对应的事件方法,然后在源代码视图中编辑如下代码。

```
using System;
using System.Windows.Forms;
public partial class Test4_6 : Form
{
    private void btnOk_Click(object sender, EventArgs e) //调用方
```

第 4 章

面向对象程序设计入门

```
            {
                string path = txtSource.Text;
                string dir, file;                         //作输出参数使用,不需要初始化
                Analyzer a = new Analyzer();              //创建对象
                a.SplitPath(path, out dir, out file);    //调用方法,dir 和 file 为输出参数
                txtPath.Text = dir;                       //显示文件目录
                txtFile.Text = file;                      //显示文件名
            }
        }
        class Analyzer
        {
            //功能:从文件路径中分离目录和文件名
            public void SplitPath(string path, out string dir, out string filename)    //被调方
            {
                int i = path.LastIndexOf('\\');           //获取最后一个反斜杠的位置
                dir = path.Substring(0, i);               //最后一个反斜杠前的字符串是文件目录
                filename = path.Substring(i + 1);         //最后一个反斜杠后的字符串是文件名
            }
        }
```

该程序中,形参 dir 和 file 是输出型参数,实参 dir 和 file 分别接收形式参数 dir 和 file 的输出。程序的运行结果如图 4-15 所示。

用 ref 和 out 修饰的参数都是引用传参,在方法体内对参数的修改和赋值都会被保留到实参中,但两者在使用上是有一定区别的。

(1)用 ref 修饰的参数,在传参前必须对实参明确赋初值。

(2)用 out 修饰的参数,在传参前不需要给实参赋初值,但对应的形参必须在赋值后才能使用,且在方法结束前必须完成赋值操作。

图 4-15　输出参数运行结果

4.4.4　引用类型的参数

引用类型参数总是按引用传递的,所以引用类型参数传递不需要使用 ref 或 out 关键字(string 除外)。引用类型参数的传递,实际上是将实参变量对数据的引用复制给了形参变量。所以形参变量与实参变量共同指向同一个内存区域。

【例 4-7】　通过修改引用类型的形参来修改实参对象的数据。

(1)首先在 Windows 窗体中添加 3 个 Label 控件、2 个 TextBox 控件和 1 个 Button 控件,根据表 4-6 设置相应属性项。

表 4-6　需要修改的属性项

控　件	属　性	属性设置	控　件	属　性	属性设置
label1	Text	学生姓名:	label3	Name	lblShow
label2	Text	学生年龄:		Text	""
textBox1	Name	txtName	button1	Name	btnOk
textBox2	Name	txtAge		Text	变换处理

（2）在窗体设计区中双击 btnOk 按钮控件，系统自动为该按钮添加 Click 事件及对应的事件方法，然后在源代码视图中编辑如下代码。

```csharp
using System;
using System.Windows.Forms;
public partial class Test4_7 : Form
{
    void change(Student one)                         //被调方,one 为引用类型的形参变量
    {
        one.name = "黄蓉";                            //更改形参变量所引用的对象的信息
        one.age = 20;
    }
    private void btnOk_Click(object sender, EventArgs e) //调用方
    {
        string name = txtName.Text;
        int age = int.Parse(txtAge.Text);
        Student x = new Student(name, age);          //创建对象 x
        lblShow.Text = "变换之前," + x.getInfo();      //输出对象 x 的信息
        change(x);                                   //调用语句,x 为引用类型的实参变量
        lblShow.Text += "变换之后," + x.getInfo();     //重新输出对象 x 的信息
    }
}
class Student
{
    public string name;                              //字段成员
    public int age;                                  //字段成员
    public Student(string name, int age)             //构造函数
    {
        this.name = name;
        this.age = age;
    }
    public string getInfo()                          //方法成员
    {
        return string.Format("姓名:{0},年龄:{1}.\n\n", name, age);
    }
}
```

【分析】 在本例中，btnOk_Click 是调用方，change 是被调用方。当单击"变换处理"按钮时，系统先执行 btnOk_Click，在执行调用语句时先把对象 x 当作实参传递给被调用方change 的形参 one。在 change 方法中包含了修改形参one 的数据信息的语句，由于 x 和 one 都是引用类型的数据变量，二者共用同一个内存空间，修改 one 的数据信息必然同时修改 x 的数据信息。因此，虽然调用方自始至终没有任何语句修改 x 的数据信息，但在执行调用语句后其数据信息仍然要发生变化，如图 4-16 所示。可见，在使用引用类型的参数时，必须密切关注形参可能给实参造成的影响，否则程序的实际运行结果可能不

图 4-16　程序运行结果

面向对象程序设计入门

符合设计预期。

4.4.5 数组型参数

数组也是引用类型数据,把数组作为参数传递时,也是引用传参。但把数组作为参数,有两种使用形式:一种是在形参数组前不添加 params 修饰符,另一种是在形参数组前添加 params 修饰符。不添加 params 修饰符时,所对应的实参必须是一个数组名。添加 params 修饰符时,所对应的实参可以是数组名,也可以是数组元素值的列表,此时,系统将自动把各种元素值组织到形参数组中。无论采用哪一种形式,形参数组都不能定义数组的长度。

【例 4-8】 求若干数的最大值。

(1) 首先在 Windows 窗体中添加 1 个 Label 控件,设置该控件的 Name 为 lblShow。

(2) 在窗体设计区中双击窗体的空白,系统自动为窗体添加 Load 事件及对应的事件方法,然后在源代码视图中编辑如下代码。

```csharp
using System;
using System.Windows.Forms;
public partial class Test4_8 : Form
{
    private void Test4_8_Load(object sender, EventArgs e)
    {
        int[] x = new int[] { 4, 7, 1, 3, 2, 8, 6, 5 };
        int n = Max(x);                    //调用方法,将实参数组 x 传递给形参数组
        lblShow.Text = "所有数据保存在实参数组中,其中最大值是" + n;
        n = Max2(4, 7, 1, 3, 2, 8, 6, 5);  //调用方法,把数据列表作为实参传递给形参数组
        lblShow.Text += "\n\n 所有数据直接以数据列表形式作为实参,其中最大值是" + n;
    }
    int Max(int[] a)                       //形参不是 params 数组
    {
        int k = 0;                         //k 用来记录最大数的下标值
        for (int i = 0; i < a.Length; i++)
        {
            if (a[k] < a[i]) k = i;
        }
        return a[k];
    }
    int Max2(params int[] a)               //形参是 params 数组,实参可使用数据列表
    {
        int k = 0;
        for (int i = 0; i < a.Length; i++)
        {
            if (a[k] < a[i]) k = i;
        }
        return a[k];
    }
}
```

程序的运行结果如图 4-17 所示。

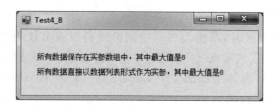

图 4-17   输出参数运行结果

【分析】   在该程序中，Max 方法的形参数组没有添加修饰符 params，在调用时对应的实参必须为已初始化的数组对象；而 Max2 方法的形参数组添加了修饰符 params，在调用时对应的实参可以是数据列表，但必须保证列表中数据的类型与形参数组的数据类型一致。

【注意】   在使用 params 修饰符时，要注意以下几点。

(1) params 关键字可以修饰任何类型的参数。

(2) params 关键字只能修饰一维数组。

(3) 不允许对 params 数组使用 ref 或 out 关键字。

(4) 每个方法只能有一个 params 数组。

4.5   方法的重载

4.5.1   方法的重载

在编程时，一般是一个方法对应一种功能，但有时需要实现同一类功能，只是有些细节不同。例如，希望从几个数中找出其中的最大数，而每次数据个数或类型不同，如 2 个整数、2 个双精度数、3 个整数或一个整型数组作为参数。为此，需要设计出 4 个不同名的方法来，格式如下。

```
public int MaxOfTwoInt( int a, int b) { }
public double MaxOfTwoDouble( double a, double b) { }
public int MaxOfThreeInt( int a, int b, int c) { }
public int Max( int[] a) { }
```

当需要用不同的方法名来命名这些功能类似的方法时，要想正确调用，则必须记住这些不同的方法名。显然，这不是很方便。

实际上，C♯ 允许用同一方法名定义多个方法，这些方法的参数个数或参数类型不同，这就是方法的重载(function overloading)。

方法重载有两点要求。

(1) 重载的方法名称必须相同。

(2) 重载方法的形参个数或类型不能相同，否则将出现"已定义了一个具有相同参数类型的成员"的错误。

例如，通过重载就可以完成上例中的 4 个方法，格式如下。

```
public int Max( int a, int b) { }
public double Max( double a, double b) { }
public int Max( int a, int b, int c) { }
```

面向对象程序设计入门

```
public int Max(int[] a) { }
```

在调用经过重载的方法时,系统会自动根据参数类型或个数调用最匹配的方法。

【例 4-9】 利用方法重载实现 2 个整数,2 个双精度数,3 个整数中求最大值。

(1) 首先在 Windows 窗体中添加 4 个 Label 控件、3 个 TextBox 控件和 3 个 Button 控件,根据表 4-7 设置相应属性项。

表 4-7 需要修改的属性项

控　件	属　　性	属　性　设　置	控　件	属　性	属　性　设　置
label1	Text	a＝	textBox3	Name	txtC
label2	Text	b＝	button1	Name	btnTwoInt
label3	Text	c＝		Text	两个整数的最大数
label4	Name	lblShow	button2	Name	btnTwoDouble
	Text	""		Text	两个双精度数的最大数
textBox1	Name	txtA	button3	Name	btnThreeInt
textBox2	Name	txtB		Text	三个整数的最大数

(2) 在窗体设计区中分别双击 btnTwoInt、btnTwoDouble 和 btnThreeInt 按钮控件,系统自动为该按钮添加 Click 事件及对应的事件方法,然后在源代码视图中编辑如下代码。

```
using System;
using System.Windows.Forms;
public partial class Test4_9 : Form
{
    private void btnTwoInt_Click(object sender, EventArgs e)
    {
        int a = Convert.ToInt32(txtA.Text);
        int b = Convert.ToInt32(txtB.Text);
        Maxer x = new Maxer();
        lblShow.Text = "最大值: " + x.Max(a, b);     //调用①号重载方法
    }
    private void btnTwoDouble_Click(object sender, EventArgs e)
    {
        double a = Convert.ToDouble(txtA.Text);
        double b = Convert.ToDouble(txtB.Text);
        Maxer x = new Maxer();
        lblShow.Text = "最大值: " + x.Max(a, b);     //调用②号重载方法
    }
    private void btnTreeInt_Click(object sender, EventArgs e)
    {
        int a = Convert.ToInt32(txtA.Text);
        int b = Convert.ToInt32(txtB.Text);
        int c = Convert.ToInt32(txtC.Text);
        Maxer x = new Maxer();
        lblShow.Text = "最大值: " + x.Max(a, b, c); //调用③号重载方法
    }
}
class Maxer
```

```
{
    public int Max(int a, int b)                        //①号重载方法
    {
        return a > b ? a : b;
    }
    public double Max(double a, double b)               //②号重载方法
    {
        return a > b ? a : b;
    }
    public int Max(int a, int b, int c)                 //③号重载方法
    {
        int max = a;
        if (max < b) max = b;
        if (max < c) max = c;
        return max;
    }
}
```

【分析】 由于设计了方法重载,故系统会根据调用方法时传递的实参类型和个数而自动选择相应的方法来求最大数。例如,若输入如图 4-18 所示数据,单击"三个整数的最大数"按钮将调用方法 int Max(int a, int b, int c),最大值是 10,而单击"两个整数的最大数"按钮将调用方法 int Max(int a, int b),最大值是 8。

图 4-18　输出参数运行结果

4.5.2　构造函数的重载

类的构造函数与方法成员一样可以重载。在一个类中,可以定义多个构造函数,提供不同的初始化方法,以满足创建对象时的不同需要。例如,在创建一个 Student 对象时,只想指定 name 的值,而 age 为默认的 20,可以声明一个如下所示的构造函数。

```
public Student(string name)
{
    this.name = name;
    this.age = 20;
}
```

该构造函数与 4.3.4 节的 public Student(string name, int age)构造函数相比,参数的个数不同,是一个合法的构造函数。此时,在创建对象时只需指定一个实参。
例如:

第 4 章

面向对象程序设计入门

```
Student a = new Student("郭靖");
```

由于 public Student(string name)和 public Student(string name，int age)两个构造函数的功能相似，可以使用 this 关键字从一个构造函数中调用另一个构造函数。

例如：

```
public Student(string name) : this(name,20){ }
```

此时，执行"Student a ＝ new Student("郭靖");"时，系统以"郭靖"和"20"作为实参，调用public Student(string name，int age)构造函数，完成对象的实例化。

【例 4-10】 利用构造函数重载实现不同对象实例化。

(1) 首先在 Windows 窗体中添加 3 个 Label 控件、2 个 TextBox 控件和 1 个 Button 控件，根据表 4-8 设置相应属性项。

表 4-8　需要修改的属性项

控　件	属　　性	属性设置	控　件	属　性	属性设置
label1	Text	姓名：	textBox2	Name	txtAge
label2	Text	年龄：		Text	""
button1	Name	btnOk	label3	Name	lblShow
	Text	创建对象		AutoSize	false
textBox1	Name	txtName		BorderStyle	Fixed3D

(2) 在窗体设计区中分别双击 btnOk 按钮控件，系统自动为该按钮添加 Click 事件及对应的事件方法，然后在源代码视图中编辑如下代码。

```
using System;
using System.Windows.Forms;
public partial class Test4_10 : Form
{
    private void btnOk_Click(object sender, EventArgs e)
    {
        Student a;
        if (txtAge.Text == "")
        {
            if (txtName.Text == ""){
                lblShow.Text = "调用无参构造函数(默认构造函数):";
                a = new Student();
            }
            else
            {
                lblShow.Text = "调用有一个参数的构造函数:";
                a = new Student(txtName.Text);
            }
        }
        else
        {
            int age = Convert.ToInt32(txtAge.Text);
            lblShow.Text = "调用有两个参数的构造函数:";
```

```
                a = new Student(txtName.Text, age);
            }
            lblShow.Text += "\n" + a.getInfo();
        }
    }
public class Student
{
    private string name;
    private int age;
    public Student() : this("无名",20){ }          //无参构造函数(默认构造函数)
    public Student(string name) : this(name, 20) { }  //有一个参数的构造函数
    public Student(string name, int age)          //有两个参数的构造函数
    {
        this.name = name;
        this.age = age;
    }
    public string getInfo()
    {
        return string.Format("姓名：{0},年龄：{1}岁。", this.name, this.age);
    }
}
```

【分析】 类 Student 有三个重载的构造函数。无参构造函数(默认构造函数)、有 1 个参数的构造函数、有 2 个参数的构造函数,前两个构造函数使用了 this 关键字调用了第 3 个构造函数。系统根据在创建对象时传递的实参类型和个数自动调用相应构造函数。程序的运行结果如图 4-19～图 4-21 所示。

图 4-19　调用默认构造函数

图 4-20　调用有一个参数
构造函数

图 4-21　调用有两个参数
构造函数

【注意】 一旦声明了带参数的构造函数,系统将不再提供默认的构造函数。因此,在创建对象时,必须按照函数的参数要求给出实际参数,否则将产生编译错误。若想要继续使用无参的构造函数来创建对象,必须自定义默认构造函数。

例如,在本例中如果缺少以下代码:

```
public Student_1() : this("无名",20){ }
```

则语句"Student a = new Student();"在编译时将出现错误。

面向对象程序设计入门

4.6　对象的生命周期

4.6.1　对象的生命周期

C#程序中,一个对象是类的一个实例,实际上就是一个引用型的变量,在程序运行过程中,它需要占用一定的内存空间,.NET 的公共语言运行时负责为其分配内存。当程序运行结束后,需要回收它所占用的内存空间。

正如前面的介绍一样,.NET 的公共语言运行时把值类型变量和引用型变量放在不同的内存区域中管理。

值类型变量使用"栈"来管理,栈是一种按照"先进后出"方式存取的内存区域。当方法被调用时,方法内的值类型变量自动获得内存,当方法调用结束时,这些变量所占用的内存将自动释放。

引用型变量使用"堆"来管理,堆是分配对象时所使用的内存区域。在方法调用过程中,一旦使用运算符 new 创建了对象,.NET 的公共语言运行时立即为该对象从堆中分配内存。

当方法调用结束时,对象所占用的内存并不会自动从堆中释放。在.NET 中,对象所占用的内存只能由.NET 的公共语言运行时的垃圾回收器来回收,垃圾回收器没有预定的工作模式,其工作时间间隔是不可预知的,垃圾回收器的优化引擎能根据分配情况确定回收的最佳时机。

可见,一个对象的生命周期可分为以下几个阶段。

(1) 使用 new 运算符创建对象并要求获得内存。

(2) 自动调用构造函数完成对象初始化,即初始化对象的数据成员。

(3) 使用对象,包括访问对象的数据成员、调用对象的方法成员。

(4) 释放对象所占用的资源,如关闭磁盘文件、网络连接和数据库服务器的连接等。

(5) 释放对象,回收内存(由垃圾回收器自动完成)。

其中,第 4 阶段可通过终结器来完成。

4.6.2　终结器

终结器,又叫析构函数,主要用来回收类的实例所占用的资源,是以在类名前面加"～"的方式来命名的。在对象销毁之前,.NET 的公共语言运行时会自动调用析构函数并使用垃圾回收器回收对象所占用的内存空间。

C#类的终结器具有如下特点。

(1) 只能对类使用终结器,不能在结构中定义终结器。

(2) 一个类只能有一个终结器。

(3) 无法继承或重载终结器。

(4) 终结器既没有修饰符,也没有参数。

(5) 终结器不能手动调用,只能自动调用。

(6) 由于在终结器被调用时,CLR 自动添加对基类 Object.Finalize 方法的调用,以清理现场,因此在终结器中不能包含对 Object. Finalize 方法的调用。

终结器的一般形式如下：

```
～类名()
{
    语句;
}
```

在默认情况下,编译器自动生成空的终结器,因此 C♯ 不允许定义空的终结器。

【注意】 由于终结器性能较差,因此并不推荐使用,如果需要尽快关闭和释放所占用的资源,应实现一个强制回收方法,一般称为 close()或 Dispose()等。

习　　题

1. 什么叫类？什么叫对象？二者是什么关系？

2. 在 C♯ 中,类可以使用哪些修饰符？各代表什么含义？类的成员可以使用哪些修饰符？各代表什么含义？

3. 简述类的字段成员与属性成员的区别。

4. 简述值类型与引用类型的区别。

5. 举例说明,按值传参、按引用传参和输出参数的区别。

6. 什么叫方法的重载？两个方法是重载关系时,应满足什么条件？

7. 简述对象的生命周期以及构造函数和终结器的作用。

8. 在库存管理系统中,产品类（Product）包含了以下数据信息：编号（_pid）、名字（_name）、类别（_type）、单价（_price）、库存量（_amount）等。出于数据保护的目的,产品一旦入库,其编号、名字和类别就不能由外部使用者随意修改,但允许读取相关数据信息。请根据上面的叙述,使用 C♯ 完成产品类及其构造函数和所有数据成员的合理定义。

提示：先将编号、名字和类别定义为私有字段,再分别定义只读属性。

9. 在库存管理系统中,由于仓库类（Storehouse）保存了所有的产品信息,因此使用一个 Product 型的数组 products 来实现,同时设置字段变量 number 来记录仓库中实际的产品数量,请设计 Storehouse 类,实现以下功能。

（1）初始化数组 products 和字段变量 number。

（2）能够把某个产品添加到仓库中。

（3）能够根据名称把特定产品从仓库中找出来。

提示：在以下代码的基础之上完成 Storehouse 的设计。

```
class Storehouse
{
    private Product[] products;
    public int number;              //仓库中实际的产品数量
    public Storehouse(int n)        //构造函数,n 代表仓库的库存限额,即最多放入 n 个产品
    {
        //请补充代码
    }
```

面向对象程序设计入门

```
        public bool Add(Product a)          //把产品 a 存入到仓库中,实际库存量增加 1
        {
            //请补充代码
        }
        public Product getProduct(string name)      //根据产品名称检索仓库,返回该产品的信息
        {
            //请补充代码
        }
}
```

10. 接上题,重载 getProduct 方法,实现以下功能:能根据产品的编号检索仓库,返回该产品的信息。

上机实验 4

一、实验目的

1. 理解面向对象的概念,掌握 C♯ 的定义类和创建对象的方法。
2. 区分类的不同数据成员,包括常量、字段和属性的定义方法,并学会控制其可访问性。
3. 掌握类的方法成员的声明与调用,理解各种参数在方法中的意义及使用。
4. 理解构造函数和终结器的作用机制。

二、实验要求

1. 熟悉 VS2017 的基本操作方法。
2. 认真阅读本章相关内容,尤其是案例。
3. 实验前进行程序设计,完成源程序的编写任务。
4. 反复操作,直到不需要参考教材也能熟练操作为止。

三、实验内容

1. 设计一个简单的 Windows 应用程序,在文本框中输入两个点的坐标值,单击"确定"时显示两点之间的距离,如图 4-22 所示。

要求定义一个 Point 类,包括

(1) 两个私有字段表示两个坐标值。

(2) 一个构造函数通过传入的参数对坐标值初始化。

(3) 两个只读属性对坐标值的读取。

(4) 一个方法包含一个 Point 类对象作为形参该对象和自己的距离。

核心代码提示:

图 4-22　运行结果

```
private void btnOk_Click(object sender, EventArgs e)
{
        int x1, y1, x2, y2;
```

```
        ……
        Point p1 = new Point(x1, y1);
        Point p2 = new Point(x2, y2);
        lblShow.Text = p1.Distance(p2).ToString();
    }
class Point
{
    ……
    public double Distance(Point p)
    {
    return System.Math.Sqrt((this.X - p.X) * (this.X - p.X) + (this.Y - p.Y) * (this.Y -
p.Y));
    }
    ……
}
```

2. 自定义一个时间类。该类包含小时、分、秒字段与属性，具有将秒增 1 操作的方法，如图 4-23 所示。

要求定义一个 Time 类，包括：

（1）3 个私有字段表示时、分、秒。

（2）两个构造函数，一个通过传入的参数对时间初始化，一个获取系统当前的时间。

图 4-23　运行结果

（3）3 个只读属性对时、分、秒的读取。

（4）一个方法用于对秒增 1 操作（注意 60 进位的问题）。

核心代码部分提示：

```
class Time
{
    ……
    public Time()
    {
        hour = System.DateTime.Now.Hour;        //获取系统当前的小时
        minute = System.DateTime.Now.Minute;    //获取系统当前的分钟
        second = System.DateTime.Now.Second;    //获取系统当前的秒
    }
    public Time(int h, int m, int s)
    {
        hour = h; minute = m; second = s;
    }
    ……
    public void AddSecond()
    {
        second++;
        if (second >= 60){
            second = second % 60;
            minute++;
        }
        if (minute >= 60) {
            minute = minute % 60;
```

第 4 章

面向对象程序设计入门

```
                hour++;
            }
        }
    }
```

3. 设计一个 Windows 应用程序,在该程序中定义一个学生类和班级类,以处理每个学生的学号、姓名、语文、数学和英语 3 门课程的期末考试成绩,要求:

(1) 能根据姓名查询指定学生的总成绩。

(2) 能统计全班学生的平均成绩。

(3) 能统计单科成绩最高分。

(4) 能统计全班前 3 名的名单。

(5) 能统计指定课程不及格的学生名单。

(6) 能统计指定课程在不同分数段的学生人数百分比。

设计提示:

(1) 定义一个 Student 学生类,包含字段(学号、姓名、语文成绩、数学成绩、英语成绩)和属性(总成绩)等。

(2) 定义一个 Grade 班级类,包含一个 Student 类型的数组(用来保存全班学生的信息)以及若干个实现上述要求的方法等。

(3) 设计用户操作界面,首先让用户能输入一个学生的信息,当单击"添加"按钮时把这些信息添加到班级对象的学生数组中。单击"完成"按钮调用班级类的方法来显示各种统计结果。当用户输入了学生姓名并且单击"查询"按钮时显示该学生的总成绩。

四、实验总结

写出实验报告,报告内容包括实验内容、任务分析、算法设计、源程序、实验体会等,并记录实验过程中的疑难点。

第5章　面向对象的高级程序设计

总体要求

- 掌握静态类与静态类成员的定义与使用。
- 理解类的继承性与多态性,掌握其应用方法。
- 理解抽象类、接口的概念,掌握抽象类与接口的定义及使用方法。
- 理解嵌套类、分部类和命名空间的概念,掌握它们的使用方法。

相关知识点

- 熟悉 C# 的结构、类、数组的区别。
- 熟悉类及其成员的定义与使用。

学习重点

- 静态成员与静态类。
- 类的继承性与多态性。
- 抽象类与接口定义与使用。

学习难点

- 静态成员的作用,静态方法和实例方法的区别。
- 多态的概念和实现,虚方法和抽象方法的区别。
- 接口的作用和使用,抽象类和接口的区别。

5.1　静态成员与静态类

通常,"类"只是统一了其所有实例的定义格式,也就是规定了诸如字段、属性等成员的数据类型、名字和可访问性,规定了方法的返回值类型、名字、参数和可访问性等。"类"一般不包含数据信息,真正数据信息属于类的特定实例(对象)。例如,若 Student 类的实例 a 的 name 值为"令狐冲",age 值为 21,则这些数据只属于对象 a,同样,若实例 b 的 name 值为"郭靖",age 值为 20,则这些数据只属于对象 b。

那么,数据信息有没有可能属于类,而不属于特定实例呢? 答案是肯定的。例如,若要确定 Student 类一共有多少个对象,可以定义一个变量 number 来记录。显然,number 不属于特定实例,而是属于整个类。在 C# 中,为了区别属于特定实例的成员,要求把所有属于类的成员定义为静态成员。

5.1.1　类的静态成员

静态成员通过 static 关键字来标识,可以是静态方法、字段、属性等。

　　静态成员与非静态成员的区别在于：前者属于类，而不属于类的实例，因此必须通过类来访问，而不能通过类的实例来访问；后者则总是与特定的实例(对象)相联系。

　　在实际应用中，当类的成员所引用或操作的信息与类有关而与类的实例无关时，就应该将它设置为静态成员。例如，想统计同类对象的数量，就可使用静态字段和静态方法来实现。

【例 5-1】 利用静态成员统计人数。

　　(1) 首先在 Windows 窗体中添加 4 个 Label 控件、3 个 TextBox 控件和 2 个 Button 控件，按根据表 5-1 设置相应属性项。

表 5-1　需要修改的属性项

控　件	属　性	属 性 设 置	控　件	属　性	属 性 设 置
label1	Text	姓名：	textBox1	Name	txtName
label2	Text	性别：	textBox2	Name	txtSex
label3	Text	年龄：	textBox3	Name	txtAge
label4	Text	""	button1	Name	btnAdd
	Name	lblShow		Text	添加
	AutoSize	false	button2	Name	btnCount
	BorderStyle	Fixed3D		Text	统计

　　(2) 在窗体设计区中分别双击 btnAdd 和 btnCount 按钮控件，系统分别自动为两个按钮添加 Click 事件及对应的事件方法，然后在源代码视图中编辑如下代码。

```
using System;
using System.Windows.Forms;
public partial class Test5_1 : Form
{
    //创建 Student 型的数组 ps,用来记录 5 个人的信息
    Student [] ps = new Student [5];
    private void btnAdd_Click(object sender, EventArgs e)    //将输入保存到数组
    {
        char sex = char.Parse(txtSex.Text);
        int age = int.Parse(txtAge.Text);
        ps[Student.number] = new Student(txtName.Text, sex, age);
        Student.number++;                          //静态成员只能通过类名引用
        lblShow.Text = string.Format("添加成功：{0}人", Student.number);
    }
    private void btnCount_Click(object sender, EventArgs e)
    {
        lblShow.Text += string.Format("\n男生人数：{0}", Student.NumberOfMales());
        lblShow.Text += string.Format("\n女生人数：{0}", Student.NumberOfFemales);
        lblShow.Text += string.Format("\n学生名单如下：\n");
        foreach (Student p in ps)
        {
            if(p!= null) lblShow.Text += string.Format("{0} ", p.Name);
        }
    }
}
```

```
public class Student
{
    private static int males = 0;                        //记录男生人数
    private static int females = 0;                       //记录女生人数
    public static int number = 0;                         //记录总人数
    public string Name;
    public char Sex;
    public int Age;
    //构造函数,用来初始化对象
    public Student (string name, char sex, int age)
    {
        Name = name; Sex = sex; Age = age;
        if (sex == '男') males++;
        if (sex == '女') females++;
    }
    //静态方法,返回男生人数
    public static int NumberOfMales()
    {
        return males;
    }
    //静态方法属性,返回女生人数
    public static int NumberOfFemales
    {
        get { return females; }
    }
}
```

【分析】　该程序中,类 Student 包含 3 个静态字段:males、females 和 number,1 个静态方法 NumberOfMales 和 1 个静态属性 NumberOfFemales。3 个静态字段分别记录男生人数、女生人员和总人数。因此,当依次输入("张伟",'男',20)、("李静",'女',21)、("黄薇",'女',19)、("赵恒",'男',22)、("钱沿",'男',20)后,单击"统计"按钮,程序的运行效果如图 5-1 所示。注意,每输入一组数据后需要单击一次"添加"按钮。

图 5-1　静态成员运行效果

【注意】　在使用静态成员时,要注意以下几点:

(1) 静态成员属于类,只能通过类名引用,而不能通过对象名引用(如 Student.number),因此 C # 中表示当前实例的关键字 this 不能在静态方法中使用。

(2) 静态数据成员在所有对象之外单独开辟内存空间,只要在类中定义了静态数据成员,即使没有类的实例化操作,系统也会为静态成员分配内存空间,因此允许随时引用。例如,在实例 5_1 中,如果直接单击"统计"按钮,将显示"男生人数:0,女生人数:0"。

面向对象的高级程序设计

（3）非静态方法也叫实例方法。在实例方法中，可以直接访问实例成员和实例方法，也可以直接访问静态成员和静态方法。但在静态方法中，只能访问静态成员，不可以直接访问实例成员，也不能直接调用实例方法。

5.1.2　静态构造函数

类的构造函数也可以是静态的，静态构造函数不是为了创建对象而设计的，而是用来初始化类的静态字段的。请牢记，只有非静态的构造函数才用来创建对象。用于创建对象的构造函数也称为实例构造函数。静态构造函数因为并不对类的特定实例进行操作，所以也被称为全局构造函数或共享构造函数。

在 C# 应用程序中，不能直接调用静态构造函数。在类的第一个实例创建之前或者调用类的任何静态方法之前，系统会自动执行静态构造函数，而且最多执行一次。因此，静态构造函数适合于对类的静态数据成员进行初始化。

静态构造函数可以与实例构造函数共存，其一般形式如下。

```
static 静态构造函数名()
{
    //语句;
}
```

其中，静态构造函数名与类名相同，声明静态构造函数时不能带访问修饰符（如 public），并且不能有任何参数列表和返回值。

例如，可在例 5-1 的基础上增加一个静态构造函数，实现 3 个静态字段变量的初始化，代码如下。

```
public class Student
{
    private static int males;              //记录男生人数
    private static int females;            //记录女生人数
    public static int number;              //记录总人数
    static Student()                       //静态构造函数,用来初始化静态字段
    {
        males = 0; females = 0; number = 0;
    }
    //……其他代码
}
```

【注意】　静态构造函数不支持重载，也就是不允许定义多个静态构造函数。

5.1.3　静态类

当类只包含静态成员时，C# 建议用 static 关键字把它声明为静态类。由于静态类仅包含静态成员，所以没有必要将它实例化。事实上，C# 也不允许使用 new 关键字来创建静态类的实例。在实际应用中，只要类的成员与特定对象无关，就可以把它创建为静态类。

静态类有以下 4 个特点。

（1）静态类仅包含静态成员。

（2）静态类不能被实例化。

（3）静态类是密封的。

（4）静态类不能包含实例构造函数。

由于静态类是密封的，因此不可被继承。静态类不能包含实例构造函数，但仍可声明静态构造函数。（注，关于密封和继承将在 5.2 节进行讨论。）

静态类有两个优点。

（1）编译器能够自动执行检查，以确保不添加实例成员。

（2）静态类能够使程序的实现更简单、迅速，因为不必创建对象就能调用其方法。

在. NET Framework 中，存在大量的静态类，常用的静态类有 Console 和 Math。其中，Console 提供了与控制台操作有关的各种方法，实现控制台应用程序的输入和输出操作。Math 提供了与数学有关的各种函数运算。表 5-2 和表 5-3 分别写出了 Console 类和 Math 类的常用内部成员及其功能。

表 5-2 Console 类及其成员

成 员 名 称	功 能 说 明
Beep()	通过控制台扬声器播放提示音
Clear()	清除控制台缓冲区和相应的控制台窗口显示信息
Read()	从标准输入流读取下一个字符
ReadLine()	从标准输入流读取下一行字符
Write(data)	将指定数据 data 写入标准输出流，其中 data 可以是布尔值、字符、整数、小数、字符串等
WriteLine(data)	将指定数据 data 写入标准输出流并换行，其中 data 可以是布尔值、字符、整数、小数、字符串等

表 5-3 Math 类及其成员

成 员 名 称	功 能 说 明
Abs()	返回绝对值
Acos()	返回余弦值为指定数字的角度
Asin()	返回正弦值为指定数字的角度
Atan()	返回正切值为指定数字的角度
Ceiling()	返回大于或等于指定的十进制数的最小整数值
Cos()	返回指定角度的余弦值
Exp()	返回 e 的指定次幂
Floor()	返回小于或等于指定小数的最大整数
Log()	返回指定数字的自然对数（底为 e）
Log(a, b)	返回指定数字在使用指定底时的对数，例如求 $\log_2 8$ 写成 Log(8,2)
Log10	返回指定数字以 10 为底的对数
Max(a, b)	返回两个数中较大的一个
Min(a, b)	返回两个数中较小的一个
Pow(x, n)	返回指定数字的指定次幂，例如求 x^n 写成 Pow(x,n)
Round()	将小数值舍入到最接近的整数值
Sin	返回指定角度的正弦值
Sqrt	返回指定数字的平方根
Tan	返回指定角度的正切值

5.2 类的继承性

类的继承性是指在一个已存在的类的基础之上定义一个新类。其中,这个已存在的类称为基类或父类,而新定义的类称为派生类或子类。在 C# 中,当派生类从基类派生时,派生类就具有了基类中的所有成员,这样,基类中已定义的成员代码,不需要在派生类定义中重写,在派生类的定义中,只需添加自己的成员即可。这样,既提高了代码的重用性和程序设计的效率,又提供了已有程序设计的可扩展性。

类的继承性为面向对象程序设计构建分层类结构体系创造了条件。例如,. NET Framework 类库就是一个庞大的分层类结构体系。其中 Object 类是一个最上层的基类,其他所有类都是直接或间接由 Object 类派生而来的。即使用户自定义的类没有指定继承关系,系统仍然将该类作为 Object 类的派生类。

在 C# 中,类的继承遵循以下原则。

(1) 派生类只能从一个类中继承,即单一继承。

(2) 派生类自然继承基类的成员,但不能继承基类的构造函数。

(3) 类的继承可以传递,例如,假设类 C 继承于类 B,类 B 又继承类 A,那么 C 类就具有类 B 和类 A 的成员,可以认为类 A 是类 C 的祖先类。

5.2.1 派生类的声明

在 C# 中,派生类可以拥有自己的成员,也可以从它的基类隐式地继承所有成员,包括方法、字段、属性和事件,但私有成员、构造函数和析构函数等除外。另外,派生类只能从一个类中继承,即单一继承。

C# 中声明派生类的一般形式如下:

[访问修饰符] class 类名:基类名
{
    //类的成员;
}

例如:

```csharp
public class Animal                     //这是一个基类
{
    protected string name;              //基类的数据成员
    protected int age;
    public string Eat()                 //基类的方法
    {
        return string.Format("动物{0}: 我要吃东西!",name);
    }
}
public class Dog : Animal               //这是一个派生类
{
    private string type;                //派生类数据成员
    public string GetMessage()          //派生类方法
    {
```

```
            return string.Format("狗狗{0}:我是{1},今年{2}岁了", name,type,age);
    }
}
```

其中,Dog 类继承了 Animal 类的所有成员,包括字段成员(name 和 age)、方法成员(Eat),同时 Dog 类也扩展了 Animal 类,具有 Animal 类没有的字段成员(type)和方法成员(GetMessage)。

基类在定义数据成员 name 和 age 时,使用了访问修饰符 protected,而如果使用 private 修饰符,则只能由所属类的成员才能访问,无法在派生中被访问。使用 public 修饰符虽然可以在派生类中被访问,但同时也能在类外被访问。而由 protected 声明的成员,只能由所属类及其派生类的成员访问,所以通常用 protected 修饰符限定基类成员,这样既保证了不能在类定义外直接访问成员,又允许其派生类成员访问。

5.2.2 构造函数

在 C# 中,因为派生类不能继承其基类的构造函数,所以通常需要为派生类定义构造函数。此时,基类的构造函数和派生类的构造函数各司其职,即基类的构造函数负责初始化基类的成员字段,派生类的构造函数只初始化新添加的成员字段。在创建派生类对象时,系统会使用它们来初始化对象的所有成员字段;调用顺序是先调用基类的构造函数,完成基类部分的成员初始化,再调用派生类的构造函数,完成派生类新添加成员的初始化。

由于类的继承具有传递性,例如,当类 C 继承类 B,类 B 又继承类 A 时,若创建类 C 的实例,则类 A、B、C 的构造函数都会被调用,调用次序按由高到低顺序依次调用,即先调用 A 的构造函数,再调用 B 的构造函数,最后调用 C 的构造函数。

1. 无参数的默认构造函数

由于构造函数可重载,基类的构造函数可能有若干个,因此在这种情况下,在创建派生类的实例时,系统将自动调用不带参数的默认构造函数。

例如,

```
class Father
{
    protected string name;            //基类的字段
    public Father()                   //基类的构造函数
    {
        name = "父亲";
    }
}
class Son : Father
{
    int age;                          //派生类的新成员
    public Son()                      //派生类的构造函数
    {
        age = 0;
    }
    public string getInfo()
    {
        return string.Format("{0},今年{1}岁。",name, age);
```

面向对象的高级程序设计

```
    }
}
```

若执行语句"Son son ＝ new Son();"则系统自动先调用基类 Father 的构造函数,将字段 name 的初始值设置为"father",再调用自己的构造函数,将字段 age 的初始值设置为 0。因此,若继续执行语句"son. getInfo();",则返回以下信息:"父亲,今年 0 岁"。

2. 带参数的构造函数

从上述代码可知,通过调用无参数的默认的构造函数来创建对象,得到的初始数据没有实际意义。为此,需要重载构造函数,为构造函数指定参数,从而创建具有意义的对象。

当基类的构造函数带参数时,因为系统只能自动调用默认构造函数,所以在创建派生类的实例时必须强迫系统调用基类带参数的构造函数。为此,在声明派生类的构造函数时必须使用 base 关键字向基类的构造函数传递参数。

其格式如下:

public 派生类构造函数名(形参列表): base(向基类构造函数传递的参数列表){}

例如,

```
class Father
{
    protected string name;                  //基类的字段
    public Father(string name)              //基类的构造函数
    {
        this.name ＝ name;
    }
}
class Son : Father
{
    int age;                                //派生类的新成员
    public Son(string name,int age): base(name) //派生类的构造函数
    {
        this.age ＝ 0;
    }
    public string getInfo()
    {
        return string.Format("{0},今年{1}岁。",name, age);
    }
}
```

若执行语句"Son son ＝ new Son("儿子",18);"则系统先将字符串"儿子"传递给派生类构造函数的形参变量 name,再调用基类的构造函数,把 name 作为实参传递给基类Father 的构造函数的形参变量 name,从而将字段 name 的初始值设置为"儿子",最后调用自己的构造函数,将字段 age 的初始值设置为 18,参数传递过程如图 5-2 所示。因此,若继续执行语句"son. getInfo();",则返回以下信息:"儿子,今年 18 岁"。

【例 5-2】 调用基类带参构造函数演示。

(1)首先在 Windows 窗体中添加 3 个 Label 控件、3 个 TextBox 控件和 1 个 Button 控件,根据表 5-4 设置相应属性项。

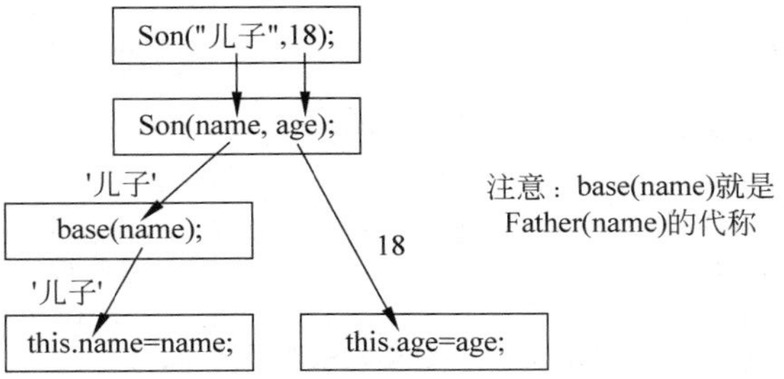

图 5-2　构造函数的参数传递

表 5-4　需要修改的属性项

控　件	属　性	属 性 设 置	控　件	属　性	属 性 设 置
label1	Text	名字：	label3	Text	品种：
label2	Text	年龄：	textBox1	Name	txtName
label4	Text	""	textBox2	Name	txtAge
	Name	lblShow	textBox3	Name	txtType
	AutoSize	false	button1	Name	btnCreate
	BorderStyle	Fixed3D		Text	创建对象并调用方法

（2）在窗体设计区中双击 btnCreate 按钮控件，系统自动为两个按钮分别添加 Click 事件及对应的事件方法，然后在源代码视图中编辑如下代码。

```
using System;
using System.Windows.Forms;
public partial class Test5_2 : Form
{
    private void btnCreat_Click(object sender, EventArgs e)
    {
        Dog d;
        if (txtName.Text == "") d = new Dog();          //创建派生类对象,调用默认构造函数
        else
        {
            int age = Convert.ToInt32(txtAge.Text);
            d = new Dog(txtName.Text,age,txtType.Text); //调用带参数的构造函数
        }
        lblShow.Text = d.GetMessage();
        lblShow.Text += "\n\n" + d.Eat();
    }
}
public class Animal                                     //这是一个基类
{
    protected string name;                              //基类的数据成员
    protected int age;
    public Animal()                                     //基类的默认构造函数
    {
        this.name = "未知";
        this.age = 0;
```

面向对象的高级程序设计

```
        }
        public Animal(string name, int age)           //基类的带参数构造函数
        {
            this.name = name;
            this.age = age;
        }
        public string Eat()                            //基类的方法
        {
            return string.Format("动物{0}：我要吃东西!",name);
        }
    }
    public class Dog : Animal                          //这是一个派生类
    {
        private string type;                           //派生类数据成员
        public Dog()                                   //派生类的默认构造函数
        {
            type = "未知";
        }
        public Dog(string name, int age, string type) : base(name, age)
                                                       //调用基类的带参数构造函数
        {
            this.type = type;
        }
        public string GetMessage()                     //派生类方法
        {
            return string.Format("狗狗({0})：我是{1},今年{2}岁了。", name, type, age);
        }
    }
```

在本例中，由于基类 Animal 和派生类 Dog 都包含了两个构造函数，一个是无参数的默认构造函数，另一个是有参数的构造函数。因此，在创建派生类 Dog 的实例时，若不指定参数，则系统自动调用默认构造函数，经初始化后输出的信息如图 5-3 所示。若指定了参数，则通过 base 关键字来调用基类 Animal 的构造函数，初始化从基类继承的字段，而派生类的构造函数只负责对自己扩展的字段进行初始化，之后输出的信息如图 5-4 所示。

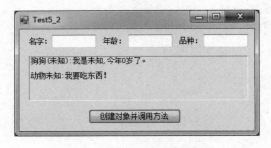
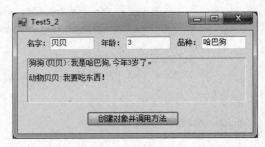

图 5-3　调用基类默认构造函数运行效果　　　图 5-4　调用基类带参数的构造函数运行效果

在本例中，基类和派生类都定义了默认构造函数，因此可调用默认构造函数或带参数的构造函数创建派生类的实例。但是，如果基类只有带参数的构造函数，而没有默认构造函数，那么该如何定义派生类的默认构造函数呢？答案仍然是通过 base 关键字来调用基类带

参数的构造函数,代码如下所示。

```
public Dog() : base("未知", 0)                          //派生类的默认构造函数
{
    type = "未知";
}
```

请读者自己修改例 5-2 中的代码,测试上述代码的效果。

5.2.3　密封类

为了阻止一个类的代码被其他类继承,可以使用密封类,因为在 .NET 中,加载密封类时将对密封类的方法调用进行优化,因此使用密封类可以提高应用程序的可靠性和性能。另外,软件开发者通过使用密封类还可以把自己的知识产权保护起来,避免他人共享代码。

在 C# 中,添加关键字 sealed 可以声明密封类。

例如,如果在声明 Animal 类时添加关键字 sealed,

```
public sealed class Animal                            //这是一个密封类
{
    ……
}
```

则 Dog 类就无法继承 Animal 类,其所有代码需要重新书写。

5.3　类的多态性

多态的字面意思是事物有多种形态,其实质是不同事物在发展过程中逐渐体现出来的差异性。例如,打印机能在纸张上打印文字或图案,而以打印技术为基础开发的 3D 打印机能打印出实际的物品来。

多态性是面向对象程序设计的一个重要特征,它体现为一个派生类对基类的特征和行为的改变,表面上看这些特征或行为还是相似的。例如,子女遗传了父母的相貌和性格,表面上很相似,实质上仔细对比区别很大。也就是说,当派生类从基类继承时,派生类不仅会获得基类的所有字段、属性和方法等成员,还会扩展基类的成员,甚至会重写基类的成员,以更改基类的数据和行为。

为了使用派生类能更改基类的数据和行为,C# 提供了两种选择:一是使用新的派生成员替换基类成员,二是重写虚拟的基类成员。

5.3.1　使用 new 重新定义类的成员

使用 new 关键字来定义与基类中同名的成员,即可替换基类的成员。如果基类定义了一个方法、字段或属性,则 new 关键字用于在派生类中创建该方法、字段或属性的全新定义。注意要把 new 关键字放置在要替换的类成员的数据类型之前。

例如,在例 5-2 的派生类 Dog 中,添加以下代码。

```
public new string Eat()                               //重新定义方法成员
{
```

面向对象的高级程序设计

```
        return string.Format("狗狗({0}): 我要吃骨头!", name);
    }
```

此时,派生类 Dog 的方法 Eat 替换了基类 Animal 的方法 Eat。若执行以下语句:

```
Dog d = new Dog();
lblShow.Text = d.Eat();
```

则调用的是新的类成员方法,而不是基类的成员方法。因此,最终得到以下结果:

狗狗未知: 我要吃骨头!

5.3.2 用 virtual 和 override 定义类的成员

使用 new 关键字在派生类中重写基类的成员,实际上是对基类中的相应代码进行彻底废除操作。这如同一个人通过器官移植手术把通过遗传得到的组织器官全部替换一样,因此有些人认为这不是真正的面向对象的多态性。不过由于它所达到的效果与下面要讨论的重载虚方法的效果差不多,因此本书把它放在类的多态性中阐述。

在 C# 中,要想实现真正的多态性,可采用以下步骤: 首先在基类中用 virtual 关键字声明类的成员(这种成员称为虚拟成员),然后在派生类中用 override 关键字重载虚拟成员或覆盖虚拟成员。

1. 虚方法及其重载

在基类中声明虚方法的格式如下:

public virtual 返回值类型 方法名称([参数列表])
{
**　　//方法体语句**
}

在派生类中覆盖虚方法的格式如下:

public override 返回值类型 方法名称([参数列表])
{
**　　//方法体语句**
}

其中,基类与派生类中的方法名称与参数列表必须完全一致,当不需要参数时省略参数列表。

例如:

```
public class Animal                              //这是一个基类
{
    //……其他代码
    public virtual string Eat()                  //基类的虚方法
    {
        return string.Format("动物{0}: 我要吃东西!",name);
    }
}
public class Dog : Animal                        //这是一个派生类
{
```

```
//……其他代码
public override string Eat()                          //派生类的覆盖基类的虚方法
{
    return string.Format("狗狗{0}: 我要啃骨头!", name);
}
}
```

2. 虚属性及其重载

在基类中声明虚属性的格式如下：

```
public virtual 返回值类型 属性名称
{
    //属性体
}
```

在派生类中覆盖虚属性的格式如下：

```
public override 返回值类型 属性名称
{
    //属性体
}
```

其中,必须保证在基类和派生类中属性的定义格式完全一致,包括可访问性、返回值类型、属性名称和属性体。属性体由 get 和 set 访问器组成,省略 set 表示只读属性,省略 get 表示只写属性,不能同时省略 get 和 set 访问器。

例如：

```
public class Animal                                   //这是一个基类
{
    //……其他代码
    public virtual string Name                        //基类的虚属性,是一个只读属性
    {
        get {
            if(name == "" or name == null)            //name 是字段成员
                return "该动物未起名!";
            else
                return name;
        }
    }
}
public class Dog : Animal                             //这是一个派生类
{
    //……其他代码
    public override string Name                       //派生类的覆盖基类的虚属性
    {
        get {
            if(name == "" or name == null)
                return "该狗狗未起名!";
            else
                return name;
        }
    }
}
```

面向对象的高级程序设计

【注意】 覆盖与替换是不一样的。例如,餐桌上已经有一张台布,撤下这张台布再铺上新的台布叫替换,而不撤下原来的台布直接在上面再铺一张台布叫覆盖。C#中的替换(即new)操作发生在程序编译之时,覆盖(即 override)操作发生在程序运行之时。

使用 virtual 和 override 时要注意以下 4 点。

(1) 字段不能是虚拟的,只有方法、属性、事件和索引器才可以是虚拟的。

(2) 使用 virtual 修饰符后,不允许再使用 static、abstract 或 override 修饰符。

(3) 派生类对象即使被强制转换为基类对象,所引用的仍然是派生类的成员。

(4) 派生类可以通过密封来停止虚拟继承,此时派生类的成员使用 sealed override 声明。

5.3.3 访问基类的成员

1. 基类与派生类之间的转换

C#允许把派生类转换为基类,但不允许把基类转换为派生类。这样,一个基类的对象既可以指向基类的实例,也可以指向派生的实例。

例如,以下语句都是合法的。

```
Animal a = new Animal();              //a 指向基类实例
Animal b = new Dog();                 //b 指向派生类实例
Dog d = new Dog();                    //d 指向派生类实例
a = d;                                //a 指向派生类实例
```

当基类的对象指向派生的实例时,系统将进行隐式转换,把数据类型从派生类转换为基类。例如,在"Animal b = new Dog();"中,虽然 b 指向了派生类的实例,但它的数据类型还是基类。此时,若通过基类对象来调用一个基类与派生类都具有的同名的方法,则系统将调用基类的方法,而不会调用派生类的方法。

例如,

```
public class Animal                   //这是一个基类
{
    //…… 其他代码
    public string Eat()               //基类的方法
    {
        return string.Format("动物{0}: 我要吃东西!", name);
    }
}
public class Dog : Animal             //这是一个派生类
{
    //…… 其他代码
    public new string Eat()           //派生类替换基类的同名方法
    {
        return string.Format("狗狗{0}: 我要啃骨头!", name);
    }
}
```

若执行"Animal b = new Dog(); b.Eat();",则调用 Animal 中的 Eat()方法,因此返回的类似"动物……: 我要吃东西!"的信息,而不会返回类似"狗狗……: 我要啃骨头"的信息。

【注意】 当基类的对象指向派生类的实例时,虽然其数据类型被转换成了基类,但其本质仍然没有改变,仍然是派生类的实例,因此可以再次强制转换为派生类型。

例如,以下语句是合法的。

```
Animal a = new Dog();          //a指向派生类实例
Dog d = (Dog)a;                //把a的类型强制转换为Dog,再赋值给d
```

【思考】 以下4条语句是否合法?

```
Dog x = new Animal();
x = (Dog) a;
Dog d = new Dog();
((Animal)d).Eat();
```

【答案】 前两条非法,后两条合法,其原因是 C♯ 不允许把基类的实例隐式或强制转换成派生类,但允许把派生类的实例强制转换成基类。

2. 在派生类中调用基类的成员

当派生类重载或覆盖基类方法后,如果想在派生类中调用基类的同名方法,可以使用 base 关键字。

例如,在 Dog 类的 Eat 方法中,希望使用基类的 Eat 方法,可以通过 base 来调用,代码如下所示。

```
public override void Eat()
{
    base.Eat();
}
```

3. 类的多态性的意义

C♯ 允许基类的对象引用派生类的实例,一旦使用 virtual 和 override 实现类的多态性,那么系统将具有自适应的能力,它会根据对象所引用的是基类的实例,还是派生的实例来自动调用覆盖之前还是覆盖之后的方法。这样,对象引用将变得更加灵活。

【例 5-3】 虚方法演示。

(1) 首先在 Windows 窗体中添加 3 个 Label 控件、3 个 TextBox 控件和 2 个 Button 控件,根据表 5-5 设置相应属性项。

表 5-5　需要修改的属性项

控　件	属　　性	属 性 设 置	控　件	属　性	属 性 设 置
label1	Text	姓名:	textBox1	Name	txtName
label2	Text	年龄:	textBox2	Name	txtAge
label3	Text	品种:	textBox3	Name	txtType
label4	Text	""	button1	Name	btnCtBase
	Name	lblShow		Text	创建基类对象并调用方法
	AutoSize	false	button2	Name	btnCtChild
	BorderStyle	Fixed3D		Text	创建子类对象并调用方法

(2) 在窗体设计区中分别双击 btnCtBase 和 btnCtChild 按钮控件,系统自动为两个按钮分别添加 Click 事件及对应的事件方法,然后在源代码视图中编辑如下代码。

```csharp
using System;
using System.Windows.Forms;
public partial class Test5_3 : Form
{
    private void btnCtBase_Click(object sender, EventArgs e)
    {
        int age = Convert.ToInt32(txtAge.Text);
        Animal a = new Animal(txtName.Text, age);
        lblShow.Text = AnimalEat(a);        //调用方法,实参为基类对象
    }
    private void btnCtChild_Click(object sender, EventArgs e)
    {
        int age = Convert.ToInt32(txtAge.Text);
        Dog d = new Dog(txtName.Text, age, txtType.Text);
        lblShow.Text = AnimalEat(d);        //调用方法,实参为派生类对象
    }
    private string AnimalEat(Animal x)      //可接收基类型的实参,也可接收派生类型的实参
    {
        return x.Eat();
    }
}
public class Animal                         //这是一个基类
{
    protected string name;                  //基类的数据成员
    protected int age;
    public Animal(string name, int age)
    {
        this.name = name;
        this.age = age;
    }
    public virtual string Eat()             //基类的方法
    {
        return string.Format("动物{0}:我要吃东西!", name);
    }
}
public class Dog : Animal                    //这是一个派生类
{
    private string type;                    //派生类数据成员
    public Dog(string name, int age, string type) : base(name, age)
    {
        this.type = type;
    }
    public string GetMessage()              //派生类方法
    {
        return string.Format("狗狗({0}):我是{1},今年{2}岁了。", name, type, age);
    }
    public override string Eat()            //派生类覆盖基类方法
```

```
        {
            return string.Format("狗狗({0}):我要吃骨头!", name);
        }
    }
```

【分析】 在该程序中定义了一个方法：private void AnimalEat(Animal animal)。该方法的形参是 Animal 型的对象 x，该方法在被调用时，可以接收 Animal 型的实参，也可以接收 Animal 的派生类型的实参。由于整个程序实现类的多态性，系统能根据所接收的实参的类型来自动调用相应类的方法，因此当单击"创建基类对象并调用方法"按钮时，以基类对象作为实参，将调用基类的 Eat 方法，运行效果如图 5-5 所示；当单击"创建子类对象并调用方法"按钮时，以派生类对象作为实参，将调用派生类的 Eat 方法，运行效果如图 5-6 所示。

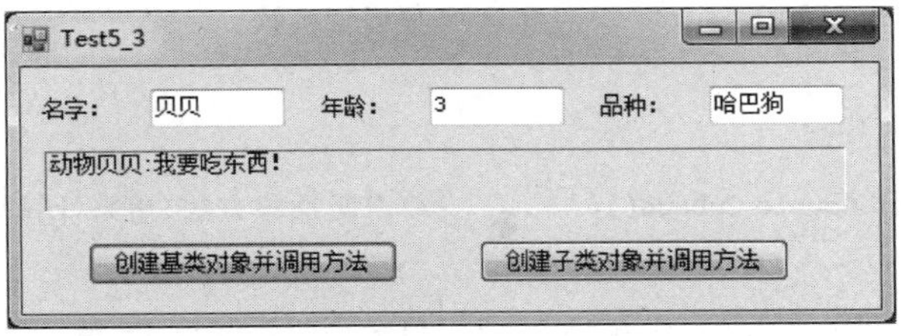

图 5-5　创建基类对象并调用方法运行效果

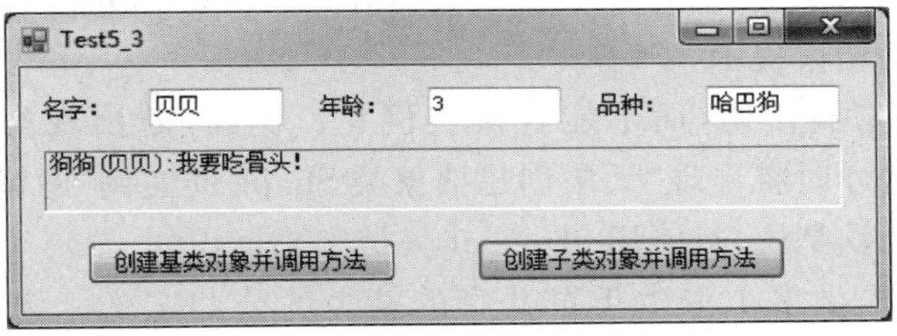

图 5-6　创建子类对象并调用方法运行效果

5.4　抽　象　类

虽然通过重载基类的虚成员可以实现多态，但是虚成员仍然是一个完整的已经实现了具体操作功能的成员。实际上，有些操作是不可能实现的。例如，有关几何形状的体积计算问题，若把几何形状定义为类，把体积计算定义为方法，显然该方法是不可能实现的，只有一个具体的几何形状的体积才能计算，如球体的体积计算，圆柱体的体积计算等。

在 C♯ 中，凡是包含了无法实现的成员的类就是抽象类，其中那些无法实现的操作就是类的抽象成员。显然，抽象类包含了抽象成员，但也可以声明非抽象成员，甚至还声明虚成员。

【注意】 抽象成员必须在抽象类中声明，但抽象类不要求必须包含抽象成员。

5.4.1　抽象类及其抽象成员

1. 抽象类与抽象方法

抽象方法是指在基类的定义中，不包含任何实现代码的方法，实际上就是一个不具有任何具体功能的方法。这样的方法唯一的作用就是让派生类重写。

在 C#中,抽象类和抽象方法使用关键字 abstract 声明,一般形式如下:

```
public abstract class 抽象类名
{
    [访问修饰符] abstract 返回值类型 方法名([参数列表]);
}
```

例如,下面定义了一个代表几何形状的抽象类。

```
public abstract class Shape
{
    protected double radius;
    public Shape(double r)                //构造函数
    {
        radius = r;
    }
    public abstract double Cubage();       //声明抽象方法,用来计算体积
}
```

声明抽象方法时,抽象方法没有方法体,只在方法声明后跟一个分号,如上例中的 Cubage 方法。一个类只要包含抽象方法,该类就必须定义成为一个抽象类,如果将上例中 Shape 类前面的 abstract 去掉,程序将无法通过编译,会出现"Cubage()是抽象的,但它包含在非抽象 Shape 中"的错误提示。

抽象类只能当作基类使用,而不能直接实例化。例如,若出现类似"Shape s = new Shape(5);"的语句,编译时将出现"无法创建抽象类 Shape 的实例"的错误。同时,抽象类不能是密封或静态的,也就是说,只能用 abstract 关键字来标识。

抽象类的用途是提供多个派生类可共享的基类的公共定义。例如,一旦在几何形状 Shape 类中声明求体积的计算方法 Cubage(),则未来以此类为基类的所有派生类在实现求体积的计算方法时都必须按 Cubage()方法的声明格式去书写代码,这样将保证所有代码的格式是统一的、规范的。

2. 抽象类与抽象属性

除了抽象方法,一个抽象类也可以包含抽象属性。类的属性成员添加了 abstract 关键字后,就成了抽象属性。抽象属性不提供具体实现,它只声明该属性的数据类型、名字、可访问性等,而具体实现代码留给派生类。抽象属性同样可以是只读的、只写的或可读写的属性。

抽象属性的一般形式如下:

```
public abstract 数据类型 属性名
{
    get;
    set;
}
```

例如,下面的代码包含了一个能返回几何形体腰围的抽象的只读属性。

```
public abstract class Shape
```

```
{
    protected double radius;
    public Shape(double r)                   //构造函数
    {
        radius = r;
    }
    public abstract double Cubage();          //声明抽象方法,用来计算体积
    public abstract double Length             //声明只读的抽象属性,用来返回几何形体的腰围
    {
        get;
    }
}
```

5.4.2　重载抽象方法

　　抽象类中的抽象方法和抽象属性都没有提供实现,因此在定义抽象类的派生类时,派生类必须重载基类的抽象方法和抽象属性。如果在派生类中没有重载,则派生类也必须声明为抽象类,即在类定义前加上 abstract。这一点与虚方法不同,因为对于基类的虚方法,其派生类可以不重载。重载抽象类的方法和属性必须使用 override 关键字。重载抽象方法的格式为:

public override 方法名称([参数列表]){ }

其中,方法名称和参数列表必须与抽象类中的抽象方法完全一致。

　　【例 5-4】　抽象方法和抽象类演示。

　　(1)首先在 Windows 窗体中添加 3 个 Label 控件、2 个 TextBox 控件和 3 个 Button 控件,根据表 5-6 设置相应属性项。

表 5-6　需要修改的属性项

控　件	属　性	属 性 设 置	控　件	属　性	属 性 设 置
label1	Text	半径:	textBox2	Name	txtHigh
label2	Text	高:	button1	Name	btnGlobe
label3	Text	""		Text	圆球
	Name	lblShow	button2	Name	btnCone
	AutoSize	false		Text	圆锥
	BorderStyle	Fixed3D	button3	Name	btnCylinder
textBox1	Name	txtRadius		Text	圆柱

　　(2)在窗体设计区中分别双击 btnGlobe、btnCone 和 btnCylinder 按钮控件,系统自动分别为三个按钮添加 Click 事件及对应的事件方法,然后在源代码视图中编辑如下代码:

```
using System;
using System.Windows.Forms;
public partial class Test5_4 : Form
{
    private void display(Shape s)         //显示几何形体的体积,该方法的形参类型是抽象类
    {
```

面向对象的高级程序设计

```
                        lblShow.Text = "体积为: " + s.Cubage();
                    }
            private void btnGlobe_Click(object sender, EventArgs e)
            {
                double r = Convert.ToDouble(txtRadius.Text);
                Globe g = new Globe(r);                //创建球体对象
                display(g);                            //显示球体体积
            }
            private void btnCone_Click(object sender, EventArgs e)
            {
                double r = Convert.ToDouble(txtRadius.Text);
                double h = Convert.ToDouble(txtHigh.Text);
                Cone c = new Cone(r,h);                //创建圆锥对象
                display(c);                            //显示圆锥体积
            }
            private void btnCylinder_Click(object sender, EventArgs e)
            {
                double r = Convert.ToDouble(txtRadius.Text);
                double h = Convert.ToDouble(txtHigh.Text);
                Cylinder c = new Cylinder(r, h);    //创建圆柱对象
                display(c);                            //显示圆柱体积
            }
        }
        public abstract class Shape                 //定义抽象类,表示几何形体
        {
            protected double radius;
            public Shape(double r)                  //构造函数
            {
                radius = r;
            }
            public abstract double Cubage();        //声明抽象方法


        }
        public class Globe : Shape                  //定义派生类 Globe(圆球体)
        {
            public Globe(double r) : base(r) { }    //构造函数
            public override double Cubage()         //重载抽象方法
            {
                return 3.14 * radius * radius * radius * 4.0 / 3; ;
            }
        }
        public class Cone : Shape                   //定义派生类 Cone(圆锥体)
        {
            private double high;
            public Cone(double r, double h) : base(r)  //构造函数
            {
                high = h;
            }
            public override double Cubage()         //重载抽象方法
            {
                return 3.14 * radius * radius * high/3;
```

```
    }
}
public class Cylinder : Shape                    //定义派生类 Cylinder(圆柱体)
{
    private double high;
    public Cylinder(double r, double h) : base(r)  //构造函数
    {
        high = h;
    }
    public override double Cubage()              //重载抽象方法
    {
        return 3.14 * radius * radius * high;
    }
}
```

【分析】 其中,基类 Shape 的 Cubage 方法为抽象方法,所以 Shape 定义为抽象类,而派生类 Globe、Cone 和 Cylinder 分别重载了 Cubage 方法。当单击"圆球""圆锥"或"圆柱"按钮时,将分别创建 Globe、Cone 或 Cylinder 对象,并将其作为实参传给 display 方法,显示不同几何形状的体积,图 5-7 为单击"圆锥"按钮时的运行效果。

图 5-7   单击"圆锥"按钮时
的运行效果

5.5   接　　口

在现实生活中,常常需要一些规范和标准,如汽车轮胎坏了,只需更换一个同样规格的轮胎,计算机的硬盘要升级,只需买一个有同样接口和尺寸的硬盘进行更换,而一个支持 USB 接口的设备如移动硬盘、MP3、手机等都可以插入计算机的 USB 接口进行数据传输,这些都是因为有一个统一的规范和标准,轮胎、硬盘和 USB 才可以互相替换或连接。在软件开发领域,也可以通过定义一个接口来规定一系列规范和标准,继承同一接口的程序也就遵循同一种规范,这样程序可以互相替换,便于程序的扩展。

接口(interface)是 C♯的一种数据类型,属于引用类型。一个接口定义一个协定。接口可以包含方法、属性等成员,它只描述这些成员的签名(即成员的数据类型、名称和参数等),不提供任何实现代码,具体实现由继承该接口的类来实现。实现某个接口的类必须遵守该接口定义的协定,即必须按接口所规定的签名格式进行实现,不能修改签名格式。

5.5.1   接口的声明

在 C♯中,声明接口使用 interface 关键字,一般形式如下:

```
[访问修饰符] interface 接口名
{
    //接口成员
}
```

其中,访问修饰符只能使用 public 和 internal,默认为 public,可以省略;接口名的命名规则

面向对象的高级程序设计

与类名的命名规则相同,为了与类相区别,建议使用大写字母 I 打头。接口可以继承其他接口,基接口列表表示其继承的接口名。

接口成员可以是属性、方法等,不能包含常量、字段、构造函数和析构函数。所有接口成员隐式地具有了 public 访问修饰符,因此,不能为接口成员添加任何访问修饰符。

例如:

```
interface IUsb
{
    int MaxSpeed { get; }
    string TransData(string from, string to);
}
```

上述代码定义了一个名为 IUsb 的接口,它规定了只读属性 MaxSpeed 和方法成员 TransData 的签名格式。

5.5.2 接口的实现

接口主要用来定义一个规则,让企业内部或行业内部的软件开发人员按标准去实现应用程序的功能。在 C# 中,一个接口的派生类必须实现该接口声明的所有成员。

例如,派生类 Mp3 从接口 IUsb 派生,它实现该接口的所有成员,代码如下:

```
public class Mp3 : IUsb
{
    public int MaxSpeed
    {
        get {
            return 480;
        }
    }
    public string TransData(string from, string to)
    {
        return string.Format("数据转输: 从{0}到{1}",from,to);
    }
}
```

在上述代码中,Mp3 类实现了 IUsb 接口规定的 TransData 方法和 MaxSpeed 属性,而如果删除 TransData 方法的实现,编译时将出现"Mp3 不实现接口成员 IUsb. TransData(string,string)"的错误。

在 C# 中,结构型也可从接口派生。例如,将上述代码中 Mp3 前面的 class 修改为 struct 也是正确的。不过,请读者注意结构型和类的区别。在 C# 中,结构型属于值类型,它不具备面向对象的特性,从继承性的角度来看,仅限于从接口派生,无法从一个结构型派生一个新的结构型。相反,类属于引用类型,完全体现面向对象的思想。因此,在使用 C# 开发应用软件时尽量使用类,而不使用结构型。

5.5.3 接口的继承性

在 C# 中,接口本身也支持继承性,也就是说可以从一个接口派生新的接口。与类的继承性不同,类只支持单一继承,而接口支持多重继承,即一个接口可以从多个基接口派生,基接口名之间用逗号分隔。

例如,

```
interface IUsb
{
    int MaxSpeed { get; }
    string TransData(string from, string to);
}
interface IBluetooth
{
    int MaxSpeed { get; }
    string TransData(string from, string to);
}
interface IMp3: IUsb, IBluetooth
{
    string Play(string mp3);
}
```

本例中的 IMp3 接口继承了 IUsb 和 IBluetooth 两个接口,同时还添加了一个新的方法成员。这样,IMp3 接口支持 Usb 数据传送,也支持 Bluetooth 数据传送,还支持 mp3 播放。

5.5.4 多重接口实现

C#不允许多重类继承,但是 C#允许多重接口实现,这意味着一个类可以实现多个接口,即一个类可以从多个基接口派生,各基接口之间用逗号分隔。

例如,

```
public class Mobile : IUsb, IBluetooth
{
    //其他代码
}
```

就表示 Mobile 类同时实现 IUsb 和 IBluetooth 接口,因此既支持 USB 功能,也支持 Bluetooth 功能。

C#允许类同时从基类和基接口派生,但要求类名必须位于基接口名的前面。

例如,

```
public class Mobile : Phone,IUsb, IBluetooth
{
    //其他代码
}
```

表示 Mobile 类既是从 phone 基类派生的类,也是实现了 IUsb 和 IBluetooth 接口的派生类。再次强调,基类必须在所有的接口之前。

当类继承的多个接口中存在同名的成员时,在实现时为了区分是从哪个接口继承来的,C#使用"接口名称.接口成员"格式书写代码(称为显式实现)。显式实现的成员不能带任何访问修饰符,也不能通过类的实例来引用或调用,必须通过所属的接口来引用或调用。

面向对象的高级程序设计

例如,上例中的 IUsb 和 IBluetooth 有同名的 TransData 方法和 MaxSpeed 属性,为了区分必须显式实现,代码如下:

```
public abstract class Phone                          //这是一个抽象基类
{
    public abstract string Call(string name);        //抽象方法
}
public class Mobile : Phone, IUsb, IBluetooth        //这是一个派生类
{
    int IUsb.MaxSpeed                                //显式实现 IUsb 的 MaxSpeed 属性
    {
        get
        {
            return 480;
        }
    }
    string IUsb.TransData(string from, string to)    //显式实现 IUsb 的 TransData 方法
    {
        return string.Format("USB 数据转输:从{0}到{1}", from, to);
    }
    int IBluetooth.MaxSpeed                          //显式实现 IBluetooth 的 MaxSpeed 属性
    {
        get
        {
            return 64;
        }
    }
    string IBluetooth.TransData(string from, string to)
                                                     //显式实现 IBluetooth 的 TransData 方法
    {
        return string.Format("蓝牙数据转输:从{0}到{1}", from, to);
    }
    public override string Call(string name)
    {
        return string.Format("正在同{0}通话中....",name);
    }
}
```

5.5.5 访问接口的成员

1. 派生类的实例转换为接口的实例

当接口的派生类实现了接口所有成员之后,访问这些成员有以下两种方式。

一是通过派生类的实例来访问。例如,当类 Mp3 实现了 IUsb 接口时,可以通过 MP3 类的对象访问 IUsb 的成员,代码如下所示。

```
Mp3 m = new Mp3();
lblShow.Text = m.TransData("计算机","MP3 设备");
```

二是通过接口的实例来访问。但请注意,接口是不能直接实例化的,只能间接实例化。

其具体操作步骤是：先创建其派生类的对象,再将该对象强制转换为接口类型并赋给接口型变量从而创建接口的实例,之后就可以通过接口型的变量来访问接口成员,代码如下所示。

```
Mp3 m = new Mp3();
IUsb iu = (IUsb)m;                              //把 m 进行强制类型转换
lblShow.Text = iu.TransData("计算机", "MP3 设备");
```

【思考】 以下语句是否正确?

```
IUsb iu = new IUsb();
```

【答案】 该语句是错误的,其原因是接口不能直接实例化。

表面上,第二种方式比第一种方式要复杂一些,显得多此一举,实际上通过接口的实例来访问内部成员是一种好的设计策略。通过接口访问,可以更好地体现面向对象的多态性。例如,有两个或更多的类实现了接口,如果通过接口的实例来访问他们的成员,就不用区分所属的类名。这好比不管是 MP3 设备还是移动硬盘,只要插接到计算机的 USB 接口,就可以在两者之间相互复制数据文件,计算机也不用区分它们一样。

此外,当采用派生类显式实现接口时,只能通过接口来访问其成员。

2. 测试对象是否支持接口

一个派生类实例能成功转换为接口实例的前提是该派生类实现了对应的接口。例如,能将 Mp3 型的变量 m 转换成 IUsb,这是因为已知 Mp3 实现了 IUsb 接口。

但是,在很多情况下,无法预知对象是否实现了某个接口,一旦弄错就会造成程序异常。例如,以下两条语句就是错误的语句:

```
Mp3 m = new Mp3();
IBluetooth bt = (IBluetooth )m;
```

因为 Mp3 类没有实现 IBluetooth。

可见,在实际编程时,需要先确定一个对象是否支持某个接口,再调用相应的方法。在 C#中,有两种方式可测试一个对象是否支持某个接口。

第一种方式是使用 is 操作符,其格式如下。

表达式 is 类型

当表达式(必须是引用类型)可以安全地转换为指定"类型"时,结果为 true,否则为false。

例如,下面示例说明了 is 操作符的用法。

```
Mp3 m = new Mp3();
if (m is IUsb)                          //能安全转换,表达式为 true,下面语句将执行
{
    IUsb iu = (IUsb)m;
    lblShow.Text = iu.TransData("计算机", "MP3 设备");
}
if (m is IBluetooth)                    //不能安全转换,表达式为假,下面语句将不会执行
{
```

面向对象的高级程序设计

```
        IBluetooth ib = (IBluetooth)m;
        lblShow.Text = ib.TransData("计算机", "蓝牙设备");
    }
```

另一种方法是使用 as 操作符, as 操作符将 is 和转换操作结合起来, 首先测试转换是否合法, 若是则进行转换, 否则返回 null。as 操作符使用形式如下。

表达式 as 类型

例如, 下面示例说明了 as 操作符的用法。

```
Mp3 m = new Mp3();
IUsb iu = m as IUsb;
if (iu != null)                              //能安全转换, 表达式为 true, 下面语句将执行
{
    lblShow.Text = iu.TransData("计算机", "MP3 设备");
}
IBluetooth ib = m as IBluetooth;
if (ib != null)                              //不能安全转换, 表达式为假, 下面语句将不会执行
{
    lblShow.Text = ib.TransData("计算机", "蓝牙设备");
}
```

is 和 as 操作符也可测试对象是否属于所需类型和转换为所需类型。

例如, 以下代码也是合法的。

```
Mobile m = new Mobile();
if (m is Phone)
{
    Phone p = (Phone)m;
}
Phone p = m as Phone;
```

上述代码正确的原因是: Mobile 是 Phone 的派生类, 可以利用 is 来判断 m 是否是 Phone, 由于有继承关系, m 既是一个 Mobile 也是一个 Phone, 表明这个转换是成功的。

下面的例子完整演示了接口的声明、实现和访问。

【例 5-5】 接口演示。

(1) 首先在 Windows 窗体中添加 1 个 Label 控件和 2 个 Button 控件, 根据表 5-7 设置相应属性项。

表 5-7 需要修改的属性项

控　件	属　　性	属性设置	控　件	属　　性	属性设置
label1	Text	""	button1	Name	btnMp3
	Name	lblShow		Text	MP3
	AutoSize	false	button2	Name	btnMobile
	BorderStyle	Fixed3D		Text	手机

(2) 在窗体设计区中分别双击 btnMp3 和 btnMobile 按钮控件, 系统为两个按钮分别自动添加 Click 事件及对应的事件方法, 然后在源代码视图中编辑如下代码:

```csharp
using System;
using System.Windows.Forms;
public partial class Test5_5 : Form
{
    private void btnMp3_Click(object sender, EventArgs e)
    {
        Mp3 m = new Mp3();
        if (m is IUsb)                      //能安全转换,表达式为 true,下面语句将执行
        {
            IUsb iu = (IUsb)m;
            lblShow.Text = iu.TransData("计算机", "MP3 设备");
        }
        if (m is IBluetooth)                //不能安全转换,表达式为假,下面语句将不会执行
        {
            IBluetooth ib = (IBluetooth)m;
            lblShow.Text = ib.TransData("计算机", "蓝牙设备");
        }
    }
    private void btnMobile_Click(object sender, EventArgs e)
    {
        Mobile m = new Mobile();

        IUsb iu = m as IUsb;
        if (iu != null)
            lblShow.Text = iu.TransData("计算机", "手机");
        IBluetooth ib = m as IBluetooth;
        if (ib != null)
            lblShow.Text += "\n" + ib.TransData("手机", "计算机");
        lblShow.Text += "\n" + m.Call("父亲");
    }
}
interface IUsb                              //声明接口
{
    int MaxSpeed { get; }                   //成员属性
    string TransData(string from, string to);   //成员方法
}
interface IBluetooth                        //声明接口
{
    int MaxSpeed { get; }
    string TransData(string from, string to);
}
interface IMp3 : IUsb, IBluetooth           //声明接口,该接口继承基接口的定义
{
    string Play(string fileName);
}
public class Mp3 : IUsb                     //只实现一个接口的定义
{
    public int MaxSpeed
    {
        get { return 480; }
```

面向对象的高级程序设计

```
        }
        public string TransData(string from, string to)
        {
            return string.Format("数据转输：从{0}到{1}", from, to);
        }
    }
    public abstract class Phone                          //定义抽象类
    {
        public abstract string Call(string name);        //声明抽象方法
    }
    public class Mobile : Phone, IUsb, IBluetooth        //同时从基类和多个接口派生①
    {
        int IUsb.MaxSpeed                                //实现指定接口的成员
        {
            get { return 480; }
        }
        string IUsb.TransData(string from, string to)    //实现指定接口的成员
        {
                return string.Format("USB 数据转输：从{0}到{1}", from, to);
        }
        int IBluetooth.MaxSpeed                          //实现指定接口的成员
        {
            get { return 64; }
        }
        string IBluetooth.TransData(string from, string to)  //实现指定接口的成员
        {
            return string.Format("蓝牙数据转输：从{0}到{1}", from, to);
        }
        public override string Call(string name)         //实现从基类继承来的抽象方法
        {
            return string.Format("正在和{0}通话中....",name);
        }
    }
```

【分析】 首先该程序声明了 3 个接口：IUsb、IBluetooth 和 IMp3，然后声明了 3 个类：Mp3、Phone 和 Mobile 类。其中，IMp3 是 IUsb 的 IBluetooth 派生接口，Mp3 类来实现 IUsb 接口，Phone 是一个抽象类，Mobile 类继承 Phone 并实现 IUsb 和 IBluetooth 接口。由于 IUsb 和 IBluetooth 都包含了同名的方法 TransData 和属性 MaxSpeed，因此在 Mobile 类中用接口名作为标签分别显式实现它们的各个成员。最后，"MP3"的按钮事件方法中，通过 MP3 类的对象成功地访问了 IUsb 的成员。在"手机"按钮事件方法中，将 Mobile 对象转换成对应的接口类型，然后通过接口引用访问 IUsb 和 IBluetooth 的方法。程序运行效果如图 5-8 和图 5-9 所示。

① 注意，在实现接口时，在 VS2017 的源代码编辑窗口中右击基接口，选择"实现接口"命令，之后 VS2017 会自动生成骨架代码，然后只需填充自己的代码，这样可以快速完成代码编辑工作。

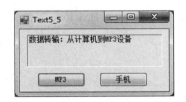
图 5-8 单击"MP3"按钮时的运行效果

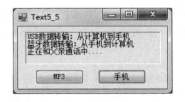
图 5-9 单击"手机"按钮时的运行效果

5.5.6 抽象类与接口的比较

抽象类是一种不能实例化的类,抽象类可以包含抽象成员,也可以包含非抽象成员,即抽象类可以完全实现,也可以部分实现,或者完全不实现。抽象类可以用来封装所有派生类的通用功能。

与抽象类不同的是,接口顶多像一个完全没有实现的只包含抽象成员的抽象类,因此无法使用接口来封装所有派生类的通用功能,接口更多地用来制定程序设计开发规范,接口的代码实现由开发者完成。例如,有关 XML 文档的处理,万维网联盟(W3C)就制定了一个 DOM(文档对象模型)规范,而具体的代码实现由诸如 Microsoft、Sun 等公司去实现。C♯规定一个类只能从一个基类派生,但允许从多个基接口派生。

抽象类为管理组件版本提供了一个简单易行的方法。通过更新基类,所有派生类都将自动进行相应改动。而接口在创建后就不能再更改,如果需要修改接口,必须创建新的接口。

5.6 嵌套类、分部类与命名空间

5.6.1 嵌套类

在类的内部或结构的内部定义的类型称为嵌套类型,又称内部类型。不论是类还是结构,嵌套类型均默认为 private,嵌套类型也可以设置为 public、internal、protected 或 protected internal。嵌套类型通常需要实例化为对象之后,才能引用其成员,其使用方法与类的普通成员使用基本相同。

【例 5-6】 使用嵌套类计算长方形面积。

(1) 首先在 Windows 窗体中添加 5 个 Label 控件、4 个 TextBox 控件和 1 个 Button 控件,根据表 5-8 设置相应属性项。

表 5-8 需要修改的属性项

控 件	属 性	属性设置	控 件	属 性	属性设置
label1	Text	左上角(X):	label4	Text	右下角(Y):
label2	Text	左上角(Y):	textBox1	Name	txtLx
label3	Text	右下角(X):	textBox2	Name	txtLy
label5	Text	""	textBox3	Name	txtRx
	Name	lblShow	textBox4	Name	txtRy
	AutoSize	false	button1	Text	""
	BorderStyle	Fixed3D		Name	btnCalculate

面向对象的高级程序设计

（2）在窗体设计区中双击 btnCalculate 按钮控件，系统自动添加 Click 事件及对应的事件方法，然后在源代码视图中编辑如下代码：

```csharp
using System;
using System.Windows.Forms;
public partial class Test5_6 : Form
{
    private void btnCalculate_Click(object sender, EventArgs e)
    {
        int x1, x2, y1, y2;
        x1 = Convert.ToInt32(txtLx.Text);
        x2 = Convert.ToInt32(txtRx.Text);
        y1 = Convert.ToInt32(txtLy.Text);
        y2 = Convert.ToInt32(txtRy.Text);
        Rectangle ra = new Rectangle(x1, y1, x2, y2);    //创建一个矩形对象
        lblShow.Text = string.Format("长方形的面积为：{0}.", ra.Area());
    }
}
class Rectangle                                          //矩形类
{
    private Point topLeft;                               //矩形的左上角
    private Point bottomRight;                           //矩形的右下角
    public Rectangle(int lx, int ly, int rx, int ry)     //构造函数
    {
        topLeft = new Point(lx, ly);
        bottomRight = new Point(rx, ry);
    }
    class Point                      //点类，嵌套在矩形类之中，表示一个矩形由若干个点组成
    {
        private int x;
        private int y;
        public Point(int x, int y)                       //构造函数
        {
            this.x = x;
            this.y = y;
        }
        public int X
        {
            get { return x; }
        }
        public int Y
        {
            get { return y; }
        }
    }
    public int Area()                                    //矩形的面积计算
    {
        return (bottomRight.X - topLeft.X) * (bottomRight.Y - topLeft.Y);
    }
}
```

【分析】 该程序中,类 Rectangle 的嵌套类 Point 是它的私有成员,只能在 Rectangle 类中使用,不能在其他类(如窗体类 Test5_7)中使用。该程序的运行效果如图 5-10 所示。

图 5-10 嵌套类示例运行效果

5.6.2 分部类

分部类允许将类、结构或接口的定义拆分到两个或多个源文件中,让每个源文件只包含其中的一部分代码,编译时 C♯ 编译器自动把所有部分组合起来进行编译。

有了分部类,一个类的源代码可以分布于多个独立文件中,在处理大型项目时,过去很多只能由一个人进行的编程任务,现在可以由多人同时进行,这样大大加快了程序设计的工作进度。

有了分部类,使用自动生成的源代码时,无须重新创建源文件便可将代码添加到类中。事实上,当创建 Windows 应用程序或 Web 应用程序时,就是在 VS2017 自动生成源代码的基础之上专注于项目的业务处理,编译时 VS2017 会自动把手工录入的代码与自动生成的代码进行合并编译。

在 C♯ 中,分部类使用 partial 关键字进行修饰。

例如:

```
//Test1.cs
public partial class Test              //这是一个分部类
{
    public string Fun1()
    {
        return "这是第 1 部分";
    }
}
//Test2.cs
using System;
public partial class Test              //这是一个分部类
{
    public void Fun2()
    {
        Console.WriteLine("这是第 2 部分");
    }
}
```

其中,Test1.cs 和 Test2.cs 中的类 Test 是分部类,在同一个应用程序项目中编译时,将被合并为一个完整的类进行编译,如下列代码中对 Test 对象的方法 Fun1 和 Fun2 的调用。

```
Test t = new Test();
Console.WriteLine(t.Fun1());
t.Fun2();
```

【注意】 处理分部类的定义时需遵循以下几个规则。

面向对象的高级程序设计

（1）同一类型的各部分的所有分部类定义都必须使用 partial 进行修饰。各部分必须具有相同的可访问性，如 public、private 等。

（2）如果将任意部分声明为抽象的，则整个类型都被视为抽象的。如果将任意部分声明为密封的，则整个类型都被视为密封的。

（3）partial 修饰符只能出现在紧靠关键字 class、struct 或 interface 前面的位置。

（4）分部类的各部分或者各个源文件都可以独立引用类库，且坚持"谁使用谁负责添加引用"的原则。例如，上例中 Test1.cs 没有使用类库，则不添加类库的引用，而 Test2.cs 调用了方法 Console.WriteLine，则必须使用 using System 以添加系统类库的引用。

（5）分部类的定义中允许使用嵌套的分部类，例如：

```
partial class A
{
    partial class B { }
}
partial class A
{
    partial class B { }
}
```

其中，A 和 B 都是分部类，但 B 嵌套在 A 中。

（6）同一类型的各个部分的所有分部类的定义都必须在同一程序集或同一模块（.exe 或 .dll 文件）中进行定义，分部定义不能跨越多个程序集。

5.6.3　命名空间

对于一个大型软件项目来说，当多个程序员共同参与开发时，因为这些程序员可能以同样的名字来创建类。例如，一个程序员在开发客户管理子系统时把客户类命名为 User，而另一个程序员在开发后台权限管理子系统时把系统管理员类也命名为 User，因此最终无法集成项目。命名空间可将相互关联的类组织起来，形成一个逻辑上相关联的层次结构，命名空间既可以对内组织应用程序，也可对外避免命名冲突。

1．.NET Framework 的常用命名空间

.NET Framework 是由许多命名空间组成的，.NET 就是利用这些命名空间来管理庞大的类库，如表 5-9 所示。例如，命名空间 System.Web.UI.WebControls 就提供了用来创建 Web 网页的所有可用类，包括文本框（TextBox）、命令按钮（Button）、标签（Label）和列表框（ListBox）等；而 System.Windows.Forms 则提供了用于创建基于 Windows 的应用程序的所有可用类，同样包括文本框、命令按钮和标签等。

表 5-9　.NET Framework 中常用的命名空间

命 名 空 间	描　　述
System	提供用于定义常用值类型、引用数据类型、事件和事件处理程序、接口、属性和处理异常的基础类
System.IO	提供用于对数据流和文件进行读写的类
System.Data	提供用于数据访问的类

命 名 空 间	描 述
System. Drawing	提供用于处理图形的类
System. NET	提供用于网络通信的类
System. Text	提供用于处理不同字符编码间转换的类
System. Web	提供用于创建 Web 应用程序的类
System. Windows. Forms	提供用于创建 Windows 应用程序的类
System. Xml	提供用于处理 XML 文档的类

2. 自定义命名空间

在 C♯ 程序中,使用关键字 namespace 就可以定义自己的命名空间,一般形式如下:

```
namespace 命名空间名
{
    //类型的声明
}
```

其中,命名空间名必须遵守 C♯ 的命名规范,命名空间内一般由若干个类型组成,包括声明枚举型、结构型、接口和类等。

例如:

```
namespace CompanyName
{
        public class Customer() { }
}
```

另外,命名空间也可以嵌套,即在一个命名空间中再定义一个命名空间。

```
namespace Sohu
{
    namespace Sales
    {
        public class Customer() { }
    }
}
```

命名空间也可以用“.”标记分隔定义命名空间,这样就可以直接定义一个嵌套的命名空间,例如:

```
namespace Sohu. Sales
{
        public class Customer() { }
}
```

3. 引用命名空间中的类

引用命名空间中的类有两种方法:

一是采用完全限定名来引用。

例如:

```
Sohu.Sales.Customer c = new Sohu.Sales.Customer();
```

就是通过完全限定名来引用命名空间 Sohu. Sales,并使用该命名空间中 Customer 类的构造函数创建一个新对象。

二是首先通过 using 关键字导入命名空间,再直接引用。

例如:

```
using CompanyName.Sales;
Customer c = new Customer();
```

就是先通过 using 关键字导入命名空间,再直接引用。

由于命名空间允许嵌套,所嵌套子命名空间的层次数量没有限制,如果采用完全限定名来引用命名空间中的类,则程序的可读性将大大下降。在实际编程中,建议采用第二种方法来引用命名空间,相应的 using 语句一般放在.cs 源文件的顶部。

习　　题

1. C#的静态成员有什么作用？静态方法和实例方法有什么区别？静态构造函数的作用是什么？静态构造函数能否重载？

2. 简述创建派生类对象时,构造函数的调用顺序是什么？举例说明如何调用基类的带参的构造函数。

3. 什么是抽象类？抽象类有什么特点？举例说明抽象类及其成员的定义方法。

4. 抽象方法和虚方法有什么区别？请举例说明。

5. 在银行储蓄管理系统中,普通账户(Account)和 VIP 账户(VipAccount)都包含账号(CreditNo)、余额(Balance)等基本数据信息,都提供创建账户、存款(Withdraw)、取款(Deposit)和查询余额功能,但二者的区别是:普通账户的账号介于 100 000～500 000 之间,取款时不允许透支(余额不能<0),VIP 账户的账号在 500 000～1 000 000 之间,取款时允许透支 1000 元(即取款之后余额必须大于−1000)。请使用继承性和多态性实现 Account 类和 VipAccount 类的定义。

提示:将 Account 定义为基类,VipAccount 定义为派生类,根据要求分别定义构造函数实现账号和余额字段的初始化;在基类中把取款方法定义为虚拟方法,在派生类中重载取款方法;让派生类从基类继承存款方法。

6. 在设备管理系统中,为了统一各种设备的编程规范,需要定义一个设备接口(IDevice),在该接口中描述了有关设备的启动(Start)、停止(Stop)、维修(Maintain)、工作(Run)、检测状态(CheckStatus)等功能或行为。请完成该设备接口的定义。

7. 接上题,为了进一步简化各种设备的编程工作量,需要在设备接口基础之上派生出抽象类 Device,该类包含设备编号、名称、使用者姓名、场所、购买日期等信息,但因为无法实现接口,所以必须把接口中的成员再描述为抽象成员。请完成该设备类的定义。

8. 接上题,在设备类的基础之上派生出手机类 Mobile,实现启动、停止、维修、工作和检测状态功能。请完成手机设备类的定义。

提示:只需模拟手机设备的各个功能(参考例 5-5)。

9. 已知 C# 的源程序代码如下：

```
class 父亲
{
    public virtual void 打铁()
    {
        Console.WriteLine("父亲打铁做刀");
    }
}
class 儿子: 父亲
{
    public override void 打铁()
    {
        Console.WriteLine("儿子打铁炼剑");
    }
}
class Program
{
    public static void Main()
    {
        父亲 a = new 儿子();
        a. 打铁();
    }
}
```

请问，该程序的输出结果是什么？

上机实验 5

一、实验目的

1. 区别静态类与非静态类，掌握静态字段、静态方法和静态构造函数的定义方法。
2. 理解类的继承性与多态性，掌握其应用方法。
3. 理解抽象类、接口的概念，掌握抽象类与接口的定义及使用方法。

二、实验要求

1. 熟悉 VS2017 的基本操作方法。
2. 认真阅读本章相关内容，尤其是案例。
3. 实验前进行程序设计，完成源程序的编写任务。
4. 反复操作，直到不需要参考教材也能熟练操作为止。

三、实验内容

1. 设计一个 Windows 应用程序，在该程序中首先构造一个学生基本类，再分别构造小学生、中学生、大学生等派生类，当输入相关数据，单击不同的按钮（小学生、中学生、大学生）将分别创建不同的学生对象，并输出当前的学生总人数，该学生的姓名、学生类型和平均成

绩。如图 5-11 所示,要求如下:

(1) 每个学生都有姓名和年龄。

(2) 小学生有语文、数学成绩。

(3) 中学生有语文、数学和英语成绩。

(4) 大学生有必修课学分总数和选修课学分总数,不包含单科成绩。

(5) 学生类提供向外输出信息的方法。

(6) 学生类提供统计个人总成绩或总学分的方法。

(7) 通过静态成员自动记录学生总人数。

(8) 能通过构造函数完成各字段成员初始化。

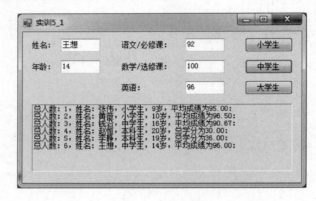

图 5-11　运行效果

核心代码提示:

```
//抽象基类
public abstract class Student
{
    protected string name;
    protected int age;
    public static int number;
    public Student(string name, int age)            //构造函数
    {
        this.name = name;
        this.age = age;
        number++;
    }
    public string Name                              //普通属性成员
    {
        get { return name; }
    }
    public virtual string type                      //虚属性成员
    {
        get { return "学生"; }
    }
    public abstract double total();                 //抽象方法成员
    public string getInfo()                         //普通方法成员
    {
```

```csharp
        string result = string.Format("总人数：{0},姓名：{1},{2},{3}岁", number, Name,
type, age);
        if (type == "小学生")
            result += string.Format(",平均成绩为{0:N2}：\n", total() / 2);
        else if (type == "中学生")
            result += string.Format(",平均成绩为{0:N2}：\n", total() / 3);
        else
            result += string.Format(",总学分为{0:N2}：\n", total());
        return result;
    }
}
public class Pupil : Student                          //派生小学类
{
    protected double chinese;
    protected double math;
    public Pupil(string name, int age, double chinese, double math):base(name, age)
    {
        this.chinese = chinese;
        this.math = math;
    }
    public override string type                        //重载虚属性
    {
        get
        {
            return "小学生";
        }
    }
    public override double total()                     //重载抽象方法
    {
        return chinese + math;
    }
}
```

单击"小学生"按钮后，使用文本框的数据来创建 Pupil 类的实例，并调用从 Student 类
继承的 getInfo 方法获得小学生的信息，再通过 Label 控件显示出来：

```csharp
int age = Convert.ToInt32(txtAge.Text);
double sub1 = Convert.ToDouble(txtSub1.Text);
double sub2 = Convert.ToDouble(txtSub2.Text);
Pupil p = new Pupil(txtName.Text, age, sub1,sub2);
lblShow.Text += p.getInfo();
```

2. 设计一个 Windows 应用程序，在该程序定义平
面图形抽象类和其派生类圆、矩形和三角形。该程序实
现的功能包括：输入相应图形的参数，如矩形的长和
宽，单击相应的按钮，根据输入参数创建图形类并输出
该图形的面积。程序运行结果如图 5-12 所示。

核心代码提示：

//抽象基类

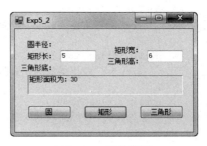

图 5-12　运行效果

面向对象的高级程序设计

```
public abstract class Figure
{
    public abstract double Area();
}
//派生子类：圆形类
public class Circle : Figure
{
    double radius;
    public Circle(double r)
    {
        radius = r;
    }
    public override double Area()
    {
        return radius * radius * 3.14;
    }
}
```

3. 声明一个播放器接口 IPlayer，包含 5 个接口方法：播放、停止、暂停、上一首和下一首。设计一个 Windows 应用程序，在该程序中定义一个 MP3 播放器类和一个 AVI 播放器类，以实现该接口，最后创建相应类的实例测试程序，图 5-13 所示为当单击 MP3 按钮后，再单击"播放"按钮的效果。与此类似，如果单击 AVI 按钮后，再单击"播放"按钮则应显示"正在播放 AVI 视频！"。

图 5-13　运行效果

核心代码部分提示：

```
interface IPlayer                                    //接口定义
{
    string Play();                                   //播放
    string Stop();                                   //停止
    string Pause();                                  //暂停
    string Pre();                                    //上一首
    string Next();                                   //下一首
}
```

类 MP3 实现接口 IPlayer：

```
public class MP3 : IPlayer
{
    public string Play(){
        return "正在播放 MP3 歌曲!";
    }
    public string Stop(){
        return "停止播放 MP3 歌曲!";
    }
    public string Pause(){
        return "暂停播放 MP3 歌曲!";
    }
    public string Pre(){
```

```
            return "播放上一首 MP3 歌曲!";
    }
    public string Next(){
            return "播放下一首 MP3 歌曲!";
    }
}
```

窗体类声明对象:

```
IPlayer ip;
MP3 m;
AVI a;
```

单击 MP3 按钮后,实例化对象并转换为接口的引用:

```
m = new MP3();
ip = (IPlayer)m;
```

单击"播放"按钮后,显示播放内容:

```
lblShow.Text = ip.Play();
```

四、实验总结

　　写出实验报告,报告内容包括实验内容、任务分析、算法设计、源程序、实验体会等,并记录实验过程中的疑难点。

面向对象的高级程序设计

第6章　集合、索引器与泛型

总体要求
- 了解集合的概念，初步掌握. NET Framework 中常用集合的使用方法。
- 理解索引器的概念，能区别索引器与属性，掌握索引器的定义与使用。
- 了解泛型的相关概念，初步掌握泛型接口、泛型类、泛型属性和泛型方法的使用。

相关知识点
- 熟悉类和数组的定义和使用。
- 熟悉类中方法成员的定义与使用。

学习重点
- 集合、索引器、泛型的定义与使用。

学习难点
- 索引器的作用、定义与使用方法。
- 泛型的概念和意义，泛型的定义和使用方法。

6.1　集　　合

数组是一种非常有用的数据结构，但是数组也具有很多的局限性，首先，数组元素的数据类型必须是相同的，其次，在创建数组时必须确定元素个数。数组一旦创建，其大小就是固定的。想调整其大小或者增加新元素都是比较困难的。特别是，当对象的个数未知，并且随时可能要循环、添加和移除时，数组并不是使用最方便的数据结构。为此，C♯提供了集合，通过它来管理数据将更为方便。本节将详细介绍集合的使用方法。

6.1.1　集合概述

集合是通过高度结构化的方式存储任意对象的类，它可以把一组类似的对象组合在一起。与无法动态调整大小的数组相比，集合不仅能随意调整大小，而且为存储或检索某个对象提供了更多的方法。例如，由于 Object 是所有数据类型的基类，因此任何类型的对象（包括任何值类型或引用类型数据）都可被组合到一个 Object 类型的集合中，并通过 C♯的 foreach 语句来访问其中的每一个对象。当然，对于一个 Object 类型的集合来说，可能需要单独对各元素执行附加的处理，例如，装箱、拆箱或转换等。

. NET Framework 提供的集合位于 System. Collections 命名空间，其操作功能都统一在该命名空间中的相关接口中定义，表 6-1 列出了其中的 4 个重要接口。

表 6-1　System. Collection 命名空间中部分接口

接　　口	作　　用
IEnumerable	可以迭代集合中的项
ICollection	继承于 IEnumerable,可以获取集合中项的个数,并能把项复制到一个简单的数组类型中
IList	继承于 IEnumerable 和 ICollection,它提供了集合的项列表,并可以访问这些项,以及其他一些与项列表相关的功能
IDictionary	继承于 IEnumerable 和 ICollection,类似于 IList,但提供了可通过键值而不是索引访问的项列表

通过 System. Collections 命名空间,可以在程序中直接使用由. NET Framework 提供的集合类,也可以从这些接口派生出自己的集合类,以管理更复杂的数据。

. NET Framework 提供的集合包括数组、列表、哈希表、字典、队列和堆栈等简单集合类型,还包括有序列表、双向链表和有序字典等派生集合类型。表 6-2 列出了其中的 10 个常用集合类。

表 6-2　常用的集合类

集　　合	含　　义	集　　合	含　　义
Array	数组	Queue	队列
List	列表	Stack	栈
ArrayList	动态数组	SortedList	有序键/值对列表
Hashtable	哈希表	LinkedList	双向链表
Dictionary	字典(键/值对集合)	SortedDictionary	有序字典

另外,. NET Framework 也提供了一些专用集合用于处理特定的元素类型,包括 StringCollection、StringDictionary 和 NameValueCollection 等。其中,StringCollection 是字符串集合,由若干个字符串组成。字符串集合与字符串数组的区别在于,字符串集合提供了大量的可直接调用的方法,包括 Add(添加字符串)、Clear(清空集合)、Contains(是否包含特定字符串)、IndexOf(搜索特定字符串)、Insert(插入字符串)和 Remove(移除特定字符串)等。

6.1.2　ArrayList

ArrayList 是一个可动态维护长度的集合,又称动态数组,它不限制元素的个数和数据类型,允许把任意类型的数据保存到 ArrayList 中。数组类 Array 与动态数组类 ArrayList 的主要区别如下。

(1) Array 的大小是固定的,而 ArrayList 的大小可根据需要自动扩充。

(2) 在 Array 中一次只能读写一个元素的值,而 ArrayList 允许添加、插入或移除某一范围的元素。

(3) Array 的下限可以自定义,而 ArrayList 的下限始终为零。

(4) Array 可以具有多个维度,而 ArrayList 始终是一维的。

(5) Array 位于 System 命名空间中,ArrayList 位于 System. Collections 命名空间中。

1. ArrayList 的初始化

ArrayList 有三个重载构造函数,其重载列表如表 6-3 所示。

表 6-3　ArrayList 的构造函数重载列表

名　称	说　明
ArrayList()	创建一个具有默认初始容量的 ArrayList 类的实例
ArrayList(ICollection)	创建一个从指定集合复制元素并且具有与所复制的元素数相同的初始容量的 ArrayList 类的实例
ArrayList(int)	创建一个指定初始容量的 ArrayList 类的实例

【注意】　ArrayList 的容量是指能够容纳的元素个数,这里的容量并不是固定的。向 ArrayList 添加元素时,将根据需要自动增大容量。

创建动态数组对象的一般形式如下:

ArrayList 列表对象名 = new ArrayList([参数]);

例如:

```
ArrayList a = new ArrayList();          //创建一个拥有默认初始容量的 ArrayList 集合
ArrayList b = new ArrayList(5);         //创建一个初始容量为 5 的 ArrayList 集合
```

ArrayList 类提供了对集合元素的常用操作,包括添加、删除、清空、插入、排序和反序以及压缩列表等操作方法,分别为 Add、Remove、Clear、Insert、Sort、Reverse 和 TrimToSize。其中,压缩列表方法 TrimToSize 表示把集合大小重新设置为元素的实际个数。

2. 向 ArrayList 中添加元素

ArrayList 使用 Add 方法可以在集合的结尾处添加一个对象,Add 方法的原型如下:

int Add(Object value)　　　　　　　**//添加一个对象到集合的末尾**

该方法将返回添加了 value 处的索引值。另外,如果集合容量不足以保存新的对象,则会自动重新分配内部数组以增加存储容量,并在添加新元素之前将现有元素复制到新数组中。可以使用 Count 属性获取 ArrayList 中实际包含的元素个数。

例如:

```
ArrayList a = new ArrayList();              //创建一个拥有默认初始容量的 ArrayList 集合
Student stu = new Student("令狐冲", 21);    //创建一个 Student 对象
a.Add(stu);                                 //在 ArrayList 集合 Students 中添加该对象
```

3. 访问 ArrayList 中的元素

ArrayList 集合与数组相同,只能通过索引来访问其中的元素,但不同的是,访问 ArrayList 中的元素时必须进行拆箱操作,即强制类型转换。其形式如下。

(类型) ArrayList[index]

例如,假设 a 是 ArrayList 集合,保存了若干个 Student 对象,则以下代码

```
Student x = (Student)a[0];
x.ShowMsg();
```

就是通过索引访问 a 集合中的第一个 Student 对象,最后调用其 ShowMsg 方法。

需要注意的是,由于 ArrayList 中允许添加 Object 类型的任意对象,在添加时,相当于一次装箱操作,所以在访问时,需要一次强制类型转换,把 Object 类型的对象转换成指定类型,这相当于一次拆箱。

4. 删除 ArrayList 中的元素

ArrayList 可以通过 Remove、RemoveAt 和 Clear 方法来删除 ArrayList 的元素,形式如下。

```
void Remove(Object obj)            //删除指定对象名的对象
void RemoveAt(int index)           //删除指定索引的对象
void Clear()                       //清除集合内的所有元素
```

下面的示例展示了通过指定对象删除对象和通过索引删除对象的方法。

```
a.Remove(stu);                     //通过指定对象删除对象
a.RemoveAt(1);                     //通过索引删除第 2 个(索引为 1)对象
```

需要注意的是,ArrayList 会动态调整索引,在删除一个元素后,该元素后面元素的索引值会自动减少 1。

例如,

```
Student x = new Student("令狐冲", 1001);
Student y = new Student("郭靖", 1002);
Student z = new Student("杨过", 1003);
a.Add(x);
a.Add(y);
a.Add(z);
a.RemoveAt(1);                     //删除郭靖同学
a.RemoveAt(1);                     //删除杨过同学
```

上面代码依次在 ArrayList 集中添加了"令狐冲""郭靖""杨过"三位学生,执行"a.RemoveAt(1);"后删除了索引为 1 的学生,即郭靖同学后,杨过的索引调整为 1,所以再次执行"a.RemoveAt(1);"后,将删除杨过同学,而如果再继续执行"a.RemoveAt(1);",将出现"索引超出范围"的异常,因为此时集合中只有令狐冲同学,索引号为 0。

5. 向 ArrayList 中插入元素

可以使用 Insert 方法将元素插入到 ArrayList 的指定索引处。形式如下。

```
void Insert(int index, Object value)        //元素插入到将集合中的指定索引处
```

再插入元素,ArrayList 会自动调整索引,该元素后面元素的索引值会自动增加。

例如,

```
a.Insert(1, stu);
```

表示将 stu 插入到 a 集合中。

6. 遍历 ArrayList 中的元素

ArrayList 可以使用和数组类似的方式对集合中的元素进行遍历,例如:

```
for (int i = 0; i < a.Count; i++)
```

集合、索引器与泛型

```
{
    Student x = (Student)a[i];
    lblShow.Text += "\n" + x.ShowMsg();
}
```

也可以用 foreach 方式进行遍历,例如:

```
foreach (object x in a)
{
    Student s = (Student)x;
    lblShow.Text += "\n" + s.ShowMsg();
}
```

例 6-1 完整地展示了 ArrayList 的使用方法。

【例 6-1】 利用 ArrayList 进行集合的增、删、插入和遍历。

(1) 首先在 Windows 窗体中添加 4 个 Label 控件、3 个 TextBox 控件和 4 个 Button 控件,根据表 6-4 设置相应属性项。

表 6-4　需要修改的属性项

控　件	属　　性	属性设置	控　件	属　　性	属性设置
label1	Text	学号:	textBox3	Name	txtIndex
label2	Text	姓名:	button1	Name	btnAdd
label3	Text	索引:		Text	添加到末尾
label4	Text	""	button2	Name	btnInsert
	Name	lblShow		Text	插入到
	AutoSize	false	button3	Name	btnDelete
	BorderStyle	Fixed3D		Text	删除
textBox1	Name	txtStuNo	button4	Name	btnForeach
textBox2	Name	txtName		Text	遍历

(2) 在窗体设计区中分别双击 btnAdd、btnInsert、btnDelete 和 btnForeach 按钮控件,系统自动为按钮添加 Click 事件及对应的事件方法,然后在源代码视图中编辑如下代码:

```
using System;
using System.Windows.Forms;
using System.Collections;                //注意对命名空间的引用
public partial class Test6_1 : Form
{
    ArrayList a = new ArrayList();       //创建一个 ArrayList 集合
    private void display()               //显示所有学生的信息
    {
        foreach (object x in a)          //对集体 a 进行迭代处理
        {
            Student s = (Student)x;
            lblShow.Text += "\n" + s.ShowMsg();
        }
    }
    private void btnAdd_Click(object sender, EventArgs e)    //在末尾添加元素
    {
```

```
            int stuNo = Convert.ToInt32(txtStuNo.Text);
            Student x = new Student(txtName.Text,stuNo);
            a.Add(x);                        //添加
            lblShow.Text = "";
            display();
        }
        private void btnForeach_Click(object sender, EventArgs e)
        {
            lblShow.Text = "";
            display();
        }
        private void btnInsert_Click(object sender, EventArgs e)    //在指定索引位置插入集合元素
        {
            int stuNo = Convert.ToInt32(txtStuNo.Text);
            int index = Convert.ToInt32(txtIndex.Text);
            Student x = new Student(txtName.Text, stuNo);
            a.Insert(index, x);              //插入
            lblShow.Text = "";
            display();
        }

        private void btnDelete_Click(object sender, EventArgs e)
        {
            int index = Convert.ToInt32(txtIndex.Text);
            a.RemoveAt(index);               //删除
            lblShow.Text = "";
            display();
        }
    }
    public class Student
    {
        string name;
        int stuNo;
        public Student(string name,int no)
        {
            this.name = name;
            this.stuNo = no;
        }
        public string ShowMsg()
        {
            return string.Format("学号: {0},姓名: {1}!", stuNo,name);
        }
    }
}
```

【分析】 当输入学号和姓名,单击"添加到末尾"按钮后,程序将根据输入的学生信息创建一个 Student 对象并添加到集合 a 中,并依次显示集合中的学生信息。也可以在索引框中输入索引值,单击"插入到"按钮,可根据输入的学生信息创建一个 Student 对象并插入到集合指定索引值位置;单击"删除"按钮,可将指定索引处的对象从集合中删除。单击"遍历"按钮,可将集合中的学生信息依次输出,运行效果如图 6-1 所示。

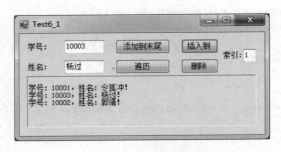

图 6-1   ArrayList 使用效果

6.1.3   哈希表 Hashtable

哈希表又称散列表,Hashtable 类是 System. Collections 命名空间的类,表示键/值对的集合。在使用哈希表保存集合元素(一种键/值对)时,首先要根据键自动计算哈希代码,以确定该元素的保存位置,再把元素的值放入相应的存储位置中。查找时,再次通过键计算哈希代码,然后到相应的存储位置中搜索,这样将大大减少为查找一个元素进行比较的次数。

创建哈希表对象的一般形式如下:

Hashtable 哈希表名 = new Hashtable([哈希表长度][,增长因子]);

其中,如果不指定哈希表长度,则默认容量为 0,当向 Hashtable 中添加元素时,哈希表长度通过重新分配按需自动增加。增长因子表示每调整一次增加容量多少倍,默认的增长因子为 1.0。

例如,

```
Hashtable a = new Hashtable();
```

表示创建了一个拥有默认初始容量、增长因子的 Hashtable 集合。

Hashtable 类提供了哈希表常用操作方法,包括在哈希表中添加数据、移除数据、清空哈希表和检查是否包含某个数据等,方法名分别为 Add、Remove、Clear 和 Contains。其中,Add 方法需要两个参数,一个是键,一个是值。

下面代码说明了如何向哈希表添加元素。

```
Student x = new Student("令狐冲", 1001);    //创建一个 Student 对象
a.Add(1001, stu);                          //将一个键为 1001 的 Student 对象添加到 htStudents 集合
```

Remove 方法需要一个键名参数。

下面代码表示将 a 集合中键名为 1003 的元素删除。

```
a.Remove(1003);
```

而获取哈希表的元素时,需要根据键去索引,并且和 ArrayList 一样,需要类型转换。下面的代码说明了如何根据键获取对应的值,即 Student 对象。

```
Student x = (Student)a[1001];              //通过 key 获取元素
lblShow.Text = x.ShowMsg();
```

【例 6-2】 利用 Hashtable 实现例 6-1 类似的功能。

(1) 首先在 Windows 窗体中添加 4 个 Label 控件、3 个 TextBox 控件和 2 个 Button 控件，根据表 6-5 设置相应属性项。

表 6-5　需要修改的属性项

控　件	属　　性	属 性 设 置	控　件	属　　性	属 性 设 置
label1	Text	学号：	textBox1	Name	txtStuNo
label2	Text	姓名：	textBox2	Name	txtName
label3	Text	索引：	textBox3	Name	txtKey
label4	Text	""	button1	Name	btnAdd
	Name	lblShow		Text	添加到末尾
	AutoSize	False	button2	Name	btnDelete
	BorderStyle	Fixed3D		Text	删除

(2) 在窗体设计区中分别双击 btnAdd 和 btnDelete 按钮控件，系统自动分别为按钮添加 Click 事件及对应的事件方法，然后在源代码视图中编辑如下代码：

```
using System;
using System.Windows.Forms;
using System.Collections;                //注意对命名空间的引用
public partial class Test6_2 : Form
{
    Hashtable a = new Hashtable();       //创建一个 Hashtable 集合
    private void btnAdd_Click(object sender, EventArgs e)
    {
        int stuNo = Convert.ToInt32(txtStuNo.Text);
        Student stu = new Student(txtName.Text, stuNo);
        a.Add(stuNo,stu);                //添加集合元素,键为学号,值为 Student 的引用
        lblShow.Text = "";
        display();                       //调用方法以显示数据
    }
    private void display()               //显示所有学生的信息
    {
        foreach (object x in a.Values)
        {
            Student stu = (Student)x;
            lblShow.Text += "\n" + stu.ShowMsg();
        }
    }
    private void btnDelete_Click(object sender, EventArgs e)
    {
        int key = Convert.ToInt32(txtKey.Text);
        a.Remove(key);                   //删除
        lblShow.Text = "";
        display();
    }
}
```

【分析】 当输入学号和姓名，单击"添加"按钮后，程序将根据输入的学生信息创建一个

153

第 6 章

集合、索引器与泛型

Student 对象并添加到集合 a 中,并依次显示集合中的学生信息。连续输入三位学生信息后的运行效果如图 6-2 所示。也可以在文本框中输入键值,单击"删除"按钮,可将指定键值的对象从集合中删除。单击"遍历"按钮,可将集合中的学生信息依次输出。

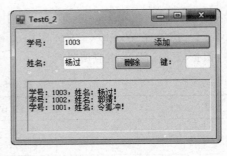

Hashtable 可看作由 Keys(键集)和 Values(值集)这两个子集合组成的集合。在遍历哈希表时,既可以遍历其键集,也可以遍历其值集。本例就是遍历其值集。若要遍历其键集,则可使用以下类似代码。

图 6-2　Hashtable 运行效果

```
foreach (object s_no in a.Keys)
{
    int i = (int)s_no;
    Student x = (Student) a[i];
    lblShow.Text += "\n" + x.ShowMsg();
}
```

6.1.4　栈和队列

1. 栈 Stack

Stack 类实现了先进后出的数据结构,这种数据结构在插入或删除对象时,只能在栈顶插入或删除。

创建栈对象的一般形式如下:

Stack 栈名 = new Stack();

Stack 类提供了栈常用操作方法,包括在栈顶添加数据、移除栈顶数据、返回栈顶数据、清空栈和检查是否包含某个数据等,方法名分别为 Push、Pop、Peek、Clear 和 Contains。其中,Push 和 Pop 每操作一次只能添加或删除一个数据。

例如:

```
Stack s = new Stack();
s.Push("令狐冲");
s.Push("郭靖");
Console.WriteLine(s.Pop());
Console.WriteLine(s.Pop());
```

表示先创建一个栈对象 s,然后将字符串"令狐冲""郭靖"添加到栈中,然后再将它们从栈中返回并删除。因此,程序的输出结果是:"郭靖""令狐冲"。

2. 队列 Queue

Queue 类实现了先进先出的数据结构,这种数据结构把对象放进一个等待队列中,当插入或删除对象时,对象从队列的一端插入,从另外一端移除。

队列可以用于顺序处理对象,因此队列可以按照对象插入的顺序来存储。

创建队列对象的一般形式如下:

```
Queue 队列名  = new Queue([队列长度][,增长因子]);
```

其中,队列长度默认为 32,即允许队列最多存储 32 个对象。由于调整队列的大小需要付出一定的性能代价,因此建议在构造队列时指定队列的长度。增长因子默认为 2.0,即每当队列容量不足时,队列长度调整为原来的 2 倍,可重新设置增长因子的大小。

例如,“Queue q = new Queue(50,3.0);”表示创建队列 q,初始长度为 50,可容纳 50 个对象,当容量不足时把队列长度调整为原来的 3 倍。

Queue 类提供了队列常用操作方法,包括往队尾添加数据、移除队头数据、返回队头数据、清空队列和检查是否包含某个数据等,方法名分别为 Enqueue、Dequeue、Peek、Clear 和 Contains。其中,Enqueue 和 Dequeue 每操作一次只能添加或删除一个数据。

例如:

```
Queue q = new Queue(20,3.0f);
q.Enqueue("令狐冲");                        //进队
q.Enqueue("郭靖");                          //进队
Console.WriteLine(q.Dequeue());            //出队
Console.WriteLine(q.Dequeue());            //出队
```

表示先在队列中添加了两个字符串,然后重复调用 Dequeue 方法,按先进先出顺序返回并输出这两个字符串,程序的输出结果应是:“令狐冲”“郭靖”。

6.2　索　引　器

有时候,一个项目可能包含了集合性的概念,当我们把这种集合概念抽象为类时,一定希望它能像数组一样通过索引进行访问,这样将方便程序设计。例如,一个相册对象 a(即 Album 类的实例)包含多张照片(即 Photo 类的实例),所有照片存放在一个 photos 数组之中,此时使用 a.photos[i]即可访问第 i 张照片,但若能用一个索引 i 直接访问相册(即 a[i])来获得第 i 张照片,那么这将使程序看起来更为直观,更容易编写。可以借助 C♯ 提供的索引器来实现。本节将详细介绍索引器的使用。

6.2.1　索引器的定义

定义索引器的方式与定义属性有些类似,其一般形式如下:

```
public 数据类型 this[索引类型 index]
{
    get
    {
        //获得属性的代码
    }
    set
    {
        //设置属性的代码
    }
}
```

其中,数据类型是将要存取的数组或集合元素的类型;索引类型表示通过哪一种类型的索引来存取数组或集合元素,可以是整型,也可以是字符串等;this 表示本对象,可以简单把它理解成索引器的名字,因此不能为索引器指定名称。与属性相同,索引器中包括 get 和 set 访问器,用来控制索引器的可读写操作,允许省略 get 或 set 访问器,仅定义只读或只写的索引器。

例如,照片类和相册类的定义如下:

```csharp
class Photo                              //定义一个照片类
{
    string _title;
    public Photo(string title)
    {
        this._title = title;
    }
    public string Title => _title;       //只读属性,返回照片标题
}
class Album                              //定义一个相册类
{
    private Photo[] photos;              //该数组用于存放照片
    public Album(int capacity)          //构造函数,初始化指定 Photo 数组的大小
    {
        photos = new Photo[capacity];
    }
}
```

为了简化对相册类的 photos 数组的访问操作,我们在相册类中添加一个索引器来直接读写该数组,代码如下:

```csharp
public Photo this[int index]                    //带有 int 参数的 Photo 读/写索引器
{
    get
    {
        if (index < 0 || index >= photos.Length)    //验证索引范围
        {
            return null;                    //使用 null 指示失败
        }
        return photos[index];               //对于有效索引,返回请求的照片
    }
    set
    {
        if (index < 0 || index >= photos.Length)
        {
            return;                         //索引值越界时不作任何处理
        }
        photos[index] = value;
    }
}
```

【注意】

(1) 自 C# 6 起,索引器也允许使用表达式主体定义,这样将大大简化索引器的定义。

例如,上例的索引器使用表达式主体定义的代码如下:

```
public Photo this[int index]                    //带有 int 参数的 Photo 读/写索引器
{
    get => (index < 0 || index >= photos.Length)?null: photos[index];
    set => photos[index] = (index < 0 || index >= photos.Length)?null:value;
}
```

(2) 对于只读的索引器,C#允许省略 get 关键字,直接使用 => 定义读操作主体表达式。

例如,假设上例的索引器是只读的且不要求作索引值合法性检查,那么就可以采用如下定义:

```
public Photo this[int index] => photos[index];   //只读索引器,获取 photos[index]
```

6.2.2　索引器的使用

一旦在一个类中定义了索引器,则通过该类的实例和索引就可以直接引用其中的数组元素或集合元素,一般形式如下:

对象名[索引]

其中,索引的数据类型必须与索引器的索引类型相同。

例如:

```
Album a = new Album(3);              //创建一个容量为 3 的相册
a[0] = new Photo("张三丰的照片");       //通过索引把照片添加到相册中
Photo x = a[0];                      //通过索引引用相册中的照片
```

但请注意,索引器只是简化了编程方式,系统最终执行的操作并没有真正改变。例如,当相册类的 photos 数组的可访问性修改为 public 时,上面的例子与以下代码是等效的。

```
Album a = new Album(3);              //创建一个容量为 3 的相册
a.photos[0] = new Photo("张三丰的照片");
Photo x = a.photos[0];
```

可见,索引器使代码更简单了。

6.2.3　索引器的重载

在 C#中,索引器允许重载。通过重载索引器,可实现功能更加强大的数据检索功能。

例如,下面代码将根据标题文字检索相册中的照片:

```
public Photo this[string title]                 //带有 string 参数的 Photo 只读索引器
{
    get
    {
        foreach (Photo p in photos)             //遍历数组中的所有照片
```

```
        {
            if (p.Title.IndexOf(title) !=-1)        //返回符合条件的第一张照片
                return p;
        }
        return null;                              //使用 null 指示失败
    }
}
```

以下代码直接根据照片标题文字检索相册中的照片。

```
Album a = new Album(3);                    //创建一个容量为 3 的相册
a[0] = new Photo("张三丰的小学照片");      //通过索引把照片添加到相册中
a[1] = new Photo("张三丰的中学照片");      //通过索引把照片添加到相册中
a[2] = new Photo("张三丰的工作照片");      //通过索引把照片添加到相册中
Photo x = a["小学照"];                     //检索并引用相册中的照片
```

【例 6-3】 利用前面定义的索引器进行照片的添加和查询。

（1）首先在 Windows 窗体中添加 3 个 Label 控件、2 个 TextBox 控件、3 个 Button 控件，根据表 6-6 设置相应属性项。

表 6-6　需要修改的属性项

控　件	属　性	属性设置	控　件	属　性	属性设置
label1	Text	照片标题：	textBox2	Name	txtIndex
label2	Text	张：	button1	Name	btnAdd
label4	Text	""		Text	添加到
	Name	lblShow	button2	Name	btnShow
	AutoSize	false		Text	显示第
	BorderStyle	Fixed3D	button3	Name	btnSelect
textBox1	Name	txtTitle		Text	按标题查找

（2）在窗体设计区中分别双击 btnAdd、btnShow 和 btnSelect 按钮控件，系统自动分别为按钮添加 Click 事件及对应的事件方法，然后在源代码视图中编辑如下代码：

```
using System;
using System.Windows.Forms;
using System.Collections;                              //注意对命名空间的引用
public partial class Test6_3 : Form
{
    Album a = new Album(3);                            //创建一个容量为 3 的相册
    private void btnAdd_Click(object sender, EventArgs e)
    {
        int i = Convert.ToInt32(txtIndex.Text) - 1;   //索引从 0 开始
        Photo p = new Photo(txtTitle.Text);           //创建 1 张照片
        a[i] = p;                                      //向相册加载照片
        lblShow.Text = string.Format("照片添加成功!");
    }

    private void btnShow_Click(object sender, EventArgs e)
    {
```

```
        int i = Convert.ToInt32(txtIndex.Text) - 1;
        Photo p = a[i];                              //检索第 i 张照片
        if (p != null)
            lblShow.Text = string.Format("第{0}张照片的标题是: {1}", i + 1, p.Title);
        else
            lblShow.Text = string.Format("没有第{0}张照片!", i + 1);
    }

    private void btnSelect_Click(object sender, EventArgs e)
    {
        Photo p = a[txtTitle.Text];                   //按名称检索
        if (p != null)
            lblShow.Text = string.Format("找到标题为: {0} 的照片!", p.Title);
        else
            lblShow.Text = string.Format("没有找到标题为: {0} 的照片", txtTitle.Text);
    }
}
```

【分析】 上述代码省略了 photo 类和 Album 类的定义,相关定义见前文示例。本例首先创建一个容量为 Album 的相册对象 a,然后在照片标题中输入"张三丰的小学照片",并在后面的文本框中输入"1",单击"添加到"按钮后,程序将创建一个 photo 对象,并通过索引器添加到 a 的 photos 数组索引为 0 的位置。再依次输入"张三丰的中学照片""张三丰的工作照片",同时在后面的文本框中输入"2""3",单击"添加到"按钮,完成 a 的 photos 数组的初始化。这时在照片标题栏中输入"工作照",单击"按标题查找"按钮后,系统执行模糊查询,运行效果如图 6-3 所示。在右边的文本框输入需要显示的照片编号,单击"显示第"按钮也可以使用索引器访问指定索引的照片。

图 6-3 索引器运行效果

6.2.4 接口中的索引器

在接口中也可以声明索引器,接口索引器与类索引器的区别有两个:一是接口索引器不使用修饰符;二是接口索引器只包含访问器 get 或 set,没有实现语句,其用途是指示索引器是可读写、只读还是只写,如果是可读写的,访问器 get 和 set 均不能省略;如果是只读的,省略 set 访问器;如果是只写的,省略 get 访问器。

例如:

```
interface IAlbum
{
    Photo this[int index] { get; set; }              //声明索引器
}
```

集合、索引器与泛型

```
Photo this[string title]{ set; }              //声明可读写索引器
int count { get; }                            //声明属性,返回相册中照片个数
bool Remove(int index);                       //声明方法,删除指定照片
string getTitle(int index);                   //声明方法,返回指定照片的标题
}
```

表示所声明的接口 IAlbum 包含 5 个成员:两个索引器、一个属性和两个方法。

6.2.5 索引器与属性的比较

索引器与属性都是类的成员,语法上非常类似。索引器一般用在自定义的集合类中,通过使用索引器来操作集合对象就如同使用数组一样简单;而属性可用于任何自定义类,它增强了类的字段成员的灵活性。表 6-7 列出了索引器与属性的主要区别。

表 6-7 索引器与属性的区别

属 性	索 引 器
允许调用方法,如同公共数据成员	允许调用对象上的方法,如同对象是一个数组
可通过简单的名称进行访问	可通过索引器进行访问
可以为静态成员或实例成员	必须为实例成员
其 get 访问器没有参数	其 get 访问器具有与索引器相同的形参表
其 set 访问器包含隐式 value 参数	除了 value 参数外,其 set 访问器还具有与索引器相同的形参表

6.3 泛 型

泛型是从 C♯ 2.0 版本开始引入一个新功能,泛型是通过“参数化类型”来实现在同一段代码中操作多种数据类型。泛型是一种编程范式,它利用“参数化类型”将类抽象化,从而实现更为灵活的复用。泛型赋予了代码更强的安全性、更好的复用、更高的效率和更清晰的约束。本节将介绍泛型的基本使用方法。

6.3.1 泛型概述

通常在讨论数组或集合时都需要预设一个前提,即到底要解决的是整数、小数、还是字符串的运算问题。因此,在使用数组时需要首先确定数组的类型,然后再把相同类型的数据存入数组中。例如,把 100 个整数存入数组中,得到一个整型数组,而把 100 个自定义的 Student 对象存入数组中,得到一个 Student 型数组。

利用数组来管理数据,虽然直观、容易理解,但存在很大的局限性,仍然需要重复编写几乎完全相同的代码来完成排序和查找操作。为此,C♯ 提供了一种更加抽象的数据类型——泛型,以克服数组的不足。当利用泛型来声明这样一个更抽象的数据类型之后,再也不需要针对诸如整数、小数、字符、字符串等数据重复编写几乎完全相同的代码。

泛型的另一个优点是“类型安全”,上面提到的集合类是没有类型化的,以 ArrayList 为例,继承自 System.Object 的任何对象都可以存储在 ArrayList 中。

例如,以下代码都是正确的。

```
ArrayList list = new ArrayList();
```

```
list.Add(44);
list.Add("mystring");
list.Add(new Student("令狐冲",1001));
```

如果使用下面的 foreach 语句遍历上面的 list 集合，

```
foreach (object o in list)
{
    Console.WriteLine((int)o);
}
```

则 C#编译器会编译通过这段代码。但是，由于有些集合元素是不能转换为 int 的，因此程序在运行时会出现异常。

如果采用泛型，则可以较早地检查放入集合中的元素是否是预定的类型，以保证类型安全。

. NET Framework 在 System. Collections. Generic 和 System. Collections. ObjectMode 命名空间中就提供了大量的泛型集合类，如 List、Queue、Stack、Dictionary 等，这些集合类基本上都提供了增加、删除、清除、排序和返回集合元素值的操作方法，这些操作方法对任意类型的数据都有效。

6.3.2　泛型集合

泛型最常见的用途是创建集合类，泛型集合可以约束集合内的元素类型。典型泛型集合包括 List < T >、Dictionary < K,V >等。

1. List < T >

列表 List < T >是动态数组 ArrayList 的泛型等效类，是强类型化的列表。因为. NET Framework 定义 List < T >时没有指定集合元素的类型，只是用参数 T 来代表未来集合元素的类型，因此在使用 List < T >时，必须明确指定数据类型。

创建一个列表对象的格式如下：

List <元素类型> 对象名　=　new List <元素类型>();

在使用 List < T >时，要注意引入命名空间：System. Collections. Generic。
例如，

```
List < Student > list = new List < Student >();
```

表示创建了一个泛型集合并指定该集合只能存放 Student 类型的元素。

List < T >与 ArrayList 的使用方法相似。在创建了列表对象之后，可调用其内置的方法添加和删除数据元素。
例如，

```
Student x = new Student("令狐冲", 101);      //创建一个 Student 对象
list.Add(x);                                  //添加到 list 泛型集合
```

表示将 Student 型的对象 x 添加到已创建的泛型集合对象 list 之中。

【注意】　在 list 中只能添加 Student 型的对象，否则将出现编译错误。

【思考】 *请读者思考以下语句是否正确?*

```
list.Add(103);
```

在访问泛型集合元素时,因为泛型集合是强类型的集合,所以无须类型转换。

例如,以下代码说明了通过索引访问元素和通过 foreach 遍历集合时都无须类型转换。

```
Student x = list[0];                            //使用索引访问,无须类型转换
lblShow.Text = x.ShowMsg();
foreach (Student s in list)
{
    lblShow.Text = s.ShowMsg();                 //遍历时不需要类型转换
}
```

与 ArrayList 一样,List<T>提供 RemoveAt 成员方法,调用该方法可删除指定索引的元素。例如:

```
list.RemoveAt(0);                               //利用索引删除
```

可见,List<T>与 ArrayList 相同之处是,它们都用 Add 和 RemoveAt 等方法来添加和删除数据元素,都通过索引访问数据元素。不同之处有两点:一是在 ArrayList 中可以添加任何类型的数据元素,而在 List<T>中只能添加指定类型的数据元素;二是在访问集合元素时 ArrayList 集合需要拆箱访问,而 List<T>无须拆箱就可直接访问。

2. Dictionary<K,V>

字典 Dictionary 是键和值的集合,它实质上仍然是一个哈希表,只是在使用时要指定键和值的类型。其中,K 和 V 就表示数据元素的键(Key)与值(Value)的数据类型。与 List<T>相同,Dictionary<K,V>集合在编译时要检查是否指定了明确的数据类型,在访问集合元素时也无须拆箱操作。

创建一个字典对象的格式如下:

Dictionary<键类型,值类型> 对象名 = new Dictionary<键类型,值类型>();

例如,

```
Dictionary<int, Student> dic = new Dictionary<int, Student>();
```

表示创建一个字典集合,并指定该集合中 Key 为 int 型、Value 为 Student 型。

Dictionary<K,V>与 Hashtable 的使用方法相似,在添加数据元素时必须指定元素的键和值。例如:

```
Student x = new Student("令狐冲", 101);          //创建一个 Student 对象
dic.Add(101, x);                                //添加到 dic 泛型集合
```

在访问泛型集合的元素时,无须类型转换。

例如,以下代码说明了通过 Key 访问元素和通过 foreach 遍历集合时都无须类型转换。

```
Student x = dic[101];                           //通过 Key 获取元素,无须类型转换
lblShow.Text = x.ShowMsg();
foreach (Student s in dic.Values)               //遍历集体的 Values 子集
{
```

```
        lblShow.Text = s.ShowMsg();                        //遍历时不需要类型转换
    }
```

与 Hashtable 一样，Dictionary < K，V >也使用 Remove 方法来删除指定 Key 的元素。
例如：

```
dic.Remove(101);                                           //通过 Key 删除元素
```

6.3.3　自定义泛型

C♯允许自定义泛型，包括自定义泛型类、泛型方法和泛型接口等。

1. 泛型类

当一个类的操作不针对特定或具体的数据类型时，可把这个类声明为泛型类。泛型类通常用来描述抽象的具有集合性质的数据结构，如链表、哈希表、堆栈、队列和树等。对初学者来说，因为泛型难以理解，因此建议从一个现有的具体类开始，逐一将每个类型更改为类型参数，以至达到通用化和可用性的最佳平衡。

（1）泛型类的定义

定义泛型类的一般形式如下：

[访问修饰符] class 泛型类名<类型参数列表>
{
**　　//类的成员**
}

其中，"访问修饰符"包括 public 和 internal 等。"类型参数列表"表示不确定的数据类型及其个数，当不确定的数据类型不止一个时，类型参数之间用逗号分隔。类型参数的名称必须遵循 C♯的命名规则，常用 K、V 和 T 等字母来表示。

例如：

```
public class Person < T >
{
    ……
}
```

其中，T 表示一种不确定的数据类型。

泛型类可以包含任意多个不确定的数据类型，它们之间用逗号分隔开。

例如：

```
public class Person < T1,T2,T3 >
{
    ……
}
```

在泛型类中一旦声明了类型参数，就可以像使用标准类型一样使用，可以用作成员字段、属性、方法返回值类型，也可用作方法的参数类型等。

例如，以下代码先声明类型参数 T1 和 T2，然后用它们声明字段变量和形参变量。

```
public class Person < T1, T2 >
{
```

163

集合、索引器与泛型

```
        T1 t1;
        T2 t2;
        public Person(T1 x, T2 y)
        {
            t1 = x;
            t2 = y;
        }
        public string ShowMsg()
        {
            return string.Format("{0}:{1}", t1, t2);
        }
    }
```

（2）泛型类的使用

在定义泛型类时指定的类型参数只是一种临时的标识符，在使用泛型类时必须用明确的类型替代类型参数。

例如，以下代码：

```
Person < int, string > student = new Person < int, string >(1001, "令狐冲");
lblShow.Text += "\n" + student.ShowMsg();
```

指定 T1 为 int，指定 T2 为 string，分别用来表示学生的学号和姓名。

而以下代码：

```
Person < string, string > teacher = new Person < string, string >("教授", "洪七公");
lblShow.Text += "\n" + teacher.ShowMsg();
```

指定 T1 和 T2 均为 string，分别用来表示教师的职称和姓名。

2. 泛型方法

泛型方法是在泛型类或泛型接口中使用类型参数声明的方法。其一般形式如下：

[访问修饰符] 返回值类型 方法名<类型参数列表>(形参列表)
{
    //语句
}

其中，类型参数列表与其所属的泛型类的类型参数列表相同。

例如，

```
void Swap < T >(ref T x, ref T y)
{
    T t;
    t = x;
    x = y;
    y = t;
}
```

该方法就是一个泛型方法，其返回值类型为 void，方法名为 Swap，类型参数列表只有一个 T。

以下代码展示了如何调用该方法：

```
int a = 5, b = 8;
```

```
Swap<int>(ref a, ref b);
```

3. 泛型接口

泛型接口通常用来为泛型集合类定义接口。对于泛型类来说，从泛型接口派生可以避免值类型的装箱和拆箱操作。.NET Framework 类库定义了若干个新的泛型接口，在 System. Collections. Generic 命名空间中的泛型集合类（如 List 和 Dictionary）都是从这些泛型接口派生的。表 6-8 列举了.NET Framework 中常用的泛型接口。

表 6-8　常用的泛型接口

接　　口	说　　明
ICollection	定义操作泛型集合的方法
IComparer	定义比较两个对象的方法
IDictionary	表示键/值对的泛型集合
IEnumerable	公开枚举数，该枚举数支持在指定类型的集合上进行简单的迭代
IEnumerator	支持在泛型集合上进行简单的迭代
IEqualityComparer	定义方法，以支持对象的相等比较
IList	表示可按照索引单独访问的一组对象

C♯允许自定义泛型接口，一般形式如下：

[访问修饰符] interface 接口名<类型参数列表>
{
**　　//接口成员**
}

其中，访问修饰符可省略，"类型参数列表"表示尚未确定的数据类型，类似于方法中的形参列表，多个类型参数之间用逗号分隔，泛型接口也可以使用类型约束。

例如：

```
interface IDate<T>
{
}
```

表示声明了一个名为 IData 的泛型接口，它包含一个类型参数 T。

【例 6-4】　设计一个泛型类，实现任意类型的数据排序。

（1）首先在 Windows 窗体中添加 1 个 Label 控件，把该控件的 Text 属性设置为空字符串，Name 属性设置为 lblShow。

（2）在窗体设计区中分别双击窗体的空白区域，系统自动生成 Load 事件及对应的事件方法，然后在源代码视图中编辑如下代码：

```
public partial class Test6_4 : Form
{
    private void Test6_4_Load(object sender, EventArgs e)
    {
        //创建泛型类的实例,指定类型参数 T 为 int
        Data<int> a = new Data<int>(3, 5, 2, 8, 7, 6);
        a.sort();
```

```
                lblShow.Text = a.display();
                //创建泛型类的实例,指定类型参数 T 为 int
                Data < float > b = new Data < float >(3.5f, 7.5f, 2.1f, 9.9f, 5.4f, 6.8f);
                b.sort();
                lblShow.Text += b.display();
        }
    }
    class Data < T >                                      //定义泛型类,设类型参数为 T
    {
        private T[ ] datas;                               //使用类型参数 T 声明数组 datas
        public Data(params T[ ] x)                        //构造函数,设置其形参为 params 数组
        {
            datas = x;
        }
        public void sort()                                //排序方法
        {
            for (int i = 0; i < datas.Length; i++)        //从大到小排序
            {
                int k = i;
                for( int j = i; j < datas.Length; j++)
                {
                    if (Convert.ToDouble(datas[k]) < Convert.ToDouble(datas[j])) k = j;
                }
                if (k != i)
                {
                    T t = datas[i];
                    datas[i] = datas[k];
                    datas[k] = t;
                }
            }
        }
        public string display()                           //输出数组元素的方法
        {
            string info = "\n";
            for (int i = 0; i < datas.Length; i++)
            {
                info += datas[i].ToString() + " ";
            }
            return info;
        }
    }
```

【分析】 本程序首先定义了一个泛型类 Data < T >,T 是临时的类型标识符,在引用泛型类时必须明确指定为 int、float 或 double 等。在该泛型类中声明了一个数组 datas,其数据类型为类型参数 T。该泛型类的构造函数负责初始化数组 datas,sort 方法实现 datas 数组元素从大到小排序,display 方法用来输出数组元素。在本例中的窗体类 Test6_4 的 Load 事件方法中,先后使用泛型类 Data < T >定义了两个变量 a 和 b,并分别指定类型参数 T 为 int 和 float。在初始化 a 和 b 时分别指定要排序的数据列表,当执行 a.sort 和 b.sort 之后,其内部数组 datas 中的数据元素都将重新降序排列。本程序的运行结果如下。

```
8    7    6    5    3    2
9.9  7.5  6.8  5.4  3.5  2.1
```

6.3.4　泛型的高级应用

1. 约束泛型类的类型参数

在定义泛型类时,有时需要指定只有某种类型的对象或从这个类型派生的对象可被用作类型参数。这时,可以使用 where 关键字来约束类型参数的类型。

例如:

```
public class Animal                              //动物类
{
}
public class Plant                               //植物类
{
}
public class Dog : Animal                        //狗类
{
}
public class Pet <T> where T : Animal            //宠物类
{
}
```

在本例中,Pet 类为一个泛型类,尖括号中的 T 即为类型参数。本例使用 where 关键字对 T 进行约束,限制 T 必须是一个与 Animal 有关的类,即只有 Animal 和派生类 Dog 可以作为类型参数,而 plant 不能作类型参数。

在 C# 中,一共有 5 类约束,分别是:

(1) where T:struct:类型参数必须是值类型。

(2) where T:class:类型参数必须是引用类型,包括任何类、接口和委托等。

(3) where T:new():类型参数必须具有无参数的构造函数,当与其他约束一起使用时,该约束必须最后指定。

(4) where T:类名:类型参数必须是指定类及其派生类。

(5) where T:接口名:类型参数必须是指定的接口或实现指定的接口。可以指定多个接口约束。

2. 泛型类的继承性

泛型类也具有继承性,C# 允许从一个已有的泛型类派生新的泛型类。

例如,

```
public class MyPet <T> : Pet <T>
{
}
```

其中,MyPet <T>就是一个派生类。

【注意】　如果基泛型类在定义时指定了约束,则从它派生的类型也将受到约束,而不能"解除约束",当然派生的泛型类还可以指定更严格的约束。

例如：

```
public class MyPet < T > : Pet < T > where T : Dog
{
}
```

因为在前文中 Pet < T > 类的类型参数 T 被约束为 Animal，Dog 又是 Animal 的一个派生类，因此将派生类 MyPet < T > 的类型参数 T 指定为 Dog 类是合法的。

【例 6-5】 泛型类的定义和使用演示。

（1）首先在 Windows 窗体中添加 2 个 Label 控件、1 个 TextBox 控件、4 个 Button 控件，根据表 6-9 设置相应属性项。

表 6-9　需要修改的属性项

控　件	属　性	属性设置	控　件	属　性	属性设置
label1	Text	""	button2	Name	btnSmallDog
	Name	lblShow		Text	添加小狗
	AutoSize	false	button3	Name	btnCat
	BorderStyle	Fixed3D		Text	添加猫
label1	Text	名字：	button4	Name	btnFeed
button1	Name	btnDog		Text	喂食
	Text	添加狗	textBox1	Name	txtName

（2）在窗体设计区中分别双击 btnDog、btnSmallDog、btnCat 和 btnFeed 按钮控件，系统自动分别为按钮添加 Click 事件及对应的事件方法，然后在源代码视图中编辑如下代码：

```csharp
using System;
using System.Windows.Forms;
using System.Collections.Generic;
public partial class Test6_5 : Form
{
    Pet < Animal > myPet = new Pet < Animal >();
    private void btnDog_Click(object sender, EventArgs e)
    {
        myPet.Animals.Add(new Dog(txtName.Text));
        lblShow.Text += string.Format("\n 添加 Dog:{0}成功",txtName.Text);
    }
    private void btnSmallDog_Click(object sender, EventArgs e)
    {
        myPet.Animals.Add(new SmallDog(txtName.Text));
        lblShow.Text += string.Format("\n 添加 SmallDog:{0}成功", txtName.Text);
    }
    private void btnCat_Click(object sender, EventArgs e)
    {
        myPet.Animals.Add(new Cat(txtName.Text));
        lblShow.Text += string.Format("\n 添加 Cat:{0}成功", txtName.Text);
    }
    private void btnFeed_Click(object sender, EventArgs e)
    {
```

```
        lblShow.Text = myPet.FeedTheAnimals();
    }
}
public abstract class Animal                          //抽象类
{
    protected string name;
    public Animal(string name)
    {
        this.name = name;
    }
    public abstract string Eat();                     //抽象方法
}
public abstract class Plant                           //抽象类
{
    public abstract string Eat();                     //抽象方法
}
public abstract class Rose: Plant                     //抽象类
{
    public override string Eat()
    {
        return "Rose:我要喝水!";
    }
}
public class Dog : Animal                             //派生类
{
    public Dog(string name) : base(name) { }
    public override string Eat()
    {
        return string.Format("{0}:我是 Dog,我要吃骨头!",name);
    }
}
public class Cat : Animal                             //派生类
{
    public Cat(string name) : base(name) { }
    public override string Eat()
    {
        return string.Format("{0}:我是 Cat:我要吃鱼!", name);
    }
}
public class SmallDog : Dog                           //派生类
{
    public SmallDog(string name) : base(name) { }
    public override string Eat()
    {
        return string.Format("{0}:我是 SmallDog:我要吃狗粮!", name);
    }
}
public class Pet < T > where T : Animal               //泛型类
{
    private List < T > animals = new List < T >();    //泛型字段成员
    public List < T > Animals                         //泛型的属性成员
```

```
    {
        get
        {
            return animals;
        }
    }
    public string FeedTheAnimals()
    {
        string msg = string. Empty;
        foreach (T x in animals)
        {
            msg += "\n" + x. Eat();
        }
        return msg;
    }
}
```

【分析】   在该程序中,首先定义了一个抽象基类 Animal,然后定义了 Dog 和 Cat 两个派生类,并从 Dog 派生出 SmallDog 类。派生类重写了基类的 Eat 方法。之后定义了一个泛型类 Pet < T >,该泛型类中包含一个 List < T >的泛型字段(该字段是一个集合对象,用来存放 Animal 对象),一个只读的泛型属性,以及一个方法(用来迭代调用 List < T >集合中的每个元素的 Eat 方法)。在声明该泛型类时,使用 where 关键字对类型参数 T 进行了约束,表示该集合只能存取 Animal 对象或派生类对象。在窗体类 Test6_4 中,先使用泛型类创建一个 myPet 对象,当我们在文本框中输入宠物的名字后,可以单击"添加狗""添加小狗"或"添加猫"按钮,把对应的实例添加到 myPet 的泛型集合中。最后,单击"喂食"按钮,程序将依次显示每个宠物的名字和它要吃的东西。该程序的运行效果如图 6-4 所示。

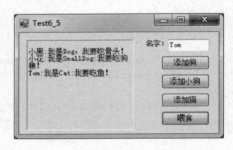

图 6-4   泛型运行效果

习   题

1. 集合与数组有何区别?

2. 有哪些常用集合类? 选择集合类时应该考虑哪些问题?

3. 举例说明 ArrayList 和 Hashtable 的使用方法。

4. 什么是索引器? 索引器的作用是什么? 索引器与属性有哪些区别?

5. 什么是泛型? 泛型在面向对象程序设计中有何意义?

6. 举例说明泛型集合 List 和 Dictionary 的使用方法。

7. 完善第 4 章习题的第 9 题,为仓库类(Storehouse)添加索引器,既能用整型索引值读写数组 products 的数组元素,也能根据产品名称检索数组 products。请编写相关实现代码。

8. 完善例 6-4 的泛型类 Data < T >,扩展并实现以下功能:针对任意个字符型、整型、浮点型或双精度型数据能进行排序和汇总,也能求出最大数、中位数、最小数和平均值。

上机实验 6

一、实验目的

1. 初步掌握常用集合的创建和操作方法。
2. 初步掌握索引器的定义与使用。
3. 初步掌握泛型接口、泛型类、泛型属性和泛型方法的使用。

二、实验要求

1. 熟悉 VS2017 的基本操作方法。
2. 认真阅读本章相关内容,尤其是案例。
3. 实验前进行程序设计,完成源程序的编写任务。
4. 反复操作,直到不需要参考教材也能熟练操作为止。

三、实验内容

1. 设计一个 Windows 应用程序,定义一个 Teacher 类,包含姓名和职称两个字段和一个输出自己信息的方法,并用 ArrayList 实现与例 6-1 相同的功能。

2. 设计一个 Windows 应用程序,定义一个 Student 类,包含学号和姓名两个字段,并定义一个班级类 ClassList,该类包括一个 Student 集合,使用索引器访问该集合,实现与例 6-3 类似的功能。

3. 设计一个 Windows 应用程序,要求如下。

(1) 构造一个学生基本类。

(2) 分别构造小学生、中学生、大学生等派生类,要求具有不同的特征和行为。

(3) 定义一个泛型班级类,约束参数类型为学生类,该泛型班级类包括一个泛型集合,用于存放各种学生对象,并包含一个方法用于输出每个学生的相关信息。

(4) 仿照例 6-5,定义泛型的班级类对象,完成对学生的添加和信息的输出。

四、实验总结

写出实验报告,报告内容包括实验内容、任务分析、算法设计、源程序、实验体会等,并记录实验过程中的疑难点。

集合、索引器与泛型

第7章 程序调试与异常处理

总体要求
- 了解程序错误的 3 种类型。
- 熟练运用 VS2017 的调试器调试程序错误。
- 了解异常和异常处理的概念。
- 学会使用 try…catch…finally 及 throw 语句来捕获和处理异常。

相关知识点
- 程序错误的分类。
- VS2017 调试器的调试方式。
- 异常处理。

学习重点
- 调试程序错误的方法。
- try…catch…finally 结构及其使用方法。

学习难点
- 多重 catch 块对不同异常的捕获。
- 自定义异常。

本章主要讲述如何在 VS2017 中调试 C# 程序产生的错误,以及如何使用 try-catch-finally 及 throw 语句捕获和处理异常。

7.1 程序错误

在软件开发过程中,程序出现错误是十分常见的,不论多么资深的程序员,也无法保证程序没有任何错误。因此排除程序的错误是必不可少的工作。VS2017 提供了完善的程序错误调试功能,可以快速地发现和定位程序中的错误,并进行修正。

7.1.1 程序错误分类

在编写程序时,经常会遇到各种各样的错误,这些错误中有些容易发现和解决,有些则比较隐蔽甚至很难发现。C# 程序错误总体上可以归纳为 3 类:语法错误、逻辑错误和运行时错误。

1. 语法错误

语法错误是指不符合 C# 语法规则的程序错误。例如,变量名的拼写错误、数据类型错误、标点符号的丢失、括号不匹配等。语法错误是 3 类程序错误中最容易发现也最容易解决的一类错误,发生在源代码的编写过程中。在 VS2017 中,源代码编辑器能自动识别语法错误,并用红色波浪线标记错误。只要将鼠标停留在带有此标记的代码上,就会显示出其错误信息,同时显示在错误列表窗口中。如图 7-1 所示,有两处错误,第一个波浪线表示不能将一个 string 类型的值(txtNum. Text)直接赋值给一个 int 类型的变量(x)。第二个波浪线表示语句应该以英文分号结尾,而不是以中文分号结尾。

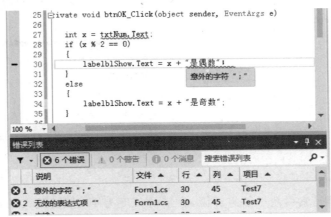

图 7-1 语法错误

其实,语法错误是可以避免的。VS2017 提供了强大的智能感知技术,要尽量利用该技术辅助书写源程序,不但可提高录入速度,还可以避免语法错误。如图 7-2 所示,当输入了 Convert. 时,系统会自动显示 Convert 类的所有成员方法,通过光标移动键查找并定位于某个方法,按空格键,即可完成相关诸如 Convert. ToInt32 之类的录入操作。

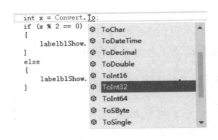

图 7-2 利用智能感知技术录入源代码

2. 逻辑错误

逻辑错误通常不会引起程序本身的运行异常。因为分析和设计不充分,造成程序算法有缺陷或完全错误,这样根据错误的算法书写程序,自然不会获得预期的运行结果。因此逻辑错误的实质是算法错误,是最不容易发现的,也是最难解决的,必须重新检查程序的流程是否正确以及算法是否与要求相符,有时可能需要逐步地调试分析,甚至还要适当地添加专门的调试分析代码来查找其出错的原因和位置。

逻辑错误无法依靠.NET 编译器进行检查,只有依靠程序设计员认真、不懈地努力才能解决。正因如此,寻找新算法、排除逻辑错误才是广大程序设计员的价值所在。

3. 运行时错误

运行时错误是指在应用程序试图执行系统无法执行的操作时产生的错误,如以零作除数,也就是我们所说的系统报错。这类错误编译器是无法自动检查出来的,通常需要对输入的代码进行手动检查并更正。

【例 7-1】 设计一个 Windows 程序,求斐波那契数列的前 10 项。斐波那契数列,又称

程序调试与异常处理

黄金分割数列,指的是这样一个数列:0、1、1、2、3、5、8、13、21……

【分析】 斐波那契数列除第1、2项外,其余各项为其前两项之和,假设 a 是一维数组,则 a[i] = a[i−1] + a[i−2]。为此,可使用 for 语句来循环处理。核心代码如下:

```
for (int i = 0; i <= a.Length; i++)
    a[i] = a[i - 1] + a[i - 2];
```

上述代码算法很简单,编译时也不会报错,但运行时会出现错误,如图7-3所示。

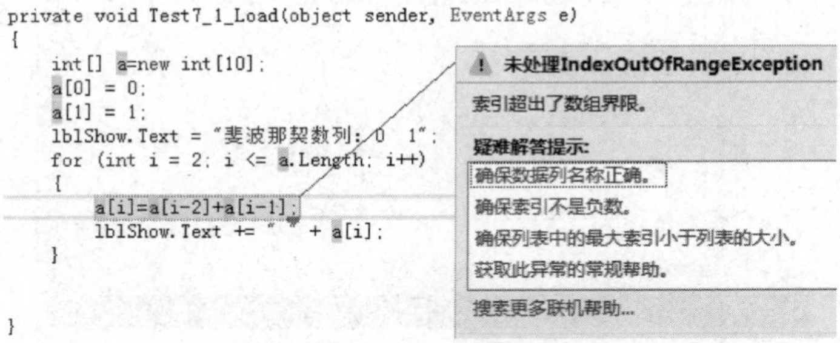

```
private void Test7_1_Load(object sender, EventArgs e)
{
    int[] a=new int[10];
    a[0] = 0;
    a[1] = 1;
    lblShow.Text = "斐波那契数列: 0  1";
    for (int i = 2; i <= a.Length; i++)
    {
        a[i]=a[i-2]+a[i-1];
        lblShow.Text += "  " + a[i];
    }
}
```

⚠ 未处理IndexOutOfRangeException

索引超出了数组界限。

疑难解答提示:

确保数据列名称正确。

确保索引不是负数。

确保列表中的最大索引小于列表的大小。

获取此异常的常规帮助。

搜索更多联机帮助…

图7-3 运行期错误

显然,错误原因是索引超过数组界限,数组的长度为10,但其最大的索引值应为9,当 i=10,即 a[10]越界。为此,可对 for 语句作如下修改。

```
for (int i = 2; i < a.Length; i++)
```

可见,编程思路不严密会造成运行时错误。对于初学者来说,只有通过大量地、不懈地编程练习,才能有效解决这一问题。

7.1.2 调试程序错误

为了更快地发现程序错误和更好地排除错误,VS2017 提供了功能强大的调试器。通过该调试器来调试程序,开发人员可以监察程序运行的具体情况,分析各变量、对象在运行期间的值和属性等。

1. VS2017 的调试方式

VS2017 提供多种调试方式,包括逐语句方式、逐过程方式和断点方式等。

其中,逐语句方式和逐过程方式都是逐行执行程序代码,所不同的是,当遇到方法调用时,前者将进入方法体内继续逐行执行,而后者不会进入方法体内跟踪方法本身的代码。所以如果在调试的过程中想避免执行方法体内的代码,就可以使用逐过程方式;相反,如果想查看方法体代码是否出错,就得使用逐语句方式。

在 VS2017 中,选择"调试"菜单的"逐语句"命令(如图7-4所示)或者按 F11,可启用逐语句方式,连续按 F11 可跟踪每一条语句的执行。而选择"调试"菜单的"逐过程"命令或者按 F10,可启用逐过程方式。

在使用逐语句方式进入方法体时,如果想立即回到调用方法的代码处,可选择"调试"菜单的"跳出"命令或者按 Shift+F11。

在调试过程中,想要结束调试,可选择"调试"菜单的"终止调试"命令或按 Shift+F5 键。

调试(D)

	窗口(W)	▶
	图形	▶
▶	启动调试(S)	F5
▶	开始执行(不调试)(H)	Ctrl+F5
	启动性能分析(A)	Alt+F2
	启动已暂停的性能分析(Y)	Ctrl+Alt+F2
	附加到进程(P)...	
	异常(X)...	Ctrl+D, E
	逐语句(I)	F11
	逐过程(O)	F10
	切换断点(G)	F9
	新建断点(B)	▶
	删除所有断点(D)	Ctrl+Shift+F9
	IntelliTrace(I)	▶
	清除所有数据提示(A)	
	导出数据提示(X) ...	
	导入数据提示...	
	选项和设置(G)...	
	Test7 属性...	

图 7-4 "调试"菜单

为了更好地观察运行期的变量和对象的值,VS2017 还提供了监视窗口、自动窗口和局部变量窗口,以辅助开发人员更快地发现错误。在调试过程中,右击变量名,在快捷菜单中选择"添加监视"命令,即可将一个变量添加到监视窗口进行单独观察。

例如,图 7-5 展示了在以逐语句方式调试程序时监视例 7-1 的数组 a 的情况。其中,亮显部分代表当前正在执行的代码行,监视窗口显示了数组 a 各元素的详细信息。

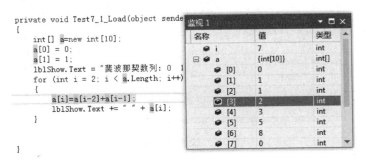

图 7-5 监视程序的运行

2. VS2017 的断点方式

通过逐行执行程序来寻找错误,效果确实很好。但是,对于较大规模的程序或者已经知道错误范围的程序,使用逐语句方式或逐过程方式,都是没有必要的。为此,可使用断点方式调试程序。

断点是一个标志,它通知调试器应该在某处中断应用程序并暂停执行。与逐行执行不同的是,断点方式可以让程序一直执行,直到遇到断点才开始调试。显然,这将大大加快调试过程。VS2017 允许在源程序中设置多个断点。

设置断点的操作方法如下:

右击想要设置断点的代码行,选择"断点→插入断点"命令即可;也可以单击源代码行左边的灰色区域;或者将插入点定位于将要设置断点的代码行,再按F9。如图7-6所示,断点以红色圆点表示,并且该行代码也高亮显示。

```
20      private void Test7_1_Load(object sender, EventArgs e)
21      {
22          int[] a=new int[10];
23          a[0] = 0;
24          a[1] = 1;
25          lblShow.Text = "斐波那契数列: 0  1";
26          for (int i = 2; i < a.Length; i++)
27          {
28              a[i]=a[i-2]+a[i-1];
29              lblShow.Text += " " + a[i];
30          }
31
32
33      }
```

图 7-6   设置断点

【注意】 设置断点后,再次单击该断点,或再次按F9,可将该断点删除。

按上述方法设置的断点,默认情况下是无条件中断的,但有时我们不仅需要在某处中断,还要在满足一定条件的前提下才发生中断。此时,可通过修改断点来设置中断条件。

为断点设置中断条件的操作方法如下:

首先右击断点,选择"断点→条件"命令,出现"断点条件"对话框,然后输入断点条件,单击"确定"按钮。

例如,针对图7-6的断点,可设置断点条件为"i≥a.Length",效果如图7-7所示。

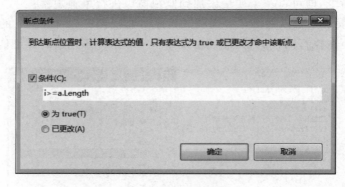

图 7-7   设置断点条件

设置断点之后,选择"调试→启用调试"菜单命令,或按F5即可进入调试过程。

3. 人工寻找逻辑错误

在众多的程序错误中,有些错误是很难发现的,尤其是逻辑错误,即便是功能强大的调试器也显得无能为力。这时可以适当地加入一些人工操作,以便快速地找到错误。常见的方法有两种。

(1) 注释可能出错的代码。这是一种比较有效的寻找错误的策略。如果注释掉部分代码后,程序就能正常运行,那么就能肯定该代码出错了;反之,错误应该在别处。

(2) 适当地添加一些输出语句,再观察是否成功显示输出信息,即可判断包含该输出语句的分支和循环结构是否有逻辑错误,从而进一步分析错误的原因。

7.2　程序的异常处理

只要程序中存在错误,不论是什么原因造成的,.NET 都会引发异常。因此,异常也是 C#中的一个重要概念,掌握对异常的处理同样很有必要。本节将主要介绍在 C#中异常处理的一般机制和基本语法。

7.2.1　异常的概念

一个优秀的程序员在编写程序时,不仅要关心代码正常的控制流程,同时也要把握好系统可能随时发生的不可预期的事件。它们可能来自系统本身,如内存不够、磁盘出错、网络连接中断、数据库无法使用等;也可能来自用户,如非法输入等,一旦发生这些事件,程序都将无法正常运行。

所谓异常就是那些能影响程序正常执行的事件,而对这些事件的处理方法称为异常处理。异常处理是必不可少的,它可以防止程序处于非正常状态,并可根据不同类型的错误来执行不同的处理方法。

【例 7-2】　设计一个 Windows 程序,用户输入一个整数,计算该数的阶乘。

【分析】　编程时,首先通过 TextBox 的 Text 属性(string 型)提取用户输入,再使用 Convert.ToInt32 方法将文本字符串转换为整型,最后再进行相应计算处理。

主要源代码如下:

```
private void btnCal_Click(object sender, EventArgs e)
{
    int num = Convert.ToInt32(txtNum.Text);
    int result = 1;
    for (int i = 1; i <= num; i++)
    {
        result *= i;
    }
    lblShow.Text = string.Format("{0}!={1}", num, result);
}
```

上述代码无论是语法还是程序逻辑,均没有错误。但是,如果用户在输入整数时,用英文单词或汉字来表示数字,则发生异常,如图 7-8 所示。

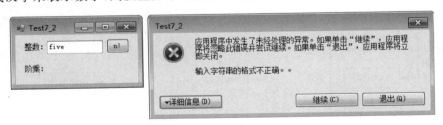

图 7-8　出现异常

在本例中,造成异常的原因是:TextBox 控件本身不具备限制用户输入的功能,设计人员又按常规进行设计,但当用户不按常规输入数据时,系统自然发生异常。

所以,如果不想让程序因出现异常而被系统中断或退出的话,必须构建相应的异常处理机制。

7.2.2 异常处理

在开发应用程序的过程中,可以假定任何代码块都有可能引发异常,特别是 CLR 本身可能引发的异常,例如溢出、数组越界、除数为 0 等。为了能够对异常有效处理,C♯提供了try、catch、finally 关键字来处理可能有异常的操作,其格式一般如下:

```
try
{
    语句块 1                          //可能引发异常的代码
}
catch (异常对象)                      //捕获异常类对象
{
    语句块 2                          //实现异常处理
}
finally
{
    语句块 3                          //无论是否异常,都作最后处理
}
```

其中:

(1) try 块包含的代码组成程序正常的操作部分,但可能会遇到某些严重的错误情况。

(2) catch 块包含的代码用于处理各种错误情况,这些错误是在 try 块中的代码执行时遇到的,catch 块可以有多个,用于捕获不同类型的异常。

(3) finally 块包含的代码用于清理资源或执行无论有无异常产生,都需要执行的操作。

try…catch…finally 语句的执行流程如图 7-9(a)所示,具体过程如下:

(1) 程序执行 try 语句块。

(2) 如果执行 try 语句块时,发生异常,则由系统自动捕获并将相关信息封装保存到"异常对象"之中,如果该异常的类型与 catch 后的异常对象一致,则执行(4),如果与 catch 后的异常对象不一致,则继续抛出异常,并由后面的 catch 来处理该异常。

(3) 如果没有发生异常,则执行(5)。

(4) 执行 catch 块,实现异常处理,然后执行(5)。

(5) 执行 finally 块。

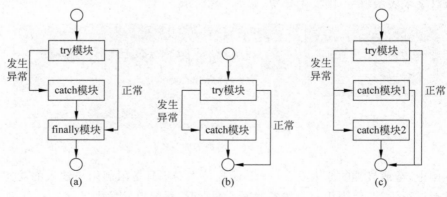

图 7-9 异常处理流程图

其中,"异常对象"是 Exception 类或其派生类的实例。该对象的 Message 属性可返回异常信息。公共语言运行时 CLR 预定义了多种异常类,在异常处理时可直接使用,如表 7-1 所示。

表 7-1　常用系统异常类

异 常 类	说　　明
AccessViolationException	在试图读写受保护的内存时引发的异常
ApplicationException	发生非致命应用程序错误时引发的异常
ArithmeticException	因算术运算、类型转换或转换操作时引发的异常
DivideByZeroException	试图用零除整数值或十进制数值时引发的异常
FieldAccessException	试图非法访问类中的私有字段或受保护字段时引发的异常
IndexOutofRangeException	试图访问索引超出数组界限的数值时引发的异常
InvalidCastException	因无效类型转换或显示转换引发的异常
NotSupportedException	当调用的方法不受支持时引发的异常
NullReferenceException	尝试取消引用空对象时引发的异常
OutOfMemoryExcepiton	没有足够的内存继续执行应用程序时引发的异常
OverFlowException	在选中的上下文所执行的操作导致溢出时引发的异常
FileLoadException	当找到托管程序集却不能加载它时引发的异常
FileNotFoundException	尝试访问磁盘上不存在的文件失败时引发的异常

.NET 中有两个重要的类,它们都派生于 System.Exception。

(1) System.SystemException:通常由.NET 运行库引发,所有未经处理的基于.NET 的应用程序的错误都由此引发,表 7-1 所列出的异常类都是由 SystemException 类派生。

(2) ApplicationException:如果需要自定义一个异常类,可以由 ApplicationException 类派生。

System.Exception 是一个很常用的异常处理类,它的几个比较常用的属性如表 7-2 所示。

表 7-2　System.Exception 类常用属性

异 常 类	说　　明
HelpLink	链接到一个帮助文件上,以提供该异常的更多信息
Message	描述错误情况的文本
Source	导致异常的应用程序或对象名
StackTrace	堆栈上方法调用的信息,它有助于跟踪引发异常的方法
TargetSite	引发异常方法的.NET 反射对象
InnerException	如果异常是在 catch 块中引发的,它就会包含把代码发送到 catch 块中的异常对象

try、catch、finally 关键字的组合方式如下:

(1) try…catch;

(2) try…finally;

(3) try…catch-finally。

程序调试与异常处理

180

7.2.3 try…catch 语句

try…catch 语句由一个 try 块后跟一个或多个 catch 子句构成,语法如下:

```
try
{
    语句块 1                                    //可能引发异常的代码
}
catch (异常对象 1)                                //捕获异常类对象
{
    语句块 2                                    //实现异常处理
}
catch (异常对象 2)                                //捕获异常类对象
{
    语句块 3                                    //实现异常处理
}
……
```

流程图如图 7-9(b)和图 7-9(c)所示。

【**例 7-3**】 修改实例 7-2,添加异常处理功能。

可用 try-catch 来处理,主要代码如下:

```
private void btnCal_Click(object sender, EventArgs e)
{
    try
    {
        int num = Convert.ToInt32(txtNum.Text);
        int result = 1;
        for (int i = 1; i <= num; i++)
        {
            result *= i;
        }
        lblShow.Text = string.Format("{0}!= {1}", num, result);
    }
    catch(SystemException exc)
    {
        lblShow.Text = "产生异常:" + exc.Message;
    }
}
```

运行上述代码,输入同样的数据,结果是程序不但不再出现中断和系统报错,而且还能输出异常信息,如图 7-10 所示。

使用 try…catch 语句时,特别要注意以下两点。

(1) catch 子语中的异常对象可以省略。如果省略异常对象,则默认为 CLR 的异常类对象,否则为指定的异常类对象。例如:

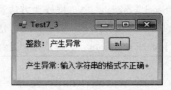

图 7-10 异常处理示例

```
catch
{
```

```
        lblShow.Text = "产生异常!";
    }
```

（2）由于 try 子句中代码有可能引发不止一种异常，因此 C♯ 允许针对不同的异常，定义多个不同的 catch 子句。当 try 子句抛出异常时，系统将根据异常类型顺序查找并执行对应的 catch 子句，实现特定异常处理，例如：

```
try{
    int num = Convert.ToInt32(txtNum.Text);
    int result = 1;
    for (int i = 1; i <= num; i++)
        result *= i;
    lblShow.Text = string.Format("{0}!= {1}", num, result);
}
catch(System.FormatException exc)
{
    lblShow.Text = "产生异常:" + exc.Message; ;
}
catch(System.OverflowException exc)
{
    lblShow.Text = "产生异常:" + exc.Message; ;
}
catch(System.Exception exc)
{
    lblShow.Text = "产生异常:" + exc.Message; ;
}
```

当有多个 catch 块时，如果 try 中产生异常，将按 catch 块的顺序检查每个 catch 块的捕获类型，如果产生异常的类型和其中一个 catch 块的捕获类型一致，则执行该 catch 块，并忽略其他 catch 块，所以 catch 块的顺序很重要，应该将捕获特定程度较高的异常放在前面，捕获范围广的异常放在后面，如上例中，如果将 catch（System. Exception exc）放在 catch（System. FormatException exc）和 catch（System. OverflowException exc）的前面，则编译将出错，因为 System. Exception 包含了 System. FormatException 和 System. OverflowException 类型的异常，则后面两个异常将永远无法执行。

7.2.4　finally 语句

在 try…catch 语句中，只有捕获到了异常，才会执行 catch 子句中的代码。但还有一些比较特殊的操作，比如文件的关闭、网络连接的断开以及数据库操作中锁的释放等，应该是无论是否发生异常都必须执行，否则会造成系统资源的占用和不必要的浪费。类似这些无论是否捕捉到异常都必须执行的代码，可用 finally 关键字定义。finally 语句常常与 try…catch 语句搭配使用。例如在上例中增加一个 finally 语句，用于表示无论是否有异常都要执行的内容。

```
try
{
    int num = Convert.ToInt32(txtNum.Text);
    int result = 1;
```

程序调试与异常处理

```
            for (int i = 1; i <= num; i++)
            {
                result *= i;
            }
            lblShow.Text = string.Format("{0}!={1}", num, result);
        }
        catch(System.Exception exc)
        {
            lblShow.Text = "产生异常:" + exc.Message; ;
        }
        finally
        {
            lblShow.Text += "\n\nfinally:执行完毕!\n";
        }
```

该程序运行结果如图 7-11 所示,无论有无异常,都会显示"finally:执行完毕!",这表明程序执行了 finally 语句。

 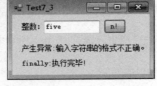

图 7-11　finally 运行结果

7.2.5　throw 语句与抛出异常

前面所捕获到的异常,都是当遇到错误时系统自己报错,自动通知运行环境异常的发生。但是有时还可以在代码中手动地告知运行环境在什么时候发生了什么异常。C#提供的 throw 语句可手动抛出一个异常,使用格式如下:

throw [异常对象]　　　　　　　　　　　　　　　//提供有关抛出的异常信息

当省略异常对象时,该语句只能用在 catch 语句中,用于再次引发异常处理。

当 throw 语句带有异常对象时,则抛出指定的异常类,并显示异常的相关信息。该异常既可以是预定义的异常类,也可以是自定义的异常类。

【例 7-4】　修改例 7-3,自定义一个异常类 MyException,封装异常信息"警告! 输入的整数只能在 0 到 16 之间!",以增强异常检测与处理。

```
using System;
using System.Windows.Forms;

public partial class Test7_4 : Form
{
    class MyException : Exception                //自定义异常类
    {
        public MyException(string str1) : base(str1) { }
        public MyException(string str1, Exception e) : base(str1, e) { }
    }
```

```
private void btnCal_Click(object sender, EventArgs e)
{
    try
    {
        int num = Convert.ToInt32(txtNum.Text);
        if (num < 0 || num > 16)                    //如果 num 没有在 0～16 之间,则抛出异常
            throw new MyException("警告!输入的整数只能在 0 到 16 之间!");
        int result = 1;
        for (int i = 1; i <= num; i++)
        {
            result *= i;
        }
        lblShow.Text = string.Format("{0}!= {1}", num, result);
    }
    catch(MyException exc)
    {
        lblShow.Text = "产生异常:" + exc.Message;        //输出自定义的异常信息
    }
    catch(System.Exception exc)
    {
        lblShow.Text = "产生异常:" + exc.Message; ;
    }
    finally
    {
        lblShow.Text += "\n\nfinally:执行完毕!\n";
    }
}
```

该程序运行效果如图 7-12 所示。

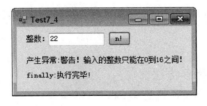

图 7-12   自定义异常处理

习   题

1. C#程序中常见的错误类型有哪些?

2. 简述 VS2017 调试器的逐语句方式和逐过程方式的区别。

3. 简述在 VS2017 中使用断点方式调试程序的操作步骤。

4. 简述 try…catch…finally 语句的逻辑含义。

5. 编写有关两个整数相除的程序,并考虑当除数为 0 时引发的异常及处理。

6. 假设 txtNumber 是窗体中的文本框,btnOk 是窗体中的按钮,该按钮的 Click 事件方法如下:

程序调试与异常处理

```
private void btnOk_Click(object sender ,EventArgs e)
{
    float a = 0;
    try{
        a = float.Parser(txtNumber.Text);
        a = 1/a;
        lblShow.Text = txtNumber.Text + "的倒数是" + a;
    }
    catch
    {
        lblShow.Text = "无法计算":
    }
}
```

请根据上述代码,完成以下任务。

(1) 若在 txtNumber 文本框中输入"二〇一四",则请写出上述代码在执行时会发生异常的那一行语句。

(2) 若在 txtNumber 文本框中输入"0",则请写出上述代码在执行时会发生异常的那一行语句。

上机实验 7

一、实验目的

1. 理解程序错误和异常的概念。

2. 掌握 VS2017 的调试器的使用方法。

3. 掌握 C# 的 try-catch、finally 和 throw 语句的使用方法。

二、实验要求

1. 熟悉 VS2017 的基本操作方法。

2. 认真阅读本章相关内容,尤其是案例。

3. 实验前进行程序设计,完成源程序的编写任务。

4. 反复操作,直到不需要参考教材也能熟练操作为止。

三、实验内容

1. 设计一个 Windows 应用程序,在一个文本框中输入 n 个数字,中间用逗号作间隔,然后编程对排序并输出,效果如图 7-13 所示。

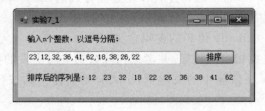

图 7-13　运行效果

核心代码如下：

```csharp
private void btnSort_Click(object sender, EventArgs e)
{
    //将输入的数字序列以逗号为分隔符,分割为字符串数组
    string[] sources = txtSource.Text.Split(',');
    int[] a = new int[sources.Length];
    for (int i = 0; i < sources.Length; i++)
    {
        a[i] = Convert.ToInt32(sources[i]);    //将字符串数组中的每个数字转换为整数
    }
    for (int i = 1; i < a.Length; i++)         //冒泡排序
    {
        for (int j = i; j <= a.Length - i; j++)
        {
            if (a[j - 1] > a[j])
            {
                int t = a[j - 1]; a[j - 1] = a[j]; a[j] = t;
            }
        }
    }
    lblShow.Text = "排序后的序列是：";
    foreach(int t in a)                        //依次输出排序后的元素
    {
        lblShow.Text += String.Format("{0, -4:D}", t);
    }
}
```

2. 按 F11 键启用逐语句方式跟踪每一条语句的执行情况,在调试过程中将数组 a 添加到监视窗口。注意,观察各数组元素的变化过程。

3. 设置"for (int i = 0; i < sources.Length; i++)"语句为断点,然后按 F5 启用调试器,当程序中断运行时,将数组 sources 添加到监视窗口,观察各数组元素的值。

4. 上述代码在用户不按规定输入数据时会发生异常。修改源代码,使用 try…catch 语句添加异常处理功能。

需要修改的源代码主要如下：

```csharp
try
{
    for (int i = 0; i < sources.Length; i++)
    {
        a[i] = Convert.ToInt32(sources[i]);
    }
}
catch (Exception ex)
{
    lblShow.Text = ex.Message;
}
```

5. 然后输入以下数据:"23,12,32,36,41,62,18,38,26,22",单击"排序"按钮,注意观察异常信息,分析错误的原因。

四、实验总结

写出实验报告,报告内容包括实验内容、任务分析、算法设计、源程序、实验体会等,并记录实验过程中的疑难点。

第8章 基于事件驱动的程序设计技术

总体要求

- 了解事件源、侦听器、事件处理程序、事件接收器等基本概念。
- 掌握委托的声明、实例化和使用方法，了解多路广播及其应用。
- 掌握事件的声明、预订和引用，熟悉事件数据类的使用方法。
- 了解 Windows 应用程序的工作机制，了解 Windows 窗体和控件的常用事件，理解事件和事件方法之间的关系。

相关知识点

- 基于事件的编程思想。
- 委托和事件。

学习重点

- 委托的声明、实例化与使用。
- 事件的声明、预订和引用。

学习难点

- 多路广播与委托。
- 自定义事件。

基于事件驱动的程序设计是目前主流的程序设计方法，它是 Windows 应用程序设计和 Web 应用程序设计的基础。但长期以来，基于事件驱动模型都被广大初学者视为难以理解的内容。为此，本章将形象、直观、系统地阐述基于事件驱动的程序设计方法及其应用。

8.1 基于事件的编程思想

在现实生活中，事件是一个日常用语，人们每天都会耳闻目睹各种各样的事件，有的让人快乐，有的让人痛苦，有的让人震惊。例如，火灾、洪灾、泥石流等事件是人人都不愿意看到的，但又是时常发生而不得不面对的。为了将危害降到最低，成立了专门的机构来处理这些突发事件。在事件没有发生时，这些机构会预先制定各种防灾救灾的应对方案；当事件发生时，这些机构就会迅速开展救灾工作。

为了有效地防范灾害，相关机构总是从三个方面入手：一是制定完善的事件处置程序，二是构建有效的报警系统，三是迅速分析查找事件源。其中，事件处置程序体现了突发事件的防范措施，包括人员组织、物质准备、设备配置等。报警系统保证发生突发事件时相关信息能迅速传递给相关机构。事件源是引发灾害的根源，只有找到了灾害的源头才能进行有效的处理。

可见,突发事件的处理机制应该是:首先事件源触发某个灾害事件(如天燃气泄漏引发火灾),然后是报警系统发送消息给相关部门(无论是人工电话报警,还是自动报警,只是一种形式),之后相关机构在收到消息后启动事件处置程序,迅速开展行动。这种事件处理机制称之为事件驱动模型。

由于事件驱动模型在社会生活中无处不在,因此人们很自然地把它引入到计算机高级程序设计语言中,从而形成了事件驱动的程序设计方法。

早期的程序设计语言(如 C 语言)采用过程驱动模型,把一个程序划分为若干个更小的子程序或函数,通过子程序调用或函数调用最终形成一个有机的整体。各语句之间的关系可归结为顺序、分支和循环,不过一个程序无论包含多少个分支或循环,总体上仍是一个顺序结构从上到下地执行。因此,对于初学者来说,一旦习惯了结构化的程序设计方法,学习事件驱动模型时都会感到不适应。

为了提高程序设计的效率,目前几乎所有的软件开发工具都支持可视化设计。很多人对可视化编程的认识非常表面,认为能够使用拖放方式完成一个界面设计就是可视化设计的全部,而没有去认真理解可视化编程背后的实质是事件驱动模型。

其实,事件驱动的程序设计并不难理解,其过程与防灾救灾是相通的。完整的事件处理系统必须包含以下三大组成要素。

(1)事件源。指能触发事件的对象,有时又称为事件的发送者或事件的发布者。

(2)侦听器。指能接收到事件消息的对象,Windows 提供了基础的事件侦听服务。

(3)事件处理程序。在事件发生时能对事件进行有效处理,又称事件方法或事件函数。包含事件处理程序的对象称为事件的接收者,有时又称事件的订阅者。

基于.NET 的 Windows 应用程序和 Web 应用程序都是基于事件驱动的,当且仅当事件的发布者触发了事件时,事件的接收者才执行事件处理程序。因此,事件处理程序不是顺序执行的。

Windows 应用程序或 Web 应用程序的每一个窗体及控件都有一个预定义的事件集。其中,每一个事件都同某个事件处理程序对应。在程序运行时,Windows 系统内置的侦听器会自动监听事件源的每一个事件,事件一旦触发就会通过事件接收者执行事件处理程序,完成事件的处理,如图 8-1 所示。

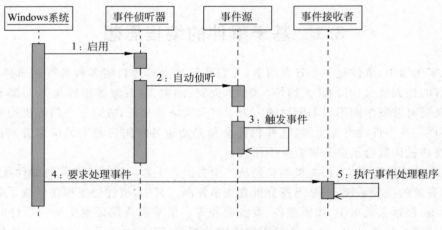

图 8-1　单个事件的处理流程

为了确保事件处理程序被执行,在程序设计时必须预先将一个事件处理与事件源对象联系起来,这个操作称为事件的绑定。C♯通过委托来绑定事件,本章将详细介绍有关委托与事件绑定的内容。

8.2　委　托

一个C♯程序至少由一个自定义类组成,类的主要代码由方法组成。遵照"方法名(实参列表)"的基本格式,一个方法可以调用另外一个方法,从而使整个程序形成一个有机整体。显然,这种方法调用是根据程序逻辑预先设计的,一经设计不再更改。但有时希望根据当前程序运行状态,动态地改变要调用的方法,特别在事件系统中,必须根据当前突发事件,动态地调用事件处理程序(即方法)。为此,C♯提供委托调用机制。本节将详细介绍委托的概念及其应用。

8.2.1　委托的概述

委托(Delegate)是一种动态调用方法的类型,它与类、接口和数组相同,属于引用型。

委托是对方法的抽象和封装,这一点与类具有一定的相似性,类是对相同对象的抽象和封装,通过定义类,实例化对象,引用对象的顺序就可以使用对象了。在C♯程序中,可以声明委托类型、创建委托的实例(即委托对象)、把方法封装于委托对象之中,这样通过该对象就可以调用方法了。一个完整的方法具有名字、返回值和参数列表,用来引用方法的委托也要求必须具有同样的参数和返回值。

因为C♯允许把任何具有相同签名(相同的返回值类型和参数)的方法分配给委托变量,所以可通过编程的方式来动态更改方法调用,因此委托是实现动态调用方法的最佳办法,也是C♯实现事件驱动的编程模型的主要途径。

委托对象本质上代表了方法的引用(即内存地址)。在.NET Framework中,委托具有以下特点。

(1)委托类似于C++函数指针,但与指针不同的是,委托是完全面向对象的,是安全的数据类型。

(2)委托允许将方法作为参数进行传递。

(3)委托可用于定义回调方法。

(4)委托可以把多个方法链接在一起。这样,在事件触发时可同时启动多个事件处理程序。

(5)委托签名不需要与方法精确匹配。

8.2.2　委托的声明、实例化与使用

1. 委托的声明

委托是一种引用型的数据类型,在C♯中使用关键字 delegate 声明委托,一般形式如下:

[访问修饰符] delegate 返回值类型 委托名([参数列表]);

其中,访问修饰符与声明类、接口和结构的访问修饰符相同,返回值类型是指动态调用方法

基于事件驱动的程序设计技术

的返回值类型,参数列表是动态调用方法的形参列表,当方法无参数时,省略参数列表。例如:

```
public delegate int Calculate( int x, int y);
```

就表示声明了一个名为 Calculate 的委托,可以用来引用任何具有两个 int 型的参数且返回值也是 int 型的方法。

在.NET Framework 中,自定义的委托自动从 Delegate 类派生,因此不能再从 Delegate 中派生委托。因为委托是密封的,所以也不能从自定义的委托派生。委托类型一般使用默认的构造函数。

2. 委托的实例化

因为委托是一种特殊的数据类型,所以必须实例化之后才能用来调用方法。实例化委托的一般形式如下:

委托类型 委托变量名 ＝ new 委托型构造函数(委托要引用的方法名)

其中,委托类型必须事先使用 delegate 声明。

例如,假设有如下两个方法:

```
int Multiply( int x, int y)
{
    return x * y;
}
int Divide( int x, int y)
{
    return x/y;
}
```

则使用上一例的 Calculate 委托来引用它们的语句可写成:

```
Calculate a = new Calculate(Multiply);
Calculate b = new Calculate(Divide);
```

其中,a 和 b 为委托型的对象。

由于实例化委托实际上是创建了一个对象,所以委托对象可以参与赋值运算,甚至作为方法参数进行传递。

例如,委托对象 a 和 b 分别引用的方法是 Multiply 和 Divide,如果要交换二者所引用的方法,则可执行以下语句:

```
Calculate temp = a;
a = b;
b = temp;
```

3. 使用委托

在实例化委托之后,就可以通过委托对象调用它所引用的方法。在使用委托对象调用所引用的方法时,必须保证参数的类型、个数、顺序和方法声明匹配。

例如:

```
Calculate calc = new Calculate(Multiply);
```

```
int result = calc(3,7);
```

就表示通过 Calculate 型的委托对象 calc 来调用方法 Multiply,实参为 3 和 7,因此最终返回并赋给变量 result 的值为 21。

8.2.3 委托与匿名函数

匿名函数是一个"内联"语句或表达式,可在需要委托类型的任何地方使用。可以使用匿名函数来初始化命名委托,或传递命名委托(而不是命名委托类型)作为方法参数。

C♯支持以下两种匿名函数。

1) 匿名方法

从 C♯ 2.0 开始,C♯ 就引入了匿名方法的概念,它允许将代码块作为参数传递,以避免单独定义方法。使用匿名方法创建委托对象的一般形式如下:

委托类型 委托变量名 = delegate([参数列表]){代码块};

例如:

```
Calculate calc = delegate(int x,int y){return (int)Math.Pow(x, y);};
```

就表示用匿名方法定义了一个 Calculate 型的委托对象 calc,用来计算 x 的 y 次方值。

2) Lambda 表达式

Lambda 表达式是一种可用于创建委托类型的匿名函数。通过使用 Lambda 表达式,可以写入可作为参数传递或作为函数调用值返回的本地函数。

若要创建 Lambda 表达式,需要在 Lambda 运算符=>左侧指定输入参数,然后在另一侧指定表达式或语句块。Lambda 表达式的一般形式如下:

委托类型 委托变量名 = (参数列表) => {表达式或语句块};

其中,当匿名函数的参数只有 1 个时,可省略圆括号。

例如,在以下示例代码中,把 Lambda 表达式分配给委托类型。

```
public delegate int Calculate(int x, int y);     //声明委托类型
Calculate handler = (x,y) => x * y;              //创建匿名函数并实例化委托
int result = handler(5,3);                       //使用委托,使 result = 15
```

其中,Calculate handler = (x,y) => x * y;相当于以下匿名方法代码:

```
Calculate handler = delegate(int x,int y){return x * y;}
```

【例 8-1】 创建一个 Windows 程序,利用委托求两个数的加、减、乘、除的结果,效果如图 8-2 所示。

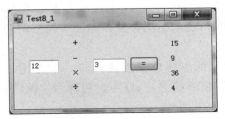

图 8-2 运行效果

基于事件驱动的程序设计技术

（1）首先根据表 8-1 在 Windows 窗体中添加窗体控件。

表 8-1　需要添加的控件及其属性设置

控　件	属　性	属性设置	控　件	属　性	属性设置
Label1～4	Text	＋、－、* 、\	TextBox2	Name	txtB
Label5	Text	lblShow	Button1	Name	btnCalc
TextBox1	Name	txtA		Text	计算

（2）然后在源代码视图中编辑如下代码：

```csharp
using System;
using System.Windows.Forms;
public partial class Test8_1 : Form
{
    public delegate int Calculate(int x, int y);      //声明委托
    public Calculate handler;                          //定义委托型的字段
    private void btnCalc_Click(object sender, EventArgs e)
    {
        int a = Convert.ToInt32(txtA.Text);
        int b = Convert.ToInt32(txtB.Text);
        handler = (x,y) => x + y;                      //创建委托对象同时封装方法
        lblShow.Text = handler(a, b).ToString();       //通过委托对象调用方法
        handler = (x,y) => x - y;
        lblShow.Text += "\n\n" + handler(a, b);
        handler = (x,y) => x * y;
        lblShow.Text += "\n\n" + handler(a, b);
        handler = (x,y) => x/y;
        lblShow.Text += "\n\n" + handler(a, b);
    }
}
```

在本例中，首先声明了委托类型 Calculate，然后定义了委托型的字段变量 handler，之后连续 4 次利用 Lambda 表达式定义匿名函数并实例化 handler，再通过 handler 来调用该方法，分别实现求两数和、差、积和商，运行效果如图 8-2 所示。

【注意】　由于使用 Lambda 表达式实现委托，程序代码更加简洁和优雅，因此从 C# 3.0起，Lambda 表达式取代了匿名方法，成为编写内联代码的首选方式。

8.2.4　多路广播与委托的组合

在例 8-1 中，每次委托调用都只是调用一个指定的方法，这种只引用一个方法的委托称为单路广播委托。实际上，C# 允许使用一个委托对象来同时调用多个方法，当向委托添加更多的指向其他方法的引用时，这些引用将被存储在委托的调用列表中，这种委托就是多路广播委托。

C# 的所有委托都是隐式的多路广播委托。向一个委托的调用列表添加多个方法引用，可通过该委托一次性调用所有的方法，这一过程称为多路广播。

实现多路广播的方法有以下两种。

（1）通过"＋"运算符直接将两个同类型的委托对象组合起来。

例如，

```
Calculate a = new Calculate(Mul);
Calculate b = new Calculate(Div);
a = a + b;
```

这样，通过委托对象 a 就可以同时调用 Mul 和 Div 了。

（2）通过"＋＝"运算符将新创建的委托对象添加到委托调用列表中。另外，还可以使用"－＝"运算符来移除调用列表中的委托对象。

例如，

```
Calculate a = new Calculate(Mul);
a += new Calculate(Div);
```

这样，Mul 和 Div 方法都列入了委托对象 a 的调用列表。

【注意】　由于一个委托对象只能返回一个值且只返回调用列表中最后一个方法的返回值，因此为避免混淆，建议在使用多路广播时每个方法均用 void 定义。

【例 8-2】　利用多路广播机制，修改例 8-1 的代码。

（1）将上例的委托封装改为如下代码：

```
private void btnCalc_Click(object sender, EventArgs e)
{
    int a = Convert.ToInt32(txtA.Text);
    int b = Convert.ToInt32(txtB.Text);
    handler = new Calculate(Add);              //创建委托对象同时封装方法
    handler += new Calculate(Sub);
    handler += new Calculate(Mul);
    handler += new Calculate(Div);
    lblShow.Text = handler(a, b).ToString();   //通过委托对象调用方法

}
```

在该程序中，连续使用"＋＝"运算符将每次创建的委托对象添加到委托调用列表中，handler 字段最终保存的是 Add、Sub、Mult 和 Div 的引用。当最后执行"handler(a, b);"语句时，将按先后顺序执行这 4 个方法，但委托对象只能返回最后一个委托方法的返回值，所以当输入 8 和 4 时，只能返回方法 Div 的运行结果 2。

（2）改进 Add、Sub、Mult 和 Div 方法，使其返回值为 void。主要代码如下：

```
public delegate void Calculate(int x, int y);      //声明委托
public Calculate handler;                          //定义委托型的字段
public void Add(int x, int y) { lblShow.Text = (x + y).ToString(); }
public void Mul(int x, int y) { lblShow.Text += "\n\n" + (x * y); }
public void Sub(int x, int y) { lblShow.Text += "\n\n" + (x - y); }
public void Div(int x, int y) { lblShow.Text += "\n\n" + (x / y); }
private void btnCalc_Click(object sender, EventArgs e)
{
    int a = Convert.ToInt32(txtA.Text);
    int b = Convert.ToInt32(txtB.Text);
```

基于事件驱动的程序设计技术

```
handler = new Calculate(Add);              //创建委托对象同时封装方法
handler += new Calculate(Add);
handler += new Calculate(Sub);
handler += new Calculate(Mul);
handler += new Calculate(Div);
handler(a, b);                             //通过委托对象调用方法
```

在该程序中，修改 Add、Sub、Mult 和 Div 的方法的实现并使其返回值为 void，同时相应地修改委托声明，handler 使用多路广播引用 4 个方法，执行"handler(a，b);"语句时，将按先后顺序执行这 4 个方法，该程序的运行效果与例 8-1 的运行效果相同。

8.3　事　　件

触发事件的对象称为发布者，提供事件处理程序的对象称为订阅者，基于事件驱动模型的程序使用委托来绑定事件和事件方法。C#允许使用标准的 EventHandler 委托来声明标准事件，也允许先自定义委托，再声明自定义事件。本节将详细介绍相关内容。

8.3.1　事件的声明

EventHandler 是一个预定义的委托，它定义了一个无返回值的方法。在.NET Framework 中，它的定义格式如下：

```
public delegate void EventHandler(Object sender,EventArgs e)
```

其中，第一个参数 sender，类型为 Object，表示事件发布者本身。第二个参数 e，用来传递事件的相关数据信息，数据类型为 EventArgs 及其派生类。

实际上，标准的 EventArgs 并不包含任何事件数据，因此 EventHandler 专用于表示不生成数据的事件方法。如果事件要生成数据，则必须提供自定义事件数据类型，该类型从 EventArgs 派生，提供保存事件数据所需的全部字段或属性，这样，发布者可以将特定的数据发送给接收者。

用标准的 EventHandler 委托可声明不包含数据的标准事件，一般形式如下：

```
public event EventHandler 事件名;
```

其中，事件名通常使用 on 作为前缀符。

例如，

```
public event EventHandler onClick;
```

就表示定义了一个名为 onClick 的事件。

要想生成包含数据的事件，必须先自定义事件数据类型，然后再声明事件。具体实现方法有以下两种。

（1）先自定义委托，再定义事件，一般形式如下：

```
public class 事件数据类型：EventArgs { //封装数据信息}
public delegate 返回值类型 委托类型名(Object sender, 事件数据类型 e);
public event 委托类型名 事件名;
```

例如,在 Windows 窗口中有一张图片,如果希望把鼠标指针单击其中某个位置的数据信息传递给单击事件方法,则可使用以下代码声明该事件。

```
public class ImageEventArgs : EventArgs
{
    public int x;
    public int y;
}
public delegate void ImageEventHangler(Object sender, ImageEventArgs);
public event ImageEventHangler onClick;
```

(2) 使用泛型 EventHandler 定义事件,一般形式如下:

public class 事件数据类型:EventArgs { //封装数据信息}
public event EventHandler <事件数据类型> 事件名

例如,在高温预警系统中,一般是根据温度值确定预警等级,这可采用事件驱动模型进行程序设计,其基本思想如下:当温度变化时,触发温度预警事件,系统接收到事件消息后启动事件处理程序,根据温度的高低,确定预警等级。为此,需要设计一个 TemperatureEventArgs 类,它在温度预警事件触发时封装并传递温度信息,代码如下:

```
//定义事件相关信息类
class TemperatureEventArgs : EventArgs
{
    int temperature;
    public TemperatureEventArgs(int temperature) //声明构造函数
    {
        this.temperature = temperature;
    }
    public int Temperature                      //定义只读属性
    {
        get { return temperature; }
    }
}
```

另外,需要定义一个 TemperatureWarning 类,在该类中先声明了一个温度预警的委托类型 TemperatureHandler,再用该委托类型声明一个温度预警事件 OnWarning,代码如下:

```
class TemperatureWarning
{
    //声明温度预警的委托类型
    public delegate void TemperatureHandler(object sender, TemperatureEventArgs e);
    //声明温度预警事件
    public event TemperatureHandler OnWarning;
    //……
}
```

也可以使用泛型 EventHandler 定义温度预警事件 OnWarning。

【注意】 使用泛型 EventHandler 必须指出事件数据类型。代码如下:

```
class TemperatureWarning
```

第
8
章

基于事件驱动的程序设计技术

```
{
    //声明温度预警事件
    public event EventHandler < TemperatureEventArgs > OnWarning;
    //……
}
```

8.3.2　订阅事件

声明事件的实质只是定义了一个委托型的变量,并不意味着就能够成功触发事件,还需要完成如下工作:

(1)在事件的接收者中定义一个方法来响应这个事件。

(2)通过创建委托对象把事件与事件方法联系起来(又称绑定事件,或订阅事件)。负责绑定事件与事件方法的类就称为事件的订阅者。

预订事件的一般形式如下:

事件名　+=　new 事件委托类名(事件方法);

例如,要想对温度的变化情况进行预警,可先创建一个 tw_OnWarning 方法,该方法根据温度高低,进行预警,然后把该方法和事件 OnWarning 绑定起来即可。这样,当温度预警事件触发时,该方法将被自动调用。绑定 OnWarning 事件代码如下:

```
TemperatureWarning tw = new TemperatureWarning();
tw.OnWarning += new TemperatureWarning.TemperatureHandler(tw_OnWarning); //订阅事件
```

如果使用泛型 EventHandler 定义的事件,则使用如下代码。

```
tw.OnWarning += new EventHandler < TemperatureEventArgs >(tw_OnWarning); //订阅事件
```

其中,"+="运算符把新创建的引用 tw_OnWarning 方法的委托对象与 OnWarning 事件绑定起来,也就完成了 TemperatureWarning 类的 OnWarning 事件的预订操作。

事件触发时,调用的 tw_OnWarning 方法签名如下:

```
private void tw_OnWarning(object sender, TemperatureEventArgs e);
```

【注意】　在订阅事件时要注意以下几点。

(1)订阅事件的操作由事件接收者类实现。

(2)每个事件可有多个处理程序,多个处理程序按顺序调用。如果一个处理程序引发异常,还未调用的处理程序则没有机会接收事件。为此,建议事件处理程序迅速处理事件并避免引发异常。

(3)订阅事件时,必须创建一个与事件具有相同类型的委托对象,把事件方法作为委托目标,使用+=运算符把事件方法添加到源对象的事件之中。

(4)若要取消订阅事件,可以使用-=运算符从源对象的事件中移除事件方法的委托。

8.3.3　触发事件

在完成事件的声明与预订之后,就可以引用事件了。引用事件又称触发事件或点火,而负责触发事件的类就称为事件的发布者。C#程序中,触发事件与委托调用相同,但要注意使用匹配的事件参数。事件一旦触发,将立即调用相应的事件方法。如果该事件没有任何处理程序,则该事件为空。

因此在触发事件之前,事件源应确保该事件不为空,以避免 NullReferenceException 异常,每个事件都可以分配多个事件方法。这种情况下,每个事件方法都将被自动调用,且只能被调用一次。

例如,每当温度变化时,就会触发温度预警事件 OnWarning,从而调用 tw_OnWarning 方法进行温度预警。为此,可在 TemperatureWarning 类中声明一个开始监控气温的方法 Monitor 来触发温度预警事件。当然,在触发事件之前,必须提前把温度信息封装为 TemperatureEventArgs 事件参数,其源代码如下:

```
class TemperatureWarning
{
    //声明温度预警事件
    public event EventHandler < TemperatureEventArgs > OnWarning;
    //开始监控气温,同时发布事件
    public void Monitor( int tp)
    {
        TemperatureEventArgs e = new TemperatureEventArgs(tp);
        if (OnWarning != null)
        {
            OnWarning(this, e);
        }
    }
}
```

【例 8-3】 创建一个 Windows 程序,利用事件驱动模型来解决温度预警问题,运行效果如图 8-3 所示。

（1）首先在 Windows 窗体中添加 3 个 Label 控件、1 个 TextBox 控件、1 个 Button 控件和一个 Timer 控件,根据表 8-2 设置相应属性项。

图 8-3 运行效果

表 8-2 需要添加的控件及其属性设置

控 件	属 性	属性设置	控 件	属 性	属性设置
label1	Text	温度：		Text	""
label2	Name	lblShow		Name	lblColor
button1	Name	btnMonitor	label3	AutoSize	false
	Text	监控		BorderStyle	Fixed3D
textBox1	Name	txtTemp	timer1	Interval	1000

（2）然后在源代码视图中编辑如下代码。

```
using System;
using System.Windows.Forms;
using System.Collections.Generic;
namespace Test8_3
{
```

第 8 章

基于事件驱动的程序设计技术

```
public partial class Test8_3 : Form
{
    Random r = new Random();                    //产生一个随机数生成器
    TemperatureWarning tw = new TemperatureWarning();
    public Test8_3()
    {
        InitializeComponent();
        //第四步：订阅事件
        tw.OnWarning += new TemperatureWarning.TemperatureHandler(tw_OnWarning);
    }
    private void btnMonitor_Click(object sender, EventArgs e)
    {
        timer1.Enabled = true;                  //开始每1s改变一次温度
    }
    //第三步：声明事件产生时调用的方法
    private void tw_OnWarning(object sender, TemperatureEventArgs e)
    {
        if (e.Temperature < 35)
        {
            lblShow.Text = "正常";
            lblColor.BackColor = Color.Blue;
        }
        else if (e.Temperature < 37)
        {
            lblShow.Text = "高温黄色预警！";
            lblColor.BackColor = Color.Yellow;
        }
        else if (e.Temperature < 40)
        {
            lblShow.Text = "高温橙色预警！";
            lblColor.BackColor = Color.Orange;
        }
        else
        {
            lblShow.Text = "高温红色预警！";
            lblColor.BackColor = Color.Red;
        }
    }
    //每隔1s激发一次该方法，用来模拟温度值的改变
    private void timer1_Tick(object sender, EventArgs e)
    {
        int nowTemp;                            //原来的温度值
        if (txtTemp.Text == "") nowTemp = 35;
        else
            nowTemp = Convert.ToInt32(txtTemp.Text);
        int change = r.Next(-2, 3);             //产生一个在-2～2之间的随机数
        txtTemp.Text = (change + nowTemp).ToString();    //新的温度值
        //第五步：触发事件
        tw.Monitor(change + nowTemp);
    }
}
```

```
//第一步：定义事件相关信息类
class TemperatureEventArgs : EventArgs
{
    int temperature;
    public TemperatureEventArgs(int temperature)        //声明构造函数
    {
        this.temperature = temperature;
    }
    public int Temperature                              //定义只读属性
    {
        get { return temperature; }
    }
}
//第二步：定义事件
class TemperatureWarning
{
    //2.1 声明温度预警的委托类型
    public delegate void TemperatureHandler(object sender, TemperatureEventArgs e);
    //2.2 声明温度预警事件
    public event TemperatureHandler OnWarning;
    //2.3 开始监控气温，同时发布事件
    public void Monitor(int tp)
    {
        TemperatureEventArgs e = new TemperatureEventArgs(tp);
        if (OnWarning != null)
        {
            OnWarning(this, e);
        }
    }
}
```

其中，Random 类是伪随机数生成类，该类的 Next(minValue,maxValue)方法可以产生一个大于等于 minValue 并小于 maxValue 的随机整数。

Timer 控件是一个计时器控件，可以周期性的产生一个 Tick 事件，可以用该控件周期性地执行某些操作。当 Timer 控件的 Enable 属性设置为 true 可以启用该控件，设置为 false 时关闭计时。Interval 属性是 Timer 控件的激发间隔，单位是 ms。另外，控件事件所关联的方法只有订阅后才能生效，方法之一是在视图中双击该控件，在产生的方法中添入代码，才能够使事件产生后能够执行相应的方法。所以，双击 Timer 控件后，在产生的方法 private void timer1_Tick(object sender，EventArgs e)中，写入代码，可以模拟温度的变化。

从例 8-3 中可以看到，采用基于事件驱动模型进行程序设计，其实现步骤包括以下 5 个步骤。

（1）定义事件相关信息类。

（2）在事件发布者类（事件源）中声明事件，并声明一个负责触发事件的方法。

（3）在事件接收者类中声明事件产生时调用的方法。

（4）在事件接收者类中订阅事件。

（5）在事件接收者类中触发事件。

基于事件驱动的程序设计技术

8.4 基于事件的 Windows 编程

目前,Windows 操作系统是计算机主流操作系统,而 Windows 操作系统的灵魂是基于事件的消息运行机制。因此,无论哪一种语言开发工具都必须接受 Windows 的运行机制。本节将详细介绍 C♯语言的基于事件的 Windows 编程方法。

8.4.1 Windows 应用程序概述

1. Windows 应用程序的工作机制

Windows 操作系统提供了两种事件模型,即"拉"模型和"推"模型。在"推"模型中,Windows 应用程序首先指示对哪些条件感兴趣,然后等待事件发生,一旦接收到事件消息就执行事件处理程序,在"拉"模型中,系统必须不停地轮询或监测资源或条件,以决定是否触发事件并执行事件处理程序。因此,"推"模型是被动等待事件的发生,而"拉"模型是主动询问事件是否发生。

事实上,Windows 操作系统本身就使用"拉"模型运行机制。它为每一个正在运行的应用程序建立消息队列。在事件发生时,它并不是将这个触发事件直接传送给应用程序,而是先将其翻译成一个 Windows 消息,再把这个消息加入消息队列中。应用程序通过消息循环从消息队列中接收消息,执行相应的事件处理程序。

在整个 Windows 应用系统中,生成事件的应用程序被称为事件源,接收通知或检查条件的应用程序称为事件接收器。事件源和事件接收器也可以位于同一个应用程序。在 Windows 系统中,事件接收器采用以下几种事件处理机制。

1) 轮询机制

在这种机制下,事件接收器定期询问事件源是否有它感兴趣的事件发生。这样,虽然可以获得事件,能解决问题,但有两个弊端。

(1) 事件接收器不知道它所感兴趣的事件什么时候发生,所以必须频繁地访问事件源,以便第一时间内获得事件。通常事件的发生频率要比轮询的频率小得多,所以大部分资源都做了无用功,并且事件源每次也要响应询问,大大浪费了资源,降低了效率。

(2) 针对第一种情况,如果开发人员降低轮询的频率,以增加效率和减少系统的负荷,那么新的问题就来了,随着访问频率的降低,事件发生的时间和事件接收器得知的时间将会越来越长。显然,这是很难让人接受的。

2) 回调函数机制

回调函数是最原始但很有效的机制。在这个机制里,事件源定义回调函数的模板(又称原型),事件接收器实现该函数的实际功能,并让事件源中的回调函数指针指向自己的实际函数。当事件源中的事件发生时,就调用回调函数的指针,这样事件接收器就最先得到了通知并进行处理。

3) Microsoft . NET Framework 事件机制

. NET Framework 基于委托的事件模型是以回调函数机制为基础的。只是用委托代替了函数指针,这样就降低了编程的难度,而且委托是类型安全的。在运行期间,事件接收器实例化一个委托对象并把它传递给事件源。

2. Windows 应用程序项目的组织结构

在 VS2017 中，一旦创建了一个 Windows 应用程序项目，即可在解决方案资源管理器中看到如图 8-4 所示的组织结构。

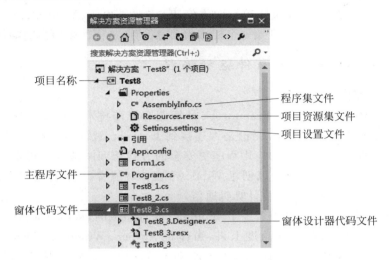

图 8-4　Windows 应用程序项目的组织结构

事实上，无论采用哪一种事件处理机制，Windows 应用程序和控制台应用程序一样，必须从 Main 方法开始执行。在创建 Windows 应用程序时，VS2017 会自动生成 Program. cs 文件，并在该文件中自动生成 Main 方法，也会根据程序设计员的操作自动更新 Main 方法中的语句。因此，程序设计员通常不需要在 Main 方法中添加任何代码。

下列代码是 Program. cs 文件的典型结构。

```
using System;
using System.Collections.Generic;
using System.Windows.Forms;
namespace test8_3
{
    static class Program
    {
        static void Main()
        {
            Application.EnableVisualStyles();    //启用程序的可视样式
            Application.SetCompatibleTextRenderingDefault(false);
            Application.Run(new MainForm());     //创建 Windows 窗体对象并显示
                                                 //开始消息循环
        }
    }
}
```

在上述代码中，Main 函数有 3 条语句，前两个语句主要与程序的外观显示相关，不影响程序的执行流程，只有 Application. Run 函数起到关键作用，它将创建一个 Windows 窗体对象并显示，之后开始一个标准的消息循环，以便整个程序保持在运行状态而不结束。如果将第 3 句改为如下的句子。

基于事件驱动的程序设计技术

```
MainForm frm = new MainForm();
frm.Show();
```

运行时就会发现,窗体显示一下后立即消失,程序也运行结束。

由此可见,整个程序能够保持运行而不结束,主要是由于 Application. Run 的作用,Application. Run 在当前线程上开始一个标准的消息循环,从而使得窗体能够保持运行。

8.4.2 Windows 窗体与事件驱动编程

1. Windows 窗体概述

Windows 窗体体现了. NET Framework 的智能客户端技术。智能客户端是指易于部署和更新的图像丰富的应用程序,无论是否连接到 Internet,智能客户端都可以工作,并且可以用比传统的基于 Windows 的应用程序更安全的方式访问本地计算机上的资源。在使用类似 VS2017 的开发环境时,可以创建 Windows 窗体智能客户端应用程序,以显示信息、请求用户输入以及通过网络与远程计算机通信。

一个 Windows 应用程序是由若干个 Windows 窗体组成的,从用户的角度来讲,窗体是显示信息的图形界面,从程序的角度上讲,窗体是 System. Windows. Forms 命名空间中 Form 类的派生类。通常,一个窗体包含了各种控件,如标签、文本框、按钮、下拉框、单选按钮等。控件是相对独立的用户界面元素,它既能显示数据或接收数据输入,又能响应用户操作(如单击鼠标或按下按键)。

例如,在本章的例 8-3 中,该 Windows 应用程序由一个窗体组成,该窗体的类名是 Test8_3,是基类 Form 的派生类。在该窗体中,一共有 6 个控件,包括 3 个标签、1 个文本框、1 个按钮和 1 个定时器。其中,文本框接收用户所输入的数据,按钮负责响应用户单击鼠标操作,定时器负责在规定的间隔时间中激发事件。当用户单击按钮时,系统将触发一个事件消息,并调用相应的事件方法(如 btnAdd_Click)。

在设计时,Windows 窗体有两种视图模式:包括设计器视图(如图 8-5 所示)和源代码编辑视图(如图 8-6 所示)。设计器视图支持以拖曳方式从工具箱往 Windows 窗体添加控件,源代码编辑视图支持智能感知技术,快速录入源代码。

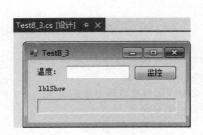

图 8-5　窗体设计器窗口

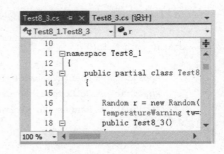

图 8-6　窗体代码编辑窗口

在 Windows 窗体的源代码中,窗体类名之前带 partial 关键字。VS2017 使用该关键字将同一个窗体的代码分离存放于两个文件中,一个文件存放由它自动生成的代码,文件的后缀名一般为 xxx. Designer. cs;另一个存放程序员自己编写的代码,后缀名一般为 xxx. cs。

其中,xxx. Designer. cs 的代码结构如下所示。

```
namespace test8_3
{
    partial class Test8_3
    {
        private System.ComponentModel.IContainer components = null;
        protected override void Dispose(bool disposing) //清理所有正在使用的资源
        {
            if (disposing && (components != null))
            {
                components.Dispose();
            }
            base.Dispose(disposing);
        }

        #region Windows 窗体设计器生成的代码
        private void InitializeComponent()           //初始化各窗体功能
        {
            this.components = new System.ComponentModel.Container();
            this.label1 = new System.Windows.Forms.Label();
            this.txtTemp = new System.Windows.Forms.TextBox();
            ……                              //省略相似代码
            this.SuspendLayout();
            this.label1.AutoSize = true;        //设置各控件的属性值
            this.label1.Location = new System.Drawing.Point(13, 13);
            this.label1.Name = "label1";
            this.label1.Size = new System.Drawing.Size(41, 12);
            this.label1.Text = "温度：";
            ……                              //省略相似代码
            this.Controls.Add(this.label1);
            ……                              //省略相似代码
            this.ResumeLayout(false);
            this.PerformLayout();
            ……                              //省略相似代码
        }
        #endregion
        private System.Windows.Forms.Label label1;
        private System.Windows.Forms.TextBox txtTemp;
        ……                                  //省略相似代码

    }
}
```

窗体文件的结构如下：

```
namespace test8_3
{
    public partial class Test8_3 : Form
    {
```

第 8 章

基于事件驱动的程序设计技术

```
        public Test8_3()
        {
            InitializeComponent();
        }
        ......                          //用户编写的代码
    }
}
```

Windows 窗体的两个代码文件在编译时将自动合并。代码分离的好处是程序员不必关心 VS2017 自动生成的那些代码,操作更加简洁方便。

2. Windows 窗体中的事件

Windows 应用程序在运行时,用户针对窗体或某个控件进行的任何键盘或鼠标操作,都会触发 Windows 系统的预定义事件,这些事件是多种多样的,往往因控件类型而异。

例如,按钮提供 Click 事件,文本框提供 TextChanged 事件,单选按钮或复选框提供 CheckedChanged 事件,组合框提供 SelectedIndexChanged 事件等。

当然,大多数的控件可能也拥有相同的事件。表 8-3 列出了 Windows 应用程序常用的事件。

表 8-3　Windows 应用程序常用事件

事　件	描　述	事　件	描　述
Activated	使用代码激活或用户激活窗体时发生	TextChanged	Text 属性值更改时发生
Deactivated	窗体失去焦点并不再是活动窗体时发生	Enter	当控件成为活动控件时发生
Load	用户加载窗体时发生	Leave	当控件不再是活动控件时发生
FormClosing	关闭窗体时发生	CheckedChanged	Checked 属性值更改时发生
FormClosed	关闭窗体后发生	SelectedIndexChanged	SelectedIndex 属性值更改时发生
Click	单击控件时发生	Paint	控制需要重新绘制时发生
DoubleClick	双击控件时发生	KeyPress	按下并释放某键后发生
MouseDown	按下鼠标按键时发生	KeyDown	首次按下某个键时发生
MouseEnter	鼠标进入控件的可见部分时发生	KeyUp	释放某个键时发生
MouseOver	鼠标指针移过控件时发生	SizeChanged	控件的大小改变时发生
MouseUp	释放鼠标按键时发生	BackColorChanged	背景色更改时发生

3. 事件方法

从表 8-4 可知,Windows 窗体及其控件事件非常多,设计程序时是不是需要为每一个事件都编写相应的事件方法呢? 当然没有必要,通常根据要求只编写其中几个事件方法。事件方法的基本格式为:

```
private void 事件方法名(object sender, EventArgs e)
{
    //事件处理语句
}
```

其中,事件方法名一般按行业规范命名,C♯建议使用"控件名_事件名"的命名格式。形参

sender 代表事件的发布者,常常是控件自身。形参 e 为事件数据对象,它包含了事件发布者要传递给事件接收者的详细数据。

4. 事件方法与窗体或控件的绑定

Windows 窗体中的事件从代码的角度来看实质上是 Form 类或控件类的一个属性,其数据类型通常是 EventHandle。由于触发事件的实质是调用该委托所引用的事件方法,因此为了保证事件能够成功触发、完成事件处理,就必须将事件方法与表示 Form 类或控件类的事件属性联系起来。把事件方法与事件属性联系的操作称为事件绑定。

在设计 Windows 窗体时,因为已经确定了一个窗体所包含的所有构成元素(即控件),因此可以直接把一个事件方法与窗体或控件的事件属性绑定。此时,可利用 VS2017 自动生成事件和自动进行事件绑定的功能来实现,具体操作方法如下。

(1) 首先切换到 VS2017 窗体设计视图。

(2) 把控件从工具箱拖放到窗体的设计区域。

(3) 右击目标控件(如一个按钮控件和一个文本框)并选择"属性"命令,以打开该控件的"属性"窗口。

(4) 在"属性"窗口中单击事件 ⚡ 按钮,以打开事件属性列表。

(5) 在事件属性列表中双击事件名(如双击 Click 事件)。

(6) 之后,VS2017 自动生成相应的事件方法,并自动把该事件方法与控件的相应事件绑定起来。

【注意】 刚生成的事件方法是不包含任何语句的空方法,需要自行完成代码的编写。

【例 8-4】 设计一个简单的 Windows 应用程序,实现以下功能:文本框默认显示提示文字"在此,请输入任意文字!";进入该文本框时自动清除提示文字;之后由用户输入字符,每输入一个字符就在标签控件中显示一个字符;离开该文本框时显示"输入结束,您输入的文字是:",并显示所输入的文字,同时,文本框再次显示"在此,请输入任意文字!"。运行效果如图 8-7 所示。

(1) 首先根据表 8-4 在 Windows 窗体中添加窗体控件。

图 8-7　运行效果

表 8-4　需要添加的控件及其属性设置

控　件	属　性	属性设置	控　件	属　性	属性设置
label1	Text	输入:	label3	Text	""
label2	Name	lblShow		Name	lblTarget
	Text	正在输入:		AutoSize	false
Button1	Text	确定		BorderStyle	Fixed3D
	Name	btnOk	textBox1	Name	txtSource

(2) 然后打开文本框 txtSource 的"属性"窗口,并切换到事件属性列表,如图 8-8 所示。

(3) 在该事件属性列表中找到并双击 Enter 事件,之后 VS2017 自动生成相应的事件方法 txtSource_Enter,同时自动完成事件绑定。

(4) 在源代码视图中编写事件方法 txtSource_Enter,代码如下:

图 8-8　文本框控件的"属性"窗口

```
private void txtSource_Enter(object sender, EventArgs e)
{
    txtSource.Text = "";
    //订阅 txtSource 控件的 TextChanged 事件,并声明事件产生时调用的方法
    txtSource.TextChanged += new EventHandler(txtSource_TextChanged);
}
```

(5) 编写事件方法 txtSource_TextChanged,代码如下:

```
private void txtSource_TextChanged(object sender, EventArgs e)
{
    lblShow.Text = "正在输入:";
    lblTarget.Text = txtSource.Text;
}
```

(6) 与用(2)、(3)相同的方法,绑定文本框的 Leave 方法,并编写事件方法 txtSource_Leave,代码如下:

```
private void txtSource_Leave(object sender, EventArgs e)
{
    lblShow.Text = "输入结束,您输入的文字是:";
    //取消对 txtSource 控件的 TextChanged 事件的订阅
    txtSource.TextChanged -= new EventHandler(txtSource_TextChanged);
    txtSource.Text = "在此,请输入任意文字!";
}
```

【分析】　控件事件的绑定的实质是利用事件方法构造一个 EventHandler 事件委托的对象,并将这个对象赋值给控件的事件属性。

该赋值语句的基本格式为:

控件名.事件 += new EventHandler(事件方法);

例如,本实例中绑定文本框控件 txtSource 的 TextChanged 事件的语句如下:

```
txtSource.TextChanged += new EventHandler(txtSource_TextChanged);
```

其实,通过事件属性列表绑定的事件,VS2017 也会为其自动生成同样的代码,在完成上述操作后,在 VS2017 的解决方案资源管理器中打开窗体的设计文件(如果窗体的源代码文件为 Form1.cs,则其设计文件为 Form1.Designer.cs),就可以发现 Enter 和 Leave 事件的绑

定语句如下:

```
this.txtSource.Enter += new System.EventHandler(this.txtSource_Enter);
this.txtSource.Leave += new System.EventHandler(this.txtSource_Leave);
```

习　　题

1. 事件系统的三大要素分别是什么?
2. 简述过程驱动编程与事件驱动编程有何区别。
3. 什么是委托? 委托有哪些特点?
4. 举例说明显式实例化和匿名实例化的区别。
5. 举例说明,如何声明一个事件?
6. 简述 C♯ 基于事件驱动编程的实现过程。
7. 简述 Windows 应用程序的事件驱动编程的基本操作步骤。
8. 假设某个窗体中有一个按钮控件,名字为 btnSearch,要求:
(1) 写出其对应的单击事件方法的基本结构。
(2) 写出如何将该按钮与这个事件方法绑定的 C♯ 语句。

上机实验 8

一、实验目的

1. 掌握事件的概念,理解事件处理的机制。
2. 掌握委托的声明、实例化与使用。
3. 理解事件驱动编程的思想,理解 Windows 应用程序事件驱动编程方法。
4. 掌握事件编程方法,包括事件的声明、预订和引用。

二、实验要求

1. 熟悉 VS2017 的基本操作方法。
2. 认真阅读本章相关内容,尤其是实例。
3. 实验前进行程序设计,完成源程序的编写任务。
4. 反复操作,直到不需要参考教材也能熟练操作为止。

三、实验内容

1. 设计一个 Windows 应用程序,随机生成 0～100 之间的 10 个数字,并通过委托实现升序或降序排列,效果如图 8-9 所示。

操作步骤如下:
(1) 首先根据表 8-5 在 Windows 窗体中添加窗体控件。

图 8-9　运行效果

基于事件驱动的程序设计技术

表 8-5　需要添加的控件及其属性设置

控　件	属　性	属性设置	控　件	属　性	属性设置
Label1	Text	排序前：	Button2	Name	btnDescSort
Label2	Text	排序后：		Text	降序排序
TextBox1	Name	txtSource	Button3	Name	btnAscSort
	Multiline	True		Text	升序排序
TextBox2	Name	txtTarget	Button1	Text	生成数组
	Multiline	True		Name	btnCreateArray

(2) 切换到源代码编辑视图,在窗体类中定义委托、排序的方法,代码如下:

```csharp
int[] a = new int[10];
delegate bool Compare(int x, int y);            //声明委托类型
void SortArray(Compare compare)                 //委托形参
{
    for (int i = 0; i < a.Length; i++)
        for(int j = 0;j <= i;j++)
            if(compare(a[i],a[j]))              //使用委托调用方法,以比较大小
            {
                int t = a[i];
                a[i] = a[j];
                a[j] = t;
            }
}
bool Ascending(int x, int y)                    //比较 x 是否小于 y
{
    return x < y;
}
bool Desecding(int x, int y)                    //比较 x 是否大于 y
{
    return x > y;
}
void display()                                  //输出数组
{
    txtTarget.Text = "";
    foreach(int i in a)
    {
        txtTarget.Text += i + "\r\n";
    }
}
```

(3) 编写按钮的 Click 事件方法,代码如下:

```csharp
//生成数组
private void btnCreateArray_Click(object sender, EventArgs e)
{
    txtSource.Text = "";
    txtTarget.Text = "";
    Random r = new Random();
    for (int i = 0; i < a.Length; i++)
```

```
    {
        a[i] = r.Next(100);               //取 0～100 间的随机数
        txtSource.Text += a[i] + "\r\n";
    }
}
//降序排列
private void btnDescSort_Click(object sender, EventArgs e)
{
    SortArray(new Compare(Desecding));    //实参是新创建的委托对象
    display();
}
//升序排列
private void btnAscSort_Click(object sender, EventArgs e)
{
    SortArray(new Compare(Ascending));    //实参是新创建的委托对象
    display();
}
```

（4）运行程序并测试程序。

2. 设计一个 Windows 应用程序,模拟高温高压锅炉降压处理,运行效果如图 8-10 所示。

图 8-10　运行效果

操作步骤如下:

（1）首先根据表 8-6 在 Windows 窗体中添加窗体控件。

表 8-6　需要添加的控件及其属性设置

控　件	属　性	属 性 设 置	控　件	属　性	属 性 设 置
Label1	Text	说明,本系统……	Button2	Name	btnManual
Label2	Text	气压:		Text	手动降压
Label3	Text	Mpa	Timer1	Name	autoTimer
Label3	Name	lblShow		Interval	1000
	AutoSize	false	TextBox1	Name	txtPressure
	BorderStyle	Fixed3D	Button1	Text	启动锅炉
pictureBox1	Image	自定义锅炉图片		Name	btnStart
	SizeMode	Zoom			

基于事件驱动的程序设计技术

其中，pictureBox1 是图像框控制，用于显示图片。该控件的详细使用，见本书第 9 章。

（2）切换到源代码编辑视图，在窗体类中定义锅炉数据参数类 BoilerArgs 和锅炉类 Boiler。前者在发生警报时传递数据给事件接收器，后者包含警报事件，并且能触发警报，代码如下：

```csharp
public class BoilerArgs : EventArgs          //锅炉数据参数类
{
    private int pressure;                    //锅炉压强
    public BoilerArgs(int n)
    {
        pressure = n;
    }
    public int Press
    {
        get
        {
            return pressure;
        }
    }
}
public class Boiler                          //锅炉类
{
    public int k;                            //锅炉压强
    public Boiler()
    {
        k = 0;
    }
    public EventHandler < BoilerArgs > onAlarm;    //1. 定义锅炉警报事件
    public void ProcessAlarm()               //2. 触发警报事件
    {
        this.onAlarm(this, new BoilerArgs(k));
    }
}
```

（3）在窗体类的构造函数中，创建锅炉对象并预订警报事件，代码如下：

```csharp
private Boiler boiler;
public Train8_2()                           //构造函数
{
    InitializeComponent();
    boiler = new Boiler();
    if (boiler.onAlarm == null)             //3. 预订事件
        boiler.onAlarm += new EventHandler < BoilerArgs >(boiler_Alarm);
}
```

（4）在窗体类中，声明警报事件方法 boiler_Alarm。代码如下：

```csharp
private void boiler_Alarm(object sender, BoilerArgs e) //4. 声明警报事件方法
```

```
    {
        if (e.Press > 50 && e.Press < 80)
        {
            lblShow.Text = "黄色警告!";
            lblShow.BackColor = Color.Yellow;
        }
        else if (e.Press >= 80 && e.Press < 90)
        {
            lblShow.Text = "橙色警告!";
            lblShow.BackColor = Color.Orange;
        }
        else if (e.Press >= 90 && e.Press < 100)
        {
            lblShow.Text = "红色警告!";
            lblShow.BackColor = Color.Red;
        }
        else if (e.Press == 100)
        {
            lblShow.Text = "已经降压!……";
            lblShow.BackColor = SystemColors.Control;
            txtPressure.Text = "30";
            boiler.k = 30;
        }
    }
```

（5）编写"启动锅炉"和"手动降压"按钮的 Click 事件方法以及 Timer1 控件的 Tick 事件方法，代码如下：

```
private void btnStart_Click(object sender, EventArgs e)
{
    autoTimer.Start();
}
private void btnManual_Click(object sender, EventArgs e)
{
    if (Convert.ToInt32(txtPressure.Text) > 30)
    {
        lblShow.Text = "已经降压!……";
        lblShow.BackColor = SystemColors.Control;
        txtPressure.Text = "30";
        boiler.k = 30;
    }
    else
    {
        lblShow.Text = "无须降压!……";
    }
}
private void autoTimer_Tick(object sender, EventArgs e)
{
    boiler.k++;
```

第
8
章

基于事件驱动的程序设计技术

```
        txtPressure.Text = boiler.k.ToString();
        boiler.ProcessAlarm();                //5. 发布新事件
    }
```

（6）运行程序并测试程序。

四、实验总结

写出实验报告,报告内容包括实验内容、任务分析、算法设计、源程序、实验体会等,并记录实验过程中的疑难点。

第9章　Windows 程序的界面设计

总体要求

- 掌握 Windows 窗体和控件的常用属性和事件。
- 掌握常用控件的使用方法,包括按钮 Button、文本框 Textbox、标签 Label、单选按钮 RadioButton、复选框 CheckBox、组合框 ComboBox、图片框 PictureBox、分组框 GroupBox、面板 Panel、选项卡 TabControl 等控件。
- 了解窗体与对话框的区别,模态对话框与非模态对话框的区别,熟悉消息框和通用对话框的使用方法。
- 了解菜单、工具栏、状态栏的作用,掌握 MenuStrip、ContextMenuStrip、ToolStrip 和 StatusStrip 等控件的使用方法。
- 理解 SDI 应用程序和 MDI 应用程序的区别,学会创建较为复杂的 Windows 应用程序。

相关知识点

- 熟悉 Windows 操作系统有关窗口和对话框的知识。
- 熟悉 Windows 应用程序基于事件的运行机制。

学习重点

- 常用 Windows 窗体控件及其使用方法。
- 对话框、菜单、工具栏等控件在 Windows 应用程序中的应用。

学习难点

- Windows 窗体的设计和创建。
- 各种窗体控件的综合应用。

在 Windows 应用程序中,经常会接触到窗体,例如资源管理器、Word、Excel、记本事等许多应用程序都是由窗体组成的。Windows 应用程序的产生使应用程序的设计更简单,功能更强大,使用更方便与灵活。.NET Framework 的一个优点就是提供了许多窗体控件,通过它们可以快速创建应用程序的用户界面。创建用户界面时,把控件从工具箱拖放到窗体上,把它们放在应用程序运行时需要的地方,再添加控件的事件处理程序,即可完成一个功能强大、界面美观的 Windows 应用程序。本章主要介绍一些最常用的 Windows 窗体控件。通过本章的学习,读者可以掌握 Windows 应用程序开发的基本流程和技巧,掌握常用控件的使用。

9.1 窗体与控件概述

9.1.1 Windows 窗体

Windows 窗体是 C#用来建立 Windows 应用程序的出发点。不过,从窗体本身来看,它只是一个供用户操作计算机的界面而已。虽然用户可以直接在窗体上绘制对象和文本,但是窗体的真正作用是充当 Windows 控件的容器,而控件的本质就是窗体的成员对象,用于接收用户输入和输出处理结果。

Windows 窗体的基类是 Form,位于 System. Windows. Forms 命名空间中。在第 8 章已经介绍了 Windows 窗体的事件、事件方法,以及如何绑定事件方法与窗体控件。下面重点介绍 Windows 窗体的属性。

表 9-1 列出了 Windows 窗体的主要属性。

表 9-1 窗体的主要属性

属 性 名 称	说　　明
Name	窗体对象的名字,类似于变量的名字
BackColor	窗体的背景色
ControlBox	设置窗体是否有"控件/系统"菜单框
Font	设置窗体控件中文本的字体
ForeColor	窗体文本的前景色
FormBorderStyle	设置窗体的边框和标题栏的外观和行为
Icon	设置窗体的图标(要在窗体标题栏显示图标,需将 ShowIcon 属性设置为 true)
MaxmizeBox	设置窗体标题栏的右上角是否有最大化框
MinmizeBox	设置窗体标题栏的右上角是否有最小化框
ShowInTaskBar	是否在 Windows 系统的任务栏上显示窗体
StartPosition	窗体第一次出现时的位置
Text	窗体标题栏显示的文字
TopMost	设置窗体是否为最顶层的窗体。最顶层窗体始终显示在桌面上的最高层,即使该窗体不是活动窗体或前台窗体
WindowState	窗体出现时最初的状态(正常、最大化、最小化)

窗体和控件的属性可以在 VS2017 的属性窗口进行设置,也可以通过编程来设置,如以下代码所示。

```
this.ShowInTaskbar = true;                          //设置窗体出现在任务栏中
this.StartPosition = FormStartPosition.CenterScreen;//设置窗体启动时位于屏幕正中央
this.Text = "我的窗体";                              //设置窗体标题栏显示的文字
this.TopMost = true;                                //设置窗体为最顶端窗体
this.WindowState = FormWindowState.Maximized;       //设置窗体出现时的最初状态为最大化
this.FormBorderStyle = FormBorderStyle.Fixed3D;     //设置窗体的边框样式为固定的三维边框
```

9.1.2 窗体的控件

1. .NET Framework 中的窗体控件

所谓控件就是控制计算机输入或输出操作的组件。在 .NET Framework 中，控件几乎都派生于 System.Windows.Forms.Control 类。窗体控件的使用方法有两种，即静态引用和动态引用。其中，静态引用就是在设计窗体时直接把工具箱中的控件拖放到窗体设计区中。动态引用就是在源程序代码中通过控件类来创建控件对象，在完成属性设置后再将其添加到窗体之中。例如，例 1-2 就展现了动态引用 Label 控件的编程方法。

表 9-2 列出了一些常见的 Windows 控件。

表 9-2　常见的 Windows 控件

功　　能	控件/组件	说　　明
文本编辑	TextBox 控件	文本框控件
	RichTextBox 控件	增强的文本框，使文本能够以纯文本或 RTF 格式显示
信息显示（只读）	Lable 控件	标签，显示用户无法直接编辑的文本
	StatusStrip 控件	状态条控制，显示应用程序的当前状态信息
	ProgressBar 控件	向用户显示操作的当前进度
列表与选择	CheckBox 控件	复选框，显示一个复选框和一个文本标签
	CheckedListBox 控件	复选框列表，显示一组复选框和一个文本标签
	ComboBox 控件	组合框，显示一个下拉式选项列表
	RadioButton 控件	单选按钮，显示一个可打开或关闭的按钮
	ListBox 控件	列表框，显示一个文本项和图形项（图标）列表
	ListView 控件	列表视图，显示带图标的选项列表，用来创建类似于资源管理器右窗格的用户界面。其中，每个选项包括文本和图标
	NumericUpDown 控件	增减按钮，显示用户可用向上和向下按钮滚动的数字列表
	TreeView 控件	树型视图，用来创建类似于资源管理器左窗格的用户界面，其中每个选项又称树的节点对象
	DomainUpDown 控件	类似 NumericUpDown，显示文本字符串的选项列表，用户可单击向上和向下按钮选择其中的一个选项
	TrackBar 控件	追踪条，允许用户通过沿标尺移动的滑块来设置标尺上的值
图形显示	PictureBox 控件	图像框，在一个框架中显示图形文件（如位图和图标）
	ImageList 组件	用于存储图像列表，以便其他控件显示（如 PictureBox）
日期设置	DateTimePicker 控件	显示一个图形日历以允许用户选择日期或时间
	MonthCalendar 控件	显示一个图形日历以允许用户选择日期范围
对话框	ColorDialog 控件	调色板，允许用户通过选择颜色设置界面元素的颜色
	FontDialog 控件	字体对话框，允许用户设置字体及其属性
	OpenFileDialog 控件	打开文件对话框，允许用户定位文件和选择文件
	PrintDialog 控件	打印对话框，允许用户选择打印机完成打印并设置其属性
	PrintPreviewDialog 控件	打印预览对话框，预览打印效果
	FolderBrowerDialog 控件	文件夹浏览对话框，用来浏览、创建以及最终选择文件夹
	SaveFileDialog 控件	保存文件对话框，允许用户保存文件

续表

功　　能	控件/组件	说　　明
命令与菜单	Button 控件	按钮,用来启动、停止或中断进程
	ToolStrip 控件	创建工具栏
	MenuStrip 控件	创建自定义菜单
	ContextMenuStrip 控件	创建自定义上下文菜单
容器类控件	Panel 控件	创建操作面板,集中管理窗体控件的显示或隐藏
	GroupBox 控件	分组框,将窗体控件分组管理
	TabControl 控件	选项卡,创建选项卡式的操作界面

2. 控件的属性

每一个控件都有许多属性,用于处理控件的操作。表 9-3 列出了基类 Control 类的常见属性,大多数控件中都含有这些属性。

表 9-3　Control 类常见的属性

属 性 名 称	说　　明
BackColor	控件的背景色
Bottom	控件下边缘与其容器的工作区上边缘之间的距离(以像素为单位)
Enabled	控件是否可以对用户交互做出响应
ForeColor	控件的前景色
Height	控件的高度
Left	控件左边缘与其容器的工作区左边缘之间的距离(以像素为单位)
Location	控件的左上角相对于其容器的左上角的坐标
Name	控件的名称,可以在代码中用于引用该控件
Right	控件右边缘与其容器的工作区左边缘之间的距离(以像素为单位)
Size	控件的高度和宽度
TabIndex	控件的 Tab 键顺序
TabStop	指示用户能否使用 Tab 键将焦点放到该控件上
Text	与此控件关联的文本
Top	控件上边缘与其容器的工作区上边缘之间的距离(以像素为单位)
Visible	指示是否显示该控件
Width	控件的宽度

本章通过设计一个个人理财软件对部分常见控件进行介绍。该系统将完成用户登录、收支情况管理和基本资料管理的界面设计,对数据库的连接和数据的管理将在第 10 章介绍。本系统的功能模块图如图 9-1 所示。

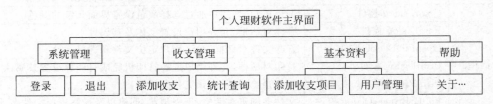

图 9-1　个人理财软件的功能模块图

9.2　按钮与文本显示、编辑控件

9.2.1　按钮控件

Button(按钮)控件是应用程序中使用最多的控件对象之一,常用来接收用户的鼠标操作,激发相应的事件,例如,让用户确认或者取消当前操作,通常要使用 Button 控件。按钮是用户与程序交互的最简便的方法。

Button 控件支持鼠标的单击和双击,也支持 Enter 键的操作。Button 控件的使用比较简单,在设计时,先把 Button 控件添加到窗体设计区,然后双击它并编写 Click 事件代码,在运行程序时,单击该按钮就会执行 Click 事件中的代码。

Button 类最常用的属性有 Name、Text、Visible、Enabled、FlatStyle、Image 和 ImageAlign 等,在这里只介绍最常用的属性,其中,Name、Text、Visible 和 Enabled 属性是大多数控件所共有的,在以下的控件中不再对这些属性进行介绍。

1. Name 属性

Name 属性用于设置对象的名称,设置按钮的 Name 属性是为了在程序代码中引用该按钮。

当在窗体上添加一个 Button 控件时,系统默认其 Name 属性为 button1,添加第二个按钮时,系统默认其 Name 属性为 button2,以此类推,为了提高程序的可读性,将按钮与事件方法的功能能很好地对应起来,建议给 Button 控件设置一个有实际意义的名称。

2. Text 属性

Text 属性的值就是以文本形式显示在按钮上的标题文字。

为了方便用户操作,给按钮设置快捷键是很有必要的,例如当鼠标损坏时,用户可以按 Alt＋Y 来触发按钮操作。为此,在定义按钮的 Text 属性时,在快捷键字母的前面添加一个"&"字符。例如,若设置按钮的 Text 属性为"确定(&Y)",则该按钮显示效果是 确定(Y) 。

有两种方法可以修改按钮的属性值:一种是按钮控件的"属性"窗口中直接设置;另一种是用 C♯ 语句修改。后者的语法格式如下。

对象名. 属性名 = 属性值

例如:

```
btnOk.Text = "确定(&Y)";                            //设置确定按钮,显示为"确定(Y)"
```

3. Visible 属性

Visible 属性决定按钮是否可见,其值为 true 时可见,为 false 时隐藏。当一个控件不可见时,不能响应用户的鼠标和键盘操作,Visible 属性在运行时生效。

4. Enabled 属性

Enabled 属性决定该按钮是否有效,其值为 false 时按钮文字以灰色显示,此时将不接收用户的键盘或鼠标操作。

Windows 程序的界面设计

5. FlatStyle 属性

FlatStyle 属性决定该按钮的样式,其值是 FlatStyle 枚举值。其中,FlatStyle 有 4 个枚举值,分别为 Flat(表示平面显示)、Popup(表示平面显示,但当鼠标指针移动到该控件时,外观为三维)、Standard(表示三维显示)、System(表示外观由操作系统决定)。Button 控件的 FlatStyle 属性默认为 Standard。

图 9-2 显示了在 4 种取值下按钮样式的外观。

图 9-2　Button 控件的 FlatStyle 属性

【注意】 当属性值为 Popup 时,鼠标指针移动到该控件与不在该控件上时按钮的样式是不一样的。

6. Image、ImageAlign、TextAlign 和 TextImageRelation 属性

Image 属性可以指定在按钮上显示一个图像,ImageAlign 属性用来设置按钮上图像的对齐方式,TextAlign 用来获取或设置按钮上文本的对齐方式,TextImageRelation 用来获取或设置文本和图像的相对位置。如图 9-3 所示,该按钮的 ImageAlign 属性值是 MiddleLeft、TextAlign 属性值是 MiddleCenter、TextImageRelation 属性值为 ImageBeforeText,它们分别表示图片在垂直方向上中间对齐、在水平方向上左边对齐,文本在垂直方向上中间对齐、在水平方向上居中对齐,在水平方向图像显示在文本的前方。

图 9-3　Button 控件的对图形和文本的显示

9.2.2　文本显示控件

Label(标签)控件是最常用的控件,主要用于在窗体上显示文本,也可以显示图片,显示文本时设置 Text 属性,显示图片时设置 Image 属性。Label 的使用方法与 Button 相似,此处不再赘述。

一般情况下,不需要为 Label 控件添加任何事件处理代码。Label 的大多数属性派生于 Control,除拥有前面介绍的一些属性外,常用的属性还有 BorderStyle 和 AutoSize,这两个属性在前面章节中都使用过,其中 AutoSize 默认值为 true,这将使 Label 控件根据字号和内容自动调整大小。

BorderStyle 属性决定控件边框的样式,该属性的值是 BorderStyle 枚举值。BorderStyle 枚举型有 3 个枚举值,分别为 None(无边框)、FixedSingle(单行边框)和 Fixed3D(三维边框)。Label 控件的 BorderStyle 属性默认为 None。

在.NET Framework 中,除了标准的标签控件 Label 之外,还有 LinkLabel 控件。LinkLabel 类似于 Label,但以超链接方式显示文本。

9.2.3　文本编辑控件

.NET Framework 常用的文本编辑控件主要有 TextBox 和 RichTextBox 控件,它们都

派生于 TextBoxBase,而 TextBoxBase 派生于 Control 类。TextBoxBase 提供了在文本框中处理文本的基本功能,例如选择文本、剪切、粘贴以及相关事件。

1. Textbox 控件

TextBox 控件的主要用途是让用户输入文本,用户可以在其中输入任何字符,最多可达 32767 个字符。用户输入的文本保存在 Text 属性中,在程序中引用 Text 属性即可获得用户输入的文本。

当然,可通过编程来限定用户只能输入指定类型的字符(如只能输入数值)。默认情况下,TextBox 是一个单行文本框,只能输入单行文本,当文本长度超过文本框长度时,超出部分自动隐藏,而不会自动换行显示。若要输入多行文本且让文本自动换行显示,则必须设置其 Multiline 和 WordWrap 的属性值为 True。

TextBox 控件的常见属性如表 9-4 所示。

表 9-4　TextBox 控件的常用属性

属 性 名 称	说 明
CausesValidation	指示是否启用 Validating 和 Validated 事件,以验证文本的有效性
CharacterCasing	用来指示是否将文本字符自动转换成大小写格式,其值 Lower 表示将文本转换为小写;Normal 表示不进行任何转换;Upper 表示将文本转换为大写
MaxLength	用来指定在文本框中能键入或粘贴的最大字符数,默认值为 32767
Multiline	是否显示多行文本,默认为 false
PasswordChar	设置口令字符,当输入口令时不显示口令,只显示口令字符
ReadOnly	指示文本框中的文本是否为只读,默认值为 false
ScrollBars	在多行文本模式下,用来设置滚动条的显示方式
SelectedText	返回在文本框中当前选定的文本
SelectionLength	返回在文本框中选定的字符数
SelectionStart	返回在文本框中选定的文本的起始点
Text	当前已输入的文本
WordWrap	指示是否自动换行显示文本

TextBox 控件的常用事件如表 9-5 所示。

表 9-5　TextBox 控件的常用事件

事 件 名 称	说 明	
Enter	进入控件时发生	这 4 个事件按顺序触发,它们被称为"焦点事件",注意,要想触发 Validating 和 Validated 事件,必须设置 CausesValidation = true
Leave	在输入焦点离开控件时发生	
Validating	在控件正在验证时发生	
Validated	在控件完成验证时发生	
KeyDown	这 3 个事件统称为"键盘事件",用于监视和改变输入到控件中的内容,KeyDown 和 KeyUp 接收与所按下键对应的键码,可以来确定是否按下了特殊键,如,Shift、Ctrl 或 F1。KeyPress 接收与键对应的字符	
KeyPress		
KeyUp		
TextChanged	文本已改变事件,只要文本框中的文本发生了改变,就会触发该事件	

2. RichTextBox 控件

RichTextBox 的功能与 TextBox 类似,但也有一些不同的地方,TextBox 用来录入纯文本字符,而 RichTextBox 可用来显示和输入格式化的文本。RichTextBox 使用富文本格式(Rich Text Format,RTF),可以显示字体、颜色和链接,从文件加载文本和加载嵌入的图像,以及查找指定的字符,因此 RichTextBox 常常称为增强的文本框。

RichTextBox 控件经常用来实现类似 Microsoft Word 的文本操作和显示功能。与 TextBox 控件相同是,RichTextBox 控件自带滚动条,但不同的是,RichTextBox 控件拥有更多的滚动条设置。

RichTextBox 常见的属性见表 9-6。

表 9-6 RichTextBox 控件的常用属性

属 性 名 称	说 明
CanUndo	指示用户能否撤销刚才的操作
CanRedo	指示用户能否恢复刚才的操作,它与 CanUndo 的功能正好相反
DetectUrls	当在控件中键入某个 URL 时,RichTextBox 是否自动设置 URL 的格式
Rtf	与 Text 属性相似,但可包括 RTF 格式的文本
SelectedRtf	获取当前选定的 RTF 格式的文本
SelectedText	获取当前选定的文本
SelectionAlignment	用来设置插入点的或已选定内容的对齐方式,其值可以为 Center、Left 或 Right
SelectionBullet	指示项目符号样式是否应用到当前选定内容或插入点
BulletIndent	指定项目符号的缩进像素值
SelectionColor	用来设置或返回当前选定的文本或插入点的文本颜色
SelectionFont	用来设置或返回当前选定文本或插入点的字体
SelectionLength	用来设置或返回控件中选定的字符数
ShowSelectionMargin	是否显示页边距,方便选择文本
UndoActionName	指定 Undo 方法后在控件中可撤销的操作名称

从表 9-6 可以看出,大多数属性都与选中的文本有关,这是因为用户对 RichTextBox 控件中文本应用的任何格式化操作都是对被选中的文本进行的。如果没有选中任何文本,格式化操作就从光标所在的位置开始应用,该位置称为插入点。

9.2.4 应用实例——用户登录

【例 9-1】 设计一个简单的个人记账软件的用户登录界面,当输入正确的用户名和密码时,系统将给出正确的提示,否则给出错误提示。因为实际的身份验证需要与数据库建立连接,所以在这里先将功能简化,在第 10 章介绍数据库相关知识时将进一步完善程序。

【操作步骤】

(1) 启动 VS2017,新建一个 Windows 应用程序 MyAccounting。

(2) 在解决方案资源管理器中将 Form1.cs 重命名为 Login.cs。

(3) 双击 Login.cs,打开其设计视图,从工具栏中拖动 3 个 Label 控件、2 个 TextBox 控件和 2 个 Button 控件到窗体设计区。这些控件的布局如图 9-4 所示。

图 9-4 用户登录窗口

（4）在窗体设计区中右击窗体（Login）和每一个新添加的控件，选择"属性"命令，以打开控件的"属性"窗口，修改控件的属性。表 9-7 列出了这些控件需要修改的属性项。

表 9-7　需要修改的属性项

控　件	属　　性	属　性　设　置	控　件	属　　性	属　性　设　置
label1	Text	个人理财	textBox1	Name	txtName
	Font	黑体，15.75pt	textBox2	Name	txtPwd
	Image	Book_Green_48x48.png		PasswordChar	*
	ImageAlign	MiddleLeft	button1	Name	btnLogin
	TextAlign	MiddleRight		Text	登录（&L）
label2	Text	用户名：	button2	Name	btnCancel
	Image	Users.png		Text	取消（&C）
	ImageAlign	MiddleLeft	Login（窗体）	Text	用户登录
	TextAlign	MiddleRight		Icon	user.ico
label3	Text	密　码：		MaximizeBox	False
	Image	Keys.png		FormBorderStyle	FixedDialog
	ImageAlign	MiddleLeft		AcceptButton	btnYes
	TextAlign	MiddleRight		CancelButton	btnCancel
				StartPosition	CenterScreen

其中，窗体的 AcceptButton 属性表示当用户按 Enter 键时，等于单击该属性所指定的按钮。CancelButton 属性表示当用户按 Esc 键时，等于单击该属性所指定的按钮。

说明，本章所用图形资源由 VS2017 提供，在 VS2017 的安装文件夹 Common7\ImageLibrary 目录中能找到。若您的 VS2017 中不存在该图片库，可通过百度下载。

（5）双击"登录"按钮，为其添加单击事件处理程序，代码如下。

```
private void btnLogin_Click(object sender, EventArgs e)
{
    string userName = txtName.Text;
    string password = txtPwd.Text;
    if (userName == "admin" && password == "123")
    {
        MessageBox.Show("欢迎进入个人理账系统!", "登录成功", MessageBoxButtons.OK,
            MessageBoxIcon.Information);
    }
    else
    {
        MessageBox.Show("您输入的用户名或密码错误!", "登录失败",
            MessageBoxButtons.OK, MessageBoxIcon.Exclamation);
    }
}
```

以上代码的作用是，当输入用户名 admin 和密码 123 之后，单击"确定"，系统将弹出消息对话框以显示输入正确，否则显示用户名或密码错误的提示信息。关于"消息框"的具体应用方法将在 9.6 节中进行详细介绍。

（6）双击"取消"按钮，为其添加单击事件处理程序，代码如下：

```
private void btnCancel_Click(object sender, EventArgs e)
{
    txtName.Text = "";
    txtPwd.Text = "";
    txtName.Focus();
}
```

以上代码的作用是：清除输入的信息，并将光标定位在 txtName 文本框中。

（7）编译并运行程序，输入用户名和密码，单击"确定"按钮后的运行效果如图 9-5 所示。

图 9-5　用户登录成功时的运行效果

9.3　列表与选择控件

列表与选择控件用于在一组可选选项中选择一个或多个选项，常见的选择控件包括单选按钮、复选框、列表框和组合框等。

9.3.1　RadioButton 控件

若干个 RadioButton（单选按钮）控件组成多个互斥的选项列表，用户只能从中选择一个选项。RadioButton 控件样式如"◎男 ◉女"所示。

除了 Name、Text、Image、Enable 和 Visible 外，RadioButton 的其他常用属性见表 9-8。

表 9-8　RadioButton 控件的常用属性

属 性 名 称	说　　明
Appearance	用来设置 RadioButton 的外观，其可选值包括 Normal 和 Button。该属性值为 Normal 时，外观如"◎男 ◉女"所示；为 Button 时，外观如"男 女"所示
AutoCheck	该属性值为 true 时，用户单击会自动显示一个选中标记；为 false 时，只能通过 Click 事件方法来决定是否显示选中标记
CheckAlign	设置对齐形式，默认值为 MiddleLeft
Checked	用来指示是否已选中控件，若选中，其值为 true，否则为 false

RadioButton 控件的常用事件见表 9-9。

表 9-9　RadioButton 控件的常用事件

事件名称	说　　明
CheckChanged	当单选按钮的选中项改变时发生的事件
Click	单击事件

　　单选按钮都有两种工作状态：未选中和选中。因为它的 Checked 属性默认为 false，故默认为未选中。单选按钮在首次被单击时，Checked 属性被自动修改为 true，由未选中变成选中状态，同时触发 CheckChanged 事件。单选按钮一旦被选中，无论连续单击它多少次，其 Checked 属性不会再次被修改，也不会再次触发 CheckChanged 事件。

　　与 CheckChanged 事件不同的是，Click 事件与单选按钮是否选中的状态无关，只要用户单击鼠标就会触发 Click 事件。另外，当单选按钮的 AutoCheck 属性为 false 时，该按钮自动功能失效，不会被选中，此时只会触发 Click 事件，不会触发 CheckChanged 事件。

9.3.2　CheckBox 控件

　　若干个 CheckBox(复选框)控件组成多个选项列表，用户可根据需要从中选择一项或多项。一个选项被选中的效果如" ☑下标① "所示。CheckBox 和 RadioButton 控件的功能相似，允许用户从选项列表中进行选择，但主要区别是，RadioButton 控件只允许用户从互相排斥的选项中选择一个，而 CheckBox 控件允许用户选择多个选项。CheckBox 的属性和事件与 RadioButton 非常类似，但有两个新属性，见表 9-10。

表 9-10　CheckBox 控件的属性

属性名称	说　　明
CheckState	用来返回或设置 CheckBox 的状态。可选值：Checked、UnChecked 和 Indeterminate。其值为 Indeterminate 时，复选框呈现为灰色，表示当前值无效
ThreeState	用来指示复选框控件支持两种状态还是三种状态。当该属性取值为 false 时，该控件只支持两种状态，可使用 Checked 属性获取或设置两种状态值；为 true 时，该控制支持三种状态，可使用 CheckState 属性获取或设置三种状态值

　　与 RadioButton 一样，CheckBox 也有 CheckChanged 事件，但其功能稍有区别。CheckBox 控件的常用事件如表 9-11 所示。

表 9-11　CheckBox 控件的常用事件

事件名称	说　　明
CheckChanged	当复选框的 Checked 属性改变时，就引发该事件。注意在复选框中，当 ThreeState 属性为 true 时，单击复选框不会改变 Checked 属性，因此不会触发该事件
CheckStateChanged	当 CheckState 属性改变时，就引发该事件

9.3.3　ListBox 控件

　　ListBox(列表框)控件用于显示一组字符串，可以从中选择一个或多个选项。与复选框和单选按钮一样,列表框也提供了要求用户选择一个或多个选项的方式。

ListBox 控件的常用属性见表 9-12。

表 9-12　ListBox 控件的常用属性

属 性 名 称	说　明
SelectedIndex	返回已选中项的索引(从 0 开始)。若列表框支持多选,则该属性返回第一个选中项的索引
ColumnWidth	指定选项列的宽度
Items	选项集合,借助该属性可以动态增加和删除选项
MultiColumn	当每一个选项由多个数据列组成时,该属性可以返回数据列的个数
SelectedIndexes	返回已选中的所有选项的索引
SelectedItem	返回已选中的选项。若列表框支持多选,则该属性返回第一个选中项
SelectedItems	返回已选中的所有选项
SelectionMode	用来设置选择模式,属性值有以下 4 种情况: ① None,表示不能选择任何选项; ② One,表示一次只能选择一个选项; ③ MultiSimple,表示可以选择多个选项,此时若单击某个选项,则该选项被选中,即使单击其他选项,它也不会被取消,要想取消必须再次单击该选项; ④ MultiExtended,表示可以选择多个选项,此时用户可以使用 Ctrl、Shift 和箭头键进行选择,它与 MultiSimple 不同,如果先单击一项,然后单击另一项,则只选中第二个单击的项
Sorted	当属性值为 true 时,所有选项按照字母顺序排序
Text	返回选中的第一个选项的文本。当 SelectionMode 属性值为 None 时,不能使用本属性

ListBox 控件的常用方法见表 9-13。

表 9-13　ListBox 控件的常用方法

方 法 名 称	说　明
ClearSelected	取消所有选项的选定状态
FindString	查找指定字符串开始的第一个选项
FindStringExact	精确匹配查找指定字符串开始的第一个选项
GetSelected	返回一个值,指示是否选定了指定的选项
SetSelected	设置或取消选项的选定状态

ListBox 控件的常用事件主要是 SelectedIndexChanged,表示选中项的索引被改变时触发的事件。

9.3.4　ComboBox 控件

ComboBox(组合框)控件把文本框控件和列表框组合在一起,使用户可以从列表中选择选项,也可以直接输入文本。ComboBox 的默认行为是显示一个可编辑文本框,该文本框具有一个隐藏的下拉列表。其 DropDownStyle 属性指定组合框的样式,其值为 Simple 时,表示简单的下拉列表,即始终显示下拉列表框;等于 DropDownList 时,表示文本部分不可编辑，必须从下拉列表中选择；等于 DropDown 时，表示默认下拉列表框，既可以直接编辑文本部分，也可以从下拉列表中选择。

9.3.5 其他常用控件

除上述选项类控件外，还有一些与列表的选择有关的控件，主要有：

（1）CheckedListBox。复选框列表控件，用来显示一个可滚动的选项列表，每个选项的左边都有一个复选框。

（2）DomainUpDown。该控件由一个文本框和一对用于在列表中上下移动的箭头组合而成。该控件用来构造由若干文本组成的列表。用户可以单击向上和向下按钮在列表中移动，或者按向上和向下键，或者键入与列表项匹配的字符串等多种方法选择某个选项。

（3）NumericUpDown。增减按钮，该控件由一个文本框与一对箭头的组合而成，效果如"⊡⃞⃞⃞⃞"所示。该控件用来构造数字选项列表。用户可以通过单击向上和向下按钮，或者按向上键和向下键，或者输入一个数字来增大和减小数字。该控件的 Minimum 和 Maximum 属性指定列表中数字的最小值和最大值，DecimalPlaces 属性指定小数位数。

（4）ListView。列表视图，该控件显示带图标的选项列表，使用该控件可以创建类似于 Windows 资源管理器右窗格的用户界面。该控件具有 5 种视图模式：LargeIcon、SmallIcon、List、Tile 和 Details。

（5）TreeView。树形视图，该控件为用户显示树型的选项结构，用来创建类似于资源管理器左窗格的用户界面，在树形视图中一个节点(称为"父节点")可以包含其他节点(称为"子节点")，用户可以展开或折叠显示父节点。该控件的 CheckBoxes 属性决定是否在每个节点旁边显示一个复选框(值为 true 时才显示)；每个节点的 Checked 属性指示是否选中该节点，等于 true 时表示选中。

（6）DateTimePicker。显示一个图形日历以允许用户选择日期或时间。

（7）MonthCalendar。显示一个图形日历以允许用户选择日期范围。

图 9-6 展示了上述控件的显示效果。

图 9-6　几个比较复杂的选择类控件示例

Windows 程序的界面设计

9.3.6 应用实例——添加个人收支明细

【例 9-2】 在项目 MyAccounting 中添加一个窗体,实现如图 9-7 所示的效果,用于添加个人收支明细。

【操作步骤】

(1) 启动 VS2017,打开在例 9-1 中创建的应用程序 MyAccounting。

(2) 在解决方案资源管理器中右击 MyAccounting,选择"添加→Windows 窗体"命令,添加名为 AddExpenditure. cs 的窗体。

(3) 双击 AddExpenditure. cs,切换到设计视图,从工具栏中拖动 8 个 Label、2 个 RadioButton、1 个 ComboBox、1 个 ListBox、1 个 DateTimePicker、1 个 TextBox、6 个 CheckBox、1 个 NumericUpDown、1 个 RichTextBox 和 2 个 Button 控件到窗体设计区。这些控件的布局如图 9-7 所示。

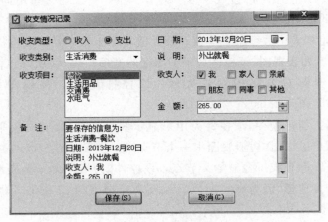

图 9-7 记录收支情况窗体

(4) 在窗体设计区中右击每一个新添加的控件,选择"属性"命令以打开控件的"属性"窗口,修改控件的属性。表 9-14 列出了除 Label 和 CheckBox 控件外,其他控件需要修改的属性项。

表 9-14 需要修改的属性项

控　件	属性	属 性 设 置	控　件	属　　性	属 性 设 置
radioButton1	Name	rdoIncome	dateTimePicker1	Name	dtpDate
	Text	收入	numericUpDown1	Name	numAmount
radioButton2	Name	rdotExpenditure	button1	Maximum	10000000
	Text	支出		ThousandsSeparator	true
	Checked	true		Name	btnSave
comboBox1	Name	cboCategory		Text	保存(&S)
listBox1	Name	lstItem	button2	Name	btnCancel
textBox1	Name	txtExplain			
richTextBox1	Name	rtxtRemarks		Text	取消(&C)

（5）选择 ComboBox 控件（cboCategory）的 Items 属性，单击该属性右边的按钮，在弹出的"字符串集合编辑器"窗体中依次输入"生活消费""固定资产""休闲娱乐""医疗药品""教育培训"和"其他支出"，注意每输入一个选项按一次 Enter 键。

（6）双击 RadioButton 控件（rdotExpenditure），进入源代码编辑窗口，为 rdotExpenditure 控件的 CheckedChanged 事件添加以下代码，下列代码是动态构造组合框 cboCategory 的选项列表。

```csharp
private void rdotExpenditure_CheckedChanged(object sender, EventArgs e)
{
    cboCategory.Items.Clear();                    //清除组合框中所有项
    if (rdotExpenditure.Checked == true)
    {
        cboCategory.Items.Add("生活消费");         //添加支出项
        cboCategory.Items.Add("固定资产");
        cboCategory.Items.Add("休闲娱乐");
        cboCategory.Items.Add("医疗药品");
        cboCategory.Items.Add("教育培训");
        cboCategory.Items.Add("其他支出");
    }
    else
    {
        cboCategory.Items.Add("工作收入");         //添加收入项
        cboCategory.Items.Add("投资收益");
        cboCategory.Items.Add("其他收入");
    }
    cboCategory.SelectedIndex = 0;                //初始选择组合框中的第一项
}
```

（7）返回设计视图，双击 ComboBox 控件（cboCategory），进入源代码编辑窗口，为 ComboBox 控件的 SelectedIndexChanged 事件添加以下代码。

```csharp
//根据组合框中选择的不同收支类别,向列表框中加载该收支类别的收支项
private void cmbCategory_SelectedIndexChanged(object sender, EventArgs e)
{
    lstItem.Items.Clear();                        //清除列表框中所有项
    switch (cboCategory.SelectedItem.ToString())
    {
        case "生活消费":
            lstItem.Items.Add("餐饮");
            lstItem.Items.Add("生活用品");
            lstItem.Items.Add("交通费");
            lstItem.Items.Add("水电气");
            //……下略,可以自行添加适当项目
            break;
        case "固定资产":
            lstItem.Items.Add("服装");
            lstItem.Items.Add("家用电器");
            //……下略,可以自行添加适当项目
            break;
```

```
                case "休闲娱乐":
                    lstItem.Items.Add("旅游");
                        //......下略,可以自行添加适当项目
                    break;
                case "医疗药品":
                    lstItem.Items.Add("药品");
                    //......下略,可以自行添加适当项目
                    break;
                case "教育培训":
                    lstItem.Items.Add("学费");
                    //......下略,可以自行添加适当项目
                    break;
                case "工作收入":
                    lstItem.Items.Add("工资");
                    //......下略,可以自行添加适当项目
                    break;
                case "投资收益":
                    lstItem.Items.Add("利息");
                    //......下略,可以自行添加适当项目
                    break;
                default:
                    lstItem.Items.Add("无");
                    break;
            }
            lstItem.SelectedIndex = 0;                      //初始选择列表框中的第一项
        }
```

(8) 返回设计视图,双击 btnSave 按钮控件,进入源代码编辑窗口,为 btnSave 控件的 Click 事件添加以下代码,此时,仅将要保存的内容显示在备注的文本框中,在第 10 章会把这些内容写入到数据库中。

```
        private void btnSave_Click(object sender, EventArgs e)
        {
            rtxtRemarks.Clear();
            rtxtRemarks.AppendText("要保存的信息为: \n");
            rtxtRemarks.AppendText(cboCategory.SelectedItem.ToString());
            rtxtRemarks.AppendText(" - ");
            rtxtRemarks.AppendText(lstItem.SelectedItem.ToString());
            rtxtRemarks.AppendText("\n 日期: ");
            rtxtRemarks.AppendText(dtpDate.Value.ToLongDateString());
            rtxtRemarks.AppendText("\n 说明: ");
            rtxtRemarks.AppendText(txtExplain.Text);
            rtxtRemarks.AppendText("\n 收支人: ");
            if (chkOwn.Checked) rtxtRemarks.AppendText(chkOwn.Text);
            if (chkFamily.Checked) rtxtRemarks.AppendText("、" + chkFamily.Text);
            if (chkRelative.Checked) rtxtRemarks.AppendText("、" + chkRelative.Text);
            if (chkFriend.Checked) rtxtRemarks.AppendText("、" + chkFriend.Text);
            if (chkColleague.Checked) rtxtRemarks.AppendText("、" + chkColleague.Text);
            if (chkOther.Checked) rtxtRemarks.AppendText("、" + chkOther.Text);
            rtxtRemarks.AppendText("\n 金额: ");
            rtxtRemarks.AppendText(numAmount.Value.ToString());
        }
```

（9）返回设计视图，双击 btnCancel 按钮控件，进入源代码编辑窗口，为 btnCancel 控件的 Click 事件添加以下代码。

```
private void btnCancel_Click(object sender, EventArgs e)
{
    this.Close();                               //关闭当前窗体
}
```

（10）在解决方案资源管理器中双击 Program.cs 文件，将 Main()方法中的最后一行代码改为

```
Application.Run(new AddExpenditure());
```

（11）编译并运行程序，填写收支信息，单击"确定"按钮后运行效果如图 9-7 所示。

9.4　图形显示控件

在 Windows 应用程序设计时，经常需要显示图像，以增强程序的显示效果。常见的图像显示控件为 PictureBox 和 ImageList 控件。

9.4.1　PictureBox 控件

PictureBox 控件用于显示位图、GIF、JPEG、图元文件或图标格式的图形，所显示的图片由 Image 属性确定，该属性可在运行时或设计时设置。该控件的 SizeMode 属性控制图像在图片框中的显示位置和大小，其属性值为 PictureBoxSizeMode 枚举值，当其属性值等于 Normal（默认值）时，图像置于图片框的左上角，凡是因尺寸过大而不适合图片框的部分都将被剪裁掉；当属性值等于 StretchImage 时，图像将被拉伸，以便适合图片框的大小；当属性值等于 AutoSize 时，图片框的大小将被自动调整，以适合图像的大小；当属性值等于 CenterImage 时，图像位于图片框的中心。

9.4.2　ImageList 控件

ImageList 控件本身并不显示图像，只用于存储图像，可以将位图、图标添加到 ImageList 中，这些图像随后可由其他控件显示。ImageList 控件可以存储一系列的图像集合。只需更改某个控件的 ImageIndex 或 ImageKey 属性，就可改变该控件显示的图像。还可以使同一个 ImageList 控件与多个控件相关联。例如，如果使用 ListView 控件和 TreeView 控件显示同一个文件列表，则当更改图像列表中某个文件的图标时，新图标将同时显示在两个视图中。

若要使 ImageList 控件与一个控件关联，需要将该控件的 ImageList 属性设置为 ImageList 控件的名称。ImageList 控件的主要属性是 Images，它包含一个图像集合。集合中的每个单独的图像可通过其索引值或其键值来访问。ColorDepth 属性确定呈现图像时所使用的颜色数量。所有图像都将以同样的大小显示，该大小由 ImageSize 属性设置。较大的图像将缩小至适当的尺寸。

9.4.3 应用实例——关于我们

【例9-3】 在项目 MyAccounting 中添加一个窗体,实现如图 9-8 所示的效果,用于显示系统说明。

【操作步骤】

(1) 启动 VS2017,打开应用程序 MyAccounting。

(2) 在解决方案资源管理器中右击 MyAccounting,选择"添加→Windows 窗体"命令,添加名为 About.cs 的窗体。

(3) 从工具栏中拖动 4 个 Label 控件、1 个 PictureBox 控件、1 个 Button 控件到窗体设计区。这些控件的布局如图 9-8 所示。

图 9-8 "关于我们"窗体

表 9-15 列出了除 Label 控件外需要设置的控件的属性值。

表 9-15 需要修改的属性项

控 件	属 性	属 性 设 置	控 件	属 性	属 性 设 置
form1	Name	AboutForm	pictureBox1	Image	Book_Green_256x256.png
	Text	关于我们		SizeMode	StretchImage
	Icon	Book_JournalwPen.ico	button1	Name	btnYes
	MaximizeBox	false		Text	确定(&Y)
	FormBorderStyle	FixedSingle			

(4) 双击 Button 控件(btnYes),进入源代码编辑窗口,为 Button 控件的 Click 事件添加以下代码,用于关闭"关于我们"窗体。

```csharp
private void btnYes_Click(object sender, EventArgs e)
{
        this.Close();                          //关闭"关于我们"窗体
}
```

(5) 在解决方案资源管理器中双击 Program.cs 文件,将 Main()方法中的最后一行代码改为

```csharp
Application.Run(new AboutForm());
```

(6) 编译并运行程序。

9.5 容 器 控 件

日常生活中的容器是用来盛放东西的,例如,杯子或瓶子都属于容器,可以用来装水,也可用来装油。容器控件类似于一般的容器,是一种特殊的控件,主要用来存放其他控件。把一组像 Label、TextBox 和 Button 之类的控件放到容器控件之中,通过程序来设置容器控件的属性,这样就可以一次更改这组控件的可见性。

常见的容器控件有 GroupBox、Panel、TabControl 和 Splitter。

9.5.1 GroupBox 控件

GroupBox(分组框)控件用于为其他控件提供可识别的分组。利用分组框把窗体按功能划分为几个操作区域,每个区域由分组框提供统一操作提示,这样有利于用户操作。使用 GroupBox 控件不但能把一个窗体的各种功能进一步分类,而且还可以实现所包含的一组控件的集体隐藏或移动。也就是说。当隐藏或移动单个 GroupBox 控件时,它包含的所有控件也会一起隐藏或移动。

在窗体上创建 GroupBox 控件及其内部控件时,必须先建立 GroupBox 控件,然后在其内添加各种控件。如果要将窗体上已经放好的控件进行分组,则应选中控件,然后将它们剪切并粘贴到 GroupBox 控件中,或者直接把控件拖放到 GroupBox 之中。

9.5.2 Panel 控件

Panel(面板)控件类似于 GroupBox 控件,二者存在的区别是：GroupBox 控件能显示标题文本,但不能显示滚动条,Panel 控件与之相反,无标题文本,但可以显示滚动条。设置 Panel 控件的 AutoScroll 属性为 true,即可显示滚动条。从显示效果来看,Panel 和 GroupBox 控件都允许自定义面板的外观,包括 BackColor、BackgroundImage、BorderStyle、ForeColor 和 Font 等属性。

9.5.3 TabControl 控件

TabControl(选项卡)控件用于显示多个选项卡,这些选项卡类似于档案柜中文件夹中的标签。选项卡中可包含图片和其他控件。选项卡控件通常用来创建多页对话框,这种对话框在 Windows 系统中大量存在,例如,Windows 任务管理器就是由多个选项卡组成的对话框。此外,TabControl 控件还可以用来创建属性窗口,用来设置对象的相关属性。

TabControl 控件最重要的属性是 TabPages,该属性称为选项卡对象集,由若干个 TabPage 对象组成。每一个选项卡提供 Click 事件,当单击选项卡时,将触发该事件。

TabControl 控件的常用属性见表 9-16。

表 9-16 TabControl 控件的属性

属 性 名 称	说　　明
Alignment	控制选项卡在 TabControl 控件中的显示位置,默认为顶部位置
Appearance	控制选项卡的显示方式
HotTrack	热点追踪,当属性值为 true 时,鼠标指针一旦移过某个选项卡,其外观就会改变
Multiline	用来指示是否可以多行显示选项卡,当包含的选项卡过多时,需设置该属性值为 true
RowCount	返回当前显示的选项卡行数
SelectedItem	返回或设置当前选定的选项卡的索引
SelectedTab	返回或设置当前选定的选项卡
TabCount	返回选项卡的个数
TabPages	选项卡集合,使用这个集合可以添加和删除 TabPage 对象

9.5.4 应用实例——添加收支项目

【例9-4】 在项目 MyAccounting 中添加一个窗体，实现如图9-9所示的效果，用于添加收支项目信息。

【操作步骤】

（1）启动 VS2017，打开应用程序 MyAccounting。

（2）在解决方案资源管理器中右击 MyAccounting，选择"添加→Windows 窗体"命令，添加名为 AddItems.cs 的窗体。

（3）在窗体上添加一个 TabControl 控件（ TabControl），会显示一个带有两个 TabPage 的控件，把鼠标移到该控件上，在控件的右上角就会出现一个小三角形按钮，单击该按钮，将打开"TabControl 任务"窗口，即可添加和删除选项卡，如图9-10所示。

图9-9 "添加收支项目"选项卡

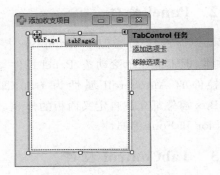

图9-10 添加 TabControl 控件

（4）在 TabControl 的"属性"窗口中，选择 TabPages，然后单击右侧的按钮，即可打开"TabPage 集合编辑器"对话框，如图9-11所示，在其中可调整各个 TabPage 的显示顺序和外观，也可选择某个 TabPage 后，利用"属性"窗口更改其外观。

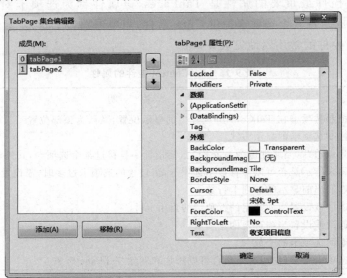

图9-11 "TabPage 集合编辑器"对话框

（5）在本例中，只需要两个选项卡，将 tabPage1 和 tabPage2 选项卡的 Text 属性分别设置为"收支项目信息"和"确认信息"。

（6）添加了 TabPages 后，即可在各个 TabPage 中添加其他所需的控件，在"收支项目信息"选项卡中，从工具栏中拖动 2 个 Label 控件、1 个 TextBox 控件、2 个 GroupBox 控件、2 个 RadioButton 控件、1 个 ComboBox 控件和 1 个 Button 控件到窗体设计区。这些控件的布局如图 9-9 所示。

（7）在窗体设计区中右击每一个新添加的控件，选择"属性"命令，以打开控件的"属性"窗口，修改控件的属性。表 9-17 列出除 Label 外其他控件需要修改的属性项。

表 9-17 需要修改的属性项

控 件	属 性	属 性 设 置	控 件	属 性	属 性 设 置
radioButton1	Name	rdoIncome	textBox1	Name	txtName
	Text	收入	groupBox1	Text	所属类别
radioButton2	Name	rdotExpenditure	comboBox1	Name	cboCategory
	Text	支出	button1	Name	btnPreview
	Checked	true		Text	预览(&V)

（8）切换到"确认信息"选项卡中，从工具栏中拖动一个 RichTextBox 和 1 个 Button 控件，布局如图 9-12 所示。

图 9-12 "确认信息"选项卡

（9）双击 RadioButton 控件（rdotExpenditure），进入源代码编辑窗口，为该控件的 CheckedChanged 事件添加以下代码，完成 cboCategory 的动态添加。

```
private void rdotExpenditure_CheckedChanged(object sender, EventArgs e)
{
    cboCategory.Items.Clear();              //清除组合框中所有项
    cboCategory.Items.Add("一级大类");        //可以添加一类类别
    if (rdotExpenditure.Checked == true)
    {
        cboCategory.Items.Add("生活消费");    //添加支出项
        cboCategory.Items.Add("固定资产");
        cboCategory.Items.Add("休闲娱乐");
```

Windows 程序的界面设计

```
            cboCategory.Items.Add("医疗药品");
            cboCategory.Items.Add("教育培训");
            cboCategory.Items.Add("其他支出");
        }
        else
        {
            cboCategory.Items.Add("工作收入");          //添加收入项
            cboCategory.Items.Add("投资收益");
            cboCategory.Items.Add("其他收入");
        }
        cboCategory.SelectedIndex = 0;                //初始选择组合框中的第一项
    }
```

(10) 返回设计视图,在"收支项目信息"选项卡中,双击 Button 控件(btnPreview),进入源代码编辑窗口,为 Button 控件的 Click 事件添加以下代码,用于跳转到"确认信息"选项卡。

```
private void btnPreview_Click(object sender, EventArgs e)
{
    //如果没有填写收支项目名称,则弹出对话框告知用户
    if (txtName.Text.Trim() == string.Empty)
    {
        MessageBox.Show("请填写收支项目名称!", "信息不完整", MessageBoxButtons.OK,
MessageBoxIcon.Exclamation);
    }
    else
        tabControl1.SelectedTab = tabPage2;          //进入"确认信息"选项卡
}
```

(11) 当单击各个选项卡的标签时,系统会自动切换到该选项卡并显示其中的内容。如果用户不填写收支项目名称,而是直接单击"确认信息"标签,这是不允许的,所以下面添加了一个事件处理程序来阻止用户的这种意图。同时在切换到"确认信息"选项卡时,显示要添加的收支项目汇总信息。在"属性"窗口的"事件"列表中,为 tabControl 控件的 SelectedIndexChanged 事件添加一个处理程序,其代码如下:

```
private void tabControl1_SelectedIndexChanged(object sender, EventArgs e)
{
    if (tabControl1.SelectedIndex == 1)
    {
        if (txtName.Text.Trim() == string.Empty)
        {
            MessageBox.Show("请填写收支项目名称!", "信息不完整", MessageBoxButtons.OK,
MessageBoxIcon.Exclamation);
        }
        else
        {
            rtxtMsg.Clear();
            rtxtMsg.AppendText("要添加的收支项目为: ");
            rtxtMsg.AppendText(txtName.Text);
            rtxtMsg.AppendText("\n 所属类别:" + cboCategory.SelectedItem.ToString());
```

```
            if (rdotExpenditure.Checked == true) rtxtMsg.AppendText("\n是支出类型的项
目");
            else rtxtMsg.AppendText("\n是收入类型的项目");
        }
    }
}
```

（12）在解决方案资源管理器中双击 Program.cs 文件，将 Main()方法中的最后一行代码改为

`Application.Run(new AddItems());`

（13）编译并运行程序。

9.6　对　话　框

9.6.1　对话框概述

Windows 系统一共有两种对话框：模态对话框、非模态对话框。

1. 模态对话框

所谓模态对话框，就是指当该对话框弹出的时候，鼠标不能单击该对话框之外的区域。模态对话框往往是用户执行了某种特殊操作后才显示的。例如，Word 的"字数统计"对话框就是一个模态对话框。

对话框实际上一种特殊的窗体，从代码上看，对话框其实也是一个类，这个类是从窗体的类继承下来的。要打开一个模态对话框，我们可以使用窗体的 ShowDialog()方法，一般的形式为：

`窗体对象.ShowDialog();`

【例 9-5】　创建一个新 Windows 应用程序，打开一个模态对话框。

（1）启动 VS2017，新建一个 Windows 项目。

（2）双击 Form1.cs，切换到设计视图，添加两个 Button 控件到窗体设计区。这些控件的布局如图 9-13 所示。

（3）设置 button1 的 Text 属性值为"打开模态对话框"，Name 为"btnShowDialog"，button2 的 Text 属性值为"打开非模态对话框"，Name 为"btnShow"。

（4）添加新的窗体 ModelForm，从工具栏中拖动 1 个 Label 控件、1 个 Button 控件到窗体设计区。设置 button1 的 Text 属性值为"关闭(&C)"，Name 为"btnClose"。控件的布局如图 9-14 所示。

图 9-13　主窗体

图 9-14　对话框

（5）由于模态对话框一般没有最大化、最小化按钮，所以设置 ModelForm 的 MaximizeBox 属性为 false，不显示最大化按钮，设置 MinimizeBox 属性为 false，不显示最小化按钮。模态对话框一般不能用鼠标改变窗体大小，因此设置 FormBorderStyle 属性为 FixedDialog。在 Windows 中，一般来讲，每出现一个窗体就要显示在任务栏中，然而对话框等窗体一般不希望在任务栏上显示，因此，将 ShowInTaskBar 属性设置为 false。由于弹出的对话框一般位于主窗体中央，因此将 StartPosition 属性设置为 CenterParent。

（6）在 ModelForm 的设计视图中，双击空白区域，或者在"属性"窗口中的事件 ⚡ 列表中双击 Load 事件，让系统自动创建与该事件对应的事件方法 ModelForm_Load。

（7）返回 ModelForm 的设计视图，双击 btnClose 按钮，让系统自动创建该按钮 Click 事件方法 btnClose _Click。

（8）切换到 ModelForm. cs 的源代码编辑视图，添加如下代码。

```csharp
public partial class ModelForm : Form
{
    private string message;          //ModelForm 的私有成员
    public ModelForm(string msg)     //实例化 ModelForm 的对象时，传入参数为 message 初始化
    {
        InitializeComponent();
        message = msg;
    }
    private void btnClose_Click(object sender, EventArgs e)
    {
        this.Close();
    }
    private void ModelForm_Load(object sender, EventArgs e)
    {
        label1.Text = message;       //将 message 的值显示出来
    }
}
```

其中，变量 message 的作用是在打开窗体时向窗体对象传值。

（9）回到 Form1 的设计视图，双击 btnShowDialog 按钮，让系统自动创建该按钮的 Click 事件方法 btnShowDialog_Click。进入源代码编辑窗口后，在 btnShowDialog_Click 方法中添加以下代码，用于打开模态对话框。

```csharp
private void btnShowDialog_Click(object sender, EventArgs e)
{
    ModelForm dlg = new ModelForm("这是一个模态对话框"); //构建 ModelForm 的实例，并传值
    dlg.ShowDialog();                                //打开模态对话框
}
```

（10）编译并运行程序。运行结果如图 9-15 所示。

2. 非模态对话框

非模态对话框通常用于显示用户需要经常访问的控件和数据，并且在使用这个对话框的过程中需要访问其他窗体的情况，例如，Word 的"查找和替换"对话框，就是一个非模态对话框。

图 9-15　打开的模态对话框

创建非模态对话框和模态对话框相似,模态对话框使用 ShowDialog 方法显示,而非模态对话框使用 Show 方法显示。

【例 9-6】 在例 9-5 创建的 Windows 应用程序中,打开一个非模态对话框。

(1) 打开 Form1 的设计视图,双击 btnShow 按钮,让系统自动创建该按钮的 Click 事件方法 btnShow _Click。进入源代码编辑窗口后,在 btnShow _Click 方法中添加以下代码,用于打开非模态对话框。

```
private void btnShow_Click(object sender, EventArgs e)
{
    ModelForm dlg = new ModelForm("这是一个非模态对话框");
    dlg.Show();
}
```

(2) 编译并运行程序。

【注意】 比较由 btnShowDialog 打开的模态对话框和 btnShow 打开的非模态对话框之间的区别。

9.6.2 消息框

消息框用来显示系统消息,它是一种特殊的对话框,通常由消息文本、图标和一个或多个按钮组成。图 9-16 所示为 Word 中弹出的消息框。

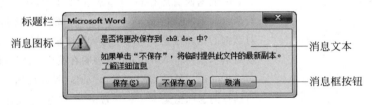

图 9-16　Word 打开的消息框

在.NET 中,可以使用 MessageBox 产生消息框。与其他对话框或窗体不同,不需要创建 MessageBox 类的实例,调用其静态方法成员 Show 就可以显示消息框。在前面的一些实例中已经用到了 MessageBox.Show()方法,这里对该方法进行详细说明。

MessageBox.Show 方法有 21 种重载格式,其中较为常用的重载格式如表 9-18 所示。

表 9-18　**MessageBox.Show 的常用重载格式**

方　　法	说　　明
MessageBox.Show(String)	显示具有指定文本的消息框
MessageBox.Show(String，String)	显示具有指定文本和标题的消息框
MessageBox.Show(String，String，MessageBoxButtons)	显示具有指定文本、标题和按钮的消息框
MessageBox.Show (String，String，MessageBoxButtons，MessageBoxIcon)	显示具有指定文本、标题、按钮和图标的消息框

1. 消息框按钮
除了默认的"确定"按钮外,消息框上还可以放置其他按钮。这些按钮可以收集用户对消息框中问题的响应，一个消息框中最多可显示 3 个按钮，但不能随意定义这些按钮，必须从 MessageBoxButtons 枚举的预定按钮组中选择，如表 9-19 所示。

表 9-19 **MessageBoxButtons 枚举成员**

成 员	包含的按钮
AbortRetryIgnore	中止(A) 重试(R) 忽略(I)
OK	确定
OKCancel	确定 取消
RetryCancel	重试(R) 取消
YesNo	是(Y) 否(N)
YesNoCancel	是(Y) 否(N) 取消

单击消息框的某一个按钮时，Show 方法将返回一个 DialogResult 枚举值指示用户之前所做的操作。表 9-20 显示了 DialogResult 的枚举成员。

表 9-20 **DialogResult 枚举成员**

成 员	说 明
Abort	对话框的返回值是 Abort(通常由"中止"按钮发送)
Cancel	对话框的返回值是 Cancel(通常由"取消"按钮发送)
Ignore	对话框的返回值是 Ignore(通常由"忽略"按钮发送)
No	对话框的返回值是 No(通常由"否"按钮发送)
None	从对话框返回了 Nothing。这表明有模式对话框继续运行
OK	对话框的返回值是 OK(通常由"确定"按钮发送)
Retry	对话框的返回值是 Retry(通常由"重试"按钮发送)
Yes	对话框的返回值是 Yes(通常由"是"按钮发送)

代码如下。

```
DialogResult result = MessageBox.Show("这是一个示例","示例",
        MessageBoxButtons.AbortRetryIgnore,MessageBoxIcon.Information);
if (result == DialogResult.Ignore)
{
    //当用户选择了"忽略"按钮后执行的方法
}
```

以上代码展示了如何利用 MessageBoxButtons 枚举值来判断用户是否在消息框中单击了"忽略"按钮。

2. 消息框图标

MessageBoxIcon 枚举用于指定消息框中显示什么图标。尽管可供选择的图标只有 4 个，但是在 MessageBoxIcon 枚举中共有 9 个成员，如表 9-21 所示。

表 9-21　MessageBoxIcon 枚举成员

成　　员	包含的图标	成　　员	包含的图标
Asterisk	ⓘ	Information	ⓘ
Error	⊗	Question	❓
Exclamation	⚠	Stop	⊗
Hand	⊗	Warning	⚠
None	不显示图标		

上面的代码执行后,弹出的消息框如图 9-17 所示。

图 9-17　弹出的消息框

9.6.3　通用对话框

.NET 平台提供了一组基于 Windows 的标准对话框界面,包括 OpenFileDialog(文件打开)、SaveFileDialog(文件另存为)、FolderBrowerDialog(文件夹选择)、ColorDialog(颜色)以及 FontDialog(字体)对话框等。其中,OpenFileDialog 用于打开一个或多个文件,而 SaveFileDialog 用于保存文件时指定一个文件名和路径,FolderBrowerDialog 用于选择一个文件夹,这 3 个对话框的使用方法将在第 11 章进行详细介绍。

通用对话框常用于从用户处获取一些信息,如输入文件名。通用对话框是 Windows 操作系统的一部分,它们具有一些相同的方法和事件,如表 9-22 所示。

表 9-22　通用对话框的通用方法或事件

公共方法或事件	说　　明
ShowDialog	显示一个通用对话框,该方法返回一个 DialogResult 枚举
Reset	把对话框内的所有属性设置为默认值,即对话框初始化
HelpRequest	当用户单击通用对话框上的 Help 按钮时触发该事件

下面的代码演示了如何使用字体对话框。

```
FontDialog fontDialog1 = new FontDialog();
if (fontDialog1.ShowDialog() == DialogResult.OK)
{
    richTextBox1.Font = fontDialog1.Font;
}
```

Windows 程序的界面设计

以上代码首先创建一个 FontDialog 对话框类的新实例 fontDialog1，接着调用其
ShowDialog()方法，以显示该对话框，等待并响应用户的操作。当用户单击"确定"按钮后，用户的操作状态被返回，通过对话框的属性即可获取用户输入的值。在本例中，把 fontDialog1 对象的 Font 属性赋值给 richTextBox1 的 Font 属性，从而更改文本的字体。

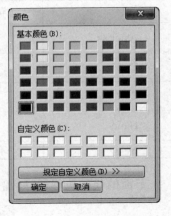

图 9-18 "颜色"对话框

下面重点介绍 ColorDialog 和 FontDialog 对话框。

1. ColorDialog

ColorDialog 对话框允许用户从调色板中选择颜色以及将自定义颜色添加到该调色板。此对话框与 Windows 的应用程序中看到的用于选择颜色的对话框相同，如图 9-18 所示。

ColorDialog 对话框常用的属性如表 9-23 所示。

表 9-23 ColorDialog 对话框的常见属性

属 性 名 称	说　　　明
AllowFullOpen	是否可以使用该对话框定义自定义颜色，默认为 true
AnyColor	对话框是否显示基本颜色集中可用的所有颜色
Color	获取或设置用户选定的颜色
FullOpen	用于创建自定义颜色的控件在对话框打开时是否可见
SolidColorOnly	对话框是否限制用户只选择纯色

2. FontDialog

FontDialog 对话框用于列出所有已安装的 Windows 字体、样式和字号，以及各字体的预览效果。用户可以通过"字体"对话框来改变文字的字体、样式、字号和颜色。"字体"对话框如图 9-19 所示。

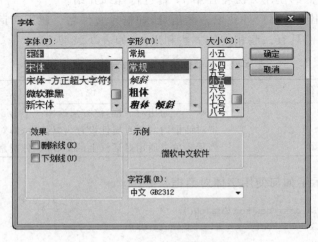

图 9-19 "字体"对话框

FontDialog 对话框常用的属性如表 9-24 所示。

表 9-24　FontDialog 对话框的常见属性

属 性 名 称	说　　明
AllowVectorFonts	是否允许选择矢量字体，默认为 true
AllowVerticalFonts	是既显示垂直字体又显示水平字体，还是只显示水平字体，默认为 true
Color	获取或设置选定字体的颜色
FixedPitchOnly	是否只允许选择固定间距字体，默认为 false
Font	获取或设置选定的字体
MaxSize	用户可选择的字号最大磅值
MinSize	用户可选择的字号最小磅值
ShowApply	对话框是否包含"应用"按钮，属性值为 true 时，单击"应用"按钮，用户可以在应用程序中查看更新的字体，无须退出"字体"对话框
ShowColor	对话框是否显示颜色选择，默认为 false
ShowEffects	对话框是否包含允许用户指定删除线、下画线和文本颜色选项的控件

9.6.4　应用实例——简单的文本编辑器

【例 9-7】　制作一个简单的文本编辑器，可实现对文本内容进行编辑和修饰，包括更改文本的颜色和字体等。

【操作步骤】

（1）新建 Windows 应用程序，首先在 Windows 窗体中添加 1 个 RichTextBox 控件、1 个 FontDialog 控件、1 个 ColorDialog 控件和 2 个 Button 控件，更改 Button1 的 Name 属性值为 btnFont、Text 值为"字体（&F）"，更改 Button2 的 Name 属性值为 btnColor、Text 值为"颜色（&C）"，控件布局如图 9-20 所示。

图 9-20　"简易记事本"的布局

（2）在窗体设计区中分别双击 btnFont 和 btnColor 按钮控件，系统自动为它们的 Click 添加对应的事件方法，然后在源代码视图中编辑如下代码。

```
private void btnColor_Click(object sender, EventArgs e)
{
    colorDialog1.Color = richTextBox1.ForeColor;    //创建颜色对话框实例
```

Windows 程序的界面设计

```
            //弹出对话框,并判断用户是否单击了"确定"按钮
        if (colorDialog1.ShowDialog() == DialogResult.OK)
        {
            richTextBox1.ForeColor = colorDialog1.Color; //设置文本框的字体颜色
        }
    }
    private void btnFont_Click(object sender, EventArgs e)
    {
        fontDialog1.Font = richTextBox1.Font;                //创建字体对话框实例
          //弹出对话框,并判断用户是否单击了"确定"按钮
        if (fontDialog1.ShowDialog() == DialogResult.OK)
        {
            richTextBox1.Font = fontDialog1.Font;            //设置文本框的字体
        }
    }
```

9.7 菜单、工具栏和状态栏

菜单、工具栏和状态栏是 Windows 应用程序中常见的部分,在 VS2017 中,可以使用可视化的方式快速创建菜单。

9.7.1 菜单

在 Windows 应用程序中,菜单是常用的用户界面。除了基于对话框的简单应用程序外,实际上大部分 Windows 应用程序都提供一个用于用户和应用程序进行交互的下拉菜单,出现在应用程序界面上方边缘的菜单,通常称为应用程序的主菜单或菜单栏。而右击一个控件时出现的菜单通常称为快捷菜单,有时也称为上下文菜单。

1. 下拉菜单

在工具箱中直接双击 MenuStrip(下拉菜单)控件,即可在窗体的顶部建立一个菜单,此时窗体的底部还显示出所创建的菜单名称。把鼠标移到"请在此处输入"处,将会显示一个三角形按钮,单击该按钮将弹出一个下拉列表,其中包括 MenuItem、ComboBox 和 TextBox 共 3 个选项,刚创建好的菜单默认为 MenuItem,如图 9-21 所示。

在"请在此处键入"处单击,即可在该文本框中输入文本,即设置菜单项的标题内容,如图 9-22 所示。输入内容后,在该文本的下方和右侧均会出现类似的"请在此键入"字样,此时,可在下方为当前菜单创建子菜单,在右侧可以创建同一级别的其他菜单。

图 9-21　创建菜单

图 9-22　输入菜单项

在输入标题内容时,可以在标题内容的某个字母前加"&",这样该字母将成为快捷键。例如,"文件(&F)"将具有一个快捷键 Alt+F,程序运行时按 Alt+F 键同样可以选择此菜单命令。

如果将菜单标题(即菜单命令的 Text 属性)设置为"一"(减号),则此菜单项将显示为分隔符,图 9-23 所示的"保存"和"关闭"命令之间就有一个分隔符。

上述添加的 MenuStrip 控件实际是由 ToolStripMenuItem 和 ToolStripSeparator 控件组成的。每个菜单项都是一个 ToolStripMenuItem 对象,而分隔符则是一个 ToolStripSeparator

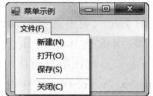

图 9-23　菜单之间的分隔符

对象。但请注意,如果设计菜单时选择 CombobBox 或 TextBox(如图 9-21 所示),则每个菜单项将是 ToolStripComboBox 或 ToolStripTextBox 对象。

可以通过"属性"窗口进一步设置 MenuStrip 控件的属性,其常用的属性如表 9-25 所示。

表 9-25　MenuStrip 控件的常用属性

属 性 名 称	说　　明
Checked	表示菜单是否被选中
CheckOnClick	当设置为 true 时,如果菜单项的左边没有打上标记,就会打上标记,如果已打上标记,就去除该标记;设置为 false 时,该标记将被一个图像替代,可以使用 Checked 属性确定菜单的状态
DisplayStyle	是否在菜单上显示文本和图像,默认为 ImageAndText,即同时显示图像和文本
DropDownItems	下拉菜单项的集合
Image	显示在菜单项上的图像
Selected	指示该菜单项是否处于选定状态
ShortcutKeys	获取或设置菜单项的快捷键
ShowShortcutKeys	在菜单项的旁边是否显示快捷键
ToolTipText	菜单项的提示文本,只有当 ShowItemToolTips 设置为 true 时,ToolTipText 才有效。如果 AutoToolTip 设置为 true,则该项的 Text 属性将用作 ToolTipText

菜单最常用的事件是 Click 事件,一般情况下,只需要为每个菜单项的 Click 事件编写事件方法,在程序运行过程中只要单击菜单项,系统就会调用相应的 Click 事件方法。

2. 上下文菜单

利用下拉式菜单辅助用户操作虽然比较简单和方便,但是这种菜单一般都位于窗口的顶部,用户需要不断地移动鼠标来选择命令。在 Windows 应用程序中,我们仍然要使用上下文菜单来解决这个问题。上下文菜单也称为快捷菜单,是右击后弹出的菜单。

设计快捷菜单的基本步骤如下:

(1) 把 ContextMenuStrip(上下文菜单)控件拖放到窗体设计区域。刚添加的控件处于被选中状态。

【注意】　当它被隐藏起来时,单击窗体设计区域下方的 ContextMenuStrip 选项即可将它显示出来。

(2) 为 ContextMenuStrip 控件设计菜单项,设计方法与 MenuStrip 控件相同,只是不必设计主菜单项,如图 9-24 所示。

(3) 选中需要使用的快捷菜单的窗体或控件,在其"属性"窗口中,单击 ContextMenuStrip 选项,从弹出的下拉列表中选择所需的 ContextMenuStrip 控件。例如,当前窗体中设计了一个 ContextMenuStrip 控件,为了实现在单击窗体时显示该菜单,只需将窗体的 ContextMenuStrip 属性设置为 contextMenuStrip1 即可,如图 9-25 所示,当运行程序时,在窗体中右击,即可弹出上下文菜单,如图 9-26 所示。

图 9-24　设置快捷菜单

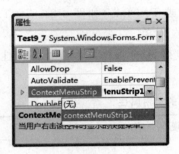

图 9-25　为窗体添加上下文菜单

图 9-26　运行时的上下文菜单

ContextMenuStrip 控件的常用属性和事件与 MenuStrip 控件大致相同。

9.7.2　工具栏

一般来说,当程序具有菜单时,也应该有工具栏。工具栏是用户操作程序的最简单方法之一,与菜单项不同,工具栏总是可见的。工具栏实际上可以看成是菜单项的快捷方式,工具栏上的每一个工具项都应有对应的菜单项。工具栏提供了单击访问程序中功能的方式。

工具栏上的按钮通常用图标来表示,不包含文本,但它可以既包含图片又包含文本。如果把鼠标指针停留在工具栏的一个按钮上,就会显示一个操作提示信息。当工具栏按钮只显示图标时,这是很有帮助的。

在工具箱中双击 ToolStrip(工具栏)控件,可在窗体上添加一个 ToolStrip 控件,单击右边的三角形按钮,将弹出一个下拉列表,如图 9-27 所示,其中包括 Button、Label、SplitButton、DropDownButton、Separator、ComboBox、TextBox 和 ProgressBar 共 8 个选项,分别对应 ToolStripButton、ToolStripLabel、ToolStripSplitButton、ToolStripDropDownButton、ToolStripSeparator、ToolStripComboBox、ToolStripTextBox、ToolStripProgressBar 对象。ToolStrip 是这些对象的容器,因此可在工具栏中添加按钮、文本、左侧标准按钮和右侧下拉按钮的组合、下拉菜单、垂直线或水平线、文本框和进度条。

图 9-27　添加工具栏

ToolStrip 控件及其派生类被设计成一个灵活的可扩展系统,以显示工具栏、状态和菜单项。这些控件的说明如表 9-26 所示。

表 9-26　ToolStrip 控件的派生类

控 件 名 称	说　明
ToolStripButton	创建一个支持文本和图像的工具栏按钮
ToolStripLabel	创建一个标签
ToolStripSplitButton	左侧标准按钮和右侧下拉按钮的组合
ToolStripDropDownButton	创建一个下拉列表
ToolStripSeparator	直线，可以对菜单或工具栏上的相关项进行分组
ToolStripTextBox	文本框
ToolStripProgressBar	Windows 进度栏

可以通过"属性"窗口对加入的工具栏及相关控件进一步设置其属性，其属性和其他控件相似，其部分属性的使用可参看本节实例。

9.7.3　状态栏

状态栏一般位于 Windows 窗体的底部，主要用来显示窗体的状态信息。可以使用 StatusStrip(状态栏)控件来添加状态栏。在窗体中添加 StatusStrip 控件后可以设置 StatusStrip 控件的属性。表 9-27 列出了 StatusStrip 控件的常用属性。

表 9-27　StatusStrip 控件的常用属性

属 性 名 称	说　　明
Items	默认情况下，状态栏不含有窗格，可使用 Items 属性在状态栏中添加或删除窗格
ShowItemToolTips	是否显示相应的 ToolTip
SizingGrip	用来设置是否在窗体的右下角显示一个大小控制柄，该控制柄可向用户表明该窗体的大小可调节。只能在大小可调节的窗体中设置该属性
Text	用来指定状态栏显示的文本

在状态栏中，可以使用文字或图标来显示应用程序的状态，也可以用一系列图标组成动画来表示正在进行某个过程。在窗体中添加 StatusStrip 控件后，通过 Items 属性或单击右边的三角形按钮将会弹出一个下拉列表，可以为状态栏添加 StatusLabel、ProgressBar、DropDownButton、SplitButton 等窗格控件，如图 9-28 所示。这些控件的意义如表 9-28 所示。

图 9-28　在添加状态栏中添加窗格控件

表 9-28　状态栏中可以添加的控件

名　称	说　　明
ToolStripStatusLabel	表示 StatusStrip 控件中的一个面板
ToolStripDropDownButton	显示用户可以从中选择单个项的关联的选项
ToolStripSplitButton	表示作为标准按钮和下拉菜单的一个组合控件
ToolStripProgressBar	显示进程的完成状态

可以通过"属性"窗口对加入状态栏的窗体控件修改其属性设置。表 9-29 列出了这些控件的常用属性。

表 9-29　StatusStrip 控件中窗格的常用属性

属 性 名 称	说　　　明
AutoSize	是否基于项的图像和文本自动调整项的大小
Alignment	设定 StatusStrip 控件上窗格的对齐方式，可选项包括 Center、Left 和 Right
BorderStyle	设定窗格边框的样式，可选项如下：None，不显示边框；Raised，以三维凸起方式显示；Sunken，以三维凹起方式显示
Image	设定窗格显示的图标
MinimumSize	设定窗格在状态栏中的最小宽度
Spring	指定项是否填满剩余空间
Text	设定窗格的显示文本
Width	设定窗格的宽度，取决于 AutoSize 属性的设置，当窗体大小改变时该属性值可能会随之变化

9.7.4　应用实例——个人理财系统的主窗口设计

【例 9-8】　在项目 MyAccounting 中添加一个窗体，用作个人理财软件的主窗体。

【操作步骤】

（1）启动 VS2017，打开应用程序 MyAccounting。

（2）在解决方案资源管理器中右击 MyAccounting，选择"添加→Windows 窗体"命令，添加名为 MainFrm.cs 的窗体。

（3）在窗体上添加一个 MenuStrip 控件，设计个人理财软件的主菜单，按如图 9-29 所示添加子菜单和快捷方式。表 9-30 列出了部分需要设置的菜单项的属性值。

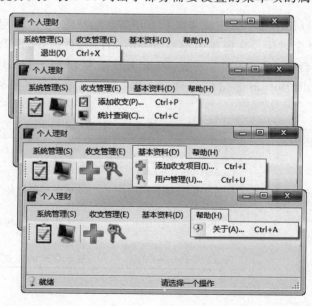

图 9-29　个人理财软件中菜单项、工具栏和状态栏运行效果

表 9-30　需要修改的属性项

菜单项	属 性	属 性 设 置	菜单项	属 性	属 性 设 置
退出	Text	tsmExit	添加收支项目	Name	tsmAddItems
添加收支	Name	tsmAddExp		Image	112_Plus_Green_16x16_72.png
	Image	005_Task_16x16_72.png	用户管理	Name	tsmUser
统计查询	Name	tsmStatistics		Image	Keys.png
	Image	1409_Monitor_16x16.png	关于	Name	tsmAbout
				Image	023_Tip_16x16_72.png

（4）在窗体上添加一个 ToolStrip 控件，依次单击控件右边的三角形按钮，通过弹出的下拉列表添加 4 个 Button 和 1 个 Separator 控件，效果如图 9-29 所示。

表 9-31 列出了工具栏需要设置的属性值。

表 9-31　需要修改的属性项

控 件	属 性	属 性 设 置	控 件	属 性	属 性 设 置
toolStrip1	ImageScalingSize	32，32	toolStripButton3	Name	tsbAddItems
toolStripButton1	Name	tsbAddExp		ToolTipText	添加收支类别
	ToolTipText	记录收支情况	toolStripButton4	Name	tsbtsmUser
toolStripButton2	Name	tsbStatistics		ToolTipText	用户信息管理
	ToolTipText	收支统计和查询			

其中，ImageScalingSize 值表示工具栏中图像的大小，如果要控制图像的缩放比例，需要使用 ToolStripItem.ImageScaling 属性。

（5）在窗体上添加一个 ToolStrip 控件，依次单击控件右边的三角形按钮，通过弹出的下拉列表添加两个 StatusLable 控件，效果如图 9-29 所示。

表 9-32 列出了需要设置的状态的属性值。

表 9-32　需要修改的属性项

控 件	属 性	属 性 设 置	控 件	属 性	属 性 设 置
toolStripStatusLabel1	Name	tssStatus	toolStripStatusLabel2	Name	tssMsg
	Image	1683_Lightbulb_32x32.png		Text	请选择一个操作
	Text	就绪	toolStripStatusLabel2	TextAlign	MiddleLeft
	ImageAlign	MiddleLeft		Spring	true
	TextAlign	MiddleLeft			

（6）双击"退出"菜单项，进入源代码编辑窗口，为"退出"菜单项控件的 Click 事件添加以下代码，用于打开"退出"程序。

```
private void tsmExit_Click(object sender, EventArgs e)
{
    Application.Exit();                          //关闭所有应用程序窗体
}
```

（7）在解决方案资源管理器中双击 Program.cs 文件，将 Main()方法中的最后一行代

Windows 程序的界面设计

码改为

```
Application.Run(new MainFrm());
```

（8）程序的其他功能将在后续实例中逐步完成。

9.8　SDI 和 MDI 应用程序

Windows 应用程序从用户界面 UI 可划分为 3 种：第一种是基于对话框的应用程序，这种应用程序显示给用户一个对话框，该对话框提供了所有的功能；第二种是单一文档界面(SDI)，这种应用程序显示给用户一个菜单、一个或多个工具栏和一个窗口，在该窗口中，用户可以执行某些任务；第三种是多文档界面(MDI)，这种应用程序的执行方式与 SDI 相同，但可以同时打开多个窗口。

9.8.1　创建 SDI 应用程序

单一文档界面(SDI)一次只能打开一个窗体，如 Windows 的记事本，一次只能处理一个文档，如果用户要打开第二个文档，就必须打开一个新的 SDI 应用程序实例，它与第一个实例没有关系，对第一个实例的任何配置都不会影响第二个实例。在前面的实例中设计的应用程序都是 SDI 应用程序。在默认情况下，创建的窗体都是 SDI 应用程序。

9.8.2　创建 MDI 应用程序

多文档界面(MDI)类似于 SDI 应用程序，但它可以在不同的窗口中保存多个已打开的文档，用户可以在任一时间打开多个窗口，Word 就是一个典型的 MDI 应用程序。

MDI 应用程序至少由两个窗口组成，其中一个窗口叫作 MDI 容器(Container)，也可以叫作"主窗口"，用于放置其他窗口；在主窗口中显示的窗口叫作"MDI 子窗口"。

要创建 MDI 应用程序，首先创建一个 Windows 应用程序，然后把应用程序的主窗口从一个窗体改为 MDI 容器。此时，只需把窗体的 IsMdiContainer 属性设置为 true 即可。

要创建一个子窗口，先添加一个新窗体。为了把这个新窗体以子窗口形式打开，必须在主窗体中的某个菜单项或某个按钮的 Click 事件方法中添加如下所示的代码。

```
Form2 frm = new Form2();          //创建子窗体对象
frm.MdiParent = this;             //指定当前窗体为 MDI 父窗体
frm.Show();                       //打开子窗体
```

这样，在应用程序运行时，用户单击该菜单项或按钮，就可以显示子窗口了。

9.8.3　应用实例——个人理财的 MDI 设计

【例 9-9】　设置个人理财软件为 MDI 应用程序，并在主窗体中打开子窗体。

【操作步骤】

（1）启动 VS2017，打开 Windows 应用程序 MyAccounting。

（2）在解决方案资源管理器中选择 MainFrm.cs 窗体，设置该窗体的 IsMdiContainer 属性为 true，这样就可设置该窗体为程序的主窗体。

（3）双击"添加收支"菜单项，进入源代码编辑窗口，为"添加收支"菜单项的 Click 事件添加以下代码，用于打开"收支情况记录"子窗体。

```csharp
private void tsmAddExp_Click(object sender, EventArgs e)
{
    AddExpenditure AddExpFrm = new AddExpenditure(); //创建子窗体对象
    AddExpFrm.MdiParent = this;                      //指定当前窗体为 MDI 父窗体
    AddExpFrm.Show();                                //打开子窗体
    tssMsg.Text = AddExpFrm.Text;                    //在状态栏中显示操作内容
}
```

（4）双击"添加收支项目"菜单项，进入源代码编辑窗口，为"添加收支项目"菜单项的 Click 事件添加以下代码，用于打开"添加收支项目"子窗体。

```csharp
private void tsmAddItems_Click(object sender, EventArgs e)
{
    AddItems AddItemsFrm = new AddItems();      //创建子窗体对象
    AddItemsFrm.MdiParent = this;               //指定当前窗体为 MDI 父窗体
    AddItemsFrm.Show();                         //打开子窗体
    tssMsg.Text = AddItemsFrm.Text;             //在状态栏中显示操作内容
}
```

（5）双击"关于"菜单项，进入源代码编辑窗口，为"关于"菜单项的 Click 事件添加以下代码，用于打开"关于"子窗体。

```csharp
private void tsmAbout_Click(object sender, EventArgs e)
{
    About aboutFrm = new About();         //创建子窗体对象
    aboutFrm.MdiParent = this;            //指定当前窗体为 MDI 父窗体
    aboutFrm.Show();                      //打开子窗体
    tssMsg.Text = aboutFrm.Text;          //在状态栏中显示操作内容
}
```

（6）设置工具栏按钮的 Click 事件处理程序分别为对应菜单命令的处理程序。右击工具栏中的"记录收支情况"按钮▣，选择"属性"命令，然后单击▣按钮，打开事件列表，为 Click 事件选择 tsmAddExp_Click 方法，关联工具栏中的"记录收支情况"按钮和"添加收支项目"菜单项，使用它们执行同一方法。

（7）用同样的方法关联其他工具栏按钮。

（8）在解决方案资源管理器中双击 Program.cs 文件，将 Main()方法中的最后一行代码改为

```csharp
Application.Run(new MainFrm());
```

（9）编译并运行程序。

习　　题

1. 常用的列表与选择控件有哪些？请简述各自的作用和使用方法。
2. 容器控件的作用是什么？有哪些容器控件？它们有什么区别？

3. 模态和非模态对话框有什么区别,如何打开模态和非模态对话框?

4. 什么是 MDI,如何使一个窗体成为 MDI 主窗体,如何在主窗体中打开一个子窗体?

5. 假设用户通过文本框 txtPrice 来输入商品的单价,为了确保数据的有效性,必须限制用户输入的内容:首先能够转换成 float 型的数字,其次不能为负数。为此,需要编写 txtPrice 的 Leave 事件方法。请书写出 Leave 事件方法的完整代码,实现输入验证。

6. 假设商品类别采用二级分类,第一级为大类别,例如家电类、家具类、服装类、食品类。第二级是对每一种大类别的进一步细分,例如家电类分为空调、冰箱、洗衣机等,家具类分为沙发、床、衣柜等,服装类分为女装、男装等,食品类分为干杂食品、营养保健品、烟酒茶等。为了方便用户操作,通常使用组合框或列表框来进行设计。为了便于动态更新选项列表,设计时可考虑动态加载。假设窗体的名字为 form1、两个组合框控件的名字分别是 cboTopLevel(对应一级类别)和 cboSubLevel(对应二级类别),请书写适当的事件方法实现动态加载选项列表。

提示:在 form1 窗体的 Load 事件中动态加载一级类别,在 cboTopLevel 组合框的 SelectedIndexChanged 事件中动态加载二级类别。

上机实验 9

一、实验目的

1. 掌握常用 Windows 控件的主要属性、方法、事件,并把它们应用于具体的程序设计之中。

2. 掌握常用菜单、工具栏和状态栏的使用方法并能编程实现。

二、实验要求

1. 熟悉 VS2017 的基本操作方法。

2. 认真阅读本章相关内容,尤其是案例。

3. 实验前进行程序设计,完成源程序的编写任务。

4. 反复操作,直到不需要参考教材也能熟练操作为止。

三、实验内容

1. 设计一个 Windows 应用程序,实现如图 9-30 所示的功能。对文本框所显示的文字进行简单的格式化,包括改变字体的大小、名称、颜色以及设置粗体、斜体和添加下画线等。

设计提示:

(1) 该程序包括 1 个 RichTextBox 控件、1 个 Label 控件、3 个 GroupBox 控件、1 个 ComboBox 控件,其中,第一个 GroupBox 控件中含有 4 个 CheckBox 控件,另外两个 GroupBox 控件中各有 4 个 RadioButton 控件。

(2) 定义窗口类 Form1 的私有字段 font,在运行过程中通过修改 font 来改变字体。在源代码编辑窗口中写下如下代码。

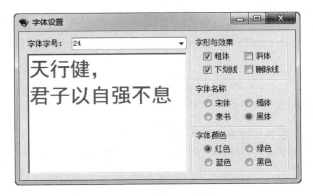

图 9-30　实验 9-1 运行界面

```
public partial class Exp9_1 : Form
{
    Font font;
}
```

（3）初始化 font 和 ComboBox 控件的 Items 属性，双击窗体，进入源代码编辑窗口，为窗体的 Load 事件添加以下代码。

```
private void Exp9_1_Load(object sender, EventArgs e)
{
    comboBox1.Items.Clear();
    for (int i = 5; i <= 72; i++)
    {
        comboBox1.Items.Add(i);
    }
    font = richTextBox1.Font;                 //获取当前字体设置
    comboBox1.Text = font.Size.ToString();    //获取文本框当前的字体大小
}
```

（4）设置"字体与效果"。双击"粗体"复选框控件，进入源代码编辑窗口，为其 CheckedChanged 事件添加以下代码。

```
private void checkBox1_CheckedChanged(object sender, EventArgs e)
{
    FontStyle fontStyle1, fontStyle2, fontStyle3, fontStyle4;
    fontStyle1 = FontStyle.Regular;
    fontStyle2 = FontStyle.Regular;
    fontStyle3 = FontStyle.Regular;
    fontStyle4 = FontStyle.Regular;
    if (checkBox1.Checked)
    {
        fontStyle1 = FontStyle.Bold;
    }
    if (checkBox2.Checked)
    {
        fontStyle2 = FontStyle.Italic;
    }
```

Windows 程序的界面设计

```
        if (checkBox3.Checked)
        {
              fontStyle3 = FontStyle.Underline;
        }
        if (checkBox4.Checked)
        {
              fontStyle4 = FontStyle.Strikeout;
        }
        //初始化新 Font,它使用指定的现有 Font 和 FontStyle 枚举
        font = new Font(font, fontStyle1|fontStyle2|fontStyle3|fontStyle4);
        richTextBox1.Font = font;
}
```

（5）定义其余 3 个复选框的 CheckedChanged 事件和"粗体"复选框的 CheckedChanged 事件为同一事件处理程序。具体方法如下,首先选中"斜体"复选框,在其"属性"窗口的事件列表 中,为 CheckedChanged 事件选择 checkBox1_CheckedChanged 事件方法。其余两个复选框也以相同方法处理。

（6）设置"字体名称"。双击"宋体"单选按钮,进入源代码编辑窗口,为单选按钮的 CheckedChanged 事件添加以下代码。

```
private void radioButton1_CheckedChanged(object sender, EventArgs e)
{
    string fontFamily = font.FontFamily.Name; ;
    if (radioButton1.Checked) fontFamily = radioButton1.Text;
    else if (radioButton2.Checked) fontFamily = radioButton2.Text;
    else if (radioButton3.Checked) fontFamily = radioButton3.Text;
    else fontFamily = radioButton4.Text;
    font = new Font(fontFamily,font.Size,font.Style);
    richTextBox1.Font = font;
}
```

（7）定义其余 3 个单选按钮的 CheckedChanged 事件和"宋体"单选按钮的 CheckedChanged 事件为同一事件处理程序。

（8）设置"字体颜色"组合框,双击"红色"单选按钮,进入源代码编辑窗口,为单选按钮的 CheckedChanged 事件添加以下代码。

```
private void radioButton5_CheckedChanged(object sender, EventArgs e)
{
    Color color = richTextBox1.ForeColor;
    if (radioButton5.Checked) color = Color.Red;
    else if (radioButton6.Checked) color = Color.Green;
    else if (radioButton7.Checked) color = Color.Blue;
    else color = Color.Black;
    richTextBox1.ForeColor = color;
}
```

（9）定义其余 3 个单选按钮的 CheckedChanged 事件和"红色"单选按钮的 CheckedChanged 事件为同一事件处理程序。

（10）设置"字体大小"组合框,双击"字体大小"组合框,进入源代码编辑窗口,为组合框

的 SelectedIndexChanged 事件添加以下代码。

```csharp
private void comboBox1_SelectedIndexChanged(object sender, EventArgs e)
{
    float size = Convert.ToSingle(comboBox1.Text);
    font = new Font(font.FontFamily, size);
    richTextBox1.Font = font;
}
```

2. 设计一个通讯录管理软件，实现如图 9-31 所示的界面。该系统主要用于个人通讯录管理。系统主界面是一个带有菜单的 MDI 窗体，包括菜单、工具栏和状态栏。同时设计一个新建联系人的界面，如图 9-32 所示。

图 9-31　实验 9-2 运行主界面

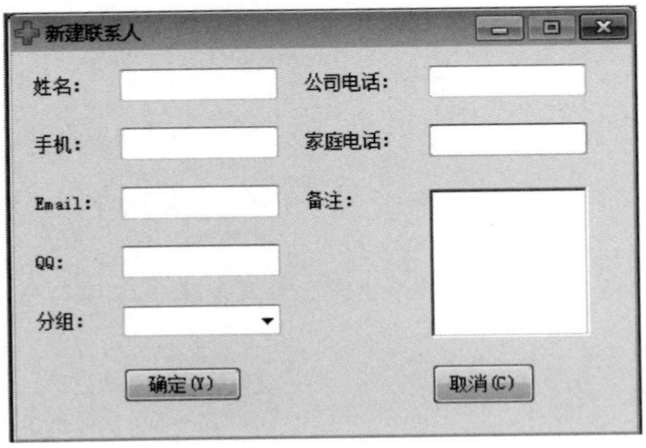

图 9-32　实验 9-2 新建联系人界面

253

系统功能主要包括新建联系人、查看联系人和新建分组。本实验要求完成界面的设计。各窗体的功能和数据操作将在上机实验 10 中完成。

设计提示：

（1）按教材有关实例完成界面设计和属性设置。

（2）设置窗体为 MDI 主窗体，注意需要设置该窗体的 IsMdiContainer 属性为 True。

（3）主窗体在 MainFrm 打开子窗体 NewContact 的代码如下：

```
NewContact newConFrm = new NewContact();      //创建子窗体对象
newConFrm.MdiParent = this;                   //指定当前窗体为 MDI 父窗体
newConFrm.Show();                             //打开子窗体
tssStatus.Text = "新建联系人";
```

（4）按已有知识，自行设计"关于窗体"并关联到主窗体。

四、实验总结

写出实验报告，报告内容包括实验内容、任务分析、算法设计、源程序、实验体会等，并记录实验过程中的疑难点。

第 10 章　　C♯数据库编程技术

总体要求

- 了解 ADO. NET 的功能和组成。
- 熟悉 Connection 对象连接到数据库的方法。
- 熟悉 Command 对象操作数据的方法。
- 熟悉 DataReader 对象检索数据的方法。
- 了解数据集(DataSet)的结构和方法。
- 熟悉数据适配器操作数据的方法。
- 掌握 DataGridView 控件的使用方法。

相关知识点

- 熟悉面向对象的程序设计方法。
- 熟悉 Windows 应用程序的设计方法。
- 熟悉 Windows 窗体和控件的使用方法。

学习重点

- ADO. NET 五 大 对 象(包 括 Connection、Command、DataSet、DataAdapter、DataReader)的使用方法。

学习难点

- 理解 C♯程序、ADO. NET、数据库服务器、数据库之间的关系。
- ADO. NET 五大对象的作用和使用方法。

　　绝大多数软件系统都需要有数据库的支持,因此数据库编程也是每一个开发者应该掌握的关键技术。本章将主要介绍 ADO. NET 的组成及其使用方法,以及如何使用 C♯程序访问数据库的方法。通过本章的学习,读者应掌握 C♯的数据库编程技术,学会各种常见的数据库访问方法。

10.1　数据库与 ADO. NET 概述

10.1.1　数据库概述

　　数据库技术是计算机科学的一项重要技术。目前,数据库系统已经广泛应用于各个领域,例如企业人事管理系统、办公自动化系统、图书检索系统、票务系统、金融交易系统等。

1. 表、记录和字段

　　目前,占主导地位的数据库技术是关系型数据库技术。其中,"关系"可简单理解成二维表。表中的每一行称为记录,每一列称为字段。例如,表 10-1 是一个收支明细表,该表包含了 6 列,分别对应收支项、收支类别、收入/支出、收支日期、收支金额、说明等内容,每一列为一个字段;该表包含了 5 行收支明细信息,每一行为一个记录。

表 10-1　收支明细表

收支项	收支类别	收入/支出	收支日期	收支金额	说　明
餐饮	生活消费	支出	2011-11-03	58.8	蔬菜和肉类
生活用品	生活消费	支出	2011-11-23	12.9	洗衣粉
交通费	生活消费	支出	2011-11-24	21	出租车车费
工资	工作收入	收入	2011-11-30	2301.98	11 月工资
书籍	教育培训	支出	2011-11-30	25.5	C#程序设计经典教程

在创建数据表(Table)时,必须首先确定它由哪些字段组成,必须指定每个字段的数据类型,也必须指定每个字段的名字,有时还需要指定每个字段的取值范围或长度。在往数据表存入数据时,必须保证所存储的每个字段的数据值与创建表时所指定的数据类型一致。例如,在表 10-1 中,针对"收支日期"字段,如果在创建表时指定该字段的类型是 datetime,那么必须存入一个日期数据,否则非法。

2. 数据库

数据库(Database)通常是由多个二维表组成的集合。在创建数据库时,必须遵循一定的设计规范,首先分析各个数据表之间的关系,确定整个数据库的结构。例如,针对表 10-1 所示的收支明细信息,可将它分解为 3 个表,即"收支类别"表(Category)、"收支项目"表(Item)和"收支明细"表(List),这 3 个表构成个人理财软件的数据库(Financing)。"收支类别"表的结构如表 10-2 所示。其中,CategoryID 字段是收支类别表的主键,是用来区别每个收支类别的编号。

表 10-2　收支类别表(Category)

字　段　名	类　型	其他属性	说　明
CategoryID	int	非空,主键,标识列	类别编号
CategoryName	nchar(20)	非空	类别名称
IsPayout	bit	非空,默认值:1	是否是支出项
Remark	varchar(50)		备注

【注意】 主键(Key)是指用来唯一标识表中每一个记录,可以是一个字段,也可以是一组字段。主键不允许有重复的数据值。例如,在学生表中,不能使用姓名作为主键,因为很容易出现两个学生同名的情况;同理,在成绩表中,不能使用学号作为主键,因为同一个学号可能对应多个成绩。

【思考】 学生表和成绩表应分别采用什么字段做主键?

收支项目表的结构如表 10-3 所示。其中,ItemID 字段是收支项目表的主键,即每个收支项目都有唯一的编号。而 CategoryID 字段是收支项目表的外键。外键是指用来连接另一个表并在另一表中作为主键的字段,CategoryID 字段连接收支类别表。

表 10-3　收支项目表（Item）

字　段　名	类　　型	其　他　属　性	说　　明
ItemID	int	非空，主键，标识列	收支项编号
ItemName	nchar(20)	非空	收支项名称
CategoryID	int	非空，外键（Category 表）	类别编号
Remark	varchar(50)		备注

收支明细表的结构如表 10-4 所示。其中，ListID 字段是收支明细表的主键，即每项收支明细都有唯一的编号。而 ItemID 字段是收支明细表的外键，该字段连接收支项目表的 ItemID。

表 10-4　收支明细表（List）

字　段　名	类　　型	其　他　属　性	说　　明
ListID	int	非空，主键，标识列	收支明细编号
ItemID	int	非空，外键（Item 表）	收支项编名
TradeDate	datetime	非空，默认值：当前时间	收支日期
Explain	nchar(20)		说明
Remark	varchar(100)		备注

3. 索引

在关系数据库中，通常使用索引来提高数据的检索速度。表中的数据往往是动态增减的，记录在表中是按输入的物理顺序存放的。当为主键或其他字段建立索引时，数据库管理系统将索引字段的内容以特定的顺序记录在一个索引文件上。检索数据时，数据库管理系统先从索引文件上找到信息的位置，再从表中读取数据。这种方法如同查找图书馆的索引卡片，可大大提高检索速度。索引对小型的表来讲，也许并不十分必要；但对大型的表来讲，如果不以易于访问的逻辑顺序来组织，则很难加以管理。

每个索引都有一个索引表达式来确定索引的顺序。索引表达式既可是一个字段，也可是多个字段的组合。可以为一个表生成多个索引，每个索引均代表一种处理数据的顺序。

4. 数据表之间的关系

关系数据库的最大好处就是能够避免数据的不必要重复，即可以将包含重复数据的表拆分成若干个没有重复数据的简单表，并通过建立表与表之间的关系来检索相关表中的记录。在表与表之间的关系中，习惯上称主表为父表，而通过关系连接的其他表为子表。根据数据复杂程度的不同，表与表之间可能会有 4 种关系。

（1）一对一关系。指父表中的记录最多只与子表中的一条记录相匹配（或相关），反之亦然，如班长表和班级表，每个班级有一个班长，而每个班长只属于一个班级。

（2）一对多关系。指父表中的记录与子表中的多条记录相关。例如，对于客户表和订单表来讲，每个订单只与一个客户有关，而每个客户可以有多个订单，因此客户表和订单表是一对多的关系。

（3）多对一关系。与一对多是互补的，即父表中的多条记录与子表中的一条记录相关。

（4）多对多关系。指父表中的多条记录与子表中的多条记录相关。如学生表和课程表，每个学生可以选修多门课程，而每门课程可以有多名学生选修。

257

第 10 章

C# 数据库编程技术

【思考】 请分析表 10-2 和表 10-3 所示的收支类别表和收支项目表之间的关系,以及表 10-3 和表 10-4 所示的收支项目表和收支明细表之间的关系,它们分别属于哪种关系?

10.1.2 SQL 概述

1. SQL 简介

结构化查询语言(Structured Query Language,SQL)是一个综合的、通用关系数据库语言,其功能包括查询、操纵、定义和控制。最早的 SQL 标准由美国国家标准局(ANSI)于 1986 年 10 月公布。目前,SQL 标准有 3 个版本。SQL-89、SQL-92 和 SQL3。其中,SQL-89 包含了模式定义、数据操作和事务处理标准;SQL-92 包含模式操作、动态创建、SQL 语句动态执行和网络环境支持等增强特性;SQL3 的主要特点在于抽象数据类型的支持,为新一代对象关系数据库提供了标准。

【注意】 完全按 SQL 标准开发数据库管理系统的厂商实际上并不多,由于不同的数据库厂商推出的数据库系统在支持 SQL 标准的同时均对 SQL 标准做了许多的扩充,因而形成了各种不同的"方言"。例如,Microsoft SQL Server 使用的 Transact-SQL 就是在 SQL-92 标准基础上扩充的"方言"。

2. 常用 SQL 语句

(1) select 语句。

select 语句用来检索数据。例如,下列语句检索 List 表的所有记录和字段:

```
select * from List
```

使用 select 语句时可指定只显示部分字段,例如,下列语句检索 List 表的所有记录,但结果只含收支金额、收支日期和说明。

```
select Amount, TradeDate, Explain from List
```

select 语句的 where 子句用来指定选择指定条件的记录。省略 where 子句时,表示查询表中的所有记录。where 子句必须在 from 子句的后面。例如,下列语句用来查询 2011 年 11 月份的收支明细。

```
select * from List where TradeDate between '2011 - 11 - 1' and '2011 - 11 - 30'
```

如果要模糊查询,可以使用 like 关键字。以下语句用来查询说明中包含"电影"的收支明细。其中,百分号%表示匹配不确定的多个字符。

```
select * from List where Explain like '% 电影 %'
```

select 语句支持多个表之间联合查询。此时,可以使用 where 子句实现。例如,下列语句用于在收支类别表、收支项目表和收支明细表 3 个表中检索收支明细信息。

```
select a. ListID, c. ItemName, b. CategoryName, b. IsPayout, a. Amount, a. TradeDate, a. Explain
from List as a, Category as b, Item as c
where a. ItemID = c. ItemID and c. CategoryID = b. CategoryID
```

select 语句的 group by 子句用于对记录分组,把表中具有相同值的数据记录合并成一组。例如,下列语句按收支项分组统计每个收支项的收支总额。

```
select sum(Amount) as 每项总收支 from List group by ItemID
```

select 语句的 having 子句用于确定在带 group by 子句的查询中具体显示哪些记录,也就是说,在使用 group by 子句完成记录分组后,可以用 having 子句来显示满足指定条件的分组。例如,下列语句显示汇总后金额大于 500 的收支记录。

```
select sum(Amount) as 每项总收支 from List group by ItemID having sum(Amount)> 500
```

select 语句的 order by 子句用于对记录排序。默认是升序。若想降序,则要在作为排序的字段后加 desc 关键字。例如:

```
select * from List order by Amount
select * from List order by Amount desc
```

order by 子句中还可包含多个字段,这样记录先按第一个字段排序,然后对值相等的记录再按第二个字段排序,以此类推。

(2) delete 语句。

delete 语句的功能是删除 from 子句列出的满足 where 子句条件的一个或多个表中的记录。例如,下列语句用于从 List 表中删除收支明细编号为 16 的记录。

```
delete from List Where ListID = 16
```

(3) insert 语句。

insert 语句用于添加记录到表中。例如,下列语句用于向 List 表中添加一条新记录。

```
insert into List(ItemID, Amount, TradeDate, Explain) values (1,58.8,'2011 - 11 - 03','蔬菜和肉类')
```

(4) update 语句。

update 语句用于按某个条件来更新特定表中的字段值。例如,下列语句将 List 表中收支明细编号为 3 的收支金额改为 89。

```
update List set Amount = 89 where ListID = 3
```

10.1.3 ADO. NET 概述

ADO. NET 是一种应用程序与数据源交互的 API[1],它支持的数据源包括数据库、文本文件、Excel 表格或者 XML 文件等。ADO. NET 封装在 System. Data 命名空间及其子命名空间中(例如 System. Data. SqlClient 和 System. Data. OleDb),能提供强大的数据访问和处理功能,包括索引、排序、浏览和更新等。借助于 ADO. NET,应用程序可以非常方便地访问和处理存储在各种数据源中的数据。

图 10-1 显示了 ADO. NET 的架构。ADO. NET 架构的两个主要组件是 Data Provider (数据提供程序)和 DataSet(数据集)。

1. Data Provider

Data Provider 提供了 DataSet 和数据库之间的联系,同时也包含了存取数据库的一系

---

① API,Application Programming Interface,应用程序编程接口。

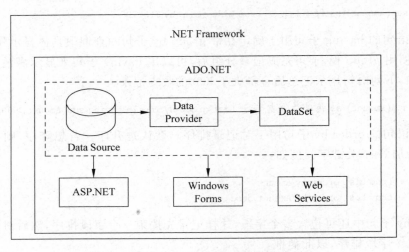

图 10-1　ADO.NET 的架构

列接口。通过数据提供者所提供的 API,可以轻松地访问各种数据源的数据。

.NET 数据提供程序包括以下 4 个:SQL Server .NET 数据提供程序,用于 Microsoft SQL Server 数据源,来自于 System.Data.SqlClient 命名空间;OLE DB .NET 数据提供程序, 用于 OLE DB 公开的数据源,来自于 System.Data.OleDb 命名空间;ODBC .NET 数据提供程序,用于 ODBC 公开的数据源,来自于 System.Data.Odbc 命名空间;Oracle .NET 数据提供程序用于 Oracle 数据源,来自于 System.Data.OracleClient 命名空间。

.NET Data Provider 包括 4 个核心对象:Connection(链接对象)用于与数据源建立连接;Command(命令对象)用于对数据源执行指定命令;DataReader(数据读取对象)用于从数据源返回一个仅向前(forward-only)的只读数据流;DataAdapter(数据适配器对象)自动将数据的各种操作变换到数据源相应的 SQL 语句。

2. DataSet

ADO.NET 的核心是 DataSet(数据集)。其中,DataSet 可简单理解成内存中的数据库,它是一种“临时的数据库”,只是临时保存从数据源中读出来的数据记录;它也是一种“独立的数据库”,它的数据虽然来自数据源,如果它被生成,应用程序与数据源就断开了数据连接。因此,应用程序修改 DataSet 中的数据暂时不会影响数据源中的数据,除非将修改后的结果重新写入数据源。在 ADO.NET 中,DataSet 是专门用来处理从数据源获得数据,无论底层的数据是什么,都可以使用相同的方式来操作从不同数据源取得的数据。

10.1.4　ADO.NET 访问数据库的一般步骤

使用 ADO.NET 访问数据库遵循基本的编程思路,如图 10-2 所示,一般步骤如下。

S1:使用 using 添加 System.Data 及其相关子命名空间的引用(如要想访问 SQL Server 数据库就必须引用 System.Data.SqlClient)。

S2:使用 Connection 对象连接数据源。

S3:视情况使用 Command 对象、DataReader 对象或 DataAdapter 对象操作数据库。

S4:将操作结果返回到应用程序中,进行进一步处理。

具体实现过程将在 10.2 节～10.4 节中详细介绍。

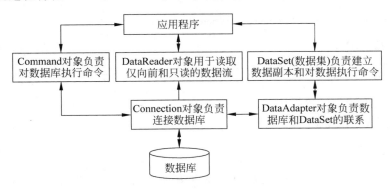

图 10-2   ADO. NET 操作数据库的结构图

10.2   Connection 与 Command 对象的使用

10.2.1   Connection 对象

在 ADO. NET 中,Connection(连接对象)用于连接数据库,是应用程序访问和使用数据源数据的桥梁。表 10-5 列出了 Connection 的主要成员。

表 10-5   Connection 的主要成员

属性或方法	说　　明
ConnectionString	连接字符串
Open()	打开数据库连接
Close()	关闭数据库连接

使用 Connection 对象连接数据库的一般步骤如下:

(1) 定义连接字符串。

连接字符串用来描述数据源的连接方式,不同的数据源使用不同的连接字符串。在定义连接字符串时必须参考数据源的帮助手册。以 SQL Server 为例,它既支持 SQL Server 身份验证的连接方式,也支持 Windows 集成身份验证的连接方式。

其中,在 SQL Server 身份验证方式中连接字符串的一般格式如下:

`string connString = "Data Source = 服务器名; Initial Catalog = 数据库名; User ID = 用户名; Pwd = 密码";`

在 Windows 身份验证方式中连接字符串的一般格式如下:

`string connString = "Data Source = 服务器名; Initial Catalog = 数据库名; Integrated Security = True";`

其中,"服务器名"是数据库的服务器名称或 IP 地址。当应用程序与 SQL Server 服务器在同一台计算机上运行时,SQL Server 服务器是本地服务器,其服务器名可以有以下几种写法:.(圆点)、(local)、127.0.0.1、本地服务器名称。

（2）创建 Connection 对象。

```
SqlConnection conn = new SqlConnection(connString);
```

（3）打开与数据库的连接。

```
conn.Open();
```

（4）使用该连接进行数据访问。

（5）关闭与数据库的连接。

```
conn. Close ();
```

【注意】 不同数据提供者的连接对象及其命令空间是不相同的。表 10-6 列出了不同命名空间的 Connection 对象。

表 10-6 不同命名空间的 Connection 对象

命 名 空 间	对应的 Connection 对象	命 名 空 间	对应的 Connection 对象
System. Data. SqlClient	SqlConnection	System. Data. Odbc	OdbcConnection
System. Data. OleDb	OleDbConnection	System. Data. OracleClient	OracleConnection

10.2.2 Command 对象

Command(命令对象)用于封装和执行 SQL 命令并从数据源中返回结果,命令对象的 CommandText 属性用来保存最终由数据库管理系统执行的 SQL 语句。对于不同的数据源需要使用不同的命令对象。例如,用于 SQL Server 的命令对象为 SqlCommand,用于 ODBC 的命令对象为 OdbcCommand,用于 OLE DB 的命令对象为 OleDbCommand。表 10-7 列出了 Command 的主要成员。

表 10-7 Command 的主要成员

属性或方法	说　　明
Connection	Command 对象使用的数据库连接
CommandText	执行的 SQL 语句
ExecuteNonQuery()	执行不返回行的语句,如 UPDATE 等,执行后返回受影响的行数
ExecuteReader()	返回 DataReader 对象
ExecuteScalar()	执行查询,并返回查询结果集中第一行的第一列

虽然不同数据源的命令对象的名字略有不同,但使用方法是相同的,通常按以下步骤访问数据库源。

（1）创建数据库连接。

（2）定义 SQL 语句。

（3）创建 Command 对象,一般形式如下:

```
SqlCommand comm = new SqlCommand(SQL 语句, 数据库连接对象);
```

也可以采用以下形式创建 Command 对象。

```
SqlCommand comm = new SqlCommand();
comm.Connection = 数据库连接对象;
comm.CommandText = "SQL 语句";
```

（4）执行命令。

【注意】 在执行命令前，必须打开数据库连接，执行命令后，应该关闭数据库连接。

10.2.3 应用实例——实现用户登录

【例 10-1】 在项目 MyAccounting 中，连接 Financing 数据库，使用 Command 的 ExecuteScalar( )方法完成用户登录功能。Financing 数据库的用户表（User）的结构如表 10-8 所示。

表 10-8 User 表结构

字 段 名	类 型	其 他 属 性	说 明
UserId	int	主键,标识列,非空	用户编号
UserName	nchar(20)	非空	用户名
Password	nvarchar(20)	非空	密码

【操作步骤】

（1）启动 VS2017，打开在本书第 9 章中创建的 Windows 应用程序 MyAccounting。

（2）在 Login.cs 的代码视图中，添加以下命名空间的引用。

```
using System.Data.SqlClient;
```

（3）双击"登录"按钮，更新该按钮的 Click 事件方法，实现用户登录验证，代码如下。

```
private void btnLogin_Click(object sender, EventArgs e)
{
    string userName = txtName.Text.Trim();         //Trim()用于去除文本框中的前后空格
    string password = txtPwd.Text.Trim();
    string connString = "Data Source = .; Initial Catalog = Financing; User ID = sa; Pwd = 123456";
    SqlConnection conn = new SqlConnection(connString);     //创建 Connection 对象
    //获取用户名和密码匹配的行数的 SQL 语句
    string sql = String.Format("select count( * ) from User where UserName = '{0}' and Password = '{1}'", userName, password);
    try
    {
        conn.Open();                               //打开数据库连接
        SqlCommand comm = new SqlCommand(sql, conn); //创建 Command 对象
        int num = (int)comm.ExecuteScalar();        //执行查询语句，返回匹配的行数
        if (num == 1)                              //在 User 表中指定用户名和密码的记录
                                                   //最多只有一行
        {
            //如果有匹配的行，则表明用户名和密码正确
            MessageBox.Show("欢迎进入个人理账系统!", "登录成功", MessageBoxButtons.OK,
MessageBoxIcon.Information);
            MainFrm mainForm = new MainFrm();       //创建主窗体对象
```

```
        mainForm.Show();                        //显示主窗体
        this.Visible = false;                   //登录窗体隐藏
    }
    else
    {
        txtPwd.Text = "";
        MessageBox.Show("您输入的用户名或密码错误!", "登录失败",MessageBoxButtons
.OK, MessageBoxIcon.Exclamation);
    }
}
catch(Exception ex)
{
    MessageBox.Show(ex.Message, "操作数据库出错!", MessageBoxButtons.OK, MessageBoxIcon.
Exclamation);
}
finally
{
    conn.Close();                               //关闭数据库连接
}
}
```

（4）在解决方案资源管理器中双击 Program.cs 文件，将 Main()方法中的最后一行代码改为

```
Application.Run(new Login());
```

【分析】 本程序的数据库服务器是 SQL Server，所使用的数据源是根据表 10-2、表 10-3、表 10-4 和表 10-5 创建的 Financing 数据库。本程序采用 SQL Server 身份验证方式连接数据源，并且直接使用 SQL Server 的系统管理账户（sa），不过建议读者视情况灵活设置连接字符串。本程序调用了 SqlCommand 对象的 ExecuteScalar()方法来执行数据库的查询，并返回查询结果集中第一行的第一列数据，所执行的 SQL 命令"select count（*）from［User］where UserName＝'……' and Password＝'……'"将返回符合条件的数据记录的行数，由于指定用户名和密码的记录最多只有 1 行，因此如果用户输入的用户名和密码正确，则返回结果为 1，否则为 0，检查该值，就可以判断是否成功登录。执行本程序时，当用户成功登录之后，系统将弹出个人理财系统的主窗体。程序运行效果如图 10-3 所示。

图 10-3 "用户登录"运行效果

10.2.4 应用实例——实现收支类别的添加

当我们要求数据库管理系统执行 insert、update 或 delete 等 SQL 命令时，是不需要数据源返回任何数据记录的，因此在此时就不能调用 Command 对象的 ExecuteScalar 方法，而只能使用 ExecuteNonQuery()方法。

ExecuteNonQuery()方法通常用来实现数据记录增加、删除和更改操作，并返回数据源

中受影响的记录的行数。例如,当希望删除某个表中的 10 条记录时,若 ExecuteNonQuery()方法返回的值不是 10,而是 0,则表示删除操作失败。下面以收支类别的添加模块为例,展示 ExecuteNonQuery()方法的应用。

【例 10-2】 在项目 MyAccounting 中,连接 Financing 数据库,使用 Command 对象的 ExecuteNonQuery()方法完成收支类别的添加。

【操作步骤】

(1) 启动 VS2017,打开 Windows 应用程序 MyAccounting。

(2) 在 AddItems.cs 的代码视图中,添加下列命名空间的引用。

```
using System.Data.SqlClient;
```

(3) 双击 AddItems 中"确认消息"选项卡中的"确定"按钮,进入源代码编辑窗口,为"确定"按钮的 Click 事件添加下列代码,用于添加收支类别。

```
private void btnYes_Click(object sender, EventArgs e)
{
    string name = txtName.Text.Trim();              //收支类别名称
    int isPayout = rdotExpenditure.Checked?1:0;     //是否是支出项
    string connString = @"Data Source = .; Initial Catalog = Financing; User ID = sa; Pwd =
123456";
    SqlConnection conn = new SqlConnection(connString);//创建 Connection 对象
    string sql = String.Format("INSERT INTO Category(CategoryName, IsPayout) VALUES('{0}',
{1})", name,isPayout);                              //SQL 语句
    try
    {
        conn.Open();                                //打开数据库连接
        SqlCommand comm = new SqlCommand(sql, conn); //创建 Command 对象
        int count = comm.ExecuteNonQuery();          //执行更新命令,返回值为更新的行数
        if (count > 0)
            MessageBox.Show("添加类别成功", "添加成功", MessageBoxButtons.OK,
MessageBoxIcon.Information);
        else
            MessageBox.Show("添加类别失败", "添加失败", MessageBoxButtons.OK,
MessageBoxIcon.Information);
    }
    catch(Exception ex)
    {
        MessageBox.Show(ex.Message, "操作数据库出错!", MessageBoxButtons.OK,
MessageBoxIcon.Exclamation);
    }
    finally
    {
        conn.Close();                               //关闭数据库连接
    }
}
```

【分析】 在执行本程序时,首先在主窗体的菜单项中选择"基本资料"→"添加收支项目",在打开的"添加收支项目"窗口中输入项目名称,选择收入或支出,同时选择"一级类别",单击"预览"按钮进入"确认信息"选项卡,再单击"确定"按钮就可以添加收支类别了。

本程序调用了命令对象的 ExecuteNonQuery()方法,执行 SQL 命令中的 INSERT 语句,该方法返回执行后受影响的行数,通过检查其返回值是否大于 1 就可以知道操作是否成功。本程序的运行效果如图 10-4 所示。

图 10-4 "添加收支项目"运行效果

【注意】 本实例只能添加收支类别,当然如果添加收支项目仍使用同一窗口,其实现方法将在例 10-3 中介绍。

10.3 DataReader 对象的使用

10.3.1 DataReader 对象

DataReader(数据读取对象)提供一种从数据库只向前读取行的方式。表 10-9 列出了 DataReader 的主要成员。

表 10-9 DataReader 的主要成员

属性或方法	说　明
HasRows	DataReader 中是否包含一行或多行
Read()	前进到下一行记录,如果下一行有记录,则读出该行并返回 true;否则返回 false
Close()	关闭 DataReader 对象

使用 DataReader 检索数据的步骤如下。

(1) 创建 Command 对象。

(2) 调用 Command 对象的 ExecuteReader()方法创建 DataReader 对象。

```
SqlDataReader dr = Command 对象.ExecuteReader();
```

【注意】 DataReader 类在.NET Framework 中被定义为抽象类,因此不能直接实例化,只能使用 Command 对象的 ExecuteReader()方法来创建 DataReader 对象。

(3) 调用 DataReader 对象的 Read()方法逐行读取数据。

```
while (dr.Read())
{
```

```
        //读取某列数据
}
```

（4）读取某列的数据。

获取某列的值，可以指定列的索引，从 0 开始，也可以指定列名，一般形式如下。

(数据类型)dr[索引或列名]

【注意】 在执行程序时，DataReader 对象的 Read 方法会自动把所读取的一行数据的各个列值通过装箱操作保存到 DataReader 内部的集合中，因此要想获得某一列的值，就必须进行拆箱操作，即强制类型转换。

（5）关闭 DataReader 对象。

dr.Close();

10.3.2 应用实例——实现收支项目的添加

【例 10-3】 在个人理财项目 MyAccounting 中，连接 Financing 数据库，使用 DataReader 读取收支类别表（Category），并使用 Command 对象的 ExecuteNonQuery()方法完成收支类别的添加。

【操作步骤】

（1）启动 VS2017，打开 Windows 应用程序 MyAccounting。

（2）在 AddItems.cs 的代码视图中，加入下列代码。

```csharp
public partial class AddItems : Form
{
    string connString = @"Data Source = .;Initial Catalog = Financing;User ID = sa;Pwd = 123456";
    SqlConnection conn;                          //声明连接对象
    SqlCommand comm;                             //声明命令对象
    SqlDataReader dr;                            //声明数据读取器对象
    //其他代码
}
class Category                                   //代表收支类别
{
    public int CId;
    public string CName;
    public Category(int id, string name)         //构造函数
    {
        CId = id;
        CName = name;
    }
    public override string ToString()            //重载 ToString()方法
    {
        return CName;
    }
}
```

（3）双击 AddItems 窗体设计视图的空白区域，进入源代码编辑窗口，为 AddItems 窗体的 Load 事件添加下列代码，用于初始化各成员字段。

```
private void AddItems_Load(object sender, EventArgs e)
{
    conn = new SqlConnection(connString);      //创建 Connection 对象
    comm = new SqlCommand();                    //创建 Command 对象
    comm.Connection = conn;                     //设置 Command 对象使用的 Connection 对象
    rdoIncome.Checked = true;                   //默认选定收入项
}
```

（4）双击"支出"单选按钮（rdoExpenditure），进入源代码编辑窗口，为该控件的 CheckedChanged 事件修改代码，实现"收支类别"选项列表的动态加载。

```
private void rdoExpenditure_CheckedChanged(object sender, EventArgs e)
{
    cboCategory.Items.Clear();
    cboCategory.Items.Add("一级大类");
    string sql = "select * from Category where IsPayout = 1";//选择所有的支出项类别
    if (rdoIncome.Checked == true)
        sql = "select * from Category where IsPayout = 0";   //选择所有的收入项类别
    try
    {
        conn.Open();                            //打开数据库连接
        comm.CommandText = sql;                 //设置 Command 对象要执行的 SQL
                                                //语句
        //调用 Command 对象的 ExecuteReader(),创建 DataReader 对象
        dr = comm.ExecuteReader();
        while (dr.Read())                       //循环读出所有的类别,并添加
                                                //到类别组合框中
        {
            //通过索引号读取 dr 中的第一列数据(即类别编号)
            int cId = (int)dr[0];
            //通过列名读取 dr 中的该列数据
            string name = dr["CategoryName"].ToString().Trim();
            //把 Category 类的实例加入组合框 cboCategory 的选项列表中
            cboCategory.Items.Add(new Category(cId, name));
        }
    }
    catch(Exception ex)
    {
        MessageBox.Show(ex.Message, "操作数据库出错!", MessageBoxButtons.OK,
MessageBoxIcon.Exclamation);
    }
    finally
    {
        dr.Close();                             //关闭 DataReader
        conn.Close();                           //关闭数据库连接
    }
    cboCategory.SelectedIndex = 0;              //默认选择第 1 项
}
```

（5）双击"确认信息"选项卡中的"确定"按钮，进入源代码编辑窗口，修改"确定"按钮的

Click 事件方法，用于添加收支类别。

```
private void btnYes_Click(object sender, EventArgs e)
{
    string name = txtName.Text.Trim();
    int isPayout = rdoExpenditure.Checked?1:0;  //选中的是"收入"还是"支出"
    int cId = cboCategory.SelectedIndex;
    string sql = "";
    if (cId == 0)                              //若添加的是一级类别,则插入 Category 表中
        sql = String.Format("INSERT INTO Category(CategoryName, IsPayout) VALUES('{0}',
{1})", name, isPayout);
    else
    {
        //把组合框中选中项转换为 Category 对象
        Category category = cboCategory.SelectedItem as Category;
        if(category!= null) cId = category.CId; //获得类别编号
        sql = String.Format("INSERT INTO Item(ItemName, CategoryID) VALUES('{0}',{1})",
name,cId);                                    //若所添加的是收入项,则插入 Item 表中
    }
    try
    {
        conn.Open();                           //打开数据库连接
        comm.CommandText = sql;                //设置 Command 对象要执行的 SQL 语句
        int count = comm.ExecuteNonQuery();    //执行更新命令,返回值为更新的行数
        if (count > 0)
            MessageBox.Show("添加类别/收支项成功", "添加成功", MessageBoxButtons.OK,
MessageBoxIcon.Information);
        else
            MessageBox.Show("添加类别/收支项失败", "添加失败", MessageBoxButtons.OK,
MessageBoxIcon.Information);
    }
    catch(Exception ex)
    {
        MessageBox.Show(ex.Message, "操作数据库出错!", MessageBoxButtons.OK,
MessageBoxIcon.Exclamation);
    }
    finally
    {
        conn.Close();                          //关闭数据库连接
    }
}
```

【分析】　由于窗体类 AddItems 的多个成员方法都要使用连接对象、命令对象和数据读取对象,因此在第(2)步将它们定义为成员字段(即代码中的 conn、comm 和 dr)。为了更方便动态加载收支类别的选项列表,因此新增了 Category 类的定义,其作用是在加载类别列表时能将某个具体收支类别作为对象加入。但请注意,因为在"类别"列表中显示内容是 Category 对象 ToString()方法的结果,所以必须重载 ToString()方法,以正确显示收支类别的名称。第(4)步实现了收支类别选项列表的动态加载,这一步根据用户选择的是"收入"或"支出",使用命令对象的 ExecuteReader()方法,读出对应的"收入"或"支出"的类别项,用 DataReader 的 Read()方法循环读出每项类别的编号和名称,由此创建一个 Category 类

的对象并加载到"类别"组合框中。最后,第(5)步根据"类别"组合框选择的内容。再使用命令对象的 ExecuteNonQuery()方法将数据写入到 Category 表或 Item 表中。

10.3.3 应用实例——实现收支明细的添加

【例 10-4】 在项目 MyAccounting 中,连接 Financing 数据库,使用 DataReader 读取类别和收入项列表并使用 Command 的 ExecuteNonQuery()方法完成收支明细的添加。

(1) 启动 VS2017,打开 Windows 应用程序 MyAccounting。

(2) 在 AddExpenditure.cs 的代码视图中,添加以下命名空间的引用。

```
using System.Data.SqlClient;
```

(3) 在 AddExpenditure.cs 的代码视图中,加入下列代码。

```
public partial class AddExpenditure : Form
{
    string connString = @"Data Source = .; Initial Catalog = Financing; User ID = sa; Pwd =
123456";
    SqlConnection conn;                      //声明连接对象
    SqlCommand comm;                         //声明命令对象
    SqlDataReader dr;                        //声明数据读取对象
}
class Item
{
    public int IId;
    public string IName;
    public Item(int id, string name)         //构造函数
    {
        IId = id;
        IName = name;
    }
    public override string ToString()        //重载 ToString()方法
    {
        return IName;
    }
}
```

(4) 双击 AddExpenditure 窗体的空白区域,进入源代码编辑窗口,为 AddExpenditure 窗体的 Load 事件添加以下代码,用于初始化成员字段。

```
private void AddItems_Load(object sender, EventArgs e)
{
    conn = new SqlConnection(connString);    //创建 Connection 对象
    comm = new SqlCommand();                 //创建 Command 对象
    comm.Connection = conn;                  //设置 Command 使用的 Connection 对象
    rdoIncome.Checked = true;                //默认选定收入项
}
```

(5) 双击"支出"单选按钮(rdotExpenditure),进入源代码编辑窗口,为该控件的 CheckedChanged 事件修改代码,完成收支类别的动态添加。其代码和例 10-3 第(4)步类

似，只是删除语句"cboCategory. Items. Add("一级大类");"。

（6）双击收支类别组合框控件（cboCategory），进入源代码编辑窗口，为该控件的 SelectedIndexChanged 事件修改代码，完成收支项目（lstItem）的动态添加，其代码如下。

```csharp
private void cboCategory_SelectedIndexChanged(object sender, EventArgs e)
{
    lstItem. Items. Clear();
    int cId = 0;                          //选择的类别编号
    Category category = cboCategory. SelectedItem as Category;
    if (category != null) cId = category. CId;
    //选择指定类别编号的收支项
    string sql = String. Format("select * from Item where CategoryID = {0}", cId);
    try
    {
        conn. Open();                     //打开数据库连接
        comm. CommandText = sql;          //设置 Command 对象要执行的 SQL 语句
        //调用 Command 对象的 ExecuteReader(),创建 DataReader 对象
        dr = comm. ExecuteReader();
        while (dr. Read())                //循环读出所有的收支项,并添加到收支项列表框中
        {
            //通过索引号读取 dr 中的第一列数据(即收支项编号)
            int iId = (int)dr[0];
            //通过列号读取 dr 中的该列数据(即收支项名称)
            string name = dr["ItemName"]. ToString(). Trim();
            lstItem. Items. Add(new Item(iId, name));    //把 Item 实例加入 lstItem 中
        }
    }
    catch(Exception ex)
    {
        MessageBox. Show(ex. Message, "操作数据库出错!", MessageBoxButtons. OK,
MessageBoxIcon. Exclamation);
    }
    finally
    {
        dr. Close();                      //关闭 DataReader
        conn. Close();                    //关闭数据库连接
    }
}
```

（7）双击 AddExpenditure 中"保存"按钮，进入源代码编辑窗口，为"保存"按钮的 Click 事件修改代码，用于保存想要添加的收支明细。

```csharp
private void btnSave_Click(object sender, EventArgs e)
{
    int iId = 0;                          //选择的收支项目的编号
    Item item = lstItem. SelectedItem as Item;
    if (item != null) iId = item. IId;
```

```
        decimal amount = numAmount.Value;           //金额
        DateTime date = dtpDate.Value;               //日期
        string explain = txtExplain.Text;            //说明
        string sql = String.Format("INSERT INTO List(ItemID,Amount,TradeDate,Explain) VALUES "
+ "({0},{1},'{2}','{3}')", iId, amount,date,explain);      //添加收支明细的 SQL 语句
        try
        {
            conn.Open();                             //打开数据库连接
            comm.CommandText = sql;                  //设置 Command 对象要执行的 SQL 语句
            int count = comm.ExecuteNonQuery();//执行更新命令,返回值为更新的行数
            if (count > 0)
                MessageBox.Show("添加收支明细成功", "添加成功", MessageBoxButtons.OK,
MessageBoxIcon.Information);
            else
                MessageBox.Show("添加收支明细失败", "添加失败", MessageBoxButtons.OK,
MessageBoxIcon.Information);
        }
        catch (Exception ex)
        {
            MessageBox.Show(ex.Message, "操作数据库出错!", MessageBoxButtons.OK,
MessageBoxIcon.Exclamation);
        }
        finally
        {
            conn.Close();                            //关闭数据库连接
        }
    }
```

【分析】 由于窗体类 AddExpenditure 的多个成员方法都要使用连接对象、命令对象和数据读取对象,因此在第(3)步中将它们定义为成员字段(即代码中的 conn、comm 和 dr)。新增加 Item 类的作用是加载收支项目列表时作为对象加入。但请注意,因为在"收支项目"列表中显示内容是收支项目 Item 对象 ToString()方法的结果,所以必须重载 ToString()方法。第(5)步根据用户选择的是"收入"或"支出",使用命令对象的 ExecuteReader()方法,读出对应的"收入"或"支出"类别项,用 DataReader 的 Read()方法循环读出每项类别的编号和名称,据此,创建一个 Category 类的对象并加载到"收支类别"组合框中,实现收支类别的动态加载。其中,Category 类在例 10-3 中已经添加,由于例 10-4 的代码与例 10-3 的代码都位于同一命名空间,因此可以直接使用。由于这一步的代码与例 10-3 的第(4)步的代码几乎相同,因此本例省略相关代码。第(6)步根据用户在收支类别组合框中选择的内容,实现收支项目列表的动态加载。在这一步,同样使用命令对象的 ExecuteReader()方法,读出所选择的收支类别的所有收支项,用 DataReader 的 Read()方法循环读出每个收支项的编号和名称,据此,创建一个 Item 类的对象,并加载到收支项列表框中。当用户在窗体输入收支明细的信息后,单击"保存"按钮将执行第(7)步的代码,在这一步,使用命令对象的 ExecuteNonQuery()方法将数据写入到 List 表中,完成收支明细添加。程序运行效果如图 10-5 所示。

图 10-5 "添加收支明细"运行效果

10.4　DataSet 与 DataAdapter 对象的使用

10.4.1　DataSet 与 DataAdapter 对象

DataReader(数据读取对象)是一种快速的、轻量的、单向只进的数据访问对象,结合命令对象,可以较快地查询和修改少量的数据,但当数据量较大,想要大批量地查询和修改数据,或者想在断开数据库连接的情况下操作数据时,DataReader 就无法做到了,这时可以使用 DataSet(数据集对象)。

DataSet 可以简单理解为一个临时数据库,DataSet 将数据源的数据保存在内存中并独立于任何数据库,此时 DataSet 中的数据相当于数据源的数据的一个副本,应用程序与内存中的 DataSet 数据进行交互,在交互期间不需要连接数据源,因此可以极大地加快数据访问和处理速度,同时也节约了资源。这一切就像在现实生活中工厂仓库、临时仓库与生产线的关系。生产线上需要的材料和生产的成品都来自于或存放在工厂仓库,但如果频繁同仓库交互会降低效率,可以在生产线和工厂仓库之间建立一个临时仓库,存储常用的材料成品,这样可以大大地加快生产的速度。这里的生产线就是应用程序,临时仓库就是 DataSet,而工厂仓库就是数据源。

DataSet 保存了从数据源读取的数据信息,以 DataTable 为单位,自动维护表间关系和数据约束。DataSet 的基本结构如图 10-6 所示。其中,DataTable 是数据源执行一次 SELECT 操作得到的,它同数据源中表的区别在于,它可能是数据源的某个表的所有数据或部分数据,也可能是对数据源的多个表进行联合查询得到的结果。DataSet 内部的所有 DataTable 构成 DataTableCollection 对象。每一个 DataTable 由一个 DataColumnCollection 对象和一个 DataRowCollection 对象组成,前者是表的所有列组成的集合,后者是表的所有行组成的集合。DataTable 还保存数据的当前状态,根据 DataTable 的状态就可知道数据是否被更新或被删除。

DataSet 内部的各个 DataTable 之间的关系是通过 DataRelation 来表达,这些 DataRelation 形成一个集合,称为 DataRelationCollection。每个 DataRelation 表示表之间

的主键—外键关系。当两个 DataTable 存在主键—外键关系时，只要其中的一个表的记录指针移动，另一个表的记录指针也将随之移动；当一个表的记录更新时，如果不满足主键—外键约束，则更新就会失败。例如，假设收支项目 Item 表与收支明细 List 表存在主键—外键约束，当收支明细表包含了"餐饮"方面的支出性的数据记录，此时试图删除收支项目表中的与"餐饮"对应的数据记录就会失败。

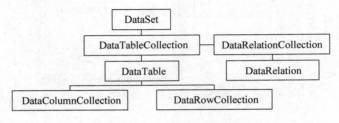

图 10-6　DataSet 的基本结构

图 10-7 显示了数据集的工作原理：客户端向数据库服务器请求数据后，数据库服务器会从数据库中将数据发送给 DataSet，由 DataSet 存储这些数据，并在需要时将数据传递给客户端。客户端对数据进行修改后，先将修改后的数据放入 DataSet 中，然后统一由 DataSet 将修改后的数据提交到数据库服务器中。

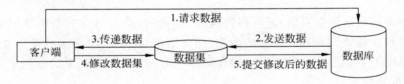

图 10-7　数据集的工作原理

要使用 DataSet，必须先创建 DataSet 对象。在创建 DataSet 对象时可以指定一个数据集的名称，如果不指定名称，则默认为 NewDataSet，一般形式如下。

DataSet 数据集对象 = new DataSet("数据集的名称字符串");

其中，数据集的名称字符串可以省略。

例如：

```
DataSet dst = new DataSet();              //创建一个名为"NewDataSet"的数据集
DataSet ds = new DataSet("MyData");       //创建一个名为"MyData"的数据集
```

接下来，需要在数据集和数据源之建立一个桥梁，用于将数据源中的数据放入数据集中，当数据集中的数据发生改变时能够把修改后的数据再次回传到数据源中。DataAdapter 是 DataSet 和数据源之间的桥接器，用于检索和保存数据。这如同在工厂仓库和临时仓库之间先建立一个道路，用一个大货车在两个仓库之间来回运送货物一样，这里的仓库与临时仓库之间的路相当于数据库连接，而运货车相当于数据适配器 DataAdapter。

在使用不同数据提供程序的 DataAdapter 对象时，对应的命名空间不同。表 10-10 列出了不同命名空间的 DataAdapter 对象。

表 10-10　不同命名空间的 DataAdapter 对象

命　名　空　间	对应的 DataAdapter 对象
System. Data. SqlClient	SqlDataAdapter
System. Data. OleDb	OleDbDataAdapter
System. Data. Odbc	OdbcDataAdapter
System. Data. OracleClient	OracleDataAdapter

表 10-11 列出了 DataAdapter 的主要成员。

表 10-11　DataAdapter 的主要成员

属性或方法	说　　　明
SelectCommand	从数据库检索数据的 Command 对象,该对象封装了 SQL 的 SELECT 语句
InsertCommand	向数据库插入数据的 Command 对象,该对象封装了 SQL 的 INSERT 语句
UpdateCommand	修改数据库中数据记录的 Command 对象,该对象封装了 SQL 的 UPDATE 语句
DeleteCommand	删除数据库中的数据记录的 Command 对象,该对象封装了 SQL 的 DELETE 语句
Fill()	向 DataSet 对象填充数据
Update()	将 DataSet 中的数据提交到数据库

使用 DataAdapter 对象填充数据集时,先使用 Connection 连接数据源,然后使用 Fill() 方法填充 DataSet 中的表,一般格式如下。

（1）创建 SqlDataAdapter 对象。

SqlDataAdapter 对象名 = new SqlDataAdapter(SQL 语句,数据库连接);

（2）填充 DataSet。

DataAdapter 对象. Fill(数据集对象,"数据表名");

把数据集中修改过的数据提交到数据源时,需要使用 Update()方法,在调用 Update() 方法前,要先设置需要的相关命令,包括 INSERT、UPDATE 和 DELETE 命令,可通过 表 10-11 的相关的属性完成设置,也可以使用 SqlCommandBuilder 对象来自动生成更新所 需要的相关命令,简化操作,步骤如下。

（1）自动生成用于更新的相关命令。

SqlCommandBuilder builder = new SqlCommandBuilder(已创建的 DataAdapter 对象);

（2）将 DataSet 的数据提交到数据源。

DataAdapter 对象. Update(数据集对象,"数据表名称字符串");

10.4.2　DataGridView 控件

DataGridView（数据表格视图控件）是一个强大而灵活的用于显示数据的可视化控件, 通过可视化操作可以轻松定义控件外观,像 Excel 表格一样方便地显示和操作数据。

使用 DataGridView 显示数据时,首先需要指定 DataGridView 的数据源（即 DataSource 属性）,实现步骤如下。

（1）在窗体中添加 DataGridView 控件。

（2）设置 DataGridView 控件的 Columns 属性，以确定显示哪些数据列。

（3）设置 DataGridView 控件的 DataSource 属性，指定数据源。

表 10-12 列出了 DataGridView 的重要属性。

表 10-12　DataGridView 的主要属性

属　　性	说　　明
Columns	包含的列的集合，可以在其中编辑各列的属性
DataSource	DataGridView 的数据源
ReadOnly	是否可以编辑单元格

在 DataGridView 控件的属性对话框中，单击 Columns 属性右边的生成器按钮 <kbd>...</kbd>，可打开"编辑列"对话框，这样就可以编辑要显示的各列属性，包括指定各列的显示外观和要显示的数据字段。表 10-13 列出了 DataGridView 中各列的主要属性。

表 10-13　DataGridView 中各列的主要属性

属　　性	说　　明
DataPropertyName	绑定的数据列的名称
HeaderText	列标题文本
Visible	指定列是否可见
Frozen	指定水平滚动 DataGridView 时列是否移动
ReadOnly	指定单元格是否为只读

单击 DataGridView 控件右上角的三角形按钮 " <kbd>▷</kbd> "，可打开该控件的任务列表，从中单击"编辑列"命令，也可以打开"编辑列"对话框。若在任务列表中单击"选择数据源"组合框中的"添加项目数据源"，可打开数据源的配置向导，通过该向导可完成针对数据源的查询、增加、修改和删除等 SQL 操作。之后，在任务列表中勾选"启用添加""启动编辑"和"启动删除"等选项，这样 DataGridView 控件即可支持以列表形式完成数据源的查询和增删改操作了，如图 10-8 所示。

图 10-8　DataGridView 控件的任务列表

10.4.3　应用实例——实现收支明细的查询

【**例 10-5**】　在项目 MyAccounting 中，连接 Financing 数据库，使用 DataAdapter 与 DataSet 读取收支明细列表并使用 DataGridView 显示数据。

（1）启动 VS2017，打开 Windows 应用程序 MyAccounting。

（2）在解决方案资源管理器中右击 MyAccounting，选择"添加"→"Windows 窗体"命令，添加名为 SelectList.cs 的窗体。

（3）双击 SelectList.cs，切换到设计视图，从工具栏中拖动 3 个 Label、1 个 ComboBox、

2 个 TextBox、1 个 Button 和 1 个 DataGridView 控件到窗体设计区。这些控件的布局如图 10-9 所示。

图 10-9　收支明细查询窗体

（4）设置各控件的属性，其中 ComboBox、2 个 TextBox、Button 和 DataGridView 控件的 Name 属性分别设置为 cboKey、txtValue1、txtValue2、btnSelect 和 dgvList。设置 DataGridView 控件的 AutoSizeColumnsMode 为 Fill，ReadOnly 为 true；txtValue2 的 Enabled 为 false。

（5）在 SelectList. cs 的代码视图中，加入如下代码。

```
public partial class SelectList : Form
{
    string connString = @"Data Source = .; Initial Catalog = Financing; User ID = sa; Pwd = 123456";
    SqlConnection conn;                      //声明连接对象
}
```

（6）双击组合框控件（cboKey），进入源代码编辑窗口，为该控件的 SelectedIndexChanged 事件添加以下代码，动态设置可供输入的文本框。

```
private void cboKey_SelectedIndexChanged(object sender, EventArgs e)
{
    string key = cboKey.SelectedItem.ToString();
    txtValue1.Text = txtValue2.Text = "";
    if (key == "金额" || key == "日期")
        txtValue2.Enabled = true;
    else
        txtValue2.Enabled = false;
}
```

（7）双击 SelectList 窗体的空白区域，进入源代码编辑窗口，为 SelectList 窗体的 Load 事件添加以下代码，用于初始化成员字段。

```
private void SelectList_Load(object sender, EventArgs e)
{
    conn = new SqlConnection(connString);  //创建连接对象
    cboKey.SelectedIndex = 0;
}
```

C# 数据库编程技术

(8) 返回设计视图,双击 btnSelect 按钮控件,进入源代码编辑窗口,为 btnSelect 控件的 Click 事件添加以下代码,将符合条件的收支明细显示在 DataGridView 中。

```csharp
private void btnSelect_Click(object sender, EventArgs e)
{
    string key = cboKey.SelectedItem.ToString();
    string value1 = txtValue1.Text.Trim();
    string condition = "";
    switch(key)                                      //设置查询条件
    {
        case "收支项":
            condition = String.Format("and c.ItemName like '%{0}%'",value1);break;
        case "类别":
            condition = String.Format("and b.CategoryName like '%{0}%'",value1);break;
        case "说明":
            condition = String.Format("and a.Explain like '%{0}%'",value1);break;
        case "金额":
            condition = String.Format("and a.Amount between '{0}' and '{1}'",
value1,txtValue2.Text.Trim());break;
        case "日期":
            condition = String.Format("and a.TradeDate between '{0}' and '{1}'",
value1,txtValue2.Text.Trim());break;
    }
    string sql = "select a.ListID as ID,c.ItemName as 收支项,b.CategoryName as 类别, "
    + "b.IsPayout as 是否支出,a.TradeDate as 收支日期,a.Amount as 金额,a.Explain as 说明"
    + " from List as a,Category as b,Item as c where a.ItemID = c.ItemID and c.CategoryID = b.CategoryID "
    + condition;                                     //多表联合查询,获取收支明细
    SqlDataAdapter da = new SqlDataAdapter(sql, conn); //创建 DataAdapter 对象
    DataSet ds = new DataSet();                        //创建 DataSet 对象
    da.Fill(ds);                                       //用 DataAdapter 对象填充 DataSet
    dgvList.DataSource = ds.Tables[0];                 //指定 dgvList 的数据源
}
```

【分析】 启动应用程序后,在主窗体的菜单项中选择"收支管理→"统计查询",在打开的"收支明细查询"窗口中选择"查询字段"后在"内容"中输入查询的内容,其中,如果选择"金额"或"日期",将要求输入一个值的范围,单击"查询"按钮后,利用 DataAdapter 对象填充 DataSet,并将 DataGridView 的数据源设置为 DataSet 的 Tables 表中第一张表,其程序运行效果如图 10-9 所示。

习　　题

1. Connection 对象的什么方法用来打开和关闭数据库连接?

2. Command 对象的 ExecuteScalar()方法返回什么?

3. 在 ADO.NET 中,什么对象能够读取数据库查询结果?

4. Command 对象的 ExecuteReader()方法返回什么?

5. Command 对象的 ExecuteNonQuery()方法返回什么?

6. . NET 数据提供程序包括哪几个核心对象？每个核心对象的作用是什么？

7. 在库存管理系统中，需要逐行浏览产品（product）表（由编号 pid、名字 name、类别 type、单价 price、库存量 amount 等字段组成）。为此，需要用 ADO. NET 来实现逐行浏览功能。假设使用标签控件 lblShow 来显示数据记录，使用按钮控件 btnNext 来显示下一条记录，使用按钮控件 btnPrevious 来显示上一条记录，请编写这两个按钮控件的 Click 事件方法，实现往下或往上浏览产品信息。

上机实验 10

一、实验目的

掌握 ADO. NET 技术的使用方法。

二、实验要求

1. 熟悉 VS2017 的基本操作方法。
2. 认真阅读本章相关内容，尤其是案例。
3. 实验前进行程序设计，完成源程序的编写任务。
4. 反复操作，直到不需要参考教材也能熟练操作为止。

三、实验内容

1. MyBookShop 数据库的 Books 表结构如表 10-14 所示，设计一个如图 10-10 所示的 Windows 应用程序，该程序界面由 1 个 ListBox 和 1 个 Button 构成，编写程序，连接 MyBookShop，用 SqlDataReader 获取所有书名并显示在 ListBox 控件中。

表 10-14　Books 表

字 段 名	类 型	其他属性	说 明
ID	int	非空，主键，标识列	书目编号
Title	nvarchar(200)	非空	书名
Author	nvarchar(200)		作者
UnitPrice	money		单价

图 10-10　运行效果

C# 数据库编程技术

2. 设计一个如图 10-11 所示的 Windows 应用程序,该程序界面由 1 个 DataGridView 和 2 个 Button 构成,编写程序,连接 MyBookShop,DataAdapter 与 DataSet 对象获取所有书目信息并显示在 DataGridView 控件中,同时,可以在 DataGridView 中更新数据。单击"更新"可以把数据写回到数据库中。

图 10-11　运行效果

核心代码提示:

```
private void button1_Click(object sender, EventArgs e)    //显示数据
{
    string connString = "Data Source = . ; Initial Catalog = MyBookShop; User ID = sa; pwd =
123456";
    SqlConnection connection = new SqlConnection(connString);
    string sql = "SELECT * FROM Books";
    dataAdapter = new SqlDataAdapter(sql, connection);
    dataSet = new DataSet();
    dataAdapter.Fill(dataSet, "MyData");
    dataGridView1.DataSource = dataSet.Tables[0];
}
private void button2_Click(object sender, EventArgs e)    //更新数据
{
    SqlCommandBuilder builder = new SqlCommandBuilder(dataAdapter);
    dataAdapter.Update(dataSet, "MyData");
}
```

3. 完成实验 9-2 设计的通讯录管理软件,完成新建联系人、查看联系人和新建分组。程序所需数据库和表按新建联系人窗体设计。

提示:新建分组可以参照例 10-3 完成,新建联系人可以按参照例 10-4 完成,在该程序中,应新建一个窗体用于查看联系人,实现方式可以参照例 10-5 完成。

四、实验总结

写出实验报告,报告内容包括实验内容、任务分析、算法设计、源程序、实验体会等,并记录实验过程中的疑难点。

第 11 章　文件操作与编程技术

总体要求

- 理解文件与流的区别，了解常用的操作流的类的功能。
- 了解文本文件和二进制文件的区别，掌握文本文件或二进制文件读写方法。
- 了解序列化和反序列化的概念，掌握序列化和反序列化的实现方法。
- 熟悉文件操作控件，掌握利用这些控件来打开或保存文件的实现方法。

相关知识点

- 文件、流、序列化和反序列化的概念。
- .Net 中文件操作相关的类及使用方法。

学习重点

- 文本文件或二进制文件读写。
- 文件操作控件使用。

学习难点

- 对象的序列化和反序列化。

应用程序的数据最终以文件形式存储在磁盘中，因此有关文件的读写、修改、存储等操作是应用程序的基本功能。.Net Framework 提供了非常强大的文件操作功能，利用这些功能可以方便地编写 C♯ 应用程序，实现文件各种操作。本章将介绍文件的操作及其编程技巧。

11.1　文件的输入/输出

11.1.1　文件 I/O 与流

在.Net Framework 中，文件和流是有区别的。文件是存储在存储介质上的数据集，是静态的，它具有名称和相应的路径。当打开一个文件并对其进行读写时，该文件就成为流(Stream)。但是，流不仅仅是指打开的磁盘文件，还可以是网络数据、控制台应用程序中的键盘输入和文本显示，甚至是内存缓存区的数据读写。因此，流是动态的，它代表正处于输入/输出状态的数据，是一种特殊的数据结构。

1. 流的基本操作

流包括以下基本操作。

(1) 读取(Read)表示把数据从流输出到某种数据结构中，例如输出到字节数组。

(2) 写入(Write)表示把数据从某种数据结构输入到流中，例如把字节数组中的数据输入到流中。

（3）定位（Seek）表示在流中查询或重新定位当前位置。

2. 操作流的类

在.Net Framework中，与操作流有关的类有多种。

（1）Stream类。

Stream类是所有流的抽象基类。Stream类的主要属性有CanRead（是否支持读取）、CanSeek（是否支持查找）、CanTimeout（是否可以超时）、CanWrite（是否支持写入）、Length（流的长度）、Position（获取或设置当前流中的位置）、ReadTimeout（获取或设置读取操作的超时时间）、WriteTimeout（获取或设置写操作的超时时间）等。主要方法有BeginRead（开始异步读操作）、BeginWrite（开始异步写操作）、Close（关闭当前流）、EndRead（结束异步读取）、EndWrite（结束异步写）、Flush（清除流的所有缓冲区并把缓冲数据写入基础设备）、Read（读取字节序列）、ReadByte（读取一个字节）、Seek（设置查找位置）、Write（写入字节序列）、WriteByte（写入一个字节）等。

（2）TextReader和TextWriter类及其派生类。

TextReader类是一个可读取连续字符系列的文本读取器，是StreamReader和StringReader的抽象基类。TextWriter类是一个可以生成有序字符系列的文本书写器，是StreamWriter和StringWriter的抽象基类。

其中，StreamReader类采用Encoding编码从流Stream或文本文件中读取字符，StreamWriter类采用Encoding编码向流Stream或文本中写入字符。

字符串读取器StringReader从String中读取字符，字符串写入器StringWriter向StringBuilder中写入字符。

（3）FileStream、MemoryStream和BufferStream类。

文件流FileStream类以流的形式读、写、打开、关闭文件。另外，它还可以用来操作诸如管道、标准输入/输出等其他与文件相关的操作系统句柄。

内存流MemoryStream类用来在内存中创建流，以暂时保存数据，因此有了它就无须在硬盘上创建临时文件。它将数据封装为无符号的字节序列，可直接进行读、写、查找操作。

缓冲流BufferStream类表示把流先添加到缓冲区再进行数据的读/写操作。缓冲区是存储区中用来缓存数据的字节块。使用缓冲区可以减少访问数据时对操作系统的调用次数，增强系统的读/写功能。

值得注意的是，FileStream类也具有缓冲功能，在创建FileStream类的实例时，只需要指定缓冲区大小即可。

11.1.2　读写文本文件

文本文件是一种纯文本数据构成的文件。事实上，文本文件只保存了字符的编码。.Net Framework支持多种编码，包括ASCII、UTF7、UTF8、Unicode和UTF32。

在.Net Framework中，读写文本文件主要使用文本读取器TextReader和文本写入器TextWriter类，也可以使用其派生类流读取器StreamReader和流写入器StreamWriter或者StringReader和StringWriter。

TextReader类及其派生类的常用方法如表11-1所示。

表 11-1　TextReader 类及其派生类的常用方法

方 法 名 称	说　　明
Close	关闭读取器并释放系统资源
Read	读取下一个字符,如果不存在,则返回-1
ReadBlock	读取一块字符
ReadLine	读取一行字符
ReadToEnd	读取从当前位置直到结尾的所有字符

TextWriter 类及其派生类的常用方法如表 11-2 所示。

表 11-2　TextWriter 类及其派生类的常用方法

方 法 名 称	说　　明
Close	关闭编写器并释放系统资源
Flush	清除当前编写器的所有缓冲区,使所有缓冲数据写入基础设备
Write	写入文本流
WriteLine	写入一行数据

【例 11-1】　设计一个简单的日志程序,效果如图 11-1 所示。

图 11-1　运行效果

(1) 首先根据表 11-3 在 Windows 窗体中添加窗体控件。

表 11-3　需要添加的控件及其属性设置

控 件	属 性	属 性 设 置	控 件	属 性	属 性 设 置
Label1	Text	请输入日志内容:	Label2	Text	已有的日志内容:
TextBox1	Name	txtSource	Button1	Name	btnSave
	MultiLine	true		Text	保存
TextBox2	Name	txtShow	Button2	Name	btnShow
	MultiLine	true		Text	显示
	ReadOnly	true			

(2) 分别为两个按钮添加单击事件方法,代码如下。

【注意】　必须事先引用命名空间:System.IO;

```
private void btnSave_Click(object sender, EventArgs e)
{
    StreamWriter sw = new StreamWriter(@"d:\Data\日志.txt", true);
    sw.WriteLine(DateTime.Now.ToString());
    sw.WriteLine(txtSource.Text);
    sw.Close();
}
private void btnShow_Click(object sender, EventArgs e)
{
    StreamReader sr = new StreamReader(@"d:\Data\日志.txt");
    txtShow.Text = sr.ReadToEnd(); ;
    sr.Close();
}
```

【分析】 该程序在保存日志内容时,首先利用 StreamWriter 类的构造函数创建流写入器对象,构造函数的第一个参数表示文件名的路径。当指定的文件不存在时,流写入器将自动创建该文件;第二个参数表示是否添加新内容,等于 false 时将覆盖原有内容。然后调用 WriteLine 方法把日志内容写入文件。在读取日志内容时,首先利用 StreamReader 类的构造函数创建流读取器对象同时打开磁盘文件,接着调用 ReadToEnd 方法把文件内容全部读出,返回的字符串通过文本框输出。

11.1.3 读写二进制文件

二进制文件是以二进制代码形式存储的文件,数据存储为字节序列。二进制文件可以包含图像、声音、文本或编译之后的程序代码。

在.Net Framework 中,读写二进制文件主要使用读取器 BinaryReader 和写入器 BinaryWriter 类,它们都属于 System.IO 命名空间。

BinaryReader 类可以把原始数据类型的数据(二进制形式)读取为具有特定编码格式的数据。BinaryReader 类的常用方法如表 11-4 所示。

表 11-4　BinaryReader 类及其派生类的常用方法

方 法 名 称	说　　明	方 法 名 称	说　　明
Close	关闭读取器	ReadDouble	读取 8 字节浮点值
ReadBoolean	读取下一个 Boolean 值	ReadInt16	读取 2 字节有符号整数
ReadByte	读取下一个的字符	ReadInt32	读取 4 字节有符号整数
ReadBytes	读后续的 n 个字节	ReadInt64	读取 8 字节有符号整数
ReadChar	读取下一个的字符	ReadSingle	读取 4 字节浮点值
ReadChars	读后续的 n 个字符	ReadString	读取一个字符串
ReadDecimal	读取十进制数值		

BinaryWriter 类可以把原始数据类型的数据写入流中,并且它还可以写入具有特定编码格式的字符串。BinaryWriter 类的常用方法如表 11-5 所示。

表 11-5　BinaryWriter 类及其派生类的常用方法

方 法 名 称	说　　　明
Close	关闭写入器
Flush	把所有缓冲数据写入流,并清空缓冲区
Seek	设置当前流中的位置
Write	将值写入流

【注意】　BinaryReader 和 BinaryWriter 不能直接操作磁盘文件或内存缓冲。为此,编程时可先构造一个 FileStream 对象、MemoryStream 或 BufferStream 对象等,再通过该对象让 BinaryReader 和 BinaryWriter 对象间接地读写磁盘文件或内存缓冲。

【例 11-2】　设计一个 Windows 应用程序,实现如图 11-2 所示的效果。

图 11-2　运行效果

(1) 首先根据表 11-6 在 Windows 窗体中添加窗体控件。

表 11-6　需要添加的控件及其属性设置

控　　件	属　　性	属 性 设 置	控　　件	属　　性	属 性 设 置
Label1	Text	学号:	RadioButton2	Name	rdoFemale
Label2	Text	姓名:		Text	女
Label3	Text	性别:	Button1	Name	btnSave
TextBox1	Name	txtNo		Text	保存
TextBox2	Name	txtName	ListBox1	Name	lstShow
groupBox1	Name	gpSex	Button2	Name	btnShow
RadioButton1	Name	rdoMale		Text	显示
	Text	男			

【注意】　两个 RadioButton 控件必须放置于 GroupBox 控件之中,以构造选项组。

(2) 分别为保存和显示按钮添加单击事件方法,代码如下。

```
private void btnSave_Click(object sender, EventArgs e)
{
    FileStream fs = new FileStream(@"d:\Data\student.dat",
                            FileMode.Append, FileAccess.Write);
    BinaryWriter bw = new BinaryWriter(fs);          //通过文件流写文件
    bw.Write(Int32.Parse(txtNo.Text));               //写入一个整数
    bw.Write(txtName.Text);                          //写入一个字符中
    bool isMale;
    if (rdoMale.Checked)
```

```
                isMale = true;
        else
                isMale = false;
        bw.Write(isMale);                              //写入一个 Bool 值
        fs.Close();
        bw.Close();
    }


    private void btnShow_Click(object sender, EventArgs e)
    {
        lstShow.Items.Clear();
        lstShow.Items.Add("学号\t 姓名\t 性别");
        FileStream fs = new FileStream(@"d:\data\student.dat",
                                FileMode.Open, FileAccess.Read);
        BinaryReader br = new BinaryReader(fs);        //通过文件流读文件
        fs.Position = 0;
        while (fs.Position != fs.Length)
        {
            int s_no = br.ReadInt32();                 //读出一个整数
            string name = br.ReadString();             //读出一个字符串
            string sex = "";
            if (br.ReadBoolean())                      //读出一个 Bool 值
                sex = "男";
            else
                sex = "女";
            string result = String.Format("{0}\t{1}\t{2}", s_no, name, sex);
            lstShow.Items.Add(result);
        }
        br.Close();
        fs.Close();
    }
```

【分析】 该程序在保存数据时,首先利用 FileStream 类的构造函数创建一个文件流对象。该构造函数具有三个参数,第一个字符串参数表示文件名。第二个参数是文件模式,FileMode. Append 的意义是打开现有文件并查找到文件尾(如果文件不存在,则创建新文件)。第三个参数为文件操作方式,FileAccess. Write 表示写文件。然后,通过文件流对象创建 BinaryWriter 写入器对象。接下来,连续调用写入器对象的 Write 方法把文本框的数据写入文件流。在显示文件数据时,首先创建文件流对象,并指定操作方式为打开和读取文件。然后,通过文件流对象创建 BinaryReader 读取器对象。之后,使用读取器对象从头至尾循环读取文件流。最后,把读出来的数据添加到列表框中输出。

11.1.4 对象的序列化

采用例 11-2 所示的方法,虽然可以将数据写入文件,也可以将数据从文件中读出,但是存在缺陷,即必须保证读写顺序相同(特别在各种数据的类型不相同时)。例如,如果按学号、姓名和性别的顺序写入数据,则必须按该顺序读取数据。实际上,根据面向对象的思想,这些数据可以封装为一个整体,只要以对象或对象集为单位读写数据,就可避免这一问题。为此,可采用. NET Framework 的对象序列化功能来实现。

对象序列化是将对象转换为流的过程。与之相对的是反序列化,它将流转换为对象。这两个过程结合起来,就使得数据能够轻松地以对象或对象集为单位存储和传输。

在. Net Framework 中,存在着两个支持序列化的类:一个是 BinaryFormatter,另一个是 SoapFormatter。BinaryFormatter 类用来把对象的值转换为字节流,以便写入磁盘文件,该类位于 System. Runtime. Serialization. Formatters. Binary 命名空间中。SoapFormatter 类用来把对象的值转换为 SOAP 格式的数据,实现 Internet 远程传输,该类位于 System. Runtime. Serialization. Formatters. Soap 命名空间中。

对象序列化编程的基本步骤为:首先用 Serializable 属性把包含数据的类标记为可序列化的类,如果其中某个成员不需要序列化,则使用 NonSerialized 来标识。然后调用 BinaryFormatter 或 SoapFormatter 的 Serialize 方法实现对象的序列化。反序列化时,则调用 Deserialize 方法。

【例 11-3】 设计一个 Windows 程序,通过对象的序列化和反序列化实现与例 11-2 相同的功能。

(1) 首先根据表 11-7 在 Windows 窗体中添加窗体控件。

表 11-7 需要添加的控件及其属性设置

控 件	属 性	属性设置	控 件	属 性	属性设置
Label1	Text	学号:	RadioButton2	Name	rdoFemale
Label2	Text	姓名:		Text	女
Label3	Text	性别:	Button1	Name	btnAdd
TextBox1	Name	txtNo		Text	添加
TextBox2	Name	txtName	Button2	Name	btnSave
groupBox1	Name	gpSex		Text	保存
RadioButton1	Name	rdoMale	Button3	Name	btnShow
	Text	男		Text	显示
ListBox1	Name	1stShow			

【说明】 "添加"按钮的作用是把学生的数据信息添加到学生列表中,"保存"按钮作用是先把学生列表序列化再写入磁盘文件,"显示"按钮的作用是先读取磁盘文件再反序列化得学生列表,最后逐个显示学生。

(2) 定义可序列化的类,包括学生类和学生列表,代码如下:

```
[Serializable]                                    //指示学生类是可序列化的类
public class Student                              //学生类
{
    public int sno;
    public string name;
    public bool sex;
    public Student(int s_no, string name, bool isMale)    //构造函数
    {
        this.sno = s_no;
        this.name = name;
        this.sex = isMale;
```

```
        }
    }
    [Serializable]                                          //指示学生列表是可序列化的类
    public class StudentList                                //学生列表类
    {
        private Student[ ] list = new Student[100];
        public Student this[ int index]                     //索引器
        {
            get
            {
                if (index < 0 || index >= 100)              //检查索引范围
                    return list[0];
                else
                    return list[ index];
            }
            set
            {
                if (!(index < 0 || index >= 100))
                    list[ index] = value;
            }
        }
    }
}
```

（3）引用 System. IO 和 System. Runtime. Serialization. Formatters. Binary 命名空间，并在窗体中定义一个学生列表对象和计数器变量 i，代码如下：

```
using System. IO;
using System. Runtime. Serialization. Formatters. Binary;
public partial class Test11_3 : Form
{
    private StudentList list = new StudentList();   //声明一个学生列表
    private int i = 0;                      //i用来标记即将加入列表中的学生，也代表学生的个数
    //……
}
```

（4）为"添加"和"保存"和"显示"按钮编写 Click 事件方法，源代码如下：

```
private void btnAdd_Click(object sender, EventArgs e)
{
    int sno = Int32. Parse(txtNo. Text);
    bool isMale;
    if (rdoMale. Checked)
        isMale = true;
    else
        isMale = false;
    Student student = new Student(sno, txtName. Text, isMale);
    list[i] = student;                                      //把学生添加到列表中
```

```
            i++;
    }
    private void btnSave_Click(object sender, EventArgs e)
    {
        string file = @"d:\data\ student_obj.dat";
        Stream stream = new FileStream(file, FileMode.OpenOrCreate, FileAccess.Write);
        BinaryFormatter bf = new BinaryFormatter();          //创建序列化对象
        bf.Serialize(stream, list);                          //把学生列表序列化并写入流
        stream.Close();
    }
    private void btnShow_Click(object sender, EventArgs e)
    {
        lstShow.Items.Clear();
        lstShow.Items.Add("学号\t姓名\t性别");
        string file = @"d:\data\ student_obj.dat";
        Stream stream = new FileStream(file, FileMode.Open, FileAccess.Read);
        BinaryFormatter bf = new BinaryFormatter();          //创建序列化对象
        StudentList students = (StudentList)bf.Deserialize(stream);     //把流反序列化
        int k = 0;
        while(students[k] != null)                           //逐个显示学生数据
        {
            int s_no = students[k].sno;
            string name = students[k].name;
            bool isMale = students[k].sex;
            string sex = "";
            if (isMale)
                sex = "男";
            else
                sex = "女";
            string result = String.Format("{0}\t{1}\t{2}", s_no, name, sex);
            lstShow.Items.Add(result);
            k++;
        }
        stream.Close();
    }
```

（5）运行程序，测试效果。效果如图 11-3 所示。

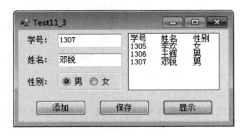

图 11-3　运行效果

第
11
章

文件操作与编程技术

11.2　文件操作控件

对于文件的操作,用户有时希望能用可视化的窗口来进行交互,比如对话框和消息框等,这样界面更友好、直观。。NET Framework 提供了一组控件来加强文件操作的可视化设计,包括 SaveFileDialog、OpenFileDialog 和 FolderBrowseDialog 控件。

11.2.1　SaveFileDialog 控件

SaveFileDialog 控件位于 System. Windows. Forms 命名空间中,其作用是显示"另存为"对话框,以更灵活的方式保存文件。它和 OpenFileDialog 一样,也是从抽象类 FileDialog 派生出来的,其常用属性和方法在基类 FileDialog 中均有定义。表 11-8 列出 FileDialog 类的常用属性,表 11-9 列出 FileDialog 类的常用方法。

表 11-8　FileDialog 的常用属性

名　称	说　明
AddExtension	指示是否自动在文件名中添加扩展名
CheckFileExists	指示如果用户指定不存在的文件名,对话框是否显示警告
CheckPathExists	指示如果路径不存在,对话框是否显示警告
DefaultExt	获取或设置默认文件扩展名
DereferenceLinks	指示对话框是否返回快捷方式(.lnk)的位置
FileName	获取或设置一个包含在文件对话框中选定的文件名的字符串
FileNames	获取对话框中所有选定文件的文件名
Filter	获取或设置当前文件名筛选器字符串。对于每个筛选选项,筛选器字符串都包含筛选器说明,再跟一垂直线条(|)和筛选器模式。不同筛选选项的字符串由垂直线条隔开。例如:"文本文件(＊.txt)|＊.txt|所有文件(＊.＊)|＊.＊"。通过使用分号来分隔文件类型,可将多个筛选模式添加到筛选器中,例如"图片文件(＊.BMP;＊.JPG;＊.GIF)|＊.BMP;＊.JPG;＊.GIF|所有文件(＊.＊)|＊.＊"
FilterIndex	获取或设置文件对话框中当前选定筛选器的索引
InitialDirectory	获取或设置文件对话框显示的初始目录
Multiselect	指示对话框是否允许选择多个文件
RestoreDirectory	指示对话框在关闭前是否还原当前目录
Title	获取或设置文件对话框标题
ValidateNames	指示对话框是否只接收有效的 Win 32 文件名

表 11-9　FileDialog 的常用方法和事件

名　称	说　明
OpenFile	打开用户选定的具有只读权限的文件,该文件由 FileName 属性指定
Reset	将所有属性重新设置为其默认值
ShowDialog	显示对话框
FileOk	当用户单击文件对话框中的"打开"或"保存"按钮时发生

SaveFileDialog 控件具有两个特殊属性,即 CreatePrompt 和 OverwritePrompt 属性。其中,CreatePrompt 属性用来指示如果用户指定不存在的文件,对话框是否提示用户允许

创建该文件。OverwritePrompt 属性用来指示如果用户指定的文件名已存在，Save As 对话框是否显示警告。

【例 11-4】 设计一个 Windows 应用程序，通过 SaveFileDialog 控件，把学生数据保存到磁盘文件中，并显示成功保存的提示信息，操作界面与例 11-3 类似。

（1）首先进行窗体设计，窗体中各控件的设置见表 11-10。

表 11-10 需要添加的控件及其属性设置

控　件	属　性	属　性　设　置	控　件	属　性	属　性　设　置
Label1	Text	学号：	RadioButton2	Name	rdoFemale
Label2	Text	姓名：		Text	女
Label3	Text	性别：	Button1	Name	btnAdd
TextBox1	Name	txtNo		Text	添加
TextBox2	Name	txtName	Button2	Name	btnSave
groupBox1	Name	gpSex		Text	保存
RadioButton1	Name	rdoMale	SaveFileDialog1	Filter	数据文件, *.dat| *.dat| 所有文件, *.*|*.*
	Text	男			

（2）定义可序列化的类，包括学生类和学生列表，代码参见例 11-3。

（3）分别为"添加"按钮、"保存"按钮和 saveFileDialog1 控件添加事件方法。其中，"添加"按钮的作用是把学生的数据信息添加到学生列表中，其 Click 事件方法代码与例 11-3 相同。SaveFileDialog1 控件的 FileOk 事件方法把学生列表序列化，再写入到 saveFileDialog1 控件所打开的磁盘文件中。主要代码如下：

```
private StudentList list = new StudentList();    //声明一个学生列表
private int i = 0;                               //i用来标记即将加入列表中的学生,也代表
                                                 //学生的个数
//……省略 btnAdd_Click 事件方法代码
private void btnSave_Click(object sender, EventArgs e)
{
    saveFileDialog1.ShowDialog();                //显示"另存为"对话框
}
private void saveFileDialog1_FileOk(object sender, CancelEventArgs e)
{
    Stream stream = saveFileDialog1.OpenFile();  //打开指定文件
    BinaryFormatter bf = new BinaryFormatter();  //创建序列化对象
    bf.Serialize(stream, list);                  //把学生列表序列化并写入流
    stream.Close();
    MessageBox.Show("数据已成功保存!\n" + "文件名为: " + saveFileDialog1.FileName, "恭喜");
}
```

11.2.2 OpenFileDialog 控件

打开文件对话框 OpenFileDialog 控件位于 System.Windows.Forms 命名空间，其作用是显示一个用户可从中选择文件的对话框窗口。它是从抽象类 FileDialog 派生出来的，其常用属性和方法在基类 FileDialog 中均有定义，其常用属性和方法见表 11-8 和表 11-9。

文件操作与编程技术

第 11 章

291

【例 11-5】 修改例 11-4 的程序，通过 OpenFileDialog 控件，打开已保存的数据文件，并在列表框中显示学生数据信息，最终运行效果如图 11-4 所示。

图 11-4 运行时的窗体界面

（1）首先修改原窗体，添加相应控件，各控件的主要属性设置见表 11-11。

表 11-11 需要添加的控件及其属性设置

控 件	属 性	属 性 设 置	控 件	属 性	属 性 设 置
Label4	Text	文件名：	ListBox1	Name	lstShow
TextBox1	Name	txtFile	Button2	Name	btnOpen
openFileDialog1	Filter	数据文件, ＊.dat｜＊.dat｜所有文件, ＊.＊｜＊.＊		Name	打开
				Text	打开

（2）修改 btnOpen 控件的 Click 事件方法，添加 openFileDialog1 控件的 FileOk 事件方法，代码如下：

```
private void btnOpen_Click(object sender, EventArgs e)
{
    if (openFileDialog1.ShowDialog() == DialogResult.OK)      //显示打开文件对话框
    {
        txtFile.Text = openFileDialog1.FileName;
    }
}

private void openFileDialog1_FileOk(object sender, CancelEventArgs e)
{
    lstShow.Items.Clear();
    lstShow.Items.Add("学号\t 姓名\t 性别");
    Stream stream = openFileDialog1.OpenFile();               //打开选中的文件
    BinaryFormatter bf = new BinaryFormatter();               //创建序列化对象
    StudentList students = (StudentList)bf.Deserialize(stream);  //把流反序列化
    int k = 0;
    while (students[k] != null)                               //逐个显示学生列表中的数据
    {
        int s_no = students[k].sno;
        string name = students[k].name;
        bool isMale = students[k].sex;
        string sex = "";
        if (isMale) sex = "男";
        else sex = "女";
        string result = String.Format("{0}\t{1}\t{2}", s_no, name, sex);
        lstShow.Items.Add(result);
```

```
        k++;
    }
    stream.Close();
}
```

11.2.3   FolderBrowseDialog 控件

FolderBrowseDialog 控件位于 System. Windows. Forms 命名空间中,是从基类 CommonDialog 派生出来的,其作用是提示用户浏览、创建并最终选择一个文件夹。当只允许用户选择文件夹而非文件,则可使用此控件。该控件只能选择文件系统中的物理文件夹,不能选择虚拟文件夹。

FolderBrowseDialog 控件的常用属性有 Description(获取或设置对话框中在树视图控件上显示的说明文本)、RootFolder(获取或设置从其开始浏览的根文件夹)、SelectedPath (获取或设置用户选定的路径)和 ShowNewFolderButton(指示“新建文件夹”按钮是否显示在文件夹浏览对话框中)等,常用方法有 Reset(将属性重置为其默认值)、ShowDialog(显示对话框)等。

FolderBrowserDialog 是有模式对话框,因此在执行 ShowDialog 方法时,应用程序的剩余部分将被阻止运行,直到用户单击了对话框中的“确定”或“取消”按钮。最后,ShowDialog 方法将返回一个 DialogResult 型的枚举值,如果值为 DialogResult.OK,则可以通过 SelectedPath 属性获得用户所选定的文件夹,否则 SelectedPath 属性为空字符串。

【例 11-6】 设计一个简单的 Windows 程序,使用 FolderBrowseDialog 控件设置文档的默认存盘位置,控件布局如图 11-5 所示。

(1)首先进行窗体设计,窗体中各控件的设置见表 11-12。

图 11-5   窗体布局

表 11-12   需要添加的控件及其属性设置

控　件	属　性	属 性 设 置	控　件	属　性	属 性 设 置
Label1	Text	默认文档位置:	Button2	Name	btnOk
TextBox1	Name	txtPosition		Text	确定
Button1	Name	btnBrowse	Button3	Name	btnCancel
	Text	浏览		Text	取消
folderBrowserDialog1	Name	folderBrowserDialog1			

(2)编写浏览按钮的 Click 事件方法,代码如下:

```
private void btnBrowse_Click(object sender, EventArgs e)
{
    if (folderBrowserDialog1.ShowDialog() == DialogResult.OK) //显示"浏览文件夹"对话框
    {
        txtPosition.Text = folderBrowserDialog1.SelectedPath; //返回选中的文件夹路径
    }
}
```

文件操作与编程技术

11.2.4 应用实例——简易的写字板程序

【例 11-7】 设计一个简单的 MDI 写字板程序,提供的功能包括:能创建新文档,也能打开和保存文件;能够设置文档的默认存盘路径;能够更改文档的格式和颜色;能够退出应用程序等。

实现步骤如下。

(1) 首先设计主窗体设计,将主窗体的 IsMdiContainer 属性设置为 true,然后添加以下控件:MenuStrip、StatusStrip、OpenFileDialog、SaveFileDialog、FontDialog、ColorDialog。

其中,OpenFileDialog 和 SaveFileDialog 的 Filter 属性设置为"文本文件(* . txt)| * . txt|RTF 文件| * . rft|所有文件(* . *)| * . * "。

MenuStrip 的 Name 属性设置为 MainMenu,各级菜单设置见表 11-13。

表 11-13　主菜单命令及其设置

菜单对象	属　性	属性设置	控　件	属　性	属性设置
顶级菜单 1	Name	fileMenu	文件菜单的命令 3	Name	saveFile
	Text	文件(&F)		Text	保存
顶级菜单 2	Name	formatMenu	文件菜单的命令 4	Name	closeFile
	Text	格式(&O)		Text	关闭
顶级菜单 3	Name	toolMenu	格式菜单的命令 1	Name	fontMenuItem
	Text	工具		Text	字体
文件菜单的命令 1	Name	newFile	格式菜单的命令 2	Name	colorMenuItem
	Text	新建		Text	颜色
文件菜单的命令 2	Name	openFile	工具菜单的命令 1	Name	optionMenuItem
	Text	打开		Text	选项

(2) 添加并设计"选项设置"窗体 SetDialog,用来设置文档的默认存盘位置,其主要控件及其属性设置参见例 11-6。

(3) 添加并设计"文档"窗体 DocForm,用来显示和编辑文档。在该窗体中添加一个 RichTextBox 控件,其 Name 属性设置为 txtSource,Dock 属性设置为 Fill。

(4) 在"选项设置"窗体 SetDialog 中,定义公共属性以返回所设置的默认文档路径,并编写各按钮的 Click 事件方法。其中"浏览"按钮的代码见例 11-6,其余代码如下:

```
public string docPosition                //公共属性,返回所设置的默认文档路径
{
    get
    {
        return txtPosition.Text;
    }
}
private void btnOk_Click(object sender, EventArgs e)
{
    this.Hide();                          //暂时隐藏当前对话框
}

private void btnCancel_Click(object sender, EventArgs e)
```

```
    {
        txtPosition.Text = "";
        this.Hide();
    }
```

（5）在新添加的"文档"窗体 DocForm 中定义一个公共属性 Source，以便主窗体的菜单命令通过该属性来操作 RichTextBox 控件，实现文档编辑、显示、存储、设置格式和颜色等功能。代码如下：

```
public RichTextBox Source
{
    get
    {
        return txtSource;
    }
    set
    {
        txtSource = value;
    }
}
```

（6）在主窗体类中定义 3 个私有字段：

```
private int wCount = 0;                   //窗体计数器，对已创建的"文档"窗体进行记数
private string initialPos = "";           //打开或保存文档时的默认位置
private DocForm doc;                      //文档窗体对象
```

（7）为各菜单命令编写 Click 事件方法，能够设置默认存盘路径、新建文档、打开文档、保存文档、设置文档字体和颜色格式、退出等。代码如下：

```
//新建文档
private void NewFile_Click(object sender, EventArgs e)
{
    wCount++;                             //窗体计数器的值增加 1
    doc = new DocForm();                  //创建"文档"窗体对象
    doc.MdiParent = this;                 //设置主窗口为"文档"窗体的父窗口
    doc.Text = "文档" + wCount;           //设置"文档"窗体的标题
    doc.Show();                           //显示"文档"窗体
}
//设置打开或保存文档时的默认路径
private void OptionMenu_Click(object sender, EventArgs e)
{
    SetDialog dlg = new SetDialog();      //创建"选项设置"对话框对象
    dlg.ShowDialog();                     //显示"选项设置"对话框
    initialPos = dlg.docPosition;         //获得已设置的默认文档位置
    dlg.Close();                          //关闭"选项设置"对话框
    openFileDialog1.InitialDirectory = initialPos;    //设置"打开"对话框的默认文件夹
    saveFileDialog1.InitialDirectory = initialPos;    //设置"另存为"对话框的默认文件夹
}
//打开文档
private void OpenFile_Click(object sender, EventArgs e)
{
    if (openFileDialog1.ShowDialog() == DialogResult.OK)    //显示"打开"对话框
    {
```

文件操作与编程技术

```
            RichTextBoxStreamType fileType;
            switch(openFileDialog1.FilterIndex)   //判断文档类型
            {
                case 1: fileType = RichTextBoxStreamType.PlainText; break;
                case 2: fileType = RichTextBoxStreamType.RichText; break;
                default: fileType = RichTextBoxStreamType.UnicodePlainText; break;
            }
            wCount++;
            doc = new DocForm();
            doc.MdiParent = this;
            doc.Text = openFileDialog1.FileName; //设置"文档"窗体的标题
            //加载文档,输出到 RichTextBox 控件中
            doc.Source.LoadFile(openFileDialog1.FileName, fileType);
            doc.Show();                           //显示"文档"窗体
        }
    }
    //保存文档
    private void SaveFile_Click(object sender, EventArgs e)
    {
        if (saveFileDialog1.ShowDialog() == DialogResult.OK)     //显示"另存为"对话框
        {
            RichTextBoxStreamType fileType;
            switch(saveFileDialog1.FilterIndex)
            {
                case 1: fileType = RichTextBoxStreamType.PlainText; break;
                case 2: fileType = RichTextBoxStreamType.RichText; break;
                default: fileType = RichTextBoxStreamType.UnicodePlainText; break;
            }
            //把 RichTextBox 控件中的文本输出并保存
            doc.Source.SaveFile(saveFileDialog1.FileName, fileType);
        }
    }
    //修改"文档"窗口已选中的文档的字体
    private void fontMenuItem_Click(object sender, EventArgs e)
    {
        if (fontDialog1.ShowDialog() == DialogResult.OK && doc != null)
        {
            doc.Source.SelectionFont = fontDialog1.Font;
        }
    }
    //修改"文档"窗口已选中的文档的颜色
    private void colorMenuItem_Click(object sender, EventArgs e)
    {
        if(colorDialog1.ShowDialog() == DialogResult.OK && doc != null)
        {
            doc.Source.SelectionColor = colorDialog1.Color;
        }
    }
    //退出并终止应用程序运行
```

```
private void closeFile_Click(object sender, EventArgs e)
{
    Application.Exit();
}
```

（8）运行该程序，测试效果，如图 11-6 所示。

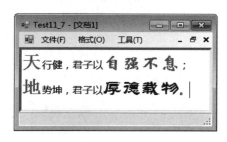

图 11-6　运行效果

习　　题

1. 文件与流有哪些区别？流的基本操作是什么？

2. TextReader、StreamReader 和 StringReader 之间是什么关系？TextWriter、StreamWriter 和 StringWriter 之间是什么关系？请简述它们的功能。

3. 在 .Net Framework 中，FileStream、MemoryStream 和 BufferStream 类分别起什么作用？

4. 文本文件与二进制文件有什么区别？在 .Net Framework 中，读写这两种文件分别使用什么类？

5. 什么是对象的序列化与反序列化？如何编写具有序列化和反序列化的程序？

6. 为了增强文件的操作与管理，在 .NET Framework 中提供了哪些可视化控件？它们分别有哪些功能？

7. 假设窗体中已存在"添加"按钮——btnAdd，若希望每单击该按钮一次，而存储在 counter.txt 文本文件中的数字值就增加 1（注意，在第一次单击该按钮之前，counter.txt 中的数字值为 0），则请编写 btnAdd 按钮的 Click 事件方法，实现所希望的功能。

要求：写出该事件方法的完整代码。

8. 接上一题，若希望每单击 btnAdd 按钮一次，而存储在二进制文件 counter.bin 的数字值就增加 1，则请重新为 btnAdd 按钮编写 Click 事件方法，实现所希望的功能。

上机实验 11

一、实验目的

1. 理解流、序列化和反序列化的概念，熟悉有关流的读写操作类及其使用方法。

2. 掌握 OpenFileDialog、SaveFileDialog 等控件的使用。

297

二、实验要求

1. 熟悉 VS2017 的基本操作方法。

2. 认真阅读本章相关内容，尤其是案例。

3. 实验前进行程序设计，完成源程序的编写任务。

4. 反复操作，直到不需要参考教材也能熟练操作为止。

三、实验内容

1. 设计一个 Web 应用程序，实现如图 11-7 所示的功能。

图 11-7　窗体界面

操作步骤如下：

（1）首先根据图 11-7 添加窗体控件，并根据表 11-14 设置各控件的属性。

表 11-14　需要添加的控件及其属性设置

控　件	属　性	属性设置	控　件	属　性	属性设置
Label1	Text	学号：	Button2	Name	btnNext
Label2	Text	姓名：		Text	下一条
Label3	Text	性别：	Button3	Name	btnAdd
TextBox1	Name	txtNo		Text	添加
TextBox2	Name	txtName	Button4	Name	btnDelete
groupBox1	Name	gpSex		Text	删除
RadioButton1	Name	rdoMale	Button5	Name	btnOpen
	Text	男		Text	打开
RadioButton2	Name	rdoFemale	Button6	Name	btnSave
	Text	女		Text	保存
Button1	Name	btnPrev	OpenFileDialog1	Name	openFile
	Text	上一条		DefaultExt	dat
SaveFileDialog1	Name	saveFile		Filter	*.dat|*.dat
	Filter	*.dat|*.dat			

（2）定义可序列化的类，包括学生类和学生列表，列表参照例 11-3。为学生列表类添加一个公共属性 Count，用来返回列表中学生的人数，其代码如下：

```
public int Count
{
    get
```

```
    {
        int i = 0;
        while (list[i] != null) i++;
        return i;
    }
}
```

（3）为窗体类定义以下私有成员。

```
private StudentList list = new StudentList(); //学生列表对象
private int current = 0;                        //当前学生索引
private void ShowCurrent()                      //显示当前学生的数据
{
    txtNo.Text = list[current].sno.ToString();
    txtName.Text = list[current].name;
    if (list[current].sex)
        rdoMale.Checked = true;
    else
        rdoFemale.Checked = false;
}
```

（4）分别为 btnAdd、btnDelete、btnPrevious、btnNext、btnOpen、btnSave 这 6 个按钮控件添加 Click 事件方法。其中，btnAdd 按钮负责把用户的输入存到列表对象中，btnDelete 按钮负责删除列表对象中当前数据项，btnPrevious 按钮负责显示当前数据项的上一条数据项，btnNext 按钮负责显示当前数据项的下一条数据项，btnOpen 负责显示打开文件的对话框，btnSave 负责显示保存文件的对话框。请参考如下代码：

```
private void btnPrev_Click(object sender, EventArgs e)
{
    if (current == 0)
        MessageBox.Show("已经是第一个学生!");
    else
    {
        current -- ;
        ShowCurrent();
    }
}
private void btnNext_Click(object sender, EventArgs e)
{
    if (current == list.Count - 1)
        MessageBox.Show("已经是最后一个学生!");
    else
    {
        current++;
        ShowCurrent();
    }
}
private void btnAdd_Click(object sender, EventArgs e)
{
```

文件操作与编程技术

```
        int sno = Int32.Parse(txtNo.Text);
        bool isMale;
        if (rdoMale.Checked)
            isMale = true;
        else
            isMale = false;
        Student s = new Student(sno, txtName.Text, isMale);
        list[list.Count] = s;                       //把学生添加到列表中
        current = list.Count;
    }
    private void btnDelete_Click(object sender, EventArgs e)
    {
        int i = current;
        while (i < list.Count)                      //将当前记录之后的记录逐个前移一个位置
        {
            list[i] = list[i + 1];
            i++;
        }
        list[i - 1] = null;
        if (current == list.Count) current--;
        ShowCurrent();
    }
    private void btnOpen_Click(object sender, EventArgs e)
    {
        openFile.ShowDialog();
    }
    private void btnSave_Click(object sender, EventArgs e)
    {
        saveFile.ShowDialog();
    }
```

(5) 分别为 openFile 和 saveFile 控件添加 FileOk 事件方法。openFile 的 FileOk 事件负责读取磁盘文件,经反序列化后得到已有职工列表。saveFile 的 FileOk 事件负责把职工列表对象中的职工数据经过序列化之后写入磁盘文件。参考如下代码:

```
    private void openFile_FileOk(object sender, CancelEventArgs e)
    {
        Stream stream = openFile.OpenFile();           //打开选中的文件
        BinaryFormatter bf = new BinaryFormatter();    //创建格式化对象
        list = (StudentList)bf.Deserialize(stream);    //把流反序列化
        if (list[0] != null)
        {
            current = 0;
            ShowCurrent();                             //显示当前数据
        }
    }
    private void saveFile_FileOk(object sender, CancelEventArgs e)
    {
```

```
        Stream stream = saveFile.OpenFile();
        BinaryFormatter bf = new BinaryFormatter();  //创建序列化对象
        bf.Serialize(stream, list);                   //把学生列表序列化并写入流
        stream.Close();
    }
```

（6）运行该程序，测试各项功能是否正确。

2. 修改例11-6，增加编辑菜单，实现剪切、复制、粘贴、查找和替换功能。

四、实验总结

写出实验报告，报告内容包括实验内容、任务分析、算法设计、源程序、实验体会等，并记录实验过程中的疑难点。

文件操作与编程技术

第 12 章 高级数据访问与处理技术

总体要求

- 了解 XML 的概念及其基本的语法规则。
- 了解访问 XML 的相关技术及其特点(包括 DOM、XPath 和 XQuery 等),初步掌握操作 XML 文档的编程方法,包括创建 XML 文档、查询和编辑 XML 数据等。
- 了解 LINQ 的相关概念,掌握 LINQ 查询的语法规则。
- 初步掌握 LINQ to XML 和 LINQ to SQL 这两大技术的应用方法。

相关知识点

- XML 的基本语法,DOM、XPath 和 XQuery 的概念。
- XML 文档的编程方法。
- LINQ 的语法规则及 LINQ to XML 和 LINQ to SQL 应用方法。

学习重点

- DOM 技术在 XML 中的应用。
- LINQ 查询、LINQ to XML 和 LINQ to SQL。

学习难点

- 创建 XML 文档、查询和编辑 XML 数据。
- LINQ 查询、LINQ to XML 和 LINQ to SQL 的应用方法。

12.1 XML 编程

早期应用程序的数据存储通常借助于自定义的文本文件或二进制文件来实现,后来主要借助于数据库技术来保存应用程序的数据。前者的缺点是无法在不同应用程序之间共享数据,而后者的不足是应用程序严重依赖于某种特定数据库管理系统(DBMS),造成在异构系统之间很难交换数据。为此人们在 1998 年推出了 XML 标准,该标准推出后受到行业的广泛关注和认同。目前,XML 已经成为炙手可热的技术,有关 XML 的编程已经成为程序员的必备要求。为此,本节将简要介绍利用.NET Framework 编写 XML 程序的方法。

12.1.1 XML 概述

XML 是 eXtensible Markup Language 的缩写,是由万维网联盟(World Wide Web Consortium,W3C)定义的一种标记语言,称之为可扩展的标记语言。其设计的初衷是为了克服超文本标记语言(HTML)的不足,将网络上传输的数据规格化,通过自定义的标记来描述数据的结构。

HTML 使用 100 多个标准的标记（例如 div、p、table、img 等）来定义网页的内容和格式，因此只描述了数据的显示方式，而不能描述数据的结构和关系，造成数据被各标记分解得支离破碎。不仅如此，HTML 的语法也缺乏严谨性，虽然表面上方便了网页设计，让网页代码有较好的容错功能，但同时也造成了浏览器的解析算法过于复杂。

相对于 HTML 来说，XML 具有严格的语法规范和良好的可扩展性，允许自由定义标记来描述数据的结构。XML 不关心数据的显示方式，这就使得数据内容和结果与显示效果分离，不但有利于信息搜索和数据处理，还有利于系统维护。

根据 XML 语法规则书写的文档称为 XML 文档。实际上，XML 文档是由标记和所标记的内容构造成的文本文件。

一个标准 XML 文档由两部分组成：文档头部与文档主体。其中，文档的头部至少包含声明语句且必须以声明语句开头。声明语句的 encoding 属性指定文档的字符编码集，一般如下：

```
<?xml version = "1.0" encoding = "utf8"?>
```

文档主体是由若干个元素标记组成。整个 XML 文档只能有一个根元素，其他所有元素都必须包含在根元素之中，均称为子元素。每一个元素都必须有开始标记和结束标记，开始标记格式为"<标记名>"，结束标记格式为"</标记名>"。子元素可以包含文本内容或其他子元素，从而形成嵌套结构，这种嵌套结构正好体现数据的层次结构。当一个元素不包含文本内容或其他子元素时，可使用自结束符"/>"结尾。

例如：

```
<学生>
    <姓名>赵钦</姓名>
    <电话> 13688186616 </电话>
</学生>
```

学生元素就嵌套了姓名和电话这两个子元素，而姓名元素和电话元素只包含文本内容。

子元素还可以带若干属性，同一个元素各属性的名称不能重复，属性值使用一对单引号或双引号来表示，并使用"="连接属性名和属性值。

例如：

```
<学生 类别 = "本科">
    <姓名 姓名 = "赵钦" 英文名 = "John Zhao"/>
    <电话> 13688186616 </电话>
</学生>
```

其中，学生元素包含了 1 个类别属性。而姓名元素包含了姓名和英文名 2 个属性，不含文本内容和子元素，最后以自结束符"/>"结尾。

【注意】　在编辑 XML 文档时，要注意以下几点。

（1）开始标记和结束标记不包能包含空格。

（2）XML 区分大小写，因此必须保证元素的开始标记和结束标记的大小写一致。

（3）元素各属性之前使用空格间隔。

（4）除了元素的文本内容和属性值可包含中文标点，其余标点符号均使用英文标点。

（5）XML 文档可包含注释，其格式为"<! --注释内容-->"，且不能位于声明语句之前，或者开始标记和结束标记之内。

【例 12-1】 创建一个 XML 文档，描述学生列表的数据结构。

XML 代码如下：

```xml
<?xml version = "1.0" encoding = "utf - 8"?>
<学生列表> <! -- 这是根元素 -->
    <学生 类别 = "本科" 学号 = "40101">
        <姓名 姓名 = "赵钦" 英文名 = "John Zhao"/>
        <性别>女</性别>
        <电话> 13688186616 </电话>
    </学生>
    <学生 类别 = "专科" 学号 = "30101">
        <姓名 姓名 = "黄明奇" 英文名 = "Jack Huang"/>
        <性别>男</性别>
        <电话> 13789176726 </电话>
    </学生>
    <学生 类别 = "本科" 学号 = "40102">
        <姓名 姓名 = "郑炯" 英文名 = "June Zheng"/>
        <性别>男</性别>
        <电话> 13548132316 </电话>
    </学生>
    <学生 类别 = "专科" 学号 = "30102">
        <姓名 姓名 = "万小易" 英文名 = "LittleEasy Wan"/>
        <性别>女</性别>
        <电话> 13984286576 </电话>
    </学生>
</学生列表>
```

12.1.2　XML 文档的创建

在. Net Framework 之中，能创建 XML 文档的技术主要有 XmlTextWriter 和文档对象模型（Document Object Model，DOM）。

1. 使用 XmlTextWriter 生成 XML 文档

XmlTextWriter 类（XML 编写器）位于 System. Xml 命名空间，它是 XmlWriter 抽象类的派生类，能够快速、非缓存、以只进方式编写 XML 文档。XmlTextWriter 类具有 3 个构造函数，可对文件或已打开的流进行写操作，格式如下：

```csharp
public XmlTextWriter(TextWriter w);
public XmlTextWriter(Stream w, Encoding encoding);
public XmlTextWriter(String file, Encoding encoding);
```

其中，TextWriter 型的参数必须是 XmlTextWriter 类的实例。Encoding 型的参数指定文档的字符编码集，可以是 ASCII、UTF-7、UTF-8、Unicode、GB2312 等，默认为 UTF-8。

XmlTextWriter 的常用属性是 Formatting。该属性用来指示 XML 文档是否采用自动缩进格式排列，其值等于 Formatting. Indented 时，表示自动添加空白字符，采用缩进格式。

XmlTextWriter 提供成员方法可以用来书写 XML 文档的各个组成部分,包括声明语句、处理指令、注释、元素、属性等,其中常用方法见表 12-1。

表 12-1　XmlTextWriter 的常用方法

名　　称	说　　明
Close	关闭生成的文档并输出到磁盘文件
WriteAttributes	在当前元素位置书写所有属性
WriteAttributeString	书写元素的属性
WriteElementString	书写基本元素
WriteStartAttribute	书写属性开始
WriteEndAttribute	书写属性结束,与 WriteStartAttribute 成对调用
WriteStartDocument	XML 文档创建开始,书写声明语句
WriteEndDocument	XML 文档创建结束,与 WriteStartDocument 成对调用
WriteStartElement	书写元素的开始标记
WriteEndElement	书写元素的结束标记,与 WriteStartElement 成对调用
WriteCData	书写<!［CDATA[…]]>块
WriteComment	书写注释<! --…-->
WriteProcessingInstruction	书写处理指令
WriteString	书写元素的文本内容
WriteNode	书写一个节点
WriteName	书写节点的名称
WriteValue	书写节点的值

根据 XML 文档的结构,使用 XmlTextWriter 创建 XML 文档的步骤如下:
(1) 调用 XmlTextWriter 构造函数创建 XML 编写器对象。
(2) 调用 WriteStartDocument 方法书写声明语句。
(3) 调用 WriteStartElement 方法书写根元素。
(4) 调用 WriteStartElement 方法书写子元素。
(5) 调用 WriteAttributeString 方法书写元素的属性。
(6) 调用 WriteEndElement 方法结束子元素的书写。
(7) 调用 WriteEndElement 方法结束根元素的书写。
(8) 调用 WriteEndDocument 方法结束文档的书写。
(9) 调用 Close 方法关闭 XML 文档。

【例 12-2】 设计一个 Windows 应用程序,以创建例 12-1 所示的学生数据文档。效果如图 12-1 所示。

图 12-1　运行效果

高级数据访问与处理技术

（1）首先设计 Windows 窗体，添加相关控件并设置相关属性，见表 12-2 所示。

表 12-2　需要添加的控件及其属性设置

控　件	属　性	属性设置	控　件	属　性	属性设置
Label1	Text	类别：	RadioButton1	Name	rdoMale
Label2	Text	学号：		Text	男
Label3	Text	姓名：	RadioButton2	Name	rdoFemale
Label4	Text	英文名：		Text	女
Label5	Text	性别：	TextBox4	Name	txtTel
Label6	Text	电话：	Button1	Name	btnStart
ComboBox1	Name	cmbType		Text	开始
	Items	专科|本科	Button2	Name	btnAdd
TextBox1	Name	txtNo		Enabled	false
TextBox2	Name	txtCnName		Text	添加
TextBox3	Name	txtEnName	Button3	Name	btnEnd
				Enabled	false
GroupBox1	Name	gpSex		Text	结束

（2）引用命名空间 System.Xml，在窗体类中定义一个 XmlTextWriter 型的私有字段 tw，然后编写开始按钮的 Click 事件方法，以创建 XML 文档和根元素。主要代码如下：

```
using System;
using System.Windows.Forms;
using System.Xml;
public partial class Test12_2 : Form
{
    private XmlTextWriter tw;
    private void btnStart_Click(object sender, EventArgs e)
    {
        tw = new XmlTextWriter(@"d:\data\students.xml", Encoding.UTF8);
        tw.Formatting = Formatting.Indented;
        tw.WriteStartDocument();
        tw.WriteStartElement("学生列表");
        btnStart.Enabled = false;
        btnAdd.Enabled = true;
        btnEnd.Enabled = true;
    }
}
```

（3）编写添加按钮的 Click 事件方法，将每个学生的数据信息输出到 XML 文档中，使之成为学生列表的子元素。主要代码如下：

```
private void btnAdd_Click(object sender, EventArgs e)
{
    tw.WriteStartElement("学生");                        //生成学生元素的开始标记
    tw.WriteAttributeString("类别", cmbType.SelectedText); //生成类别属性
    tw.WriteAttributeString("学号", txtNo.Text);          //生成学生属性
    tw.WriteStartElement("姓名");                        //生成姓名元素的开始标记
```

```
tw.WriteAttributeString("姓名", txtCnName.Text);          //生成姓名属性
tw.WriteAttributeString("英文名", txtEnName.Text);        //生成英文名属性
tw.WriteEndElement();                                     //生成姓名元素的结束标记
string sex = "";
if(rdoMale.Checked)
    sex = rdoMale.Text;
else
    sex = rdoFemale.Text;
tw.WriteElementString("性别",sex);                        //生成性别元素
tw.WriteElementString("电话", txtTel.Text);               //生成电话元素
tw.WriteEndElement();                                     //生成学生元素的结束标记
}
```

（4）编写结束按钮的 Click 事件方法，完成 XML 文档的创建并输出到磁盘文件中。主要代码如下：

```
private void btnEnd_Click(object sender, EventArgs e)
{
    tw.WriteEndElement();                //生成学生列表的根元素
    tw.WriteEndDocument();               //结束 XML 文档的创建操作
    tw.Close();                          //关闭编写器同时把数据输出到磁盘
    this.Close();
}
```

（5）运行该程序。之后，打开 d:\data\students.xml 文件，即可看到已生成的 XML 文档。注意，运行程序时，对于"开始"和"结束"按钮只能单击一次，每单击一次"添加"按钮，表示在列表中添加一个学生。

可见，在利用 XmlTextWriter 类来创建 XML 文档时，必须保证成对地调用诸如 WriteStartDocument 与 WriteEndDocument、WriteStartElement 与 WriteEndElement 等成员方法。特别是 WriteStartElement 和 WriteEndElement 方法，其先后顺序和嵌套关系直接决定了 XML 文档的结构。

2. 使用 DOM 生成 XML 文档

文档对象模型 DOM 是 W3C 制定的接口规范。DOM 的基本思想是先把 XML 文档加载到内存并转换一棵树（称之为 DOM 树，如图 12-2 所示），再随机访问或修改树的节点。因此，在 XML 文档数据规模不太大的情况下，通过 DOM 来操作 XML 文档显得更加方便。

在 .NET Framework 的 System.Xml 命名空间中，DOM 树称为 XmlDocument 类的实例（又称 XML 文档对象）。树的每一个节点称为 XmlNode 类的实例（即节点对象）。其中，文档对象指向树的根结点。除根结点之外的其他节点对象，包括 XML 声明语句节点、XML 文档的根元素节点、子元素节点、属性节点、文本节点等，因此都可看作文档对象的后代节点。

通过 XmlDocument 类的 DocumentElement 属性可返回文档的根元素。要想添加、修改、删除或查询 DOM 树任意节点，必须使用 XmlDocument 类提供的成员方法。其中，与创建 XML 文档有关的常用方法见表 12-3。

高级数据访问与处理技术

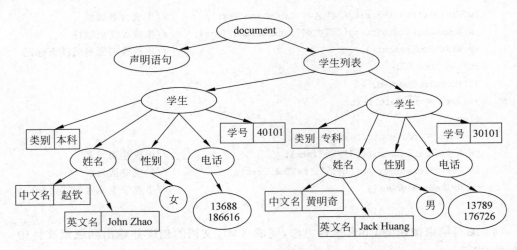

图 12-2　DOM 树的结构

表 12-3　XmlDocument 类的常用方法

名　　称	说　　明
AppendChild	追加子节点
CreateAttribute	创建属性节点
CreateCDataSection	创建 CDataSection 节点
CreateComment	创建注释节点
CreateDocumentType	返回 DocumentType 节点
CreateElement	创建元素节点
CreateProcessingInstruction	创建处理指令节点
CreateTextNode	创建文本节点
CreateXmlDeclaration	创建声明语句节点
Load	从 Stream、XmlReader 加载指定的 XML 数据
LoadXml	从指定的字符串加载 XML 文档
Save	保存 XML 文档

根据 XML 文档的结构,使用 XmlDocument 创建 XML 文档的步骤如下:

(1) 使用 XmlDocument 构造函数创建文档对象。

(2) 调用 CreateXmlDeclaration 和 AppendChild 方法创建声明语句。

(3) 调用 CreateElement 和 AppendChild 方法创建根元素节点。

(4) 调用 CreateElement 和 AppendChild 方法创建子元素节点。

(5) 如果子元素存在属性,则调用 CreateAttribute 方法和 Attributes. Append 方法创建属性节点。

(6) 如果子元素包含文本,则调用 CreateTextNode 和 AppendChild 创建文本节点。

(7) 如果子元素包含子元素,则重复 S4～S6 继续创建。

(8) 调用 Save 方法,保存 XML 文档。

【例 12-3】　设计一个 Windows 应用程序,使用 DOM 技术实现与例 12-2 相同的功能。

(1) 首先设计 Windows 窗体,添加相关控件并设置相关属性,参见例 12-2。注意要将

"结束"按钮修改为"保存"按钮。

（2）在窗体类中定义两个私有变量，一个代表文档对象，另一个代表文档根元素节点，代码如下：

```
private XmlDocument doc;
private XmlElement root;
```

（3）编写"开始"按钮的 Click 事件方法，创建 XML 文档的声明语句和根元素。

```
private void btnStart_Click(object sender, EventArgs e)
{
    doc = new XmlDocument();                                //创建文档对象
    XmlDeclaration declare = doc.CreateXmlDeclaration("1.0","utf-8","yes");
    doc.AppendChild(declare);                               //添加声明语句
    root = doc.CreateElement("学生列表");
    doc.AppendChild(root);                                  //添加根元素
    btnStart.Enabled = false;
    btnAdd.Enabled = true;
    btnEnd.Enabled = true;
}
```

（4）编写"添加"按钮的 Click 事件方法，创建学生元素及其后代节点，代码如下：

```
private void btnAdd_Click(object sender, EventArgs e)
{
    XmlElement student = doc.CreateElement("学生");        //创建学生元素
    XmlAttribute attr = doc.CreateAttribute("类别");        //创建学生元素的属性
    attr.Value = cmbType.Text;
    student.Attributes.Append(attr);
    attr = doc.CreateAttribute("学号");
    attr.Value = txtNo.Text;
    student.Attributes.Append(attr);
    //创建学生元素的各子元素
    XmlElement elem = doc.CreateElement("姓名");
    attr = doc.CreateAttribute("姓名");
    attr.Value = txtCnName.Text;
    elem.Attributes.Append(attr);
    attr = doc.CreateAttribute("英文名");
    attr.Value = txtEnName.Text;
    elem.Attributes.Append(attr);
    student.AppendChild(elem);
    elem = doc.CreateElement("性别");
    string sex = "";
    if(rdoMale.Checked)
        sex = rdoMale.Text;
    else
        sex = rdoFemale.Text;
    XmlText text = doc.CreateTextNode(sex);
    elem.AppendChild(text);
    student.AppendChild(elem);
    elem = doc.CreateElement("电话");
```

```
            text = doc.CreateTextNode(txtTel.Text);
            elem.AppendChild(text);
            student.AppendChild(elem);
            root.AppendChild(student);                      //把学生元素添加到根元素之中
        }
```

（5）编写"保存"按钮的 Click 事件方法，以保存 XML 文档，代码如下：

```
private void btnEnd_Click(object sender, EventArgs e)
{
        doc.Save(@"d:\data\students.xml");                 //保存 XML 文档
        this.Close();
}
```

（6）运行并测试该程序，打开 d:\data\students.xml 观看所生成的 XML 文档。

【注意】 运行程序时，对于"开始"和"结束"按钮只能单击一次。

12.1.3 XML 文档的查询

为了从 XML 文档中读取指定的数据，.Net Framework 提供了多种查询技术，包括 XmlTextReader、XPath、DOM 和 XQuery 等。其中，XmlTextReader 类（XML 读取器）是抽象类 XmlReader 类的派生类，它提供了非缓存、只进只读的访问操作方式。XPath（即 Xml Path Language）是由 W3C 开发的技术，类似于文档对象模型 DOM，支持路径查询。XQuery 也是由 W3C 开发的技术，它以类似于 SQL 的操作方式对 XML 数据进行操作。下面主要介绍 XmlTextReader 和 XPath 的使用，有关 XQuery 的相关知识请读者参考相关书籍。

1. 用 XmlTextReader 查询

XmlTextReader 类的常用属性成员如表 12-4 所示。

表 12-4　XmlTextReader 类的常用属性

属 性 名	说　明
AttributeCount	返回当前节点上的属性数
HasAttributes	指示当前节点是否有属性
Name	返回当前节点的名称
NodeType	返回当前节点的类型
Value	返回当前节点的文本值

XmlTextReader 类的常用方法成员如表 12-5 所示。

表 12-5　XmlTextReader 类的常用方法

方 法 名	说　明
Close	关闭 XML 文档
Read	从流中读取下一个节点，如果节点存在返回 true，否则返回 false
GetAttribute	返回属性的值
IsStartElement	是否为元素的开始标记
ReadInnerXml	返回当前节点的所有内容

例如,以下代码能够自动输出例 12-1 的 XML 文档的数据信息。

```
XmlTextReader tr = new XmlTextReader(@"d:\data\students.xml");
while (tr.Read())
{
    switch (tr.Name)
    {
        case "学生":
            if(tr.IsStartElement())
                lblShow.Text += "学号:" + tr.GetAttribute("学号");
            break;
        case "姓名":
            lblShow.Text += ",姓名:" + tr.GetAttribute("姓名");
            break;
        case "性别":
            lblShow.Text += ",性别:" + tr.ReadInnerXml();
            break;
        case "电话":
            lblShow.Text += ",电话:" + tr.ReadInnerXml() + "\n";
            break;
    }
}
tr.Close();
```

2. 用 XPath 查询

在.NET Framework 中,XPath 技术的核心包括 XPathDocument、XPathNavigator 和 XPathExpression,它们封装于命名空间 System.Xml.XPath 之中。

其中,XPathDocument 以只读方式缓存 XML 文档中的数据,以供查询使用。XPathNavigator 是 XPath 技术的专用浏览器,提供只读和随机访问 XML 数据的功能。XPathExpression 用来创建查询表达式,实现按路径查询。

XPath 的查询路径类似 Windows 操作系统的文件夹路径,分为绝对路径和相对路径。前者从 XML 文档的根节点开始书写(即以"/"打头),后者从当前节点开始书写。如果查询路径不止一个节点,每个节点之间使用"/"间隔。查询路径中的各元素节点直接使用元素名表示,属性节点使用"@属性名"表示。另外,还可使用"[表达式]"设置查询条件。

例如,针对例 12-1,检索本科生的查询路径可书写为:

/学生列表/学生[@类别 = "本科"]

而查找万小易的电话号码的查询路径可书写为:

/学生列表/学生/电话[../姓名/@姓名 = '万小易']

其中,".."表示当前节点的父节点。

【注意】 有关 XPath 的更详细的内容请参考相关书籍。

使用 XPath 进行数据查询的步骤如下:

(1) 创建 XPathDocument 对象,在其构造函数中指定要打开的 XML 文件。

高级数据访问与处理技术

（2）调用 XPathDocument 对象的 CreateNavigator 方法创建 XPathNavigator 对象。

（3）调用 XPathNavigator 对象的 Compile 方法封装指定的查询表达式，并返回 XPathExpression 对象。

（4）调用 XPathNavigator 的 Select 方法或 Evaluate 方法返回查询结果。其中，Select 方法将返回一个 XPathNodeIterator 型的节点集合。而 Evaluate 方法将返回一个类型化的结果，若为多值结果，可强制类型转换为 XPathNodeIterator；反之，若为单值，可强制转换为指定的数据类型。

（5）根据查询结果作进一步操作。如果查询结果为 XPathNodeIterator 集合，则迭代该集合。此时，可先将成员方法 MoveNext 的返回值设为循环条件，再通过 Current 属性获得本次迭代当前节点的数据信息。

【例 12-4】 设计一个 Windows 应用程序，利用 XPath 技术查询指定学号的学生。

（1）首先设计 Windows 窗体，窗体中各控件的设置见表 12-6。

表 12-6 需要添加的控件及其属性设置

控　件	属　性	属 性 设 置	控　件	属　性	属 性 设 置
Label1	Text	学号：	Button1	Name	btnSearch
Label2	Text	lblShow			
TextBox1	Name	txtNo		Text	查询

（2）编写"查询"按钮的 Click 事件方法，实现查询功能。主要代码如下：

```csharp
private void btnSearch_Click(object sender, EventArgs e)
{
    XPathDocument doc = new XPathDocument(@"d:\data\students.xml");
    XPathNavigator nav = doc.CreateNavigator();
    string comm = "学生列表/学生[@学号=" + txtNo.Text + "]";
    XPathExpression exp = nav.Compile(comm); //封装查询命令
    XPathNodeIterator ni = nav.Select(exp); //执行查询并返回结果集
    while (ni.MoveNext())
    {
        lblShow.Text = "类别:" + ni.Current.GetAttribute("类别","");
        XPathNodeIterator sni = ni.Current.SelectChildren("姓名", "");
        sni.MoveNext();
        lblShow.Text += ",姓名:" + sni.Current.GetAttribute("姓名","");
        sni = (XPathNodeIterator)ni.Current.Evaluate("性别/text()");
        sni.MoveNext();
        lblShow.Text += ",性别" + sni.Current.Value;
        sni = (XPathNodeIterator)ni.Current.Evaluate("电话/text()");
        sni.MoveNext();
        lblShow.Text += ",电话" + sni.Current.Value;
    }
}
```

（3）运行该程序，运行效果如图 12-3 所示。

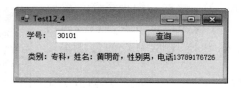

图 12-3　运行效果

12.1.4　XML 文档的编辑

XPath、DOM 和 XQuery 技术都支持 XML 数据的编辑，包括添加、修改和删除功能。下面以 DOM 为例介绍如何实现 XML 数据的编辑处理。

XmlDocument 类提供了大量的成员方法，用来添加、替换和删除 DOM 树中的指定节点，常用的方法见表 12-7。

表 12-7　DOM 常用的数据编辑方法

名　　称	说　　明
AppendChild	追加一个子节点
GetElementById	返回指定 ID 的元素
GetElementsByTagName	返回指定名称的节点列表
InsertAfter	在指定节点之后插入一个节点
InsertBefore	在指定节点之前插入一个节点
PrependChild	在指定节点的子节点列表开头添加一个子节点
RemoveAll	移除所有子节点
RemoveChild	移除指定子节点
ReplaceChild	用 newChild 节点替换 oldChild 节点

与 DOM 树编辑操作有关的还有另外两个类：XmlNode 类和 XmlNodeList 类。其中，XmlNode 类的实例代表 DOM 树中的一个节点，XmlNodeList 类的实例代表从 DOM 树中提取的由多个节点组成的列表。

XmlNode 的常用属性见表 12-8。

表 12-8　XmlNode 的常用属性

属　性　名	说　　明
Attributes	获取指定节点的属性集合
ChildNodes	获取指定节点的子节点集合
FirstChild	获取第一个子节点
HasChildNodes	是否有子元素
LastChild	获取最后一个子节点
NextSibLinq	获取下一个兄弟节点
NodeText	获取或设置指定节点的文本值
NodeType	返回节点的类型
NodeValue	获取或设置指定属性的值
ParentNode	获取父节点元素
PreviousSibLinq	获取上一个兄弟节点

使用 DOM 技术来编辑 XML 数据的编程思路一般如下：首先，查询并定位到 DOM 树的指定节点，然后，调用 XmlDocument 类的有关插入、替换、删除节点的方法实现数据编辑。

【例 12-5】 设计一个 Windows 应用程序，实现以下功能：能上下浏览例 12-1 的学生列表、能添加新的学生数据、能修改已有的学生数据以及能删除指定学生数据，效果如图 12-4 所示。

图 12-4 运行效果

（1）首先设计 Windows 窗体，添加相关控件并设置相关属性，如表 12-9 所示。

表 12-9 主要控件及属性设计

控 件	属 性	属 性 设 置	控 件	属 性	属 性 设 置
Label1	Text	类别：	Button1	Name	btnPrev
Label2	Text	学号：		Text	上一个
Label3	Text	姓名：	Button2	Name	btnNext
Label4	Text	英文名：		Text	下一个
Label5	Text	性别：	Button3	Name	btnAppend
Label6	Text	电话：		Text	追加
TextBox1	Name	txtType	Button4	Name	btnModi
TextBox2	Name	txtNo		Text	更新
TextBox3	Name	txtCnName	Button5	Name	btnDel
TextBox4	Name	txtEnName		Text	删除
TextBox5	Name	txtSex	Button6	Name	btnSave
TextBox6	Name	txtTel		Text	保存

（2）引用命名空间 System. Xml，在窗体类中定义以下 3 个私有字段成员。

```csharp
using System;
using System.Windows.Forms;
using System.Xml;
public partial class Test12_5 : Form
{
    private XmlDocument doc;          //XML 文档对象
    private XmlElement root;          //文档根元素
    private int current = 1;          //当前学生的索引号
    …//其他代码
}
```

（3）在窗体类中定义 2 个私有方法，第 1 个方法用来显示当前学生数据，第 2 个方法用来创建学生元素节点。代码如下：

```csharp
private void showStudent(int i)      //显示第 i 个学生
{
    XmlNodeList a = root.GetElementsByTagName("学生");
    XmlElement student = (XmlElement)a[i];
```

```
        txtType.Text = student.Attributes["类别"].Value;
        txtNo.Text = student.Attributes["学号"].Value;
        txtCnName.Text = student.ChildNodes[0].Attributes["姓名"].Value;
        txtEnName.Text = student.ChildNodes[0].Attributes["英文名"].Value;
        txtSex.Text = student.ChildNodes[1].InnerText;
        txtTel.Text = student.ChildNodes[2].InnerText;
    }
    private XmlElement createStudent()                      //创建学生元素节点
    {
        XmlElement student = doc.CreateElement("学生");
        XmlAttribute attr = doc.CreateAttribute("类别");
        attr.Value = txtType.Text;
        student.Attributes.Append(attr);
        ……//此处省略的代码请参见例 12 – 3
        return student;
    }
```

（4）编写窗体类的 Load 事件方法，以打开 XML 文档；编写"上一个"或"下一个"按钮的 Click 事件方法，用来上下浏览学生信息。代码如下：

```
    private void Test12_5_Load(object sender, EventArgs e)
    {
        doc = new XmlDocument();
        doc.Load(@"d:\data\students.xml");                  //加载 XML 文档
        root = doc.DocumentElement;                         //提取根元素
        showStudent(0);                                     //显示第一个学生的数据
    }
    private void btnPrev_Click(object sender, EventArgs e)
    {
        if (current > 1)
        {
            current -- ;
            showStudent(current - 1);
        }
        else
            MessageBox.Show("已经是第一个了");
    }
    private void btnNext_Click(object sender, EventArgs e)
    {
        if (current < root.ChildNodes.Count)
        {
            current++;
            showStudent(current - 1);
        }
        else
            MessageBox.Show("已经是最后一个了");
    }
```

（5）编写"追加""更新""删除"和"保存"按钮的 Click 事件方法，实现 XML 数据编辑与保存。代码如下：

```
private void btnAppend_Click(object sender, EventArgs e)
{
        root.AppendChild(createStudent());                      //追加一个学生元素节点
}
private void btnModi_Click(object sender, EventArgs e)
{
    XmlNode newChild = (XmlNode)createStudent();
    root.ReplaceChild(newChild,root.ChildNodes[current - 1]);    //更新当前节点
}
private void btnDel_Click(object sender, EventArgs e)
{
    root.RemoveChild(root.ChildNodes[current - 1]);             //删除当前节点
    showStudent(current - 1);
}
private void btnSave_Click(object sender, EventArgs e)
{
    doc.Save(@"d:\data\students.xml");                          //保存 XML 文档
}
```

(6) 运行该程序并测试效果。

12.2　LINQ 编程

在没有 LINQ 之前,针对不同的数据源,程序员往往需要学习不同的查询技术,例如,用于关系数据库的 SQL 和用于 XML 的 XQuery 等。而 LINQ 提供了一种跨各种数据源和数据格式的解决方案,因此使得数据访问变得更加简单和明了。LINQ 正引领着全新的技术潮流。为此,本节将对 LINQ 及其应用进行简略介绍。

12.2.1　LINQ 概述

语言集成查询(Language INtegrated Query,LINQ)是随 Visual Studio 2008 和. NET Framework 3.5 一起发布的新的数据访问技术。它带来的变化主要有以下三点。

第一,LINQ 集成于 C♯ 和 VB 之中,因此使用时程序员不需要再像 SQL 一样把查询表达式看成字符串,而是在程序中直接使用语言关键字和熟悉的运算符书写查询表达式。

第二,LINQ 查询表达式已经成为程序语句,因此 LINQ 查询拥有 Visual Studio . NET 的编辑时智能感知、编译时类型自动检查功能,这就使得有关数据访问的编程变得更加轻松和更有效率。

第三,由于 LINQ 提供一种跨各种数据源和数据格式的数据访问功能,允许使用相同的编程模式来查询和转换各种数据源,包括 XML 文档、SQL 数据库、ADO. NET 数据集、. NET 集合等中的数据以及其他支持 LINQ 的其他任何格式的数据,因此 LINQ 在对象领域和数据领域之间架起了一座桥梁。

1. 查询的概念

"查询"是指一组程序指令,这些指令描述要从一个或多个给定数据源中检索的数据以及这些数据使用的格式和组织形式。

通常,源数据会在逻辑上组织为相同种类的数据元素序列。例如,SQL 数据库表包含一个由若干条记录组成的行序列,类似的 ADO.NET DataTable 包含一个 DataRow 对象序列,XML 文档有一个 XML 元素"序列"(不过这些元素按分层形式组织为树结构),而内存中的集合则包含一个由若干个集合元素组成的对象序列。

从应用程序的角度来看,源数据的具体类型和结构并不重要,应用程序始终将源数据视为一个可枚举(IEnumerable)或可查询(IQueryable)的集合。例如,在 LINQ to DataSet 中,它是一个 IEnumerable＜DataRow＞;在 LINQ to SQL 中,它是一个能最终转换为 SQL 数据表的任何自定义对象集 IEnumerable 或 IQueryable。

2. 查询的作用

在指定源数据序列之后,查询可以完成以下任意工作任务。

(1) 检索数据源集合以产生一个新序列,但不修改单个元素。这种查询还支持对返回的序列进行排序或分组。

例如,设有一个 int 型的数组 scores,下列代码表示从数组 scores 中查询高于 80 分的所有成绩,查询结果按成绩从高到低降序排列。

```
IEnumerable＜int＞highScoresQuery =
    from score in scores
    where score > 80
    orderby score descending
    select score;
```

(2) 检索源数据集合,返回单一的值,例如满足指定条件的元素个数、第一个元素、某些元素的特定值之和或平均、具有最大值或最小值的元素等。

例如,下面的查询从 int 型数组 scores 中返回高于 80 分的个数。

```
int highScoreCount = (from score in scores where score > 80 select score). Count();
```

(3) 实现数据类型转换。

LINQ 不但可用于检索数据,而且还是一个功能强大的数据转换工具,能实现下列转换。

① 创建源数据序列的子集。

例如,下列代码表示只选择顾客对象的姓名和地址属性,从而构造新的数据序列类型。

```
var query = from cust in Customer
    select new {Name = cust.Name, City = cust. Address};
```

② 创建经过计算之后的新数据序列。

例如,下列代码表示先计算圆的面积,再输出一个格式化的字符串序列。

```
IEnumerable＜string＞query =
    from r in rList
    select String.Format("面积 = {0}", (r * r) * 3.14);
```

③ 实现内存中的数据结构、SQL 数据库、ADO.NET 数据集和 XML 流或文档之间转换数据。

例如,下列代码表示将内存中的学生列表集合转换为 XML 文档。

高级数据访问与处理技术

```
var studentsToXML = new XElement("学生列表",
    from student in students
    let x = String.Format("{0},{1},{2},{3}",
            student.Scores[0], student.Scores[1],
            student.Scores[2], student.Scores[3])
    select new XElement("学生",
                    new XElement("学号", student.ID),
                    new XElement("姓名", student.Name),
                    new XElement("成绩", x) )
    );
```

3. 对源元素执行操作

输出序列可能不包含源序列的任何元素或元素属性。输出可能是通过将源元素用作输入参数计算出的值序列。

【注意】 在 LINQ to SQL 中，不允许在查询表达式中调用一般 C#方法，因为 SQL Server 没有执行该方法，但可以将存储过程映射到方法，然后调用方法。

4. 查询表达式

查询表达式是根据 LINQ 语法书写的查询，它就像任何其他表达式一样可以直接用在 C#语句之中。查询表达式由一组用类似于 SQL 或 XQuery 的声明性语法编写的子句组成。每个子句又包含一个或多个 C#表达式，而这些表达式本身又可能是查询表达式或包含查询表达式。

查询表达式必须以 from 子句开头且必须以 select 或 group 子句结尾。在第一个 from 子句和最后一个 select 或 group 子句之间，查询表达式可以包含一个或多个下列可选子句：where、orderby、join、let，甚至附加的 from 子句。另外，还可以使用 into 关键字使 join 或 group 子句的结果能够充当同一查询表达式中附加查询子句的数据源。

5. 查询变量

在 LINQ 中，查询变量用来存储查询表达式，而不存储实际的查询结果。例如，上文中的 highScoresQuery 就是查询变量。查询变量所存储的查询表达式只有在迭代时才会产生真正的查询结果。查询变量有两种定义方式：一种是用查询语法定义，另一种是用方法语法定义。

例如，假设 cities 是 City 型的对象集合，下列代码中 query1 和 query2 均为查询变量，它们的功能相同，用来返回集合中所有人口规模大于 100 000 的城市。query1 使用标准查询语法表示，而 query2 使用方法语法表示。

```
IEnumerable<City> query1 =
    from city in cities
    where city.Population > 100000
    select city;

IEnumerable<City> query2 = cities.Where(c => c.Population > 100000);
```

为了方便阅读和理解，建议尽量使用查询语法，只在特殊的情况下才使用方法语法，例如 Count 或 Max，它们没有等效的查询表达式子句，因此必须表示为方法调用。

此外，C#在编译时能够自动推测查询变量对应的序列类型，因此可使用匿名类型方式定义查询变量。

例如,下列代码效果与上面的代码相同。

```
var query1 =                                    //注意,省略类型时必须以 var 关键字打头
    from city in cities
    where city.Population > 100000
    select city;
```

6. 查询的过程

LINQ 查询过程通常分为三个部分:获取数据源、创建查询、执行查询。

例如,下列代码就完整地展示了 LINQ 查询的基本编程步骤。其中,scoreQuery 是一个查询变量,它并不存储实际的查询结果,真正的查询结果是在执行 foreach 语句时通过迭代变量 x 返回的。

```
int[] scores = { 90, 71, 82, 93, 75, 82 };     //1. 定义数据源
IEnumerable < int > scoreQuery =               //2. 创建查询
    from score in scores
    where score > 80
    orderby score descending
    select score;
foreach( int x in scoreQuery)                   //3. 执行查询,产生查询结果
{
    lblShow.Text += x + "分";
}
```

12.2.2 LINQ 的查询子句

1. 开始查询表达式

查询表达式必须以 from 子句开头。该子句的作用是指定数据源和范围变量。其中,范围变量代表源序列中的每个后续元素。程序在编译时,C♯将根据数据源中的类型对范围变量自动进行强类型化。

例如,假设 countries 是 Country 型的数组,下列代码中 country 称为范围变量,自动被创建为 Country 型对象,可使用点运算符来访问其 Area 成员。

```
IEnumerable < Country > countryAreaQuery =
    from country in countries
    where country.Area > 500000
    select country;
```

【注意】 LINQ 查询表达式可以包含多个 from 子句。例如,下列代码表示查询每个 Country 中的 City 对象。

```
IEnumerable < City > cityQuery =
    from country in countries
    from city in country.Cities
    where city.Population > 10000
    select city;
```

2. 结束查询表达式

查询表达式必须以 group 子句或 select 子句结尾。

（1）group 子句

使用 group 子句可产生分组的序列。此时，必须指定键，键可以是任何数据类型。

例如，下列代码表示创建了一个根据国家所在地区进行分组的组序列，显然，每个分组包含一个或多个 Country 对象。

```
var queryCountryGroups =
    from country in countries
    group country by country.Area;
```

（2）select 子句

使用 select 子句可产生所有其他类型的序列。简单的 select 子句只是产生与数据源中包含的对象具有相同类型的对象序列。

例如，下列代码使用 select 子句和 orderby 子句产生重新排序的 Country 对象序列。

```
var sortedQuery =
    from country in countries
    orderby country.Area
    select country;
```

使用 select 子句还可以将源数据转换为新类型的序列。这种操作也称为"投影"。

例如，下列代码表示从一个匿名类型序列中提取原始元素的 Name 和 Population 字段，从而得到一个新的序列。

```
var queryNameAndPop =
    from country in countries
    select new { Name = country.Name, Pop = country.Population };
```

3. 使用 into 延续查询

可以在 select 或 group 子句中使用 into 来创建用于存储查询的临时标识符。特别是在分组或选择基础之上还希望执行附加查询时，就可以使用 into 来延续前后两次查询。

例如，下列代码执行这样的操作：首先对 customers 进行分组，然后筛选掉某些分组，同时对剩下的组进行升序排列。

```
var custQuery =
    from cust in customers
    group cust by cust.City into custGroup
    where custGroup.Count() > 2
    orderby custGroup.Key
    select custGroup;
```

显然，所附加的操作是对分组的结果进行筛选。此时，使用 into 只是为了创建一个可进一步操作的标识符（custGroup）。

4. 筛选、排序和连接

在 from 开始子句以及 select 或 group 结束子句之间，所有其他子句（where、join、orderby、from、let）都是可选的。任何可选子句都可以在查询正文中使用零次或多次。

（1）where 子句

使用 where 子句可以根据条件排除某些元素，所谓"条件"就是一个布尔型表达式，也就是说必须用 C♯ 的关系运算符或逻辑运算符来书写。

例如，下列代码表示查询人口规模在十万和二十万之间的城市。其中，where 子句使用了 && "与"运算符。

```
var queryCityPop =
    from city in cities
    where city.Population < 200000 && city.Population > 100000
    select city;
```

（2）orderby 子句

使用 orderby 子句允许按升序或降序对结果进行排序。其中，升序为 ascending，降序为 descending，省略时默认为 ascending。orderby 子句也允许指定次要排序顺序。

例如，下列代码表示先使用 Area 属性对 country 对象执行主要排序，再使用 Population 属性执行次要排序。

```
IEnumerable < Country > querySortedCountries =
    from country in countries
    orderby country.Area > 500000, country.Population descending
    select country;
```

（3）join 子句

使用 join 子句可将来自不同源序列并且在对象模型中没有直接关系的元素相关联。唯一的要求是每个源中的元素需要共享某个可以进行比较以判断是否相等的值。例如，产品经销商同时拥有供应商列表和客户列表，这样就可以使用 join 子句连接供应商列表和客户列表，查询产品在同一地区供应商和客户的信息。

join 子句执行的所有连接都是同等连接。join 子句的输出形式取决于所执行连接的具体类型。最简单的连接是提出那些拥有相同键值的元素而排除缺乏相同键值的元素。

例如，下列代码表示联合查询产品序列和类别序列，得到由产品名称和类别名称组成的新序列。

```
var innerJoinQuery =
    from category in categories
    join product in products on category.ID equals product.CategoryID
    select new { ProductName = product.Name, Category = category.Name };
```

显然，如果产品序列中某些产品缺少相应的类别或类别序列中某个类别没有任何对应的产品，它们都将被排除。

5. let 子句

使用 let 子句可以将表达式（如方法调用）的结果存储到新的范围变量中。

例如，下列代码表示先提取姓名中的姓并存储到新的范围变量 firstName，再通过 firstName 获得每个人的姓组成的序列。

```
string[] names = { "罗福强", "杨剑", "熊永福", "胡杰华" };
IEnumerable < string > queryFirstNames =
```

```
from name in names
let firstName = name.Substring(0,1)
select firstName;
foreach(string s in queryFirstNames)
    lblShow.Text += s + " ";
```

6. 查询表达式中的子查询

查询子句本身可能包含一个查询表达式,该查询表达式有时称为"子查询"或"查询嵌套"。每个子查询都以它自己的 from 子句开头,该子句不一定指向第一个 from 子句中的同一数据源。

例如,下列代码展示了子查询的应用。它表示先将学生按年级分组,再查询每一个年级中各科平均分的最高分,最后输出由年级字段 Level 和最高分 HighestScore 组成的新序列。

```
var queryGroupMax =
    from student in students
    group student by student.GradeLevel into studentGroup
    select new
    {
        Level = studentGroup.Key,
        HighestScore =
            (from student2 in studentGroup
             select student2.Scores.Average()) .Max()
    };
```

7. Concat 方法

LINQ 的查询在 C♯本身就是一个对象,自带 Concat 方法成员。该方法的作用是把当前查询的输出数据序列合并到另一个查询的输出数据序列之中。也就是说,LINQ 允许把多个输入序列合并为一个输出序列。

例如,下列代码表示输出同为成都市的师生名单。其中,包含了两个查询,分别用于输出成都的学生或老师的姓名序列,并使用第一个查询的成员方法 Concat 将二者合并为一个输出序列。

```
var peopleInSeattle =
    (from student in students
    where student.City == "成都"
    select student.Name)
    .Concat(from teacher in teachers
            where teacher.City == "成都"
            select teacher.Name);
```

12.2.3　LINQ to XML 的应用

LINQ to XML 是一种启用了 LINQ 的针对 XML 文档对象的编程接口。它是经过了重新设计的最新的 XML 编程方法。它类似于 DOM,将 XML 文档置于内存中,可以查询、编辑和保存 XML 文档。但也与 DOM 不完全相同,LINQ to XML 提供一种全新的对象模型,这是一种更轻量的模型,使用也更方便。

LINQ to XML 最重要的优势是它与 Language-Integrated Query (LINQ)的集成,因此

可以针对内存中的 XML 执行 LINQ 查询，以检索元素和属性的集合。LINQ to XML 的查询在功能上与 XPath 和 XQuery 有一定的相似性。

LINQ to XML 的具体功能包括：

（1）从文件或流加载 XML。

（2）将 XML 序列化为文件或流。

（3）使用 XElement 和 XAttribute 的构造函数从头开始创建 XML。

（4）使用类似 XPath 的技术查询 XML 数据。

（5）使用 Add、Remove、ReplaceWith 和 SetValue 等方法对内存 XML 树进行编辑。

（6）使用 XSD 验证 XML 树。

（7）组合上述功能，可将 XML 树从一种形状转换为另一种形状。

有关 LINQ to XML 更详细的内容，请参考相关书籍。

图 12-5　窗体布局

【例 12-6】　设计一个 Windows 应用程序，实现以下功能：输入多个学生的信息，保存到学生数组之中，最后借助 LINQ 转换为 XML 并保存为例 12-1 所示的 XML 文档。窗体布局如图 12-5 所示。

（1）首先设计 Windows 窗体，添加相关控件并设置相关属性，如表 12-10 所示。

表 12-10　主要控件及相关属性设置

控　　件	属　　性	属性设置	控　　件	属　　性	属性设置
Label1	Text	类别：	TextBox3	Name	txtCnName
Label2	Text	学号：	TextBox4	Name	txtEnName
Label3	Text	姓名：	TextBox5	Name	txtSex
Label4	Text	英文名：	TextBox6	Name	txtTel
Label5	Text	性别：	Button1	Name	btnAdd
Label6	Text	电话：		Text	添加
TextBox1	Name	txtType	Button2	Name	btnSave
TextBox2	Name	txtNo		Text	保存
Label7	Name	lblShow			

（2）引用命名空间 System.Xml.Linq，并定义 Student 类，代码如下：

```
public class Student
{
    public string type;    public string id;
    public string cname;   public string ename;
    public string sex;     public string tel;
    public Student(string type, string no, string cname, string ename, string sex, string tel)
    {
        this.type = type;    this.id = no;
        this.cname = cname;  this.ename = ename;
        this.sex = sex;      this.tel = tel;
    }
}
```

323

第 12 章

高级数据访问与处理技术

(3) 在窗体类中定义以下两个私有字段成员并在窗体类的构造函数中初始化,代码如下:

```csharp
public partial class Test12_6 : Form
{
    private Student[] students;
    private int count;
    public Test12_6()
    {
        InitializeComponent();
        students = new Student[100];
        count = 0;
    }
}
```

(4) 编写"添加"按钮的 Click 事件方法,将用户输入添加到 students 数组之中。再编写"保存"按钮的 Click 事件方法,使用 LINQ 把 students 数组转换为 XML 元素,最后保存。代码如下:

```csharp
private void btnAdd_Click(object sender, EventArgs e)
{
    Student s = new Student(txtType.Text, txtNo.Text, txtCnName
            .Text, txtEnName.Text, txtSex.Text, txtTel.Text);
    if (count < 100)
        students[count++] = s;
    else
        MessageBox.Show( "数组已满!");
}
private void btnSave_Click(object sender, EventArgs e)
{
    try
    { //定义 LINQ 查询同时转换为 XML 元素
        var studentsToXML = new XElement("学生列表",       //生成根元素
            from student in students
            where student != null
            select new XElement("学生",                    //生成学生子元素
                new XAttribute("类别", student.type), //生成属性
                new XAttribute("学号", student.id),
                new XElement("学号",
                    new XAttribute("姓名", student.cname),
                    new XAttribute("英文名", student.ename)),
                new XElement("性别", student.sex),
                new XElement("电话", student.tel))
            );
        XDocument doc = new XDocument();                    //创建文档对象
        doc.Declaration = new XDeclaration("1.0", "utf-8", "yes");
        doc.Add(studentsToXML);                            //将 XML 元素添加到文档对象之中
        doc.Save(@"d:\data\studentsLinq.xml");             //保存 XML 文档
        MessageBox.Show( "已成功转换为 XML 文档");
    }
```

```
        catch
        {
            MessageBox.Show("转换为 XML 或保存 XML 失败!");
        }
    }
```

（5）运行该程序，打开 d:\data\studentsLinq.xml 观察运行效果。

12.2.4 LINQ to SQL 的应用

1. LINQ to SQL 概述

LINQ to SQL 是.NET Framework 3.5 版的一个组件，提供了用于将关系数据作为对象管理运行的基础结构。

在 LINQ to SQL 中，关系数据库的数据模型映射到开发人员所用的编程语言表示的对象模型。当应用程序运行时，LINQ to SQL 会将对象模型中的 LINQ 转换为 SQL，然后将它们发送到数据库进行执行。当数据库返回结果时，LINQ to SQL 会将它们转换回程序中的对象。

在 LINQ to SQL 中，程序员不需要编写数据库操作命令（如 SELECT、DELETE、UPDATE 等），只需将程序中的对象模型映射到关系数据库的数据模型，之后 LINQ 就会按照对象模型来执行数据的操作。

图 12-6 描述了 LINQ to SQL 的架构，右边是数据库管理系统（如 SQL Server）和数据库；左边是 LINQ to SQL，它由两部分组成：LINQ to SQL 对象模型和 LINT to SQL 运行时。

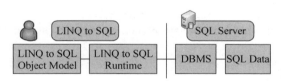

图 12-6 LINQ to SQL 与 SQL Server 的关系

其中，LINQ to SQL 的对象模型可以是对应数据表的实体类，也可以是关联或方法。实体类的成员对应数据表的列（字段），关联体现数据库之间的外键关系；方法对应为保存在 DBMS 中的存储过程和函数。特别要强调的是，与 ADO.NET 不同的是，LINQ to SQL 的对象模型只负责封装数据表的相关信息，而不封装操作数据库的命令。

LINQ to SQL 的运行时根据 LINQ 查询所要执行的操作自动生成 SQL 语句并发送给数据库管理系统，同时也自动接收来自数据库管理系统返回给应用程序的数据信息并自动封装为对象模型。

在.Net Framework 之中，LINQ to SQL 的基础类主要封装在 System.Data.Linq 命名空间和 System.Data.Linq.Mapping 命名空间之中。其中，前者包含了支持与 LINQ to SQL 应用程序中的关系数据库进行交互的类；后者包含了用于生成表示关系数据库的结构和内容的 LINQ to SQL 对象模型的类。

在 System.Data.Linq 中，有一个称为 DataContext 的类，它是 LINQ to SQL 框架的主入口点，代表那些与数据库表连接映射的所有实体的源。它会跟踪对检索到的实体所做的

高级数据访问与处理技术

所有更改,并且保留一个"标识缓存",该缓存能确保使用同一对象实例来表示多次检索到的实体。

2. Linq to SQL 的应用步骤

LINQ to SQL 是一种很容易使用的技术。其应用步骤主要分为两步,第一步是创建对象模型,第二步是应用对象模型。具体过程如下:

(1) 创建对象模型

使用 LINQ to SQL 的第一步,就是用现有关系数据库的元数据创建对象模型。

例如,以下代码声明了两个类,一个代表图书数据库,另一个对应其中的图书表。

```csharp
public class BookDBContext : DataContext          //对应图书数据库
{
    public Table<Book> Books;                     //定义与数据库表对应的实体类对象
    public BookDBContext(string connection):base(connection) { }
}
[Table(Name = "Book")]                            //声明这是一个与 Book 表对应的实体类
public class Book
{
    private int _BookID;                          //图书 ID
    private string _Name;                         //书名
    private string _Author;                       //作者
    private string _Publisher;                    //出版社
    private decimal _Price;                       //价格
    private string _ISBN;                         //书号 ISBN
    private string _Description;                  //内容简介
    //构造函数
    public Book(int bookID, string name, string author,
            string publisher, decimal price, string isbn, string description)
    {
        _BookID = bookID;
        _Name = name;
        _Author = author;
        _Publisher = publisher;
        _Price = price;
        _ISBN = isbn;
        _Description = description;
    }
    //定义属性,用于访问实体类的字段成员,也与数据表的字段名对应
    [Column(IsPrimaryKey = true, Storage = "_BookID")]
    public int BookID
    {
        get
        {
            return this._BookID;
        }
        set
        {
            this._BookID = value;
        }
    }
}
```

```
[Column(IsPrimaryKey = false, Storage = "_Name")]
public string Name
{
    get
    {
        return this._Name;
    }
    set
    {
        this._Name = value;
    }
}
…//此处为其余属性的定义,代码省略
}
```

（2）应用对象模型

应用对象模型的目的是实现数据库的数据访问。为此,需要先创建 DataContext 类的实例。与 ADO. NET 不同的是,ADO. NET 需要 SqlConnection 对象打开数据库的连接,而 LINQ to SQL 会自动打开数据库的链接,只需要在构造 DataContext 类的实例时为其构造函数指定访问数据库的连接字符串即可。

例如,下列代码表示创建 BookDBContext 的实例,实现与图书数据库 bookdb 的访问。

```
BookDBContext db;
string sqlConn = @"data source = .\SQLExpress;
                   initial catalog = bookdb;
                   integrated security = true";
db = new BookDBContext(sqlConn);
```

之后,创建并执行 LINQ 查询,实现具体的数据的查询、增加、更新和删除。查询时, LINQ to SQL 自动将数据库表中的数据返回并封装在实体对象之中,通过该对象即可输出数据信息。增加、更新或删除数据记录时,可将用户输入封装到实体对象之中,再通过 LINQ 查询返回数据库表保存。

例如,下列代码在运行时,LINQ to SQL 会自动把返回图书记录转换为 book 对象,再添加到对象集合 BookList 之中。

```
List < Book > BookList;                        //定义实体对象集合
var queryBooks =                               //定义 LINQ 查询
        from book in db.Books
        select book;
 foreach(var book in queryBooks)
 {
     BookList.Add(book);                       //执行 LINQ 查询并将结果添加到对象集合
 }
```

【例 12-7】 设计一个 Windows 应用程序,实现以下功能:能逐条浏览 BookDB 数据库的 Book 表的数据记录(主要字段有 BookID、Name、Author、Publisher、Price、ISBN、Description 等),能修改和删除当前图书信息,还能新增图书信息。运行效果如图 12-7 所示。

高级数据访问与处理技术

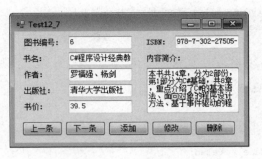

图 12-7　运行效果

（1）首先设计 Windows 窗体，添加相关控件并设置相关属性，如表 12-11 所示。

表 12-11　主要控件及相关属性设置

控　　件	属　　性	属 性 设 置	控　　件	属　　性	属 性 设 置
Label1	Text	图书 ID：	TextBox6	Name	txtISBN
Label2	Text	书名：	TextBox7	Name	txtDescription
Label3	Text	作者：	Button1	Name	btnPrev
Label4	Text	出版社：		Text	上一条
Label5	Text	书价：	Button2	Name	btnNext
Label6	Text	ISBN：		Text	下一条
Label7	Text	内容简介：	Button3	Name	btnAdd
TextBox1	Name	txtID		Text	添加
TextBox2	Name	txtName	Button4	Name	btnModi
TextBox3	Name	txtAuthor		Text	修改
TextBox4	Name	txtPublisher	Button5	Name	btnDelete
TextBox5	Name	txtPrice		Text	删除

（2）引用命名空间 System. Data. Linq 和 System. Data. Linq. Mapping，并定义类 BookDBContext 和 Book，代码参见上文。

（3）在窗体类之中添加三个私有变量，并在窗体类的构造函数中初始化它们，另外再添加一个显示当前图书的私有方法 showBook，代码如下：

```
public partial class Test12_7 : Form
{
    private List < Book > BookList;           //图书实体对象集合
    private int current;                      //指示当前图书
    private BookDBContext db;                 //封装 LINQ to SQL 从 DBMS 返回的数据内容
    public Test12_7()                         //窗体类的构造函数
    {
        InitializeComponent();
        BookList = new List < Book >();       //初始化实体对象集合
        current = 1;                          //默认的当前图书编号
        string sqlConn = @"data source = .\SQLExpress;
                    initial catalog = bookdb;
                    integrated security = true";
        db = new BookDBContext(sqlConn);
```

```
    }
    private void showBook()                          //显示当前图书信息
    {
        if (current >= 1 && current <= BookList.Count)
        {
            txtID.Text = BookList[current - 1].BookID.ToString();
            txtName.Text = BookList[current - 1].Name;
            txtAuthor.Text = BookList[current - 1].Author;
            txtPublisher.Text = BookList[current - 1].Publisher;
            txtPrice.Text = Convert.ToString(BookList[current - 1].Price);
            txtISBN.Text = BookList[current - 1].ISBN;
            txtDescription.Text = BookList[current - 1].Description;
        }
    }
}
```

（4）编写窗体的 Load 事件方法，执行 LINQ 查询返回图书表中的所有图书记录，并显示当前图书信息，代码如下：

```
private void Test12_7_Load(object sender, EventArgs e)
{
    var queryBooks =                                 //定义 LINQ 查询
        from book in db.Books
        select book;
    foreach(var book in queryBooks)                  //执行 LINQ 查询
    {
        BookList.Add(book);                          //把 LINQ 返回的图书对象添加到集合之中
    }
    showBook();                                      //显示当前图书
}
```

（5）分别编写"上一条"和"下一条"按钮的 Click 事件方法，逐条浏览图书对象集合之中的图书信息。代码如下：

```
private void btnPrev_Click(object sender, EventArgs e)
{
    if (current == 1)
        lblShow.Text = "已经到第一条了";
    else
    {
        current -- ;
        showBook();
    }
}
private void btnNext_Click(object sender, EventArgs e)
{
    if (current == BookList.Count)
        lblShow.Text = "已经到最后一条了";
    else
    {
        current++ ;
```

高级数据访问与处理技术

```
            showBook();
        }
    }
```

(6)分别编写"添加""修改""删除"按钮的 Click 事件方法,使用 LINQ 实现图书信息的增删改操作。代码如下:

```
private void btnAdd_Click(object sender, EventArgs e)
{
    int id = 1;
    if(BookList.Count!= 0)
        id = BookList[BookList.Count − 1].BookID + 1;//生成图书 ID 号
    Book book = new Book(id, txtName.Text,             //创建图书对象,封装用户输入
        txtAuthor.Text, txtPublisher.Text,
        decimal.Parse(txtPrice.Text),
        txtISBN.Text, txtDescription.Text);
    db.Books.InsertOnSubmit(book);                     //将图书对象添加到 Table 对象
    try
    {
        db.SubmitChanges();                            //将更新结果提交 DBMS
        BookList.Add(book);                            //在实体集合中添加新图书对象
        current = BookList.Count;
        showBook();                                    //显示新添加的图书
        lblShow.Text = "已成功添加新记录!";
    }
    catch(Exception ex)
    {
        lblShow.Text = ex.Message;
    }
}
private void btnModi_Click(object sender, EventArgs e)
{
    if (current >= 1 && current <= BookList.Count)
    {
        var updateBooks =                              //定义 LINQ 查询
            from book in db.Books
            where (book.BookID == BookList[current − 1].BookID)
            select book;
        foreach(Book book in updateBooks)              //执行 LINQ 查询
        {   //根据用户输入修改指定实体对象的相应属性
            book.Name = txtName.Text;
            book.Author = txtAuthor.Text;
            book.Publisher = txtPublisher.Text;
            book.Price = decimal.Parse(txtPrice.Text);
            book.ISBN = txtISBN.Text;
            book.Description = txtDescription.Text;
        }
        try
        {
            db.SubmitChanges();                        //将更新结果提交 DBMS
            lblShow.Text = "已成功更新!";
```

```
            }
            catch(Exception ex)
            {
                lblShow.Text = ex.Message;
            }
        }
    }
    private void btnDelete_Click(object sender, EventArgs e)
    {
        if (current >= 1 && current <= BookList.Count)
        {
            var delBook =                              //定义 LINQ 查询
                from book in db.Books
                where (book.BookID == BookList[current - 1].BookID)
                select book;
            foreach(Book book in delBook)              //执行 LINQ 查询
            {
                db.Books.DeleteOnSubmit(book);         //删除 Table 对象中的指定对象
            }
            try
            {
                db.SubmitChanges();                    //将更新结果提交 DBMS
                BookList.RemoveAt(current - 1);        //删除实体集中指定的图书
                if (current > 0) current--;
                showBook();                            //更新窗体的输出
                lblShow.Text = "已成功删除!";
            }
            catch(Exception ex)
            {
                lblShow.Text = ex.Message;
            }
        }
    }
```

(7) 运行该程序,即可测试 Linq to SQL 的基本功能。

可见,使用 Linq to SQL 访问数据库不需要编写 SQL 语句,查询数据库表时只需执行简单的 LINQ 查询的 SELECT 子句即可。添加、更新和删除数据记录时,需要调用 DataContext 对象的 SubmitChanges 方法,以通知 DBMS 更新数据库表。另外,在添加数据记录时,必须先调用 Table 对象的 InsertOnSubmit 方法,把实体对象封装到 Table 对象之中。在删除指定数据记录时,必须先调用 Table 对象的 DeleteOnSubmit 方法,从 DataContext 对象中删除指定记录。

习　　题

1. 什么是 XML? 它与 HTML 有哪些区别?
2. 请简述 XML 的基本语法规则。
3. 什么是 DOM? 简述 DOM 技术在创建 XML 文档的操作步骤。

高级数据访问与处理技术

4. 在.Net Framework 中,有哪些技术可以查询 XML 文档? 它们有何区别?

5. 列举 XmlDocument 类的常用方法及其作用。

6. 什么是 LINQ? 它和 SQL 有何区别?

7. 什么是查询? 简述 LINQ 查询表达式、查询变量和查询结果之间的关系。

8. 举例说明常用的 LINQ 查询子句的使用方法,包括 from、where、orderby、select、group、join 等。

9. 举例说明 LINT to XML 的应用方法。

10. 阐述 LINQ to SQL 的对象模型、运行时、DBMS、DB 之间的关系。举例说明 LINQ to SQL 的应用步骤。

上机实验 12

一、实验目的

1. 熟悉的 XML 概念和语法,掌握 XML 文档的创建、查询和编辑操作的编程方法。

2. 了解 LINQ 相关概念,掌握 LINQ 查询语法的书写方法,初步掌握 LINQ to XML 和 LINQ to SQL 的应用技巧。

二、实验要求

1. 熟悉 VS2017 的基本操作方法。

2. 认真阅读本章相关内容,尤其是案例。

3. 实验前进行程序设计,完成源程序的编写任务。

4. 反复操作,直到不需要参考教材也能熟练操作为止。

三、实验内容

1. 设计一个 Windows 应用程序,使用 DOM 技术实现以下功能:能上下浏览产品列表、能添加新的产品信息、能修改已有的产品数据以及能删除指定产品。

提示:用户操作界面类似例 12-5。产品列表的数据结构如下所示:

```xml
<?xml version = "1.0" encoding = "utf8"?>
<产品列表>
    <产品>
        <编号> tv1001 </编号>
        <名称>康佳电视机</名称>
        <规格 大小 = "42 英寸" 重量 = "20KG" />
        <类别>等离子</类别>
        <经销商>国美电器</经销商>
        <经销地>中国</经销地>
        <单价 单位 = "元" 币种 = "RMB"> 3800 </单价>
    </产品>
    <产品>
        <编号> ph2001 </编号>
        <名称>华为 IDEOS 手机</名称>
```

```
        <规格 大小 = "7 吋" OS = "Android " />
        <类别>智能机</类别>
        <经销商>沃尔玛</经销商>
        <经销地>美国</经销地>
        <单价 单位 = "元" 币种 = " $ ">200 </单价>
    </产品>
</产品列表>
```

2. 设计一个 Windows 程序，使用 LINQ to XML 技术实现与第 1 题同样的功能。

3. 根据例 12-7，设计一个 Windows 程序，管理 BookDB 数据库 Customer 表中的客户数据。该表各字段的定义图 12-8 所示。

列名	数据类型	允许 Null 值
CustomerID	int	☐
Title	nvarchar(30)	☐
CustomerType	char(4)	☐
Address	nvarchar(50)	☑
Telephone	nvarchar(15)	☑
Mobile	nchar(11)	☑
Contacter	nchar(10)	☐
JobTitle	nchar(10)	☑

图 12-8　Customer 表的定义

四、实验总结

写出实验报告，报告内容包括实验内容、任务分析、算法设计、源程序、实验体会等，并记录实验过程中的疑难点。

第 13 章　面向服务编程技术

总体要求

- 熟悉 System. Net 和 System. Net. Sockets 命名空间中常用类。
- 理解 Socket 编程的通信方式，熟悉 Socket、TcpListener、TcpClient 和 UdpClient 类的使用方法。
- 了解 ASP. NET Web API 的基本概念，初步学会使用 Web API 开发简单的 Web 服务。
- 理解面向服务编程思想，初步学会编写简单的 HttpClient 客户端程序。

相关知识点

- 熟悉. NET Framework 的使用。
- 熟悉网络基础知识。

学习重点

- Socket 同步和异步通信编程。
- ASP. NET Web API 与 HttpClient 编程。

学习难点

- 面向服务编程的概念以及工作机制。
- ASP. NET Web API 与 HttpClient 编程。

　　无论 PC 机还是局域网时代，程序通常采用集中式的存储与计算模式进行设计，使用面向过程的方法或面向对象的方法就可以完成整个软件系统的开发。但是进入互联网时代，数据散布于成千上万的虚拟站点之中。如何利用互联网的这种虚拟化和分布化的特性进行应用软件开发，需要一种全新的编程思想。这种思想就是面向服务的编程思想。本章主要介绍 C♯ 在面向服务编程方面的一些基本概念和方法。

13.1　面向服务编程基础

13.1.1　计算机网络的概述

　　计算机网络是指由地理上分散的、具有独立功能的多个计算机系统，以通信设备和线路互相连接，并配以相应的网络软件，以实现通信和资源共享的系统。总的来说计算机网络的组成基本上包括计算机、网络设备、传输介质以及相应的软件四部分。

　　而按照通信距离来分类，计算机网络通常分为局域网、城域网、广域网和因特网。其中，局域网（LAN）的分布范围一般在 10 公里范围内，通常是把一个企业的计算机连接在一起而组成的网络，少则二三台，多则几百台，实现企业内部计算机的信息共享。城域网（MAN）

实现一个城市范围内的计算机互联,计算机数量更多,可看作是局域网的延伸,通常连接着多个局域网,如把政府机构、医院、学校、企业等的局域网互相连接。广域网(WAN)又称远程网,它使用远程连接技术把分布在不同城市、地区甚至国家中的计算机连接在一起,覆盖范围比城域网更广,从几百公里到几千公里。因特网(Internet)严格来说不是一个网络,而是全球的广域网、城域网、局域网互联连接,最终实现全球范围信息共享,如今它已经成为与报纸、杂志、电话、广播、电视等同样重要的信息传播平台。

13.1.2 计算机网络的通信协议

在网络中,计算机之间的通信必须遵守一定的规则和约定,以保证正确地交换信息。这些规则和约定是事先制定并以标准的形式固定下来的,称为协议。

1. TCP/IP

TCP/IP 是因特网通信的标准协议,其中,TCP 为 Transmission Control Protocol 的缩写,即传输控制协议,IP 为 Internet Protocol 的缩写,即网际协议。实际上,TCP/IP 是 100 多个协议组成的协议簇,可划分为四个层次,每一层都通过它的下一层所提供的服务来完成自己的任务,如图 13-1 所示。

图 13-1　TCP/IP 的体系结构

(1)网络接口层。该层分为两个子层,物理层定义物理介质的各种特性;数据链路层负责接收 IP 数据报并通过网络发送之,或者从网络上接收物理帧,抽出 IP 数据报,交给网络层。

(2)网络层。负责相邻网络之间的通信。其基本功能包括封装数据分组、选择传输路由、存储并转发分组。"封装数据分组"就是在收到传输层的分组发送请求后在分组的前面填充报头,使之成为数据报。"选择传输路由"就是根据分组的目的地址,按特定的算法寻找下一个路由设备。"存储并转发分组"就是在选择路由之前先缓存数据报,在选择路由之后将数据报转发给适当的网络接口。为此,网络层必须解决路由选择和差错控制等问题。

网络层协议主要有网际协议 IP、控制报文协议 ICMP、地址解析协议 ARP、反向地址解析协议 RARP。其中 IP 是网络层的核心。

(3)传输层。为应用程序提供通信服务。其功能包括格式化信息流和提供可靠传输。为实现后者,传输层规定接收方必须发回确认,并且假如分组丢失,必须重新发送。

传输层的协议主要有传输控制协议 TCP 和用户数据报协议 UDP。其中,TCP 提供的是面向连接、可靠的字节流服务,它要求通信的双方先必须建立一个网络连接,之后才能传输数据。UDP 是一个简单的面向数据报的传输层协议,它不提供可靠性,不要求通信的双方建立一个网络连接,它通常使用广播方式发送数据信息。

(4)应用层。为用户提供一组网络应用服务,包括 FTP、DNS、SMTP、POP3、HTTP 等标准协议。其中,FTP 是文件传输协议,实现文件上传或下载服务。DNS 是域名解析服务,提供域名到 IP 地址之间的转换。SMTP 是简单邮件传输协议,用于发送电子邮件。POP3 是邮局协议第 3 版本,用于接收电子邮件。HTTP 是超文本传输协议,用于浏览器与 Web 服务器之间通信,构建 Web 应用系统。

2. IP 地址

互联网中的每一台计算机,无论是大型机,还是微型机,都以独立的身份出现,统称主

面向服务编程技术

机。为了实现各主机间的通信,每台主机都必须有一个唯一的网络地址。该地址代表网络中计算机的编号,称为 IP 地址。

目前,IP 地址分为两个版本:IPv4 和 IPv6。IPv4 的地址是一个 32 位的二进制地址,为了便于记忆,被分为 4 组,中间由小数点分开,每组 8 位,每组用十进制表示,即 xxx.xxx.xxx.xxx。其中 xxx 只能在 0~255 之间,例如 192.168.0.1。相对于 IPv4 地址而言,IPv6地址是一个长达 128 位的二进制地址,被划分为 8 组,中间用冒号分隔,每组 16 位,每组用十六进制字符表示,例如 3ffe:ffff:0000:0000:0000:00ff:fe28:9c5a。IPv6 地址允许取消每个部分中的前导零,例如 3ffe:ffff:0:0:0:ff:fe28:9c5a,甚至允许使用双冒号来表示仅包含零且连续的那部分地址,例如 3ffe:ffff::ff:fe28:9c5a。

3. URI

互联网上的每一种资源,包括 HTML 文档、图像、视频片段、程序等,用通用资源标志符(Uniform Resource Identifier,URI)进行定位。

URI 包含统一资源定位符(Uniform Resource Locator,URL)和统一资源名称(Uniform Resource Name,URN)。URI 是一个字符串,一般格式为:

```
[protocal:]//domain/[path]
```

其中,protocal 为应用层协议(例如 http、ftp),可省略;domain 代表资源的地址,可使用 IP地址,也可使用域名地址。path 代表资源在服务器上的存储路径,当位于缺省目录时,可省略。

例如,以下地址均为有效的 URI。

```
http://www.163.com
ftp://www.myftp.com
mailto:lfq5011@sohu.com
```

13.1.3 面向服务编程概述

互联网把任何东西都看成一种资源(例如网页、图片、日志记录等),不仅使用 URL 来描述如何才能获取与访问这些资源,还使用 HTTP 的 GET、POST、PUT、DELETE 等谓词来表达对这些资源的操作。这种特点应用于程序设计之中就产生了一种全新的程序设计方法,即面向服务的程序设计方法。

1. 什么是面向服务

面向服务又称 Web Service,是一种可以把共享资源转化为互联网中的一项信息服务的一系列技术。面向服务也是一种以互联网为基础进行分布式存储与计算的解决方案,是云计算技术的关键。在面向服务中,资源的存储、检索和运算处理等操作映射转化为 URL 描述,远程客户端通过访问 URL 即可获得相应的操作结果。

例如,在百度网站中输入并搜索"天气"时,百度搜索引擎立即显示所在城市的天气信息,如图 13-2 所示。

在这里,"搜索天气"成为一种服务,所包含的 URL 链接如下:

```
http://www.weather.com.cn/weather/101270101.shtml"
```

图 13-2 天气信息的搜索服务

该链接背后的业务逻辑包括：首先获取客户端的 IP 地址，然后分析并判断该 IP 地址位于哪个城市，再从气象数据库中检索该城市最新的天气信息和预测数据，最后将检索结果返回客户端显示。

2. 面向服务的优点

面向服务的主要目标是实现跨互联网的互操作性。为了实现这一目标，面向服务完全基于 XML、JSON 等格式独立于平台、独立于软件供应商的标准，是创建可互操作的、分布式应用程序的新平台。

（1）跨防火墙的通信

一个 Web 应用系统有成千上万的用户，分布在世界各地。为了确保系统的安全，通常使用防火墙技术进行隔离。在面向服务中，如何穿越防火墙实现统一的远程访问，同时又要满足安全防护的要求，这一系列的问题由 Web 服务技术的基础架构提供解决方案，面向服务的应用开发以此为基础，缩短了开发周期，降低了开发成本，增强了系统可维护性。

（2）应用程序的集成

一个应用程序，可能会运用不同的语言，在不同的平台上运行，这就需要花费很大的力量去进行集成。在面向服务中，应用程序可以用标准的方法（HTTP、URL、JSON 等）构建服务通信机制，使得应用程序间相互使用。

（3）软件和数据重用

采用面向服务的方法，开发应用系统不必再从第三方购买和安装软件组件，或从应用程序中调用这些组件,只需要直接引用 Web 服务的 URL 就可以获得处理结果,从而实现软件和数据的高效重用。同时,应用程序通过 Web 服务把自己"暴露",这样其他应用程序也可以使用它所提供的功能;或者将自己的功能通过 Web 服务提供给他人。

13.2 . NET 网络编程基础

采用面向服务架构设计的应用程序通常划分为 Web 服务端程序和 Web 客户端程序,两种程序之间完全依靠网络系统进行通信。若想进一步理解面向服务编程的精髓则必须理解基本的网络通信与编程方法。为此,本节将重点介绍.NET 在网络通信方面的技术支持及 Socket 编程方法。

13.2.1 System. Net 概述

.NET Framework 的 System. Net 命名空间为当前网络上使用的多种协议提供了简单的编程接口,包含了诸如 IPAddress、DNS、IPHostEntry、IPEndPoint、WebClient 等重要的用于网络通信的类,借助这些类,能够快速地开发具有网络功能的应用程序,而不必考虑各种不同协议的具体细节。

1. IPAddress 类

在 System. Net 命名空间中,IPAddress 类提供了对 IP 地址的转换、处理等功能。该类提供的 Parse 方法可将 IP 地址字符串转换为 IPAddress 实例。例如:

```
IPAddress ip = IPAddress.Parse("192.168.1.1");
```

2. Dns 类

在 System. Net 命名空间之中,Dns 类实现域名解析功能,即把主机域名解析为 IP 地址,或者把 IP 地址解析为主机名。DNS 类的常用方法如下:

- GetHostAddresses()。该方法能提取指定主机的 IP 地址,返回一个 IPAddress 类型的数组。例如:

```
IPAddress[] ip = Dns.GetHostAddresses("www.cctv.com");
```

- GetHostName()。该方法返回主机名。例如:

```
string hostname = Dns.GetHostName();
```

3. IPHostEntry 类

IPHostEntry 类的实例包含了网络主机的相关信息。常用属性有两个:一个是 AddressList 属性,另一个是 HostName 属性。其中,AddressList 属性的作用是获取或设置与主机关联的 IP 地址列表,它是一个 IPAddress 类型的数组,包含了指定主机的所有 IP 地址;HostName 属性则包含了主机的名称。

在 Dns 类中,有一个专门获取 IPHostEntry 对象的方法,通过 IPHostEntry 对象,可以获取本地或远程主机的相关 IP 地址。例如:

```
IPAddress[] ip = Dns.GetHostEntry("news.sohu.com").AddressList; //搜狐新闻所用的服务器 IP
ip = Dns.GetHostEntry(Dns.GetHostName()).AddressList;           //本机所有 IP 地址
```

4. IPEndPoint 类

在因特网中，TCP/IP 使用一个 IP 地址和一个端口号来唯一标识设备和服务。IP 地址标识网络上的设备；端口号标识特定服务。IP 地址和端口号的组合称为端点。在 C# 中，使用 IPEndPoint 的实例表示这个端点，该类包含了应用程序连接到主机上的服务所需的 IP 地址和端口信息。IPEndPoint 类常用的构造函数为：

```
public IPEndPoint(IPAddress, int);
```

其中第一个参数指定 IP 地址，第二个参数指定端口号。

【例 13-1】 使用上述四个类完成如图 13-3 和图 13-4 所示的应用程序功能，单击"显示本机 IP 信息"按钮可以显示本地的主机名及相关的 IP 地址；单击"显示服务器信息"按钮可以显示在文本框中输入的服务器的 IP 地址信息。

【操作步骤】

（1）首先在 Windows 窗体中添加 1 个 Label 控件、1 个 TextBox 控件、2 个 Button 控件和 1 个 ListBox 控件，根据表 13-1 设置相应属性项。

表 13-1　需要修改的属性项

控　件	属　性	属 性 设 置	控　件	属　性	属 性 设 置
textBox1	Name	txtRemote	Button1	Name	btnRemote
Button1	Name	btnLocal			
	Text	显示本机 IP 信息		Text	显示服务器信息

（2）使用 using 语句引用 System. Net 命名空间。

（3）为"显示本机 IP 信息"按钮添加以下 Click 事件代码。

```
private void btnLocal_Click(object sender, EventArgs e)
{
    listBox1.Items.Clear();
    string name = Dns.GetHostName();          //获得本地计算机主机名
    listBox1.Items.Add("本机主机名：" + name);
    IPHostEntry me = Dns.GetHostEntry(name); //将主机名或 IP 地址解析为 IPHostEntry 的实例
    listBox1.Items.Add("本机所有 IP 地址：");
    foreach (IPAddress ip in me.AddressList)     //迭代本机的 IP 地址列表
    {
        listBox1.Items.Add(ip);
    }
    IPAddress localip = IPAddress.Parse("127.0.0.1");
    IPEndPoint iep = new IPEndPoint(localip, 80);//用指定的地址和端口号初始化 IPEndPoint
                                                 //实例
    listBox1.Items.Add("The IPEndPoint is: " + iep.ToString());
    listBox1.Items.Add("The Address is: " + iep.Address);
    listBox1.Items.Add("The AddressFamily is: " + iep.AddressFamily);
    listBox1.Items.Add("The max port number is: " + IPEndPoint.MaxPort);
    listBox1.Items.Add("The min port number is: " + IPEndPoint.MinPort);
}
```

面向服务编程技术

(4) 为 btnRemote 控件添加 Click 事件处理程序。

```csharp
private void btnRemote_Click(object sender, EventArgs e)
{
    listBox1.Items.Clear();
    //将文本框中的主机名或 IP 地址解析为 IPHostEntry 的实例
    IPHostEntry remoteHost = Dns.GetHostEntry(txtRemote.Text);
    IPAddress[] remoteIP = remoteHost.AddressList;          //获取远程服务器的 IP 地址列表
    listBox1.Items.Add(remoteHost.HostName);               //获取主机的 DNS 名
    listBox1.Items.AddRange(remoteIP);
}
```

单击"显示本机 IP 信息"按钮后程序的运行效果如图 13-3 所示;在文本框中输入 "www.sina.com.cn",单击"显示服务器信息"按钮后程序的运行效果如图 13-4 所示。

图 13-3　"显示本机 IP 信息"运行效果　　　　图 13-4　"显示服务器信息"运行效果

13.2.2　Socket 编程概述

1. Socket 工作原理

在 TCP/IP 协议中,相互通信的两个应用程序才是数据传输的真正起点和终点。为了能区分不同的网络应用服务,TCP/IP 协议引入了端口号,把 IP 地址和端口号组合成通信的端点(又称套接字)。这样,一对端点就可以表示相互通信的应用程序之间的网络连接。其中,代表客户端的套接字称之为 ClientSocket,而代表服务器端的套接字称之为 ServerSocket。

根据连接启动的方式以及套接字要连接的目标,套接字之间的连接过程可以分为三个步骤:服务器监听,客户端请求,连接确认。

(1) 服务器监听。服务器端套接字并不定位具体的客户端套接字,而是处于等待连接的状态,实时监控网络状态。

(2) 客户端请求。客户端的套接字提出连接请求,要连接的目标是服务器端的套接字。为此,客户端的套接字必须首先描述它要连接的服务器的套接字,指出服务器端套接字的地址和端口号,然后再向服务器端套接字提出连接请求。

(3) 连接确认。当服务器端套接字监听到客户端套接字的连接请求时,它就响应客户端套接字的请求,建立一个新的线程,把服务器端套接字的信息发给客户端,一旦客户端确认了此信息,连接即可建立。而服务器端套接字继续处于监听状态,继续接收其他客户端套接字的连接请求。

2. Socket 类

Socket 类位于 System. Net. Sockets 命名空间。Socket 类必须实例化之后才能使用。一个 Socket 实例包含了一个端点的套接字信息,其构造函数如下:

```
public Socket(AddressFamily a, SocketType s, ProtocolType p);
```

其中,参数 a 指定 Socket 使用的寻址方案,其值为 AddressFamily. InterNetwork 时,表示使用 IPv4 的地址方案;s 指定 Socket 的类型,其值为 SocketType. Stream 时,表示连接是基于流套接字的,为 SocketType. Dgram 时,表示连接是基于数据报套接字的;p 指定 Socket 使用的协议,其值为 ProtocolType. Tcp 时,表示连接协议是 TCP 协议,为 ProtocolType . Udp 时,表明连接协议是 UDP 协议。

Socket 类为网络通信提供了一套丰富的方法和属性。表 13-2 列出 Socket 类常用的属性,表 13-3 列出了 Socket 类常用的方法。

表 13-2　Socket 类的常用属性

名　　称	说　　明
AddressFamily	返回 Socket 的地址族
Blocking	是否处于阻止模式
Connected	是否在上次 Send 还是 Receive 操作时连接到远程主机
EnableBroadcast	是否可以收发广播数据包
IsBound	是否已绑定到特定本地端口
LingerState	在尝试发送所有挂起数据时是否延迟关闭套接字
LocalEndPoint	获取本地端点
RemoteEndPoint	获取远程端点
ProtocolType	获取 Socket 的协议类型
SocketType	获取 Socket 的类型
ReceiveBufferSize	指定接收缓冲区的大小
ReceiveTimeout	指定同步接收将超时的时间长度
SendBufferSize	指定发送缓冲区的大小
SendTimeout	指定同步发送将超时的时间长度
OSSupportsIPv4	操作系统和网络适配器是否支持 IPv4
OSSupportsIPv6	操作系统和网络适配器是否支持 IPv6
SupportsIPv4	当前主机是否支持 IPv4
SupportsIPv6	当前主机是否支持 IPv6

表 13-3　Socket 类的常用方法

名　　称	说　　明
Accept()	为新建连接创建新的 Socket
AcceptAsync()	开始一个异步操作来接收一个传入的连接尝试
BeginAccept()	开始异步接收
BeginConnect()	开始一个对远程主机连接的异步请求
BeginDisconnect()	开始异步请求从远程终结点断开连接

341

面向服务编程技术

名　　　称	说　　　明
BeginReceive()	开始从连接的 Socket 中异步接收数据
BeginReceiveFrom()	开始从指定网络设备中异步接收数据
BeginSend()	将数据异步发送到已连接的 Socket
BeginSendFile()	将文件发送到已连接的 Socket 对象
BeginSendTo()	向特定远程主机异步发送数据
Bind()	使 Socket 与一个本地终结点相关联
CancelConnectAsync()	取消一个对远程主机连接的异步请求
Close()	关闭 Socket 连接并释放所有关联的资源
Connect()	建立与远程主机的连接
ConnectAsync()	开始一个对远程主机连接的异步请求
Disconnect()	关闭套接字连接并允许重用套接字
DisconnectAsync()	开始异步请求从远程终结点断开连接
EndAccept()	异步接收传入的连接尝试,并创建新的 Socket 来处理远程主机通信
EndConnect()	结束挂起的异步连接请求
EndDisconnect()	结束挂起的异步断开连接请求
EndReceive()	结束挂起的异步读取
EndReceiveFrom()	结束挂起的、从特定终结点进行异步读取
EndSend()	结束挂起的异步发送
EndSendFile()	结束文件的挂起异步发送
EndSendTo()	结束挂起的、向指定位置进行的异步发送
Listen()	将 Socket 置于侦听状态
Poll()	确定 Socket 的状态
Receive()	从绑定的 Socket 接收数据,将数据存入接收缓冲区列表中
ReceiveAsync()	开始一个异步请求以便从连接的 Socket 对象中接收数据
ReceiveFrom()	将数据报接收到数据缓冲区并存储终节点
ReceiveFromAsync()	开始从指定网络设备中异步接收数据
Select	确定一个或多个套接字的状态
Send()	将列表中的一组缓冲区发送到连接的 Socket
SendAsync()	将数据异步发送到连接的 Socket 对象
SendFile()	将文件发送到连接的 Socket 对象
SendTo()	将数据发送到指定的终节点
SendToAsync()	向特定远程主机异步发送数据
Shutdown()	禁用某 Socket 上的发送和接收

3. 面向连接的套接字

Socket 类支持 TCP/IP 的两种通信方式,即面向连接方式(Connection-Oriented)和无连接方式(Connectionless)。其中,TCP 协议采用面向连接方式进行通信。因此,必须使用 TCP 来建立两个 IP 地址端点之间的会话。一旦建立了这种连接,就可以在设备之间可靠地传输数据。为了建立面向连接的套接字,服务器和客户端必须分别编程,如图 13-5 所示。

对于服务器端程序,建立的套接字必须绑定(Bind)到用于 TCP 通信的本地 IP 地址和端口上。之后,就用 Listen 方法等待客户机发出连接尝试,在 Listen 方法执行之后,服务器已经做好了接收任何客户连接的准备,这是用 Accept 方法来完成的,当有新客户进行连接时,该方法就返回一个新的套接字描述符。程序执行到 Accept 方法时会处于阻塞状态,直到有客户机请求连接,在接受客户机连接请求之后,客户机和服务器就可用 Receive 方法和 Send 方法开始传递数据了。

4. 无连接的套接字

UDP 协议采用无连接方式进行通信。UDP 协议不需要在网络设备之间发送连接信息。因此,很难确定谁是服务器、谁是客户机。如果一个设备最初是在等待远程设备的信息,则套接字就必须用 Bind 方法绑定到一个"本地地址/端口对"之上。完成绑定之后,该设备就可以利用套接字接收数据了。由于发送设备没有建立到接收设备的连接,所以收发数据均不需要 Connect 方法。由于不存在固定的连接,所以可以直接使用 SendTo 方法和 ReceiveFrom 方法发送和接收数据,图 13-6 为无连接套接字编程示意图。

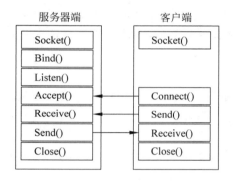

图 13-5 面向连接的套接字编程

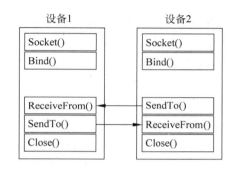

图 13-6 无连接的套接字编程

13.2.3 TCP 应用编程

TCP 是 TCP/IP 体系中面向连接的转输层协议,在网络中提供全双工的和可靠的服务。一旦通信双方建立了 TCP 连接,连接中的任何一方都能向对方发送数据和接收对方发送来的数据。

在 System. Net. Sockets 命名空间中,TcpListener 类与 TcpClient 类是两个专门用于 TCP 协议编程的类。这两个类封装了底层的套接字,并分别提供了对 Socket 进行封装后的同步和异步操作的方法,降低了 TCP 应用编程的难度。

1. TcpListener 类

TcpListener 类用于监听和接收传入的连接请求,其构造函数如下:

```
TcpListener(IPEndPoint iep)
TcpListener(IPAddress localAddr, int port)
```

其中,iep 是 IPEndPoint 类型的对象,iep 包含了服务器端的 IP 地址与端口号。

可见,构造 TcpListener 对象时可指定端点对象,或指定 IP 地址与端口来监听客户端连接请求。

TcpListener 还提供了同步或异步方法,在同步工作方式下,对应有 AcceptTcpClient 方法、AcceptSocket 方法、Start 方法和 Stop 方法。

AcceptSocket 方法用于在同步阻塞方式下获取并返回一个用来接收和发送数据的套接字对象。该套接字包含了本地和远程主机的 IP 地址与端口号,然后通过调用 Socket 对象的 Send 和 Receive 方法和远程主机进行通信。

AcceptTcpClient 方法用于在同步阻塞方式下获取并返回一个可以用来接收和发送数据的封装了 Socket 的 TcpClient 对象。

Start 方法用于启动监听。带有一个整型参数 backlog,表示请求队列的最大长度,即最多允许的客户端连接个数。Start 方法被调用后,把自己的 LocalEndPoint 和底层 Socket 对象绑定起来,并自动调用 Socket 对象的 Listen 方法开始监听来自客户端的请求。如果接受了一个客户端请求,Start 方法会自动把该请求插入请求队列,然后继续监听下一个请求,直到调用 Stop 方法停止监听。当 TcpListener 接受的请求超过请求队列的最大长度或小于 0 时,等待接受连接请求的远程主机将会抛出异常。

Stop 方法用于停止监听请求。程序执行 Stop 方法后,会立即停止监听客户端连接请求,并关闭底层的 Socket 对象。等待队列中的请求将会丢失,等待接受连接请求的远程主机会抛出套接字异常。

2. TcpClient 类

利用 TcpClient 类提供的方法,可以通过网络进行连接、发送和接收网络数据流。该类的构造函数有 4 种重载形式。

(1) TcpClient()

该构造函数创建一个默认的 TcpClient 对象,该对象自动选择客户端尚未使用的 IP 地址和端口号。创建该对象后,即可用 Connect 方法与服务器端进行连接。

例如:

```
TcpClient tcpClient = new TcpClient();
tcpClient.Connect("www.abcd.com", 51888);
```

(2) TcpClient(AddressFamily family)

该构造函数创建的 TcpClient 对象也能自动选择客户端尚未使用的 IP 地址和端口号,但是使用 AddressFamily 枚举指定了使用哪种网络协议。创建该对象后,即可用 Connect 方法与服务器端进行连接。

例如:

```
TcpClient tcpClient = new TcpClient(AddressFamily.InterNetwork);
tcpClient.Connect("www.abcd.com", 51888);
```

(3) TcpClient(IPEndPoint iep)

iep 是 IPEndPoint 类型的对象,iep 指定了客户端的 IP 地址与端口号。当客户端的主机有一个以上的 IP 地址时,可使用此构造函数选择要使用的客户端主机 IP 地址。

例如:

```
IPAddress[] address = Dns.GetHostAddresses(Dns.GetHostName());
IPEndPoint iep = new IPEndPoint(address[0], 51888);
TcpClient tcpClient = new TcpClient(iep);
tcpClient.Connect("www.abcd.com", 51888);
```

（4）TcpClient(string hostname,int port)

这是使用最方便的一种构造函数。该构造函数可直接指定服务器端域名和端口号，而且不需使用 connect 方法。客户端主机的 IP 地址和端口号则自动选择。

例如：

```
TcpClient tcpClient = new TcpClient("www.abcd.com", 51888);
```

3. 同步 TCP 应用编程

在网络应用编程中，利用 TCP 协议编写的程序非常多，例如网络游戏、网络办公、股票交易、网络通信等。本节通过编写一个服务端和客户端通信的小程序，说明利用 TCP 协议和同步套接字编写网络应用程序的方法。

【例 13-2】　使用 TcpListener 和 TcpClient 实现服务端和客户端通信的小程序。

（1）首先创建一个名为 TcpServer 的控制台应用程序，作为服务端。在 Program.cs 文件中使用 using 语句引用如下命名空间。

```
using System.Net;
using System.Net.Sockets;
```

（2）在 Main 函数中完成服务器的监听和读写数据。

```
public static void Main()
{
    TcpListener server = null;
    Console.Write("请输入监听的端口号: ");
    string strPort = Console.ReadLine();
    try
    {
        int port = Convert.ToInt32(strPort);
        IPEndPoint listenPort = new IPEndPoint(IPAddress.Any, port);
        server = new TcpListener(listenPort);          //初始化 TcpListener 的新实例
        server.Start();                                //开始监听客户端的请求
        Byte[] bytes = new Byte[256];                  //缓存读入的数据
        String data = null;
        while (true)                                   //循环监听
        {
            Console.Write("服务已启动...... ");
            //执行一个阻塞调用来接受请求.也可用 server.AcceptSocket()
            TcpClient client = server.AcceptTcpClient();
            Console.WriteLine("已连接!");
            data = null;
            NetworkStream stream = client.GetStream();  //获取用于读取和写入的流对象
            int i;
            while ((i = stream.Read(bytes, 0, bytes.Length)) != 0)//环接收由客户端发送的
                                                        //所有数据
            {
                //将结束字节的数据转换成一个 UTF8 字符串
                data = System.Text.Encoding.UTF8.GetString(bytes, 0, i);
                Console.WriteLine("接收消息: {0}", data);
                Console.Write("发送消息:");
```

面向服务编程技术

```
                    data = Console.ReadLine();                      //服务器发送消息
                    byte[] msg = System.Text.Encoding.UTF8.GetBytes(data);
                    stream.Write(msg, 0, msg.Length);               //发回一个响应消息
                }
                client.Close();                                     //关闭并结束连接
            }
        }
        catch(Exception e)
        {
            Console.WriteLine(e.Message);
        }
        finally
        {
            server.Stop();                                          //停止监听新客户
        }
        Console.WriteLine("\n 按任意键退出...");
        Console.Read();
    }
```

（3）接下来创建一个名为 TcpClients 的控制台应用程序，作为客户端。在 Program.cs 文件中使用 using 语句引用如下命名空间。

```
using System.Net;
using System.Net.Sockets;
```

（4）在 Program.cs 文件中完成客户端的连接和读写数据。

```
class Program
{
    static TcpClient client = null;
    static NetworkStream stream = null;
    static void Main(string[] args)
    {
        Console.Write("请输入服务器 IP 地址：");
        string strIp = Console.ReadLine();
        Console.Write("请输入服务器监听的端口号：");
        string strPort = Console.ReadLine();
        int port = Convert.ToInt32(strPort);
        Connect(strIp, port);                                //连接服务器
        do                                                   //循环发送和接收消息
        {
            Console.Write("发送消息：");
            string message = Console.ReadLine();
            SentAndReceived(message);                        //接收和发送消息
            Console.WriteLine("是否继续发送消息?(Y/N)");
            if (Console.ReadLine().ToUpper() == "N") break;
        } while (true);
        if(stream!= null) stream.Close();
        if (client != null) client.Close();
        Console.WriteLine("\n 按任意键退出...");
        Console.Read();
```

```csharp
        }
        static void Connect(string server, int port)              //连接服务器
        {
            try
            {
                //创建一个 TcpClient,需要和服务器 TcpListener 对象有相同的地址和端口
                client = new TcpClient(server, port);
            }
            catch(Exception e)
            {
                Console.WriteLine(e.Message);
            }
        }
        static void SentAndReceived(string message)               //接收和发送消息
        {
            //把 message 转换成 UTF 编码的字节数组
            Byte[] data = System.Text.Encoding.UTF8.GetBytes(message);
            stream = client.GetStream();                          //获取用于读取和写入的流对象
            stream.Write(data, 0, data.Length);                  //将消息发送到服务器
            data = new Byte[1024];                                //接收服务器的响应
            String responseData = String.Empty;
            int bytes = stream.Read(data, 0, data.Length);
            responseData = System.Text.Encoding.UTF8.GetString(data, 0, bytes);
            Console.WriteLine("接收消息: {0}", responseData);
        }
```

（5）首先启动服务端 TcpServer,输入要监听的端口号,开始监听。接下来启动客户端,输入服务器的 IP 地址和端口号,可以连接到服务器,接下来双方就可以交互了。交互顺序和运行效果如图 13-7 和图 13-8 所示。

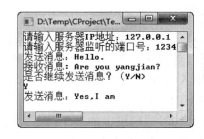

图 13-7 "服务端"运行效果   图 13-8 "客户端"运行效果

此时如果再打开一个客户端,可以发现该客户端能够连接到服务器,但向服务器发送的消息并无响应。而当退出第一个客户端后,第二个客户端才可以和服务器正式交互。这是因为该程序采用了同步模式,接收、发送数据以及监听客户端连接时,在操作没有完成之前一直处于阻塞状态。

4. 异步 TCP 应用编程

利用 TcpListener 和 TcpClient 类在同步方式下接收、发送数据以及监听客户端连接时,在操作没有完成之前一直处于阻塞状态,这对于接收、发送数据量不大的情况或者操作用时较短的情况下是比较方便的。但是,对于执行完成时间较长的任务,如传送大文件等,

面向服务编程技术

使用同步操作就不太合适了,这种情况下,最好的办法是使用异步操作。

所谓异步操作方式,就是希望当某个工作开始以后,能在这个工作尚未完成的时候继续处理其他工作。就像(主线程)安排客户经理 A(子线程 A)负责处理客户来访时办理一系列事情。在同步工作方式下,如果没有人来访,A 就只能一直在接待室等候,而不能做其他事情,显然这种方式不利于提高工作效率。我们希望的是,没有客户来访时,A 就不必待在接待室,可以到别的办公室继续做其他事务,而把这个工作交给总控室的人员完成,这里的总控室就是 Windows 操作系统本身。总控室如何及时通知客户经理 A 呢?可以让 A 先告诉总控室一个手机号 F(callback 需要的方法名 F),以便有人来访时总控室可以立即电话通知 A(callback)。这样一来,一旦有客户来访,总控室的人员(委托)就会立即给 A 打电话(通过委托自动运行方法 F),A 接到通知后,再处理客户来访时需要办理的事情(在方法 F 中完成需要的工作)。

异步操作的最大优点是可以在一个操作没有完成之前同时进行其他的操作。.NET Framework 提供了一种称为 AsyncCallback(异步回调)的委托,该委托允许启动异步的功能,并在条件具备时调用回调方法(是一种在操作或活动完成时由委托自动调用的方法),然后在这个方法中完成并结束未完成的工作。

为了简化异步 TCP 应用编程,Socket、TcpListener 和 TcpClient 类都提供了一系列异步操作的方法,包括 BeginXXX 和 EndXXX 等。其中,每个 Begin 方法都有一个匹配的 End 方法。在程序中,利用 Begin 方法开始执行异步操作,然后由委托在条件具备时调用 End 方法完成并结束异步操作。

关于异步调用和多线程编程涉及的知识很多,由于篇幅有限,这里就不一一介绍了,有兴趣的读者可以参看一下其他书籍。

13.2.4　UDP 应用编程

UDP 是一个简单的、面向数据报的无连接协议,提供了快速但不一定可靠的传输服务。与 TCP 一样,UDP 也是构建于底层 IP 协议之上的传输层协议。所谓"无连接"是在正式通信前不必与对方先建立连接,不管对方状态如何就直接发送过去。这与发手机短信非常相似,只要输入对方的手机号码就可以了,不用考虑对方手机处于什么状态。

利用 UDP 协议可以使用广播的方式同时向子网上的所有设备发送信息,也可以使用组播的方式同时向网络上的多个设备发送信息。例如,使用 UDP 协议向某网络发送广告,或者使用 UDP 协议向指定的客户发送订阅的新闻或通知。

System. Net. Sockets 名称空间下的 UdpClient 类简化了 UDP 套接字编程。与 TCP 协议有 TcpListener 类和 TcpClient 类不同,UDP 协议只有 UdpClient 类,这是因为 UDP 协议是无连接的协议,所以只需要一种套接字。UdpClient 类提供了发送和接收无连接的 UDP 数据报的方便方法。它建立默认远程主机的方式有两种:一是使用远程主机名和端口号作为参数创建 UdpClient 类的实例;另一种是先创建不带参数的 UdpClient 类的实例,然后调用 Connect 方法指定默认远程主机。

可以通过调用 UdpClient 对象的 Send 方法直接将数据发送到远程主机,该方法返回数据的长度,可用于检查数据是否已被正确发送。UdpClient 对象的 Receive 方法能够在指定的本地 IP 地址和端口上接收数据,该方法带一个引用类型的 IPEndPoint 实例,并将接收到的数据作为字节数组返回。

　　UDP 协议的重要用途是可以通过广播和组播实现一对多的通信模式,即可以把数据发送到一组远程主机中。所谓广播,就是指同时向子网中的多台计算机发送消息,并且所有子网中的计算机都可以接收到发送方发来的消息。组播也叫多路广播。是将消息从一台计算机发送到本网或全网内选择的计算机子集上,即发送到那些加入指定组播组的计算机上。组播组是开放的,每台计算机都可以通过程序随时加入到组播组中,也可以随时离开。组播地址是范围在 224.0.0.0～239.255.255.255 的 D 类 IP 地址。使用组播时,应注意的是 TTL(生存周期 Time To Live)值的设置。TTL 值是允许路由器转发的最大数目,当达到这个最大值时,数据包就会被丢弃。如果使用默认值(默认值为 1),则只能在子网中发送。在 UdpClient 类中,使用 JoinMulticastGroup 方法将 UdpClient 对象和 TTL 一起加入组播组,使用 DropMulticastGroup 退出组播组。

　　下面用一个实例说明使用 UdpClient 进行组播的方法。

　　【例 13-3】 编写一个 Windows 应用程序,利用组播技术向子网发送组播信息,同时接收组播的信息。

　　【操作步骤】

　　(1) 新建一个 Windows 项目,重命名窗体为 MulticastFrm.cs,在该窗体中添加 2 个 Label 控件、1 个 TextBox 控件、1 个 RichTextBox 控件和 1 个 Button 控件,按图 13-9 所示设置相应属性项。

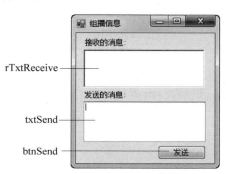

图 13-9 "组播信息"程序界面

　　(2) 切换到 MulticastFrm 的代码编辑方式下,使用 using 语句引用如下命名空间。

```
using System.Net;
using System.Net.Sockets;
using System.Threading;
```

　　(3) 定义 MulticastFrm 的成员字段和构造函数,并使用异步方式刷新 rTxtReceive 的值。

```
delegate void AppendStringCallback(string text);
AppendStringCallback appendStringCallback;
private int port = 8001;                              //使用的接收端口号
private UdpClient udpClient;
public MulticastFrm()
{
    InitializeComponent();
    appendStringCallback = new AppendStringCallback(AppendString);
}
private void AppendString(string text)
{
    if (rTxtReceive.InvokeRequired == true)
        this.Invoke(appendStringCallback, text);
    else
        rTxtReceive.AppendText(text + "\r\n");
}
```

（4）为 MulticastFrm 窗体添加 Load 和 FormClosing 事件处理程序。

```csharp
private void MulticastFrm_Load(object sender, EventArgs e)
{
    Thread myThread = new Thread(new ThreadStart(ReceiveData));    //创建一个新的线程
    myThread.Start();                            //启动刚创建的新线程
}
private void ReceiveData()                  //实现异步接收数据,该方法将以线程形式运行
{
    udpClient = new UdpClient(port);  //在本机指定的端口接收
    udpClient.JoinMulticastGroup(IPAddress.Parse("224.0.0.1")); //必须使用组播地址范围内
                                                                //的地址
    udpClient.Ttl = 50;
    IPEndPoint remote = null;
    while (true)                      //接收从远程主机发送过来的信息
    {
        try                          //关闭 udpClient 时此句会产生异常
        {
            byte[] bytes = udpClient.Receive(ref remote);
            string str = Encoding.UTF8.GetString(bytes, 0, bytes.Length);
            AppendString(string.Format("来自{0}: {1}", remote, str));
        }
        catch
        {
            break;                    //退出循环,结束线程
        }
    }
}
private void MulticastFrm_FormClosing(object sender, FormClosingEventArgs e)
{
    udpClient.Close();
}
```

（5）为 btnSend 控件添加 Click 事件处理程序。

```csharp
private void btnSend_Click(object sender, EventArgs e)
{
    UdpClient myUdpClient = new UdpClient();
    myUdpClient.EnableBroadcast = true;                    //允许发送和接收广播数据报
    IPEndPoint iep = new IPEndPoint(IPAddress.Parse("224.0.0.1"), 8001); //必须使用组播
                                                                        //地址
    byte[] bytes = System.Text.Encoding.UTF8.GetBytes(txtSend.Text);    //将发送内容转
                                                                        //换为字节数组
    try
    {
        myUdpClient.Send(bytes, bytes.Length, iep);        //向子网发送信息
        txtSend.Clear();
        txtSend.Focus();
    }
    catch(Exception err)
    {
        MessageBox.Show(err.Message, "发送失败");
    }
    finally
```

```
    {
        myUdpClient.Close();
    }
}
```

程序运行效果如图 13-10 所示。

图 13-10   "组播信息"运行效果

13.3   基于 Web API 的面向服务编程

随着云计算和大数据技术的发展,普及云计算的编程思想成为整个行业发展的迫切需求。在云计算时代,数据输入与输出在客户端(如浏览器和智能手机)而存储与计算处理在互联网的服务器端,成为一种新常态。为了适应这种新常态,必须尽快地掌握面向服务的编程方法。为此,本节将以 ASP.NET Web API 为例,介绍 C♯ 面向服务的编程方法。

13.3.1   ASP.NET Web API 概述

1. 为什么需要 Web API

在互联网的世界中,对于服务器、站点、文件、数据等资源来说,其存在位置被高度虚拟化,人们不关心一个资源的地理位置,无须知道这个资源在哪个国家、哪个省、哪个城市、哪个街道、哪个大楼、哪个机房、哪个机架、哪台服务器之中,只要知道它的 URL 就足够了。

例如:以下 URL 描述了成都市的天气信息的存在位置。

```
http://www.baidu.com/api/weather?city = 成都
```

客户端只要按此 URL 发出访问请求就可以获得来自百度的成都天气信息服务。这样的信息服务称为 Web 服务(或 HTTP 服务),相应的编程方法就称为面向服务的编程方法。

在服务器端,Web 服务的逻辑代码类似如下。

```
class Weather
{
    public float getWeatherByCity(string city)
    {
        //……
    }
}
```

对于服务器来说,一旦监听到来自客户端的 HTTP 请求,会首先解析该 URL,同时进行映射处理,转换成对 Weather. getWeatherByCity()方法的调用,之后再将该方法的返回值回传给客户端。

一个完整的 Web 服务应用离不开底层的 HTTP 通信功能支持,而 ASP. NET 的 Web API 就提供了这样的基础功能。

与 WCF REST 服务不同,Web API 利用 HTTP 协议的各个方面来表达跨越互联网站点的服务,例如 HTTP 协议中的 URI、Request 请求、Response 响应、Header 标头、Caching 缓存、version 版本、内容格式等,因此在编程时能省略很多复杂的配置。

2. 什么是 Web API

Web API 是 ASP. NET 中一个框架,可以轻松地构建能覆盖各种客户端(包括浏览器和移动设备等)的 Web 服务,ASP. NET Web API 是在. NET Framework 上构建 RESTful 应用程序的理想平台。

Web API 在 ASP. NET 中地位如图 13-11 所示。与 SignalR 一起同为构建服务的框架。Web API 负责构建 HTTP 常规服务,而 SignalR 主要负责的是构建实时服务,例如股票、聊天室、在线游戏等实时性要求比较高的服务。

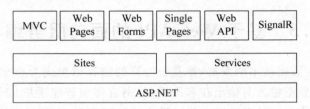

图 13-11　Web API 与 ASP. NET 的关系

3. Web API 的主要功能与适用场合

Web API 的主要功能包括以下 4 点。

(1) 支持 HTTP 各种动作(包括 GET、POST、PUT、DELETE),实现 CRUD 操作(包括 Create、Read、Update、Delete)。

(2) HTTP 响应可以通过 HTTP 状态码来表达不同含义,并且客户端可以通过接收标头来与服务器协商格式,例如,希望服务器返回 JSON 格式或者 XML 格式的数据信息。

(3) HTTP 响应格式支持 JSON、XML,也允许扩展添加其他格式。

(4) 支持大多数 MVC 功能,例如路由、控制器、过滤、模型、依赖注入等。

Web API 适用于以下场景。

- 需要 Web 服务,但是不需要 SOAP(微软提供的一种已经淘汰的服务框架)。
- 需要在已有的 WCF 服务基础上建立不基于 SOAP 的 HTTP 服务(云计算服务)。
- 只想发布一些简单的 HTTP 服务,不想使用相对复杂的 WCF 配置。
- 发布的服务可能会被带宽受限的设备访问。
- 希望使用开源框架,关键时候可以自己调试或者自定义一下框架。

13.3.2　Web API 服务器端编程

Web API 技术在实际项目开发中,通常分为以下两步:首先是使用 Web API 开发服务器端接口,使客户端可以使用 URL 远程访问到 Web 服务;然后利用现有客户端软件(浏览器)或者使用 HttpClient 开发属于自己的客户端程序向服务器端发起请求并获得 Web 服务的处理结果。下面通过一个实例来展现一个 Web API 服务在 VS2017 中的实现过程。

【例 13-4】 使用 Web API 为例 12-7 中的 BookDB 数据库开发一个 Web 服务,为客户端提供有关图书信息服务,包括检索、添加、修改和删除。

(1) 启动 VS2017 创建一个新项目,在已经安装的模板中选择"ASP. NET Web 应用程序(.NET Framework)",如图 13-12 所示。

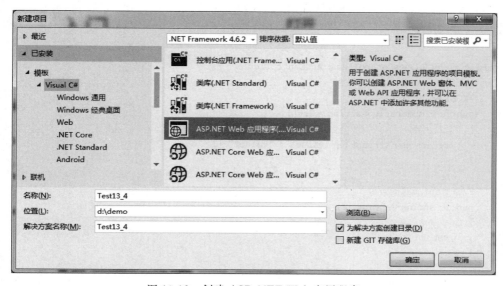

图 13-12　创建 ASP. NET Web 应用程序

单击"确定"按钮,接着在新弹出的对话框中选择 Web API 并单击"确定"按钮,如图 13-13 所示。

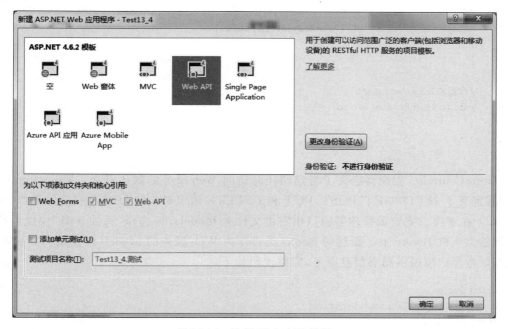

图 13-13　选择 Web API 模板

面向服务编程技术

项目创建成功之后,VS2017 在解决方案资源管理器窗口中自动创建两个 Web API 控制器:HomeController 和 ValuesController。核心代码分别如下:

```csharp
public class HomeController : Controller
{
    public ActionResult Index()
    {
        ViewBag.Title = "我的首页";
        return View();
    }
}
public class ValuesController : ApiController
{
    //GET api/values
    public IEnumerable<string> Get()
    {
        return new string[] { "value1", "value2" };
    }

    //GET api/values/5
    public string Get(int id)
    {
        return "value";
    }

    //POST api/values
    public void Post([FromBody]string value)
    {
    }

    //PUT api/values/5
    public void Put(int id, [FromBody]string value)
    {
    }

    //DELETE api/values/5
    public void Delete(int id)
    {
    }
}
```

HomeController 控制器定义了指定路径时访问 Web 服务的默认行为。ValuesController 控制器定义了 HTTP GET、POST、PUT 和 DELETE 请求对应的 URI 和相应的操作方法。

(2)在解决方案资源管理器窗口中右击文件夹 Models,再选择"添加→类"快捷菜单命令,创建类文件 Books.cs。新建的 Books 类将作为 Web 服务的 Model(即模型),利用 Linq to SQL 为客户端提供图书信息服务,完整代码如下:

```csharp
using System;
using System.Collections.Generic;
using System.Linq;
```

```csharp
using System.Web;
using System.Data.Linq;
using System.Data.Linq.Mapping;

namespace Test13_4.Models
{
    public class BookDBContext : DataContext     //对应图书数据库
    {
        public Table<Books> Books;      //定义与数据库表对应的实体类对象
        public BookDBContext(string connection) : base(connection) { }
    }
    [Table(Name = "Book")]                        //声明这是一个与 Book 表对应的实体类
    public class Books
    {

        private int _BookID;             //图书 ID
        private string _Name;            //书名
        private string _Author;          //作者
        private string _Publisher;       //出版社
        private decimal _Price;          //价格
        private string _ISBN;            //书号 ISBN
        private string _Description;     //内容简介

        public Books(int bookID, string name, string author, string publisher, decimal price,
string isbn, string description)        //带参数的构造函数
        {
            _BookID = bookID; _Name = name;
            _Author = author; _Publisher = publisher;
            _Price = price; _ISBN = isbn;
            _Description = description;
        }
        public Books()                       //默认构造函数
        {
            _BookID = 0; _Name = ""; _Author = "";
            _Publisher = ""; _Price = 0; _ISBN = "";
            _Description = "";
        }
        [Column(IsPrimaryKey = true, Storage = "_BookID")]
        public int BookID                //定义可读写属性,对应 Book 表的同名字段
        {
            get { return _BookID; }
            set { _BookID = value; }
        }
        [Column(IsPrimaryKey = false, Storage = "_Name")]
        public string Name               //定义可读写属性,对应 Book 表的同名字段
        {
            get { return _Name; }
            set { _Name = value; }
        }
        [Column(IsPrimaryKey = false, Storage = "_Author")]
        public string Author             //定义可读写属性,对应 Book 表的同名字段
        {
```

面向服务编程技术

```
        get { return _Author; }
        set { _Author = value; }
    }
    [Column(IsPrimaryKey = false, Storage = "_Publisher")]
    public string Publisher          //定义可读写属性,对应 Book 表的同名字段
    {
        get { return _Publisher; }
        set { _Publisher = value; }
    }
    [Column(IsPrimaryKey = false, Storage = "_Price")]
    public decimal Price             //定义可读写属性,对应 Book 表的同名字段
    {
        get { return _Price; }
        set { _Price = value; }
    }
    [Column(IsPrimaryKey = false, Storage = "_ISBN")]
    public string ISBN               //定义可读写属性,对应 Book 表的同名字段
    {
        get { return _ISBN; }
        set { _ISBN = value; }
    }
    [Column(IsPrimaryKey = false, Storage = "_Description")]
    public string Description         //定义可读写属性,对应 Book 表的同名字段
    {
        get { return _Description; }
        set { _Description = value; }
    }
    }
}
```

（3）在解决方案资源管理器窗口中右击文件夹 Controllers,再选择"添加→控制器"快捷菜单命令,之后在"添加控制器"对话框中选择"Web API2 控制器-空"命令,指定控制器名称为 BooksController,之后自动生成 BooksController.cs。新建的 BooksController 类将作为远程访问 Web 服务的控制器,为客户端提供访问支持,代码如下:

```
using System;
using System.Collections.Generic;
using System.Linq;
using System.Net;
using System.Net.Http;
using System.Web.Http;
using Test13_4.Models;                          //引用 Model

namespace Test13_4.Controllers
{
    public class BooksController : ApiController
    {
        private List<Books> BookList;           //图书实体对象集合
        private BookDBContext db;               //封装 LINQ to SQL 从 DBMS 返回的数据内容
        public BooksController()
```

```
{
    BookList = new List<Books>();              //初始化实体对象集合
    string sqlConn = @"data source = .\SQLExpress;
            initial catalog = bookdb;
            integrated security = true";
    db = new BookDBContext(sqlConn);
    var queryBooks =                           //定义 LINQ 查询
        from book in db.Books
        select book;
    foreach(var book in queryBooks)            //执行 LINQ 查询
    {
        BookList.Add(book);                    //把 LINQ 返回的图书对象添加到集合之中
    }
}
[Route("api/Books")]                           //定义 Web 服务的访问路径
[HttpGet]                                      //规定必须通过 HTTP-GET 进行访问
public IEnumerable<Books> GetListAll()         //获取所有图书信息
{
    return BookList;
}


[Route("api/Books")]                           //例如: /api/Books?id = 2
[HttpGet]
public Books GetBooksByID(int id)              //获取指定 id 的图书信息
{
    Books x = BookList.FirstOrDefault<Books>(item => item.BookID == id);
    if (x == null)
    {
        throw new HttpResponseException(HttpStatusCode.NotFound);
    }
    return x;
}


[Route("api/Books")]                           //例如: /api/Books?name = 大数据
[HttpGet]
public IEnumerable<Books> GetListByTitle(string name)
{
    var query =                                //创建 LINQ 查询
        from item in BookList
        where item.Name.IndexOf(name) != -1
        select item;
    return query;                              //执行 LINQ 查询并返回查询结果
}


[Route("api/Books")]
[HttpPost]                                     //规定必须通过 HTTP-POST 进行访问
public HttpResponseMessage CreateBook(Books book)    //添加图书信息
{
    var response = Request.CreateResponse(HttpStatusCode.Created);
    try
    {
```

面向服务编程技术

```
        db.Books.InsertOnSubmit(book);        //将图书对象添加到 Table 对象
        db.SubmitChanges();                    //将更新结果提交 DBMS
        BookList.Add(book);                    //在实体集合中添加新图书对象
        response.StatusCode = HttpStatusCode.OK;   //指示操作成功
        response.ReasonPhrase = "The data is successfully saved!";
    }
    catch(Exception ex)
    {   //指示已发生异常或操作失败
        response.StatusCode = HttpStatusCode.ExpectationFailed;
        response.ReasonPhrase = ex.Message;
    }
    return response;
}
[Route("api/Books")]                           //例如：/api/Books?id=2
[HttpPut]                                       //规定必须通过 HTTP-PUT 进行访问
public HttpResponseMessage modify(int id)       //修改图书信息
{
    //……
}
[Route("api/Books")]                           //例如：/api/Books?id=2
[HttpDelete]                                    //规定必须通过 HTTP-DELETE 进行访问
public HttpResponseMessage delete(int id)
{
    //……
}
}
}
```

（4）生成解决方案，生成成功之后选择"开始执行（不调试）"，即可运行 Web API 项目。此时，VS2017 会自动启动 IIS Express 进程来托管项目，同时自动打开系统默认浏览器，以显示指定 URL 路径的默认页面，其 URL 类似"http://localhost:60734/"。

根据上面代码定义，在浏览器地址栏中输入相应的访问路径，即可进行测试，测试效果如图 13-14 所示。

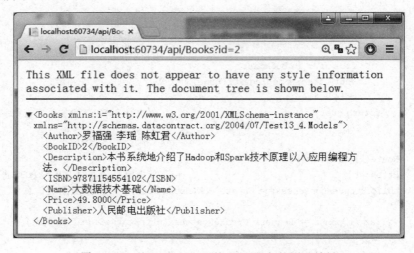

图 13-14　基于 Web API 的 Web 服务的测试效果

【注意】 Web API 默认使用 XML 格式返回 HTTP 响应给客户端,若希望以 JSON 格式返回 HTTP 响应,则需要修改 Web API 项目的配置。具体方法如下:首先,在解决方案资源管理器窗口中找到位于 App_Start 目录下的 WebApiConfig.cs 文件,然后添加以下代码,即可修改 JSON 格式。

```
using System.Net.Http.Formatting;                    //必须添加此命名空间
//…… 省略其他自动生成的 using 语句
public static class WebApiConfig
{
    public static void Register(HttpConfiguration config)
    {
        //以下是 Web API 配置代码
        GlobalConfiguration.Configuration.Formatters.XmlFormatter.SupportedMediaTypes.Clear();
        GlobalConfiguration.Configuration.Formatters.JsonFormatter.MediaTypeMappings.Add(
            new QueryStringMapping("datatype", "json", "application/json"));
        GlobalConfiguration.Configuration.Formatters.XmlFormatter.MediaTypeMappings.Add(
            new QueryStringMapping("datatype", "xml", "application/xml"));

        //以下是 Web API 路由代码
        config.MapHttpAttributeRoutes();

        config.Routes.MapHttpRoute(
            name: "DefaultApi",
            routeTemplate: "api/{controller}/{id}",
            defaults: new { id = RouteParameter.Optional }
        );
    }
}
```

重新生成解决方案并执行,在浏览器地址栏中输入相同的访问路径,则效果如图 13-15 所示。

图 13-15　访问 Web 服务并以 JSON 格式返回结果

13.3.3　HttpClient 客户端编程

System.Net.Http 命名空间提供了各种包含 HTTP 特点的类,常用的有以下几个。

1. HttpClient 类

HttpClient 是客户端访问 Web 服务的入口,可以向 Web 服务发送 POST 或 GET 请求并检索来自服务器的响应数据。HttpClient 类提供了一个用于从 URI 所标识的资源发送

HTTP 请求和接收 HTTP 响应的基类。该类可用来向 Web 服务发送 GET、PUT、POST、DELETE 以及其他请求。HttpClient 类还支持异步请求。

HttpClient 的主要属性有以下 3 个。

- DefaultRequestHeaders。获取每个 HTTP 请求的标识头,也可以用于添加 HTTP 请求的用户代理标识头。默认情况下,HttpClient 对象不会将用户代理标识头随 HTTP 请求一起发送到 Web 服务。但是有些 HTTP 服务器要求客户端发送的 HTTP 请求要附带用户代理标识头,如果没有标识头,则返回错误。
- MaxResponseContentBufferSize。用来指定 HTTP 响应缓存的最大值,默认值是整数的最大值。为了限制应用作为来自 Web 服务的响应接收的数据量,建议将此属性设置为一个较小的值。
- Timeout:获取或设置等待 HTTP 响应的超时时间(单位:ms),默认为 100 000ms(即 100s)。

HttpClient 提供的常用方法有以下 5 个。

- CancelPendingRequests()。取消所有正等待 HTTP 响应的请求。
- GetAsync()。以 HTTP GET 方式发送异步 HTTP 请求。所谓"异步"就是指客户发出这个 HTTP 请求之后不需要等待服务器返回 HTTP 响应,而且通过创建一个监听服务器响应的线程,然后转移目标,运行其他程序,一旦监听到 HTTP 响应,则立即暂停其他程序,继续运行转移目标之前尚未运行完的代码。
- PostAsync()。以 HTTP POST 方式发送异步 HTTP 请求。
- PutAsync()。以 HTTP PUT 方式发送异步 HTTP 请求。
- DeleteAsync()。以 HTTP DELETE 方式发送异步 HTTP 请求。

2. HttpResponseMessage 类

HttpResponseMessage 用于保存接收到的 HTTP 响应消息。该类的常用属性有:

- Content。获取或设置 HTTP 响应的消息内容。
- Headers。返回一个由 HTTP 响应的标头字段组成的集合。
- IsSuccessStatusCode。指示 HTTP 响应是否成功。
- ReasonPhrase。获取服务器返回的对状态码的解释短语。
- RequestMessage。获取或设置 HTTP 请求的消息。
- StatusCode。获取或设置 HTTP 响应的状态代码。
- Version。获取 HTTP 的版本。

HttpResponseMessage 提供的主要方法有:

- EnsureSuccessStatusCode()。如果 IsSuccessStatusCode 属性的值 = false,即客户端超时没有收到 HTTP 响应,则抛出一个异常。

3. HttpContent 类

HttpContent 用于声明 HTTP 响应的正文内容和标题。它只有一个 Headers 属性(意义同上),提供的主要方法如下。

- CopyToAsync()。将 HTTP 响应异步写入流中。
- LoadIntoBufferAsync()。以异步方式将 HTTP 响应序列化,并加载到缓存之中。
- ReadAsStreamAsync。以异步方式读取 HTTP 响应内容,并返回一个流。

• ReadAsStringAsync。以异步方式读取 HTTP 响应内容,并返回一个字符串。

【例 13-5】 设计一个 Windows 应用程序,编写 HttpClient 客户端程序,远程访问例 13-4 的 Web 服务,提取图书信息并显示,效果如例 12-7 所示。

(1) 启动 VS2017,新建一个"Windows 窗体应用"项目,打开 Form1.cs,参照实例 12-7 在 Windows 窗体中添加控件并设置相应属性项。

(2) 添加引用 Newtonsoft.Json。首先,在"解决方案资源管理器"窗口中右击新建的项目,选择"添加→引用"快捷菜单,以打开"引用管理器"对话框。然后在该对话框的左边列表中选择"扩展"程序集,再在中间的"目标"列表框中勾选 Json.NET,最后单击"确定"按钮,如图 13-16 所示。

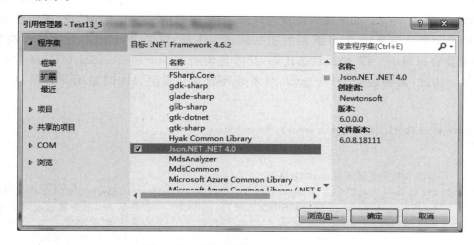

图 13-16　添加引用 Newtonsoft.Json

(3) 在"解决方案资源管理器"窗口中添加类文件 Book.cs,实现图书信息的封装,其代码如下。

```
public class Book                                    //定义图书实体类,注意与 Web 服
                                                     //务中的图书类保持结构一致
{
    public int BookID { get; set; }                  //图书 ID,自动实现的属性
    public string Name { get; set; }                 //书名,自动实现的属性
    public string Author { get; set; }               //作者
    public string Publisher { get; set; }            //出版社
    public Decimal Price { get; set; }               //价格
    public string ISBN { get; set; }                 //ISBN 号
    public string Description { get; set; }           //内容简介
}
```

(4) 打开 Form1.cs 并切换到源代码视图,首先创建 HttpClient 对象,并设置该对象的相关属性,如 MaxResponseContentBufferSize 和 DefaultRequestHeaders 属性。

代码如下:

```
public partial class Form1: Form
{
    private HttpClient httpClient;
```

```
    private int current;                                  //记录当前显示的图书 ID
    public Form1 ()
    {
        InitializeComponent();                            //窗体初始化
        httpClient = new HttpClient();                    //初始化 httpClient 对象
        httpClient.MaxResponseContentBufferSize = 256000;
        httpClient.DefaultRequestHeaders.Add("user－agent", "Mozilla/5.0 (compatible; MSIE
10.0; Windows NT 6.2; WOW64; Trident/6.0)");
    }
}
```

(5) 为 Form1 窗体添加 Load 事件方法。在该方法中,httpClient 对象先发送 HTTP GET 请求,再等待响应。如果发生错误或异常,则弹出消息框显示错误信息,否则在窗体各文本框中显示来自该 Web 服务返回的图书信息。注意,如果 Web 服务发生错误或异常,Web 服务器会返回 HTTP 错误状态代码,此时若调用 EnsureSuccessStatusCode 方法时会引发异常。为此,需要使用 try…catch 块来处理异常。发生异常时显示异常信息。代码如下:

```
private void Form1_Load(object sender, EventArgs e)
{
    try {
        //以 GET 方式异步发送 HTTP 请求
        var task = httpClient.GetAsync(new Uri("http://localhost:60734/api/Books?id = 1"));
        task.Result.EnsureSuccessStatusCode();           //确认 Web 服务器已返回消息
        HttpResponseMessage response = task.Result;      //获取 HTTP 响应
        var result = response.Content.ReadAsStringAsync();//提取 HTTP 响应的内容
        string msg = result.Result;                      //Web 服务以 JSON 格式返回结果
        //使用 Newtonsoft.Json 将 JSON 字符串反序列化为图书对象
        //注意添加语句: using Newtonsoft.Json;
        Book book = JsonConvert.DeserializeObject<Book>(msg);
        showBook(book);                                  //显示图书信息
    }
    catch(HttpRequestException ex)
    {
        MessageBox.Show("服务器异常,消息如下: " + ex.Message);
    }
}
```

(6) 在 Form1 窗体类中添加 showBook 方法,显示图书信息,代码如下:

```
public void showBook(Book book)
{
    txtID.Text = book.BookID.ToString();
    txtName.Text = book.Name;
    txtAuthor.Text = book.Author;
    txtPublisher.Text = book.Publisher;
    txtPrice.Text = book.Price.ToString();
    txtISBN.Text = book.ISBN;
    txtDescription.Text = book.Description;
}
```

（7）单击窗体设计视图中的"添加"按钮，为该按钮编写 Click 事件方法。该方法向 Web 服务以 POST 方式发出 HTTP 访问请求，把客户端输入的图书信息提交给远程的 Web 服务，服务端执行 CreateBook 操作，把数据保存到数据库之中，代码如下：

```
private void btnAdd_Click(object sender, EventArgs e)
{
    //获取各文本框的输入
    int id = int.Parse(txtID.Text);
    string name = txtName.Text;
    string author = txtAuthor.Text;
    string publisher = txtPublisher.Text;
    decimal price = decimal.Parse(txtPrice.Text);
    string isbn = txtISBN.Text;
    string desc = txtDescription.Text;
    //创建图书对象
    Book book = new Book { BookID = id, Name = name, Author = author, Publisher =
publisher, Price = price, ISBN = isbn, Description = desc };
    //使用 Newtonsoft.Json 把图书对象序列化为 JSON 格式的字符串
    string datas = JsonConvert.SerializeObject(book);
    //封装 HTTP 报文的正文
    StringContent content = new StringContent(datas, Encoding.UTF8, "application/json");
    //以 POST 方式发送 HTTP 请求
    var task = httpClient.PostAsync("http://localhost:60734/api/Books", content);
    HttpResponseMessage response = task.Result;                //获取 HTTP 响应
    if (response.StatusCode == System.Net.HttpStatusCode.OK)   //提取 HTTP 响应的内容
        MessageBox.Show("添加成功!");
    else
        MessageBox.Show("添加失败,原因如下: " + response.ReasonPhrase);
}
```

（8）运行本项目，首先自动显示图书表的第一条记录。然后，输入一本新书信息并单击"添加"按钮，此时该书的信息将通过 HTTP-POST 请求提交给 Web 服务，最终被保存在图书表之中，运行效果如图 13-17 所示。

图 13-17　运行效果

习　　题

1. TCP/IP 的体系结构包含哪些层？每层的作用是什么？
2. UDP 协议和 TCP 协议的主要区别有哪些？

面向服务编程技术

3. 什么是套接字？套接字的工作原理是什么？

4. 什么叫同步、异步？编程时，同步套接字和异步同步套接字有什么区别？

5. 简述使用 TCP 协议进行同步套接字编程中，服务器端和客户端的工作流程。

6. 简述 Web API 的功能及其主要应用场景。

7. 举例说明一个基于 Web API 的 Web 服务的创建过程。

8. 举例说明使用 HttpClient 访问一个 Web 服务的实现过程。

上机实验 13

一、实验目的

1. 掌握 System. Net 和 System. Net. Sockets 命名空间中常用类的使用方法。

2. 了解利用 HTTP、TCP 和 UDP 协议进行网络通信编程的一般方法。熟练通过这些协议编写简单的客户端和服务端应用程序。

3. 理解 Socket 编程的通信方式，初步掌握使用 Socket 完成同步和异步方式下的网络通信编程的方法。

4. 理解面向服务编程的基本概念，掌握基于 Web API 的面向服务编程方法。

二、实验要求

1. 熟悉 VS2017 的基本操作方法。

2. 认真阅读本章相关内容，尤其是案例。

3. 实验前进行程序设计，完成源程序的编写任务。

4. 反复操作，直到不需要参考教材也能熟练操作为止。

三、实验内容

1. 使用 DNS 类和 IPHostEntry 类创建一个如图 13-18 所示的域名解析器。用户输入服务器 URL 以后，能显示主机名或者 DNS 域名以及对应的 IP 地址。

提示：请参看例 13-2。

2. 请结合例 12-7，进一步完善例 13-4 和例 13-5，实现以下功能。

（1）单击"上一条"或"下一条"按钮可上下翻阅图书信息。

图 13-18　运行效果

参考代码如下：

```
private void btnNext_Click(object sender, EventArgs e)
{
    current++;
    try
    {
        var task = httpClient.GetAsync(new Uri("http://localhost:60734/api/Books?id = " +
```

```
current));
        task.Result.EnsureSuccessStatusCode();
        HttpResponseMessage response = task.Result;
        var result = response.Content.ReadAsStringAsync();
        string msg = result.Result;
        Book book = JsonConvert.DeserializeObject<Book>(msg);
        showBook(book);
    }
    catch(HttpRequestException ex)
    {
        MessageBox.Show("服务器异常,消息如下: " + ex.Message);
    }
}
```

（2）单击"修改"和"删除"按钮,可修改或删除当前窗口正在显示的图书记录。

四、实验总结

写出实验报告,报告内容包括实验内容、任务分析、算法设计、源程序、实验体会等,并记录实验过程中的疑难点。

第 14 章　多媒体编程技术

总体要求

- 了解 GDI＋的组成和工作机制，了解 System. Drawing 命名空间。
- 理解画面 Graphics、钢笔 Pen、画笔 Brush 和颜料 Color 的关系，掌握创建 Graphics、Pen、Brush 对象方法。
- 学会绘制各种图形的方法(包括点、线条、曲线、弧线、折线、矩形、椭圆、多边形等)，掌握图像和文本的呈现方法。
- 了解 GDI＋的 3 种坐标系统，理解坐标变换的必要性和实现方法。
- 了解 Windows Media Player 组件对象模型，掌握其使用方法。

相关知识点

- GDI＋的组成和工作机制，GDI＋坐标系统。
- Graphics、Pen、Brush 类的使用方法。
- Windows Media Player 组件的使用方法。

学习重点

- GDI＋的应用。
- Windows Media Player 组件的使用。

学习难点

- Graphics、Pen、Brush 类的使用方法。
- GDI＋坐标系统及变换。

随着计算机应用领域的不断拓展，计算机所处理的信息内容已经从以数字、文字为主逐步转变为以多媒体信息为主了。目前，图像、音频、视频、动画、游戏等已经构成了互联网的主要内容。随着物联网如火如荼地发展，有关多媒体信息的采集、分析、检索、编辑、加工、变换等，将成为程序设计的主要内容。为此，本章将介绍一些常用的多媒体编程技术，希望能起到抛砖引玉的作用。

14.1　GDI＋绘图

14.1.1　GDI＋概述

1. GDI＋的概念

图像设备接口(Graphic Device Interface，GDI)是早期 Windows 操作系统的一个可执行程序，通常位于 C:\Windows\System32 文件夹中，文件名为 GDI. exe。顾名思义，GDI＋

是 GDI 的升级版本。GDI＋也是一种应用程序编程接口（API）。相对原来 GDI 而言，GDI＋统一在 .Net Framework 中封装和定义，因此支持代码托管。当然，使用 GDI＋编写的绘图程序就只能运行于具有 .Net Framework 的计算机之中。

GDI＋负责处理应用程序对 Windows 操作系统图形处理函数的调用，并将这些调用传递给相应的设备驱动程序，由设备驱动程序执行与硬件相关的函数并产生最后的输出结果，实现显示屏或打印机绘图输出处理，如图 14-1 所示。

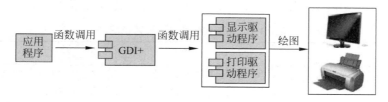

图 14-1　GDI＋的工作机制

可见，GDI＋实现了应用程序与输出设备硬件的分离，使得程序员在编写绘图程序时不需要考虑输出设备的类型、规格、品牌等具体参数，也不需要考虑物理设备对应的驱动程序状况。因此，GDI＋可以创建设备无关的应用程序。

2. GDI＋的组成

Windows 操作系统的 GDI＋服务分为以下 3 个主要部分。

（1）二维矢量图形

矢量图形由图元（比如线条、曲线和图形）组成，它们由一系列坐标系统的点集组成。例如，一条直线可以由它的两个端点所确定，一个矩形可以通过给出它的左上角点的位置加上它的宽度、高度来确定。一个简单的路径可以由一个直线连接而成的点数组来描述。

GDI＋提供了用于存储这些图元本身信息的类或结构体、如何绘制这些图元的类以及实际绘制这些图元的类。例如，Rectangle 结构体存储一个矩形的尺寸位置；Pen 类存储线条颜色、线条宽度以及线条样式等信息；Graphics 类提供绘制线条、矩形、路径和其他图形的方法；而 Brush 类用于存储闭合图形和闭合路径内部填充颜色和图案的信息。

（2）图像处理

某些图片很难或者不可能采用矢量图形技术来显示。例如，工具栏按钮图片和图标就很难通过一系列线条和曲线来描述。一张高分辨率的数码照片更难采用矢量技术来创建。这种类型的图像采用位图进行存储，即由表示屏幕上独立点颜色的数字型数组所组成。用于存储位图信息的数据结构往往比矢量图形要复杂得多，为此 GDI＋中提供了好几种类，可实现快速存取和显示，例如 CachedBitmap 类可用于存储一张缓存在内存中图片。

（3）图文混排

图文混排，简称排版或版式，是当今任何文字处理或绘图软件的基础功能。它关系到文字以何种字体、尺寸和样式在绘图区域中的具体显示和控制。GDI＋为这种复杂的任务提供广泛的支持，其新功能之一是子像素抗锯齿功能，它使得在液晶显示屏上可以显示更加平滑的显示文本。

14.1.2　System. Drawing 命名空间

GDI＋主要封装于命名空间 System. Drawing 之中。该命令空间包含了大约 40 个类和

6个结构体。其中，Graphics 类是整个 GDI＋的核心，它是实际进行线条、曲线、图形、图像和文本绘制的画面。其他类需要和 Graphics 类配合使用。

例如，Pen 对象保存了即将绘制的线条的属性，包括颜色、宽度、虚线类型等，它协同 Graphics 对象绘制线条。LinearGradientBrush 对象协同 Graphics 对象实现矩形的渐变色填充。Font 和 StringFormat 对象影响到 Graphics 对象绘制文本的方式。Matrix 对象用于存储和生成一个 Graphics 对象的世界变换矩阵，用于旋转、缩放和翻转图像。

在 System.Drawing 之中，常用的类见表 14-1，常用的结构见表 14-2。

表 14-1 GDI＋常用的类及其说明

类	说　　明
Bitmap	封装 GDI＋位图，用于处理由像素数据定义的图像对象
Brush	用于创建画笔对象，填充图形（如矩形、椭圆、多边形等）的内部
BufferedGraphics	为双缓冲提供图形缓冲区
BufferedGraphicsContext	提供创建图形缓冲区的方法，该缓冲区可用于双缓冲
BufferedGraphicsManager	提供对应用程序域的主缓冲图形上下文对象的访问
Font	定义特定的文本格式，包括字体、字号和字形属性
Graphics	封装一个 GDI＋绘图图像
Icon	表示 Windows 图标
Image	为源自 Bitmap 和 Metafile 的类提供功能的抽象基类
ImageAnimator	动画处理包含基于时间的帧的图像
Pen	定义用于绘制直线和曲线的钢笔对象
Region	指示由矩形和路径构成的图形形状内部
SolidBrush	定义单色画笔
StringFormat	封装文本布局信息、显示操作和 OpenType 功能

表 14-2 GDI＋常用的结构及其说明

结　　构	说　　明
CharacterRange	指定字符串内字符位置的范围
Color	表示一种 ARGB 颜色（alpha、红色、绿色、蓝色）
Point	表示在二维平面中定义点的整数 x 和 y 坐标的有序对
PointF	表示在二维平面中定义点的浮点 x 和 y 坐标的有序对
Rectangle	存储一组整数，共 4 个，表示一个矩形的位置和大小
RectangleF	存储一组浮点数，共 4 个，表示一个矩形的位置和大小
Size	存储有序整数对，通常为矩形的宽度和高度
SizeF	存储有序浮点数对，通常为矩形的宽度和高度

14.1.3　创建 Graphics 对象

在用 GDI＋绘图时，需要先创建一个画面（即 Graphics 对象），然后才可以使用 GDI＋绘制线条和形状、呈现文本或显示与操作图像。

创建 Graphics 对象的方法主要有两种。

1. 使用 CreateGraphics 方法创建

Windows 窗体或窗体控件具有 CreateGraphics 成员方法，调用该方法即可创建

Graphics 对象。一旦创建成功,系统将以该窗体或控件视为默认画面。

例如,假设有一个用于显示图片的 Panel 控件,其 Name 属性为 picShow,下列代码表示调用该面板 picShow 的 CreateGraphics 方法创建一个 Graphics 对象。

```
Graphics g = picShow.CreateGraphics();
```

对象创建之后系统将以该面板为画面绘制图形。

2. 在 Paint 事件中创建 Graphics 对象

Paint 事件是一个在重新绘制窗体或控件时触发的事件。该事件触发时,系统自动创建一个 Graphics 对象,并通过 PaintEventArgs 型形参变量 e 进行传递。在 Paint 事件方法中,引用 e.Graphics 属性,即可获得 Graphics 对象。

例如,假设某个窗体对象为 myForm,下列代码表示在重绘窗体(即重新显示窗体)时将 PaintEventArgs 传递的 Graphics 对象赋值给变量 g。

```
private void myForm_Paint(object sender, PaintEventArgs e)
{
    Graphics g = e.Graphics;
    //其他代码
}
```

14.1.4 颜料、钢笔和画笔

手工画画时,画布(纸)、颜料、钢笔或画笔等是必不可少的。现在,可以将 Graphics 对象理解为画布,那么颜料、钢笔或画笔是什么呢? 在 GDI+中,颜料为 Color 型变量,代表选中的特定颜色;钢笔为 Pen 的实例,用来绘制线条和空心形状;画笔是 Brush 的实例,用来填充形状或绘制文本。

1. 选择颜色

在.Net Framework 之中,Color 是结构体,是一种 ARGB 颜色(即 alpha、红色、绿色、蓝色,其中 alpha 代表透明度)。该结构体内置了许多用英文单词表示的诸如 White、Black、Yellow、Red 之类的标准颜色属性;也提供了 FromArgb 方法,指定 4 个 0~255 之间的 ARGB 分量用来自定义颜色。

例如,以下代码表示定义了一个颜色变量 c,其 ARGB 分量的值分别为 120、255、0、0,合起来表示红色。

```
Color c = ColorFromArgb(120, 255, 0, 0);
```

2. 创建钢笔

钢笔用来绘制线条和空心形状。调用 Pen 类的构造函数即可创建钢笔对象。Pen 类的构造函数的格式为:

```
Pen(Color color, float width)
```

其中,color 表示钢笔的颜色,width 表示钢笔的宽度。width 可省略,省略时默认的宽度为 1。

3. 创建画笔

画笔用来填充形状或绘制文本。在.Net Framework 之中,Brush 是一个抽象类,只能通过派生类来创建画笔对象。表 14-3 列出了 Brush 类的派生类。

表 14-3　画笔类

类　名	说　明
SolidBrush	表示单色填充的画笔,位于 System. Drawing
HatchBrush	表示使用预设的图案进行填充的画笔,位于 System. Drawing. Drawing2D
TextureBrush	表示使用纹理进行填充的画笔,位于 System. Drawing
LinearGradientBursh	表示使用渐变色进行填充的画笔,位于 System. Drawing. Drawing2D
PathGradientBrush	表示根据路径使用渐变色进行填充的画笔,位于 System. Drawing. Drawing2D

(1) 创建单色画笔

例如,下列代码表示创建了一个红色的画笔对象 redBrush。

```
SolidBrush redBrush = new SolidBrush(Color.Red);
```

(2) 创建填充图案的画笔

HatchBrush 允许从 Windows 系统提供的预设图案中选择一种图案来填充形状,它使用阴影样式、背景色和前景色定义矩形填充区域。其中,阴影样式为 HatchStyle 枚举值,前景色定义线条的颜色,背景色定义各线条之间间隙的颜色。

例如,下列代码表示定义了一个填充图案的画笔对象 hBrush,该画笔的阴影样式为对角放置的棋盘外观的阴影,前景色为红色,背景色为蓝色。

```
HatchBrush hBrush = new HatchBrush(HatchStyle.SolidDiamond,Color.Red,Color.Blue);
```

(3) 创建填充纹理的画笔

TextureBrush 允许使用图像来填充形状。其构造函数的格式如下:

```
TextureBrush(Image image,WrapMode wrapMode)
```

其中,image 参数指定用于填充的图像文件,wrapMode 参数指定图像的平铺方式,其值为 WrapMode 枚举值。

例如,下列代码表示定义了一个填充纹理的画笔对象 tBrush,它使用图片文件“d:\Images\myImages. bmp”进行填充,效果为平铺渐变。

```
Bitmap image = new Bitmap(@"d:\ Images\myImages.bmp");
TextureBrush tBrush = new TextureBrush(image, WrapMode.Tile);
```

(4) 创建渐变色的画笔

LinearGradientBursh 封装了双色渐变和自定义的多色渐变。所有渐变都是在矩形区域内进行的。默认情况下,双色渐变是沿直线从起始色到结束色的均匀水平线性混合。

LinearGradientBursh 类的构造函数有多种格式,常用的两种格式如下:

```
public LinearGradientBrush(Rectangle rect,Color color1,Color color2,
                    LinearGradientMode mode)
public LinearGradientBrush(Rectangle rect,Color color1,Color color2,float angle)
```

其中,rect 指定填充的矩形区域,color1 指定起始色,color2 指定结束色,mode 或 angle 指定渐变方向,mode 的值是 LinearGradientMode 枚举值,而 angle 为顺序时钟角度。

例如，假设已存在一个区域对象 myRec，则下列代码表示创建了一个渐变色的画笔对象 lgBrush，可从水平方向从蓝色渐变到黄色。

```
LinearGradientBrush lgBrush = new LinearGradientBrush(myRect,
        Color.Blue,Color.Yellow, LinearGradientMode.Horizontal)
```

需要创建多色渐变时，可使用 LinearGradientBursh 类的 InterpolationColors 属性实现。

需要使用自定义混合图，可使用 LinearGradientBursh 类的 Blend 属性、SetSigmaBellShape 方法或 SetBlendTriangularShape 方法实现。

14.1.5 点、线和图形

Graphics 对象提供了绘制各种线条和形状的方法，可使用纯色、透明色、渐变色、图案或纹理来填充形状。可使用钢笔 Pen 创建线条、非闭合的曲线或轮廓形状（如弧线），也可使用 Brush 对象创建矩形、椭圆或任意闭合的曲线形状（如弧形）。

1. 点

在 GDI＋中，点是一个 Point 结构体，它由坐标值 x 和 y 共同组成。

例如，下列代码定义了一个坐标点 p(100,100)。

```
Point p = new Point(100,100);
```

2. 线条

在 GDI＋中，线条是钢笔 Pen 在起始点和结束点之间产生的连线。调用 Graphics 对象的 DrawLine 方法可以绘制线条。该方法有两种格式。

```
DrawLine(Pen pen,Point p1,Point p2);
DrawLine(Pen pen, int x1,int y1,int x2,int y2);
```

前者表示绘制一条连接 p1 点和 p2 点的线条；后者表示绘制一条连接(x1,x2)点和(x2,y2)点的线条。

【例 14-1】 设计一个 Windows 应用程序，在窗体之中绘制线条，要求：线条绘制从按下鼠标时开始直到释放鼠标时结束，可选择线条宽度，可修改线条的颜色。效果如图 14-2 所示。

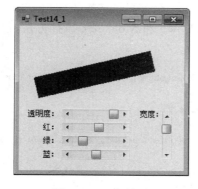

图 14-2　运行效果

（1）首先设计 Windows 窗体，添加相关控件并设置相关属性，见表 14-4 所示。

表 14-4　添加的控件及其属性设置

控　件	属　性	属 性 设 置	控　件	属　性	属 性 设 置
Label1	Text	透明度：	HScrollBar1	Name	hsAlpha
Label2	Text	红：		Min～Max	0～255
Label3	Text	绿：	HScrollBar2	Name	hsRed
Label4	Text	蓝：		Min～Max	0～255
Label5	Text	宽度：	HScrollBar3	Name	hsGreen
VScrollBar1	Name	vsWidth		Min～Max	0～255
	Min～Max	0～255	HScrollBar4	Name	hsBlue
				Min～Max	0～255

（2）在窗体类中定义若干私有成员字段，并在窗体类的构造函数中初始化。主要代码如下：

```csharp
using System;
using System.Drawing;
using System.Windows.Forms;
public partial class Test14_1 : Form
{
    private Point pStart, pEnd;                 //线条的起点和终点
    private Graphics g;
    private Pen p;
    private Color c;                            //用来保存线条的颜色
    private int width;                          //用来保存线条的宽度
    public Test14_1()
    {
        InitializeComponent();
        c = Color.Black;
        width = 1;
        p = new Pen(c,width);
        g = this.CreateGraphics();
    }
    //其他代码
}
```

（3）编写窗体类的 MouseDown 和 MouseUp 事件方法，以记录按下或释放鼠标键时指针位置，并绘制线条。代码如下：

```csharp
private void Test14_1_MouseDown(object sender, MouseEventArgs e)
{
    pStart = new Point(e.X, e.Y);
}
private void Test14_1_MouseUp(object sender, MouseEventArgs e)
{
    pEnd = new Point(e.X, e.Y);
    g.DrawLine(p, pStart, pEnd);
}
```

（4）编写各个滚动条的 ValueChanged 事件方法，当用户拖动滚动条时重新更改线条的颜色和宽度，并重新绘制线条。代码如下：

```
private void hsAlpha_ValueChanged(object sender, EventArgs e)
{
    c = Color.FromArgb(hsAlpha.Value, hsRed.Value, hsGreen.Value, hsBlue.Value);
    ReDrawLine();
}
private void hsRed_ValueChanged(object sender, EventArgs e)
{
    c = Color.FromArgb(hsAlpha.Value, hsRed.Value, hsGreen.Value, hsBlue.Value);
    ReDrawLine();
}
private void hsGreen_ValueChanged(object sender, EventArgs e)
{
    c = Color.FromArgb(hsAlpha.Value, hsRed.Value, hsGreen.Value, hsBlue.Value);
    ReDrawLine();
}
private void hsBlue_ValueChanged(object sender, EventArgs e)
{
    c = Color.FromArgb(hsAlpha.Value, hsRed.Value, hsGreen.Value, hsBlue.Value);
    ReDrawLine();
}
private void vsWidth_ValueChanged(object sender, EventArgs e)
{
    width = vsWidth.Value;
    ReDrawLine();
}
private void ReDrawLine()
{
    p = new Pen(c, width);
    g.Clear(this.BackColor);                        //还原窗体的背景色
    g.DrawLine(p, pStart, pEnd);
}
```

（5）运行程序，测试效果。

3. 折线、弧线、抛物线

（1）折线实际上是一系列连接在一起的线条。调用 Graphics 对象的 DrawLines 方法即可绘制折线。该方法的格式如下：

```
DrawLines(Pen pen, PointF[] points)
```

其中，points 是 PointF 数组，表示折线的各连接点。

【注意】 PoinF 允许使用浮点数定义点的 x 和 y 坐标。

例如，

```
PointF[] points =
{
        new PointF(10.0F,10.0F),
        new PointF(25.0F,100.0F),
```

多媒体编程技术

```
        new PointF(50.0F,10.0F),
        new PointF(75.0F,100.0F),
        new PointF(100.0F,10.0F)
};
Graphics g = this.CreateGraphics();
Pen p = new Pen(Color.Red, 1);
g.DrawLines(p, points);
```

将输出一个形状如 W 的折线图。

（2）绘制弧线可调用 Graphics 对象的 DrawArc 方法。该方法的格式如下：

```
DrawArc(Pen pen,float x,float y,float width,float height,
        float startAngle,float sweepAngle)
```

其中，点（x，y）表示弧左上角的坐标，width 和 height 表示弧线的总体宽度和高度，startAngle 表示弧线以起始点为轴心沿顺时针方向旋转的角度（即起始角），sweepAngle 表示从起始角到弧线的结束点沿顺时针方向扫过的角度（该角为 360°时，由于起始点与结束点重合，故形成一个椭圆）。

例如，设 g 为已存在的 Graphics 对象，则下列代码将显示一个开口向右的半圆弧。

```
g.DrawArc(p, 0, 0, 100, 100, 90, 180);
```

（3）绘制抛物线可借助二次函数，通过迭代，不断地生成终点坐标而重新绘制。

例如，设 g 为已存在的 Graphics 对象，二次函数 $y=0.01x^2-2x+200$ 的抛物线可使用下列代码来生成：

```
Pen p = new Pen(Color.Red, 2);
float x0 = 0,y0,x,y;
y0 = 0.01F * x0 * x0 - 2 * x0 + 200;
PointF pStart = new PointF(x0, y0);                //抛物线的起点
for (x = -100F; x <= 200F; x++)
{
    y = 0.01F * x * x - 2 * x + 200;
    PointF pEnd = new PointF(x, y);                //抛物线的终点
    g.DrawLine(p, pStart, pEnd);                   //画线
    pStart = pEnd;                                 //重新设置起点
}
```

【例 14-2】 设计一个 Windows 程序，在窗体中绘制任意曲线。要求：按下鼠标键并拖动鼠标绘制曲线，释放鼠标时终止绘制。

操作步骤如下。

（1）首先在窗体类之中定义若干个私有字段成员，并在窗体类构造函数中初始化。主要代码如下：

```
using System;
using System.Drawing;
using System.Windows.Forms;
public partial class Test14_2 : Form
{
```

```
private Graphics g;                              //声明 Graphics 对象
private Pen p;                                   //声明钢笔对象
private bool isMouseDown;                         //用来判断是否按下鼠标键
private Point pStart, pEnd;                        //声明起始点和结束点
public Test14_2()
{
    InitializeComponent();
    p = new Pen(Color.Black);                     //创建钢笔对象
    g = this.CreateGraphics();                     //创建 Graphics 对象
    isMouseDown = false;                          //默认尚未按下鼠标键
}
}
```

（2）编写窗体类的 MouseDown、MouseUp 和 MouseMove 事件方法。在 MouseDown 事件之中设置曲线的起始点并设置 isMouseDown 为 true，在 MouseUp 事件中结束绘画，在 MouseMove 事件之中先获得结束点再连线，并重新设置起始点。代码如下：

```
private void Test14_2_MouseDown(object sender, MouseEventArgs e)
{
    isMouseDown = true;
    pStart = new Point(e.X, e.Y);
}
private void Test14_2_MouseUp(object sender, MouseEventArgs e)
{
    isMouseDown = false;
}
private void Test14_2_MouseMove(object sender, MouseEventArgs e)
{
    if (isMouseDown)
    {
        pEnd = new Point(e.X, e.Y);
        g.DrawLine(p, pStart, pEnd);
        pStart = pEnd;
    }
}
```

（3）运行该程序，结果如图 14-3 所示。

图 14-3　运行效果

4. 图形

图形通常代表一种闭合的形状，包括矩形、椭圆、扇形和任意多边形。Graphics 对象提供了一系列绘制图形的方法，见表 14-5。

多媒体编程技术

表 14-5　绘制图形的方法

名　　称	说　　明
DrawEllipse	绘制椭圆或圆
DrawLines	绘制一系列线段。当起始点和结束点相同时,为闭合图形
DrawPie	绘制一个扇形(椭圆的一部分)
DrawPolygon	绘制由一组 Point 结构定义的多边形
DrawRectangle	绘制由坐标对、宽度和高度指定的矩形
DrawRectangles	绘制一系列矩形
FillEllipse	填充边框椭圆的内部
FillPie	填充扇形区的内部
FillPolygon	填充多边形的内部
FillRectangle	填充矩形的内部
FillRectangles	填充一系列矩形的内部
FillRegion	填充 Region 的内部

（1）矩形

在 GDI＋之中,矩形分为空心矩形和实心矩形。前者调用 DrawRectangle 方法并使用钢笔绘制,后者调用 FillRectangle 并使用画笔填充。它们的格式分别如下:

```
DrawRectangle(Pen pen,float x,float y,float width,float height)
DrawRectangle(Pen pen,Rectangle rect)
FillRectangle(Brush brush,float x,float y,float width,float height)
FillRectangle(Brush brush,RectangleF rect)
```

其中,参数 x 和 y 表示矩形左上角的坐标点(x,y),width 表示矩形的宽度,height 表示矩形的高度,rect 表示矩形区域。在定义矩形区域时,也要指定左上角的坐标点、宽度和高度。

例如,设 g 为已存在的 Graphics 对象,则下列代码:

```
Pen p = new Pen(Color.Red);
g. DrawRectangle(p,10,10,100,50);
```

与代码:

```
Rectangle rect = new Rectangle(10,10,100,50);
g. DrawRectangle(p,rect);
```

的功能是完全相同的,均表示绘制一个左上角坐标为(10,10)、宽为 100、高为 50 的矩形。

（2）椭圆

在 GDI＋中,椭圆也分为空心椭圆和实心椭圆。前者调用 DrawEllipse 方法并使用钢笔绘制,后者调用 FillEllipse 并使用画笔填充。它们的使用格式与绘制矩形的方法格式相似,要么指定左上角的坐标、宽度和高度,要么指定绘制椭圆的矩形区域。

例如,下列代码表示在左上角为(10,10)、宽为 100、高为 50 的矩形区域内绘制一个实心的内部填充红色的椭圆。

```
SolidBrush sBrush = new SolidBrush(Color.Red);
Rectangle rect = new Rectangle(10,10,100,50);
g. FillEllipse(sBrush,rect);
```

（3）扇形

在 GDI＋中，调用 DrawPie 可绘制空心的扇形，调用
FillPie 方法可绘制实心的扇形。DrawPie 和 FillPie 的使
用格式与绘制弧形的方法 DrawArc 的使用格式相似，需
要指定绘制扇形的矩形区域（包括左上角的坐标、宽度和
高度），还要指定两个角度。

图 14-4　实心扇形

例如，下列代码表示绘制了个开口向右的内部填充交
叉图案的实心扇形，如图 14-4 所示。

```
HatchBrush hBrush = new HatchBrush(HatchStyle.Cross,Color.Blue,Color.Olive);
Rectangle rect = new Rectangle(100, 10, 100, 50);
g.FillPie(hBrush, rect, 45, 270);
```

（4）多边形

在 GDI＋中，调用 DrawPolygon 方法可绘制空心的多边形，而调用 FillPolygon 方法可
绘制实心的多边形。两个方法的使用格式如下：

```
DrawPolygon(Pen pen,PointF[] points)
FillPolygon(Brush brush,PointF[] points)
```

其中，参数 points 表示多边形各顶点的坐标。

例如，下列代码将绘制一个由（10,10）、（10,100）和（100,50）三个点组成的实心三角形。

```
HatchBrush hBrush = new HatchBrush(HatchStyle.Cross,Color.Blue,Color.Olive);
Point[] points =
{
    new Point(10,10),
    new Point(10,100),
    new Point(100,50)
};
g.FillPolygon(hBrush, points);
```

14.1.6　图像和文本

1. 呈现图像

GDI＋具有直接呈现图像文件的功能。使用时，可先创建一个 Image 类的对象，以封装
将要呈现的图像文件信息，然后创建 Graphics 对象并调用其 DrawImage 方法，把 Image 对
象输出。

【注意】　在.NET Framework 中，Image 类是一个抽象类，只能通过其成员方法 FromFile
或者其派生类 Bitmap 或 Metafile 类的构造函数创建 Image 对象。其中，Bitmap 类支持
BMP、GIF、EXIG、JPG、PNG 和 TIFF 等文件格式，而 Metafile 类只支持 Windows 图元文
件格式，包括 WMF 和 EMF。

例如,下列代码功能相同,均表示从指定的文件创建图像对象。

```
Image imgShow = Image.FromFile(@"d:\Picture\1.jpg");
Bitmap bmpShow = new Bitmap(@"d:\Picture\1.jpg");
```

创建图像对象之后,调用 Graphics 对象的 DrawImage 方法即可呈现图像。该方法的常用格式有以下 3 种:

```
DrawImage(Image image,float x,float y)
DrawImage(Image image,RectangleF rect)
DrawImage(Image image,float x,float y,float width,float height)
```

其中,参数 image 表示要呈现的图像对象,(x,y)或 rect 表示左上角的坐标,而 width 和 height 指定图像的宽度和高度。省略 width 和 height 时,系统自动根据原始图像的大小进行设置。

例如,设 g 为已存在的 Graphics 对象,则下列代码将呈现图像文件,其宽度为 200,而高度根据原始图片纵横比例进行自动计算。

```
Image imgShow = Image.FromFile(@"d:\Picture\1.jpg");
float width = 200;                                     //设置呈现宽度
float rate = width / imgShow.Width;                    //计算缩放比例
float height = imgShow.Height * rate;                  //根据缩放比计算呈现高度
RectangleF rec = new RectangleF(0,0,width,height);     //创建呈现区域
g.DrawImage(imgShow, rec);                             //呈现图像
```

2. 绘制格式化文本

GDI+具有图文混合处理的功能,允许将文本以指定字体格式、特定绘画效果显示在图形窗口的特定位置或区域。只需调用 Graphics 对象的 DrawString 方法即可实现。该方法的格式如下:

```
DrawString(string s,Font font,Brush brush,PointF point)
DrawString(string s,Font font,Brush brush,RectangleF layoutRectangle)
public void DrawString(string s,Font font,Brush brush,
          PointF point,StringFormat format)
```

其中,参数 s 代表要输出的文本,font 指定文本的字体格式,brush 指定绘制效果(如以渐变色效果显示),point 指定显示位置的左上角,layoutRectangle 指定显示区域,format 用来设置文本布局格式。

StringFormat 类封装了文本布局信息,其 FormatFlags 属性为 StringFormatFlags 枚举,等于 DirectionRightToLeft,表示文本从右到左排列,等于 DirectionVertical 表示文本垂直排列;而 Alignment 属性为 StringAlignment 枚举,用来定义对齐方式,其值等于 Center 表示居中对齐,等于 Far 表示远离布局区域的原点位置对齐,等于 Near 则表示靠近布局区域对齐。

【例 14-3】 设计一个 Windows 程序,先输入任意文本再以渐变色输出。要求:允许更改字体、颜色和布局方式,运行效果如图 14-5 所示。

图 14-5　运行效果

（1）首先设计 Windows 窗体，添加相关控件并设置相关属性，如表 14-6 所示。

表 14-6　添加的控件及其属性设置

控　件	属　性	属 性 设 置	控　件	属　性	属 性 设 置
Label1	Text	请输入文本：	Button2	Name	btnStartColor
TextBox1	Name	txtSource		Text	起始颜色
Panel1	Name	pnlShow	Button3	Name	btnEndColor
FontDialog1	Name	dlgFont		Text	终止颜色
ColorDialog1	Name	dlgColor	Button4	Name	btnConverter
Button1	Name	btnFont		Text	绘制文本
	Text	设置字体			

（2）在窗体类中定义若干私有成员字段，并在窗体类的构造函数中初始化。主要代码如下：

```
using System;
using System.Drawing;
using System.Windows.Forms;
using System.Drawing.Drawing2D;
public partial class Test14_3 : Form
{
    Graphics g;                              //声明 Graphics 对象
    Font font;                               //声明字体对象
    Color startColor;                        //声明渐变的起始色
    Color endColor;                          //声明渐变的终止色
    //其他代码
}
```

（3）编写各按钮的 Click 事件方法，以获得绘制文本时的字体、渐变色的起始和终止色。代码如下：

```
private void btnFont_Click(object sender, EventArgs e)
{
    if (dlgFont.ShowDialog() == DialogResult.OK)      //显示字体对话框
    {
        font = dlgFont.Font;                          //获得选中的字体
    }
}
private void btnStartColor_Click(object sender, EventArgs e)
{
    if (dlgColor.ShowDialog() == DialogResult.OK)     //显示颜色对话框
    {
        startColor = dlgColor.Color;                  //获得选中的颜色
    }
}
private void btnEndColor_Click(object sender, EventArgs e)
{
    if (dlgColor.ShowDialog() == DialogResult.OK)
    {
        endColor = dlgColor.Color;
```

```
        }
    }
    private void btnConverter_Click(object sender, EventArgs e)
    {
        pnlShow.Refresh();                          //刷新面板 Panel,以触发 Paint 事件
    }
```

(4) 编写面板 Panel 的 Paint 事件方法,在面板之中绘制文本。代码如下:

```
private void pnlShow_Paint(object sender, PaintEventArgs e)
{
    g = e.Graphics;                              //创建 Graphics 对象
    LinearGradientBrush lgBrush = new LinearGradientBrush(
            pnlShow.ClientRectangle,             //设置填充渐变色的矩形区域
            startColor, endColor,                //设置渐变色的起始色和结束色
            LinearGradientMode.Horizontal);      //设置渐变模式为从水平渐变
    StringFormat format = new StringFormat();    //创建文本格式化对象
    format.Alignment = StringAlignment.Center;   //在绘图区域居中对齐
    format.FormatFlags = StringFormatFlags.LineLimit;  //设置文本排列方式
    //在 Panel 中绘制文本
    g.DrawString(txtSource.Text, font, lgBrush, pnlShow.ClientRectangle,format);
}
```

(5) 运行该程序,测试效果。

14.1.7　坐标系统及变换

1. 坐标系统

在 Windows 应用程序中,只要进行绘图,就要使用坐标系统。GDI＋使用 3 个坐标空间:全局坐标、页面坐标和设备坐标。其中,全局坐标是一种逻辑坐标,可以描述图形元素在抽象画面中的逻辑位置、宽度或高度。页面坐标是指在具体画面上(如窗体或控件)使用的坐标系。设备坐标是物理设备(如显示屏)所使用的坐标系。在调用 Graphics 对象的绘图方法时,所传递的坐标值通常为全局坐标。GDI＋在绘图前会进行一系列变换,包括将全局坐标转换为页面坐标,再将页面坐标转换为设备坐标,最终在物理设备上呈现图形。

例如,假设坐标系统的坐标原点不是窗体左上角,而是位于窗体工作区之中,且距工作区左边缘 100 像素、距顶部 50 像素,如图 14-6 所示。当调用 myGraphics.DrawLine(myPen,0,0,160,80)时,虽然点(0,0)和(160,80)都是全局坐标点,但 GDI＋会根据坐标原点自动变换,最终绘制的线条如图 14-7 所示。表 14-7 显示了在 3 种坐标系统中线条起始点和结束点的坐标对应关系。

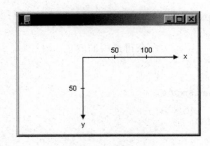

图 14-6　坐标系统

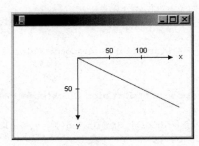

图 14-7　GDI＋绘制的线条

表 14-7　三种坐标系统中点的对应关系

坐 标 系 统	线段起始点和结束点的坐标范围
全局坐标	(0，0)到(160，80)
页面坐标	(100，50)到(260，130)
设备坐标	(100，50)到(260，130)

【注意】　由于 GDI＋默认的度量单位是像素，所以设备坐标与页面坐标是相同的。如果将度量单位设置为像素以外的其他单位(例如英寸)，设备坐标将不同于页面坐标。

请读者思考，当页面坐标系统的原点位于工作区的左上角时，全局坐标和页面坐标是否相同？

2. 不同坐标系统间的换算

GDI＋具有自动实现不同坐标系统间坐标转换的功能。在程序中，只需调用TranslateTransform 函数即可实现从全局坐标到页面坐标的转换。

例如，针对前文的例子，显然需要进行全局变换，即在 x 方向平移 100 个单位、在 y 方向平移 50 个单位。因此，下列代码能实现图 14-6 所示的效果。

```
myGraphics.TranslateTransform(100, 50);
myGraphics.DrawLine(myPen, 0, 0, 160, 80);
```

Graphics 类提供了两个属性：PageUnit 和 PageScale，用于操作页面坐标与物理坐标间的换算；另外还提供了两个只读属性：DpiX 和 DpiY，用于检查显示设备每英寸的水平像点数和垂直像点数。可使用 Graphics 类的 PageUnit 属性指定除像素以外的其他度量单位。

例如，下列代码所绘线条的结束点(2，1)位于点(0，0)的右边 2 英寸和下边 1 英寸处。

```
myGraphics.PageUnit = GraphicsUnit.Inch;
myGraphics.DrawLine(myPen, 0, 0, 2, 1);
```

【注意】　当更改了 PageUnit 属性的默认设置且没有指定钢笔的宽度时，GDI＋绘制的线条将为一条一英寸宽的线条。

假设显示设备在水平方向和垂直方向每英寸都有 96 个点，则本例线条起始点或结束点在三个坐标系统中对应关系如表 14-8 所示。

表 14-8　三种坐标系统中点的对应关系

坐 标 系 统	线段起始点和结束点的坐标范围	单 位
全局坐标	(0，0)到(2，1)	英寸
页面坐标	(0，0)到(2，1)	英寸
设备坐标	(0，0)到(192，96)	像素

在 GDI＋中，允许同时启用从全局坐标到页面坐标的转换和从页面坐标到物理坐标的转换，以实现更多的效果。

例如，假设用英寸作为度量单位且坐标系统的原点距工作区左边缘 2 英寸、距工作区顶部 1/2 英寸，那么以下代码：

```
myGraphics.TranslateTransform(2, 0.5f);
```

```
myGraphics.PageUnit = GraphicsUnit.Inch;
myGraphics.DrawLine(myPen, 0, 0, 2, 1);
```

表示先同时使用全局变换和页面变换,再绘制一条从点(0,0)到点(2,1)的直线。
图 14-8 显示了绘图效果。

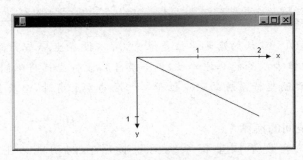

图 14-8   同时进行全局变换和页面变换的绘图效果

如果假定显示设备在水平方向和垂直方向每英寸都有 96 个点,则上例中直线的结束点
在三个坐标系统中的对应关系如表 14-9 所示。

表 14-9   三种坐标系统中点的对应关系

坐 标 系 统	线段起始点和结束点的坐标范围	单　　位
全局坐标	(0,0)到(2,1)	英寸
页面坐标	(2,0.5)到(4,1.5)	英寸
设备坐标	(192,48)到(384,144)	像素

3. 全局变形和局部变形

(1) 全局变形

全局变形应用于给定的 Graphics 对象绘制的每个图形的变形。它保存在 Graphics 类
的 Transform 属性中。该属性是 Matrix 矩阵对象,能保存全局变形的任何序列。因此,创
建全局变形,要先创建 Graphics 对象,再操作其 Transform 属性。

Graphics 类还提供建立全局变形的几个方法,包括 MuliplyTransform、RotateTransform、
ScaleTransform 和 TranslateTransform。

其中,RotateTransform 用于旋转变形。其格式如下:

```
RotateTransform(float angle,MatrixOrder order)
```

其参数 angle 指定旋转角度(以度为单位);order 为 MatrixOrder 枚举值(可省略),它
指定是将旋转追加到矩阵变换之后还是添加到矩阵变换之前,值为 Append 表示在之后应
用新操作,而值为 Prepend 表示在之前应用新操作。

例如:

```
myGraphics.RotateTransform(float 45,MatrixOrderAppend)
```

表示将 myGraphics 对象旋转 45°。

ScaleTransform 用于缩放变形,其格式如下:

```
ScaleTransform(float sx,float sy,MatrixOrder order)
```

其参数 sx 和 xy 分别用于设置 x 轴方向和 y 轴方向的缩放比例,order 可省略。例如:

```
myGraphics. ScaleTransform(1,0.5)
```

表示将 myGraphics 对象在 x 方向缩放 1 倍,在 y 方向缩放 0.5 倍。

TranslateTransform 用于平移图形元素。其格式如下:

```
TranslateTransform(float dx,float dy,MatrixOrder order)
```

其参数 dx 和 dy 分别表示沿 x 轴或 y 轴平移的多少分量,order 可省略。例如:

```
TranslateTransform(100,0)
```

表示将 myGraphics 对象平移 100 个度量单位。

(2)局部变形

局部变形应用于特定的图形的变形。局部变形借助 GraphicsPath 类和 Matrix 类实现。GraphicsPath 用来保存要变形的目标,Matrix 指定变形方式。实现局部变形的具体步骤一般如下。

首先,构造 GraphicsPath 对象,再调用其成员方法(如 AddRectangle)添加要变形的目标。

然后,构造 Matrix 对象,调用其成员方法(如 Ratate)指定变形方式。

之后,再调用 GraphicsPath 对象的 Transform 方法将变形矩阵应用到变形目标。

最后,调用 Graphics 的 DrawPath 方法根据已构造的 GraphicsPath 绘制图形。

GraphicsPath 提供了大量可用于添加变形目标的方法,包括 AddArc(追加弧)、AddEllipse(添加椭圆)、AddLine(追加线条)、AddPie(添加扇形轮廓)、AddPolygon(添加多边形)、AddRectangle(添加矩形)、AddString(添加文本字符串)等。

Matrix 对象提供了能指定变形方式的方法,包括 Rotate(旋转)、Scale(缩放)、Translate(平移)等。

【例 14-4】 设计一个 Windows 程序,在窗体中绘制一个椭圆和一个矩形,实现如下功能:能够同时平移、旋转、缩放这两个图形,也可单独平移、旋转、缩放其中一个图形,效果如图 14-9 所示。

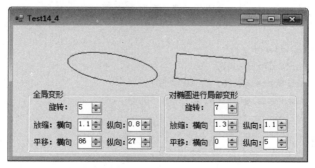

图 14-9　运行效果

(1) 首先设计 Windows 窗体,添加相关控件并设置相关属性,如表 14-10 所示。

表 14-10　需要添加的主要控件及其属性设置

控　件	属　性	属 性 设 置	控　件	属　性	属 性 设 置
NumericUpDown1	Name	ngRotate	NumericUpDown6	Name	nlRotate
	Maximn	360		Maximn	360
NumericUpDown1 全局横向缩放	Name	ngxScale	NumericUpDown7 局部横向缩放	Name	nlxScale
	DecimalPlaces	1		DecimalPlaces	1
	Increment	0.1		Increment	0.1
	Maximun	2		Maximun	2
NumericUpDown3 全局纵向缩放	Name	ngyScale	NumericUpDown7 局部纵向缩放	Name	nlyScale
	DecimalPlaces	1		DecimalPlaces	1
	Increment	0.1		Increment	0.1
	Maximun	2		Maximun	2
NumericUpDown4 全局横向平移	Name	ngxMove	NumericUpDown7 局部横向平移	Name	nlxMove
	Maximun	200		Maximun	200
NumericUpDown5 全局纵向平移	Name	ngyMove	NumericUpDown8 局部纵向平移	Name	nlyMove
	Maximun	200		Maximun	200

【**注意**】　本例省略各 Label 控件,请根据图 14-9 自行添加和设置。

(2) 在窗体类中定义若干私有成员字段,并在窗体类的构造函数中初始化。主要代码如下:

```csharp
using System;
using System.Drawing;
using System.Windows.Forms;
using System.Drawing.Drawing2D;
public partial class Test14_4 : Form
{
    private Graphics g;                         //声明绘图对象
    private Pen p;                              //声明钢笔对象
    private Rectangle rect1, rect2;             //声明两个矩形区域
    private float angle, langle;                //保存全局旋转和局部旋转的角度
    private float dx, dy, ldx, ldy;             //保存全局缩放或局部缩放的比例
    private float mx, my, lmx, lmy;             //保存全局平移或局部平移的分量
    public Test14_4()
    {
        InitializeComponent();
        p = new Pen(Color.Blue);
        rect1 = new Rectangle(0, 0, 100, 50);
        rect2 = new Rectangle(150, 0, 100, 50);
        angle = 0; langle = 0;
        dx = 1; dy = 1; ldx = 1; ldy = 1;
        mx = 0; my = 0; lmx = 0; lmx = 0;
    }
}
```

（3）缩写 NumericUpDown 控件的 ValueChanged 事件方法，提供用户当前输入的数值，并调用窗体对象的 Refresh 方法，触发窗体的 Paint 事件。代码如下：

```
private void ngRotate_ValueChanged(object sender, EventArgs e)
{    //获得全局旋转变形的角度
     angle = Convert.ToSingle(ngRotate.Value);
     this.Refresh();
}
private void ngxScale_ValueChanged(object sender, EventArgs e)
{    //获得全局 x 轴缩放变形的比例
     dx = Convert.ToSingle(ngxScale.Value);
     this.Refresh();
}
private void ngyScale_ValueChanged(object sender, EventArgs e)
{    //获得全局 y 轴缩放变形的比例
     dy = Convert.ToSingle(ngyScale.Value);
     this.Refresh();
}
private void ngxMove_ValueChanged(object sender, EventArgs e)
{    //获得全局 x 轴平移变形的分量
     mx = Convert.ToSingle(ngxMove.Value);
     this.Refresh();
}
private void ngyMove_ValueChanged(object sender, EventArgs e)
{    //获得全局 y 轴平移变形的分量
     my = Convert.ToSingle(ngyMove.Value);
     this.Refresh();
}
private void nlRotate_ValueChanged(object sender, EventArgs e)
{    //获得局部旋转变形的角度
     langle = Convert.ToSingle(nlRotate.Value);
     this.Refresh();
}
private void nlxScale_ValueChanged(object sender, EventArgs e)
{    //获得局部 x 轴缩放变形的比例
     ldx = Convert.ToSingle(nlxScale.Value);
     this.Refresh();
}
private void nlyScale_ValueChanged(object sender, EventArgs e)
{    //获得局部 y 轴缩放变形的比例
     ldy = Convert.ToSingle(nlyScale.Value);
     this.Refresh();
}
private void nlxMove_ValueChanged(object sender, EventArgs e)
{    //获得局部 x 轴平移变形的分量
     lmx = Convert.ToSingle(nlxMove.Value);
     this.Refresh();
}
private void nlyMove_ValueChanged(object sender, EventArgs e)
{    //获得局部 y 轴平移变形的分量
     lmy = Convert.ToSingle(nlyMove.Value);
```

```
        this.Refresh();
    }
```

（4）编写窗体的 Paint 事件方法，根据全局变形和局部变形的设置绘制椭圆和矩形。代码如下：

```
private void Test14_4_Paint(object sender, PaintEventArgs e)
{
    g = this.CreateGraphics();                          //创建绘图对象
    g.Clear(this.BackColor);                            //清除原来绘图
    g.RotateTransform(angle);                           //启用全局旋转变形
    g.ScaleTransform(dx, dy);                           //启用全局缩放变形
    g.TranslateTransform(mx, my);                       //启用全局平移变形
    GraphicsPath gp = new GraphicsPath();               //创建绘图路径对象
    gp.AddEllipse(rect1);                               //指定在第一个矩形区域中绘制椭圆
    Matrix m = new Matrix();                            //创建矩阵对象
    float r = Convert.ToSingle(nlRotate.Value);
    m.Rotate(r);                                        //设置局部旋转变形的角度
    m.Scale(ldx, ldy);                                  //设置局部缩放变形的比例
    m.Translate(lmx, lmy);                              //设置局部平移量
    gp.Transform(m);                                    //将局部变形矩阵应用到绘图路径
    g.DrawPath(p, gp);                                  //根据绘图路径的要求绘图
    g.DrawRectangle(p, rect2);                          //绘制矩形
}
```

上述代码同时使用了全局变形和局部变形，请注意绘制椭圆和绘制矩形的区别。由于矩形不需要局部变形，故直接调用 Graphics 对象的 DrawRectangle 方法绘制，而椭圆需要局部变形，故先用 GraphicsPath 对象封装相关信息，再调用 Graphics 对象的 DrawPath 方法绘制。

14.2　Windows Media Player 组件的使用

Windows Media Player 是一款 Windows 系统自带的使用较为广泛的多媒体播放器，其界面简约、完美，功能强大，既可以作为独立的软件来运行，还可以当作插件添加到 Windows 应用程序或 Web 应用程序之中，增强应用程序的功能。本节将重点介绍 Windows Media Player 在应用程序之中的编程方法。

14.2.1　Windows Media Player 组件的介绍

Windows Media Player 从 1992 年开始就捆绑于 Windows 系统之中，并随着 Windows 系统升级而不断升级。目前，最新版本是 Windows Media Player 12。它支持各种音频视频格式文件的播放，包括.ASF、ASX、AVI、MID、MOV、MP3、MP4、MPEG、VOB、WAV 和 WMV 等，在安装 Realone 解码器的情况下，还能播放 RM 和 RMVB 音视频文件。

Windows Media Player 随 Windows 操作系统自动安装，普通用户通过 Windows 的系统菜单就可以使用它。对程序员来说，借助 Windows Media Player 提供的 SDK（Software

Development Kit），不仅可以进一步优化 Windows Media Player，还可以快速地设计自己的具有多媒体播放功能的应用程序。例如，把 Windows Media Player 当作插件添加到网页之中，实现音视频在线播放。

Windows Media Player 使用面向对象的组件技术开发，其强大功能已经凝聚成一个组件或对象模型（Object Model）。该组件包括播放器控件（AxWindowsMediaPlayer）、媒体接口（IWMPMedia）、媒体控制接口（IWMPControls）、媒体集合接口（IWMPMediaCollection）、播放列表接口（IWMPPlaylist）、播放列表集合接口（IWMPPlaylistCollection）、CDROM 驱动器接口（IWMPCdrom）、DVD 驱动器接口（IWMPDVD）、CDROM 驱动器集合接口（IWMPCdromCollection）、配置接口（IWMPSettings）、网络接口（IWMPNetWork）等。其中，AxWindowsMediaPlayer 播放器控件是 Windows Media Player API 的核心，其他接口都通过播放器的特定属性进行引用。表 14-11 列出播放器控件的常用属性及其描述。

表 14-11　Windows Media Player 控件的常用属性

成 员 属 性	描 述
cdromCollection	返回 IWMPCdromCollection 对象
Ctlcontrols	返回一个 IWMPControls 对象，提供播放、暂停、终止等操作方法
currentMedia	指定或返回当前媒体 IWMPMedia 对象
currentPlaylist	指定或返回当前播放列表 IWMPPlaylist 对象
dvd	返回 IWMPDVD 对象
enableContextMenu	指示是否允许显示快捷菜单
enabled	指示 Windows Media Player 控件是否可用
error	返回错误信息对象 IWMPError
fullScreen	是否为全屏播放模式
isOnline	用户是否已链接到网络
isRemote	指示 Windows Media Player 控件是否为远程运行模式
mediaCollection	返回 IWMPMediaCollection 对象
playlistCollection	返回 IWMPPlaylistCollection 对象
playState|openState| status	返回 Windows Media Player 的相关状态
IWMPSettings	返回 Windows Media Player 的设置
stretchToFit	视频显示时是否自动缩放
uiMode	设置 Windows Media Player 嵌入网页或窗体之后的界面模式 值为 none 时，只显示视频画面，不显示控制界面 值为 mini 时，显示画面和简单的控制界面 值为 full 时，显示全功能操作界面
URL	指定或返回正在播放媒体的 URL
windowlessVideo	指定或返回是否以无窗口模式呈现

由于 Windows Media Player 的核心功能已经被封装为一个窗体控件，因此可以借助于 JavaScript、ASP. NET、MFC、. Net Framework 等技术，可直接嵌入到 HTML 网页、C++ 应用程序、VB 应用程序、C♯ 应用程序之中，从而实现诸如数字信号处理 DSP、在线点播与广播之类的任务。

【注意】　播放器控件 AxWindowsMediaPlayer 并不提供那些直接操纵媒体播放的成

员方法，而相关功能由媒体控制接口 IWMPControls 提供。表 14-12 列出了该接口的常用属性和方法描述。

表 14-12　Windows Media Player 控件的常用方法

成员属性和方法	描　　述
currentItem	属性，返回或设置播放列表中当前媒体
currentPosition	属性，返回或设置当前已播放的秒数
fastForward	快进
fastReverse	快退
next	选择播放列表的当前项的下一项媒体
pause	暂停播放
play	继续播放
playItem	播放指定项
previous	选择播放列表当前项的前一项媒体
stop	停止播放

14.2.2　Windows Media Player 组件的使用

在.Net Framework 中，Windows Media Player 允许作为一个窗体控件可添加到任何 Windows 应用程序或 Web 应用程序之中，也允许使用 VS2017 的属性窗口或者 C# 源代码来修改控件各属性值。

Windows Media Player 组件的使用方法如下。

（1）在 VS2017 的工具箱中添加 Windows Media Player 控件

Windows Media Player 是一个功能强大的窗体控件，但由于不常用因此无法在 VS2017 的工具箱中直接找到它。为此，可以先把它添加到工具箱之中，然后再使用。操作步骤如下。

启动 VS2017 并创建一个新的项目，然后打开 VS2017 的工具箱，右击工具箱，选择"添加选项卡"命令，并设置该选项卡为"我的控件列表"，再次右击工具箱，选择"选择项"命令，弹出"选择工具箱项"对话框之后选择"COM 组件"选项卡，查找并勾选 Windows Media Player（如图 14-10 所示），单击"确定"按钮即可。

浏览"工具箱"，即可看到已成功添加的 Windows Media Player 控件。之后，如同使用普通窗体控件一样可将 Windows Media Player 控件拖放到任何窗体设计器窗口之中，如图 14-11 所示。

（2）在窗体设计器中添加 Windows Media Player 控件

当 Windows Media Player 控件被拖放到窗体设计区时，VS2017 将自动创建一个控件对象，默认的名称为 axWindowsMediaPlayer1。与此同时，VS2017 会自动添加 AxWMPLib 和 WMPLib 的引用，在解决方案资源管理器窗口中展开"引用"选项卡可看到它们。

（3）在程序中使用 AxWindowsMediaPlayer 对象

作为控件使用的 AxWindowsMediaPlayer 类位于 AxWMPLib 命名空间之中，但它使用的数据类型、接口以及其他均位于 WMPLib 命令空间。因此，在程序中引用 AxWindowsMediaPlayer 对象及其数据信息时，一定要先使用 using 添加这两个命名空间。代码如下：

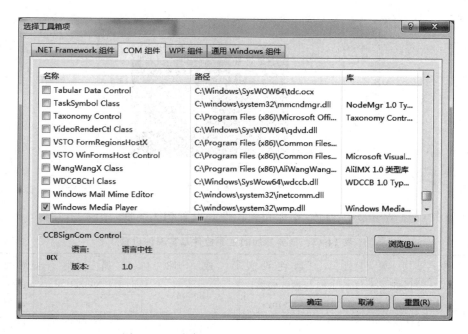

图 14-10　选中 Windows Media Player 组件

图 14-11　在工具箱中添加并使用 Windows Media Player 控件

```
using WMPLib;
using AxWMPLib;
```

【例 14-5】　设计一个 Windows 程序,实现如下功能:首先打开选中的歌曲,将其添加到自定义的播放列表之中,然后随机地从中选择一首歌曲进行播放,效果如图 14-12 所示。

多媒体编程技术

图 14-12　运行效果

(1) 首先设计 Windows 窗体,添加相关控件并设置相关属性,见表 14-13。

表 14-13　需要添加的主要控件及其属性设置

控　件	属　性	属 性 设 置	控　件	属　性	属 性 设 置
Label1	Text	播放列表:	Button1	Name	btnOpen
ListBox1	Name	lstSongs		Text	添加文件
	HorizontalScrollbar	true	Button2	Name	btnPlay
AxWindows-MediaPlayer1	Name	player		Text	随机播放
	Width	280	Button3	Name	btnPause
	Hight	200		Text	暂停
OpenFileDialog1	Name	openFile	Button4	Name	btnStop
				Text	停止

(2) 在窗体类的构造函数中初始化 Windows Media Player 控件。主要代码如下:

```csharp
public partial class Test14_5 : Form
{
    public Test14_5()
    {
        InitializeComponent();
        player.windowlessVideo = true;        //以无窗口模式呈现视频
        player.uiMode = "none";               //不显示 Windows Media Player 的控制界面
        player.settings.autoStart = true;     //打开媒体文件时自动开始播放
        player.stretchToFit = true;           //自动缩放视频
        player.enableContextMenu = false;     //关闭 Windows Media Player 的快捷菜单
    }
}
```

(3) 编写"添加文件"按钮的 Click 事件方法,首先弹出 OpenFileDialog 对话框,然后将用户选中的文件添加到 ListBox 控件的选项列表中。代码如下:

```csharp
private void btnOpen_Click(object sender, EventArgs e)
{
    if (openFile.ShowDialog() == DialogResult.OK)
    {
        string file = openFile.FileName;
        lstSongs.Items.Add(file);
```

```
    }
}
```

（4）分别编写"随机播放""暂停""停止"按钮的 Click 事件方法以及播放列表控件的
SelectedIndexChanged 事件方法。代码如下：

```
private void btnPlay_Click(object sender, EventArgs e)
{
    Random r = new Random();
    int Count = lstSongs.Items.Count;           //获得播放列表的媒体个数
    player.URL = lstSongs.Items[r.Next(0, Count)].ToString();//随机选择某个媒体项进行
                                                            //播放
}
private void lstSongs_SelectedIndexChanged(object sender, EventArgs e)
{
    player.URL = lstSongs.Text;                  //从播放列表中播放选中的媒体
}
private void btnPause_Click(object sender, EventArgs e)
{
    if (player.playState == WMPLib.WMPPlayState.wmppsPlaying)
    {
        player.Ctlcontrols.pause();              //如果当前正在播放,则暂停
        btnPause.Text = "继续";
    }
    else
    {
        player.Ctlcontrols.play();               //如果当前已暂停播放,则继续播放
        btnPause.Text = "暂停";
    }
}
private void btnStop_Click(object sender, EventArgs e)
{
    player.Ctlcontrols.stop();                   //停止播放
}
```

习　　题

1. 简述 GDI+的工作机制，简述 Graphics、Pen、Brush 和 Color 之间的关系。
2. 请列举.Net Framework 中的 5 种画笔，并说明其区别。
3. 简述绘制实心图形和空心图形的区别。
4. 解释全局变形和局部变形的含义。
5. 请问全局坐标与页面坐标在什么情况下相同，什么情况下不相同？
6. 请问页面坐标和设备坐标在什么情况下相同，什么情况下不相同？
7. Windows Media Player 能够直接播放哪些格式的多媒体文件？
8. 简述 Windows Media Player 的基本使用方法。

多媒体编程技术

上机实验 14

一、实验目的

1. 熟悉的 GDI＋的概念，掌握使用 GDI＋绘制各种图形的方法。
2. 了解 Windows Media Player 组件，掌握其使用方法。

二、实验要求

1. 熟悉 VS2017 的基本操作方法。
2. 认真阅读本章相关内容，尤其是案例。
3. 实验前进行程序设计，完成源程序的编写任务。
4. 反复操作，直到不需要参考教材也能熟练操作为止。

三、实验内容

1. 设计一个简易的"画图"程序，要求具有以下功能。

可以选择要绘制的图形类型，更改图形的边框线，更改填充颜色，移动、旋转和缩放图形，还可以保存为图形文件。

2. 参考例 14-5，使用 Windows Media Player 设计一个简易的多媒体播放器，要求具有以下功能。

（1）使用 ListBox 构造播放列表，能够把感兴趣的音视频添加到播放列表之中。

（2）支持从头到尾自动循环播放功能，也提供随机播放的功能。

（3）具有快进、快退、暂停、继续、中止播放等功能。

四、实验总结

写出实验报告，报告内容包括实验内容、任务分析、算法设计、源程序、实验体会等，并记录实验过程中的疑难点。

参 考 文 献

[1] Microsoft. C♯编程指南[EB/OL]. https://docs. microsoft. com/zh-cn/dotnet/csharp/programming-guide/index,2017/4/3.

[2] 罗福强,杨剑,张敏辉. C♯程序设计经典教程[M].2 版.北京:清华大学出版社,2014.

[3] 本杰明·帕金斯. C♯入门经典[M].7 版.北京:清华大学出版社,2016.

[4] Christian Nagel. C♯高级编程:C♯6 & . NET Core 1.0[M].10 版.北京:清华大学出版社,2017.

[5] 易格恩·阿格佛温. C♯多线程编程实战(原书第 2 版)[M].北京:机械工业出版社,2017.

[6] 爱弗·霍顿. C++标准模板库编程实战[M].北京:清华大学出版社,2017.

[7] Napoléon. Web API 强势入门指南[EB/OL]. http://www. cnblogs. com/guyun/p/4589115. html,2015.

[8] 罗勇,朱德君,龚玉霞,等.C♯程序开发基础[M].北京:清华大学出版社,2013.

[9] 马骏.C♯程序设计教程[M].3 版.北京:人民邮电出版社,2013.

[10] 王小科,等.C♯程序开发参考手册[M].北京:机械工业出版社,2013.

图书资源支持

感谢您一直以来对清华版图书的支持和爱护。为了配合本书的使用，本书提供配套的资源，有需求的读者请扫描下方的"书圈"微信公众号二维码，在图书专区下载，也可以拨打电话或发送电子邮件咨询。

如果您在使用本书的过程中遇到了什么问题，或者有相关图书出版计划，也请您发邮件告诉我们，以便我们更好地为您服务。

我们的联系方式：

地　　址：北京海淀区双清路学研大厦 A 座 707

邮　　编：100084

电　　话：010－62770175－4604

资源下载：http://www.tup.com.cn

电子邮件：weijj@tup.tsinghua.edu.cn

QQ：883604(请写明您的单位和姓名)

用微信扫一扫右边的二维码，即可关注清华大学出版社公众号"书圈"。

资源下载、样书申请

书圈